禽病临床诊断与防治彩色图谱

Color Atlas for Clinical Diagnosis and Control of Poultry Diseases

岳 华 汤 承 主编

中国农业出版社
北 京

图书在版编目（CIP）数据

禽病临床诊断与防治彩色图谱/岳华，汤承主编.
—北京：中国农业出版社，2018.10
ISBN 978-7-109-21827-7

Ⅰ.①禽… Ⅱ.①岳…②汤… Ⅲ.①禽病–诊断–图谱②禽病–防治–图谱 Ⅳ.①S858.3-64

中国版本图书馆CIP数据核字（2016）第147005号

中国农业出版社出版
（北京市朝阳区麦子店街18号楼）
（邮政编码 100125）
责任编辑 刘 伟

北京通州皇家印刷厂印刷 新华书店北京发行所发行
2018年10月第1版 2018年10月北京第1次印刷

开本：787mm×1092mm 1/16 印张：24.25
字数：300 千字
定价：148.00 元

编写人员

Color Atlas for Clinical Diagnosis and Control of Poultry Diseases

主　编　岳　华（西南民族大学）
　　　　汤　承（西南民族大学）

副主编　李明义（山东信得科技股份有限公司）
　　　　罗　薇（西南民族大学）
　　　　黄志宏（西南民族大学）

编　者　张焕容（西南民族大学）
　　　　杨发龙（西南民族大学）
　　　　张　斌（西南民族大学）
　　　　兰道亮（西南民族大学）
　　　　任玉鹏（西南民族大学）
　　　　杨泽林（重庆市动物疫病预防控制中心）
　　　　赵雪丽（河南省动物疫病预防控制中心）
　　　　杨晓农（西南民族大学）
　　　　王远微（西南民族大学）
　　　　刘　群（西南民族大学）
　　　　龙　虎（西南民族大学）
　　　　郝力力（西南民族大学）
　　　　唐俊妮（西南民族大学）
　　　　陈　娟（西南民族大学）
　　　　赵燕英（西南民族大学）
　　　　陈朝喜（西南民族大学）
　　　　吉文汇（西南民族大学）

编写说明

Color Atlas for Clinical Diagnosis and Control of Poultry Diseases

我国家禽养殖业经过30多年的快速发展，取得了举世瞩目的成就，蛋鸡和水禽的养殖量居全球第一位，为农业经济发展和农民脱贫致富做出了巨大贡献，在此期间尽管我国的禽病防控工作取得了长足的进展，但不容回避的是，我国禽病的发生率依然居高不下，旧病持续存在并出现新的流行特点，新病不断出现，家禽全程死淘率高，给养禽业造成的损失巨大，不仅成为制约养禽业健康发展的瓶颈，一些人畜共患病的发生和流行以及细菌耐药性的日趋严重，还给公共卫生安全和人类健康带来巨大威胁，有效防控禽病特别是重大传染病的暴发和流行是解决问题的关键，精准而快速的诊断是有效防控禽病的前提，《禽病临床诊断与防治彩色图谱》就是针对我国禽病流行的现状和诊疗的现实需求编写的，具有以下特点：

（1）禽病种类多，内容新颖。全书共涉及家禽的病毒病、细菌病、寄生虫病、营养代谢病、中毒病和杂症等共78种禽病，不仅包括临床常见病、多发病，还收入了近年来新发生的传染病，如鸡心包积水综合征、鸡肝炎-脾肿大综合征、鸭坦布苏病毒病、番鸭细小病毒病等。

（2）图文并茂，通俗易懂。本书以简洁的文字介绍我国禽病总体流行特点、临床诊断技术以及各种禽病的病原特征（病因）、流行特征、临床特征、大体病变、实验室诊断和防治要点，并用1200多幅高清晰度图片客观真实地展现禽病不同发生和发展阶段的临床症状及病理变化。图文结合的编排方式使本书浅显易懂，既为鲜有机会接触禽病临床病例的专业研究者提供了大量鲜活的典型病例模型，也为基层工作者提供了看图识病工具。因此，本书读者范围广，既可作为动物医学专业师生的专业参考书，又可作为基层兽医工作者开展禽病诊疗的工具书。

（3）图片客观真实，防治措施可操作性强。本书图片是作者在长期科研和临床诊疗工作中拍摄的典型病例，其中相当一部分图片来自经病原学检查确诊的病例和人工感染病例。而禽病的防治措施是作者临床实践经验的积累。

由于编者水平有限，缺点、错误在所难免，敬请广大读者批评指正。

目 录

Color Atlas for Clinical Diagnosis and Control of Poultry Diseases

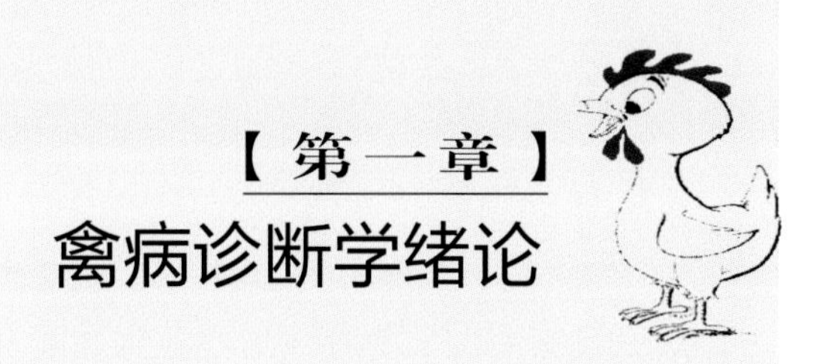

【第一章】
禽病诊断学绪论

经过三十多年的高速发展，我国家禽的养殖规模急剧扩张，禽蛋和禽肉产量稳居世界前茅。尽管养殖水平和禽病防治水平取得了长足进步，但与养禽业的快速发展相比，无论是技术力量还是技术水平都相对滞后，饲养管理不当、环境污染严重，以致禽病频发，发病死亡率居高不下，是长期制约养禽业健康发展的瓶颈。当前我国禽病的发生和流行具有以下特点：

1. 禽病种类多

家禽传染病、寄生虫病、营养代谢病、中毒病等病种多达上百种，家禽全程死淘率18%～20%，甚至更高，是养禽场经济效益的最大制约因素。

2. 新病不断出现

近年来，新的禽病不断出现，如鸡戊型肝炎、鸭坦布苏病毒病、H5N1亚型禽流感、鸡传染性贫血、水禽新城疫、禽心包积水综合征等新病不断出现，且以病毒性传染病所占比例最高，禽病种类和数量不断增加，造成的直接和间接经济损失巨大，给疫病防治带来巨大挑战。

3. 传染病是养禽业的头号杀手

在禽病临床上，尽管传染病、寄生虫病、中毒病、营养代谢病等都有发生，但不同种类的禽病发生频率及危害程度各不相同，其中以家禽传染病的发生频率最高，占总发生数的70%以上，危害也最为严重，造成的直接经济损失每年高达数百亿元。

4. 老疫病呈现新特点

由于免疫压力、病原变异等原因，原有疾病出现了新特点，水禽作为禽流感病毒的储存宿主，多为隐性感染，但在21世纪初由H5N1亚型禽流感病毒感染造成高致病性禽流感在水禽中的暴发和流行给水禽养殖造成了巨大危害；临床症状的非典型化是这一特点的另一具体体现，如在免疫鸡群中出现的非典型新城疫、传染性法氏囊病等，给疫病诊断带来困难。

5. 免疫抑制性疾病增多

多种原因可导致免疫器官损伤，引发家禽免疫抑制。免疫抑制的危害表现在以下几个方面：① 家禽抗感染免疫功能降低，对病原微生物的易感性增加，为传染病的发生创造了有利条件，是造成传染病发病率高、多病原混合感染严重的主要原因。② 家禽对疫苗的免疫应答能力低下，具体表现为抗体水平低，抗体离散度增加，是导致免疫失败的重要原因。③ 生长发育受阻，导致家禽生产性能下降。表现为进行性消瘦、产蛋鸡推迟开产或产蛋量下降等。

导致免疫抑制的原因有很多，主要有：①传染性因素，许多传染病特别是病毒性传染病都能不同程度地引起家禽免疫抑制，如鸡传染性贫血、禽白血病、禽传染性法氏囊病等主要引起免疫器官的损伤，引起严重的免疫抑制；② 霉菌毒素中毒；③ 应激；④ 滥用抗菌药物等。

6. 多病原混合感染日趋严重

由于环境中病原微生物污染严重、卫生消毒措施不到位，加之多种因素引起的免疫抑制等原因，致使多种病原微生物同时或先后感染同一家禽的概率大大增加，病毒、细菌、寄生虫等病原的多重感染病例日趋普遍，导致死亡率大大升高，病情更为严重，给禽病诊疗造成极大困难。

7. 病原菌的耐药性增强

病原菌的耐药性增强表现为耐药率的不断升高和耐药谱的不断扩大。目前，从家禽临床分离的病原菌都有不同程度的耐药性，有报道显示，鸡大肠杆菌对喹诺酮类药物的耐药率高达80%以上，多数菌株具有4 ~ 8重耐药谱，个别菌株的耐药谱达30重以上。细菌耐药性的不断增强，给抗菌药物的选择及细菌性疾病的防治造成了严重的困扰。

8. 营养缺乏病及代谢性疾病的危害依然严重

随着家禽养殖规模的不断扩大，家禽品种日趋多样化，针对不同品种营养需求的个性化专用饲料品种远不能满足养禽业多元化发展的需求，导致营养缺乏病及代谢性疾病呈高发态势，如维生素和微量元素缺乏病、钙磷代谢障碍等，且由于这些疾病在发病早期多无特征症状及病理变化而易被忽略，但其对生长发育和免疫功能的负面影响大大降低了养禽业的经济效益。

由此可见，当前我国禽病发生的原因复杂、临床症状多样。因此，如何收集禽病的信息，从繁复的表象中去伪存真，做出正确诊断，对于制订有效的禽病防控措施至关重要。

〉〉〉第一节　基本概念

1. 诊断

诊断就是对动物所患疾病本质的判断。“诊”就是诊查；“断”即为判断。所谓疾病的诊断是指兽医师通过诊察之后，对患病动物健康状态和疾病情况提出的概述性判断，通常要指出病名。一个完整的诊断，要求做到以下五点：

（1）表明主要病变的部位。

（2）指出组织、器官病变的性质。

（3）判断机能障碍的程度和形式。

（4）阐明引起病变的原因。

（5）判断预后。

2. 预后

预后就是对疾病发展趋势及其可能结局的估计。在禽病诊断实践中，预后的判断对拟定家禽合理的治疗方案或处理措施非常重要。

3. 症状

症状就是禽在疾病过程中所表现出的某些组织、器官的功能性紊乱和形态、结构变化等现象。临床症状是诊断疾病的基础资料。根据症状出现的部位，症状又分为以下几种类型：

（1）全身症状　全身症状一般是指机体对病原因素的刺激所呈现的全身性反应。例如，许多发热性疾病常呈现体温升高，脉搏、呼吸增数，食欲减退，全身无力和精神沉郁等。全身症状的有无、轻重，可为判定病性、病情、病程及预后提供有力的参考。

（2）局部症状　局部症状是指某一组织或器官感染病原微生物时，局限于病灶区的局部性反应，如黏膜型鸡痘引起的眼结膜红肿、流泪，传染性鼻炎引起的颜面部肿胀等。根据局部症状，常可推断病变的组织或器官。但从有机体的完整性来看，局部症状只是全身病理过程的局部表现，不能把局部症状孤立起来看，局部症状也会引起全身性反应。

（3）典型症状与示病症状　典型症状是指能反映疾病临床特征的症状，如中枢神经损伤病禽出现的共济失调、角弓反张等症状。示病症状是指只限于某一种疾病出现的症状，据此可毫不怀疑地建立疾病诊断，如急性盲肠球虫病病鸡排出带有鲜血的粪便，高致病性禽流感病鸡冠出血性坏死及脚鳞部出血，鸭瘟病鸭消化道黏膜的假膜样坏死等。具有示病症状的疾病不多，而呈现典型症状的疾病较多。疾病的典型症状有助于类似疾病的鉴别诊断。

4. 综合症候群

综合症候群是指在疾病过程中，某些症状以固定的联系，有规律地同时或按一定的次序出现在同一疾病过程中，这些症状合称为综合症候群或综合征。综合症候群大多包括某一疾病主要症状和典型症状，综合症候群虽不如示病症状能指出某一疾病，但能表示一定部位疾病的综合表现。因而对疾病的诊断、鉴别诊断和预后判定有重要的意义，如家禽患呼吸道疾病时出现的呼吸困难、频率加快、啰音、咳嗽、张口呼吸等，可合称为呼吸道综合症候群。鸡新城疫、禽流感、慢性呼吸道病、大肠杆菌病、传染性喉气管炎等多种疾病均可引起鸡呼吸道症状。呼吸道综合征是我国鸡群最常见的综合症候群之一。

〉〉〉第二节 建立诊断的方法和步骤

只有正确地认识疾病，掌握其发生发展规律，才能制订合理、有效的防治措施。因此，诊断是防治工作的前提，是兽医临床工作的基础。诊断是认识疾病的过程，是从疾病的现象到本质的认识过程。疾病的症状是疾病的现象，要透过这些现象深入认识疾病的本质。因此，诊断就是对疾病的本质做出正确的判断。为了形成正确的诊断，必须经过一定的步骤和运用正确的思考方法。

一、建立诊断的方法

1. 论证诊断法

论证，就是用论据来证明一种客观事物的真实性。论证诊断法，就是在检查患病动物时所搜集的症状中，分出主要症状和次要症状，按照主要症状设想出一个疾病，把主要症状与所设想的疾病，结合病理变化，互相对照印证，如果用所设想的疾病能够解释主要症状，且又和多数次要症状不相矛盾，便可建立诊断。如对精神不振，伏地不动或翅下垂，食欲减少或废绝，呼吸困难，排出绿色粪便，有头颈扭曲等神经症状的病鸡，可初步怀疑为鸡新城疫。若剖检发现腺胃乳头出血、肠道淋巴集结黏膜溃疡性坏死等病变，则可做出诊断。若未出现典型病变，则需借助病原学检查才能确诊。

2. 鉴别诊断法

在疾病的早期，症状不典型或疾病复杂，此时往往找不出可以确定诊断的依据来进行论证诊断，在这种情况下可采用鉴别诊断法。具体方法是：先根据一个主要症状，或几个重要症状，提出多个可能的疾病，这些疾病在临床上比较近似，但究竟是哪一种，需通过相互鉴别，逐步排除可能性较小的疾病，逐步缩小鉴别的范围，直到剩下一个或几个可能性较大的疾病，就是鉴别诊断法，也称排除诊断法。

在提出待鉴别的疾病时，应尽量将所有可能的疾病都考虑在内，以防止遗漏而导致错误的诊断。但是考虑全面，并不等于漫无边际，而是要从实际所搜集的临床材料出发，抓住主要材料来提出病名。一般是先考虑常见病、多发病和传染病，因为这些疾病的发病率高，除此以外，也要考虑少见病和稀有病，特别是与常见病、多发病的一般规律和临床经验有矛盾时，更应注意。例如，家禽出现平衡失调、角弓反张等中枢神经症状时，可能的疾病有禽流感、鸡新城疫、黄病毒病、维生素缺乏病等，应根据各个疾病的流行特征、临床特征及病理剖检变化逐一进行比对和排除，逐渐缩小疑似疾病的范围甚至可以确诊，但有时对某些疾病特别是没有出现典型症状（病变）或示病症状（病变）的疾病，则必须通过病原学或抗体检测等实验室诊断才能确诊，禽病的实验室诊断技术见第三章，常见禽类疫病的类症鉴别见第四章。

建立禽病诊断时，可先用鉴别诊断法，后用论证诊断法，也可先用论证诊断法，没有定式，可根据疾病的复杂性和个人的临床经验灵活掌握。

二、建立诊断的步骤

在疾病诊疗过程中，建立正确的诊断，通常是按照以下三个步骤来进行的：即调查病史、搜集症状，分析症状、建立初步诊断，实施防治措施、验证和修正诊断。

1. 调查病史，搜集症状

完整的病史对于建立正确诊断非常必要。要得到完整的病史资料，应全面、认真地调查现病史、既往生活史和周围环境因素等，调查中要特别注意病史的客观性，防止主观、片面。片面的和不准确的病史，经常会造成诊断上的严重错误，必须注意避免和克服。搜集症状，不但要全面系统，防止遗漏，而且要依据疾病进程，随时观察和补充。因为每一次对病禽的检查，都只能观察到疾病全过程中的某个阶段的变化，而往往要综合各个阶段的变化，才能获得对疾病较完整的认识。

在搜集症状的过程中，还要善于及时归纳，不断地做大体上的分析，以便发现线索，一步步地提出要检查的项目。具体来说，在调查病史之后，要对主诉提供的材料做大致分析，以便确定检查方向和重点。

2. 分析症状，建立初步诊断

临床实际工作中，不论是所调查的病史材料，还是所搜集到的临床症状往往都是比较零乱和不系统的，必须进行归纳整理，或按时间先后顺序排列，或按各系统进行归纳，以便对所搜集的症状进行分析评价。

在分析症状过程中，应处理好以下四种关系：

（1）现象与本质的关系　一定的临床材料，不管是病史资料、症状表现、病理剖检变化，还是实验室检查结果，都具有它们所代表的临床诊断意义，这就是现象与本质的关系。疾病的症状和疾病的本质，是辩证统一的两个方面，二者互相联系，但不是彼此等同的。有些症状比较明显地反映了疾病本质的某些方面，对于建立诊断极有意义；有些则可能是假象，应加以识别。在兽医临床上，辨别真假是一个比较复杂的问题，不仅对畜主的主诉材料要进行分析，同时对临床症状也需进行辨别。对畜主的主诉材料，主要通过对照现症检查和病理剖检的结果进行分析鉴别，如果主诉与现症一致，证明主诉是正确的，对提供诊断线索有重要意义，不一致时，则应以现症和病理剖检作为诊断依据。

疾病的临床表现及病理变化一般都比较复杂，如何透过复杂的临床表现，去认识疾病的本质，这就要求掌握认识疾病的理论知识与检查病禽的方法。除此之外，还应掌握识别假象，提高辨症认病的能力。

（2）共性与个性的关系　许多不同的疾病，可以呈现相同的症状，即所谓“异病同症”。再就疾病与病禽而言，疾病是共性，病禽是个性。由于引起疾病的原因复杂多样，疾病的类型又不相同，发展阶段也不尽一样，禽个体差异又很大，故同一种疾病在不同病禽身上的表现是有差异的，如沙门氏菌感染在雏禽可引起败血症和急性死亡，而在成年家禽多造成隐性感染或局部感染，如产蛋鸡的卵巢炎等。有的症状典型，有的症状不明显，有的以这一症状为主，有的以另一症状为主，而且，同一种疾病，即使在同一病禽身上，由于疾病发展阶段不同，其症状也就有所差别，如高致病性禽流感在非免疫鸡群中暴发，其症状及病理变化均呈现典型化，病鸡群高死亡率、鸡冠出血坏死、严重的呼吸道症状及全身败血症和组织器官坏死等，而在免疫鸡群则可能呈亚临床感染，临床症状不明显或产蛋鸡仅表现为产蛋量下降和轻微的呼吸道症状。因此，全面分析症状和病理变化，并借助实验室检测能有效减小片面诊断的概率。

（3）主要症状与次要症状的关系　在分析症状时，不仅要去伪存真，还要抓住主要症状。一个疾病，可以出现多种症状，即所谓“同病异症”，如大肠杆菌病可在不同家禽引起浆膜炎（肝周炎、心包炎、气囊炎等）、生殖系统感染、肉芽肿、脐带炎等。而同一个症状，又可由不同的疾病引起，所谓“同症异病”，如多种传染病可引起病鸡腹泻，排出绿色粪便，精神沉郁，食欲减退等。因此，对待症状，不能同等看待，应区分主次，抓住主要症状。在临床上，可根据症状出现的先后和轻重，找出其主要症状。

一般说来，先出现的症状大多是原发病的症状，常常是分析症状、认识疾病的向导；明显的和严重的症状往往就是疾病的主要症状，是建立诊断的主要依据。

（4）局部与整体的关系　禽体是一个复杂的整体，各组织器官虽有相对的独立性，但又相互密切联系。许多局部病变可以影响全身，而全身性的病变又可以局部症状为突出表现，如局部脓肿可引起发热等全身症状，而磷、钙代谢障碍等全身性疾病，可以表现为骨骼变形、四肢运动障碍等局部症状，因此，对疾病的诊断，必须把局部和整体结合起来进行分析，防止孤立、片面地对待症状。

3. 实施防治措施，验证和修正诊断

临床工作中，在运用各种检查手段、全面客观地搜集病史、症状的基础上，通过分析加以整理，建立初步诊断后，还需拟定和实施防治措施，并观察这些防治措施的效果，去验证初步诊断的正确性，这也称为治疗性诊断。如细菌性疾病，在使用敏感抗生素2 ~ 3天即可见病情稳定或发病死亡病例减少。一般地说，防治效果显效的，证明初步诊断是正确的；防治无效的，证明初步诊断是不完全正确的，此时需重新认识，修正诊断。

综上所述，从调查病史、搜集症状，到综合分析，做出初步诊断，直至实施防治措施、论证诊断，是认识、诊断疾病的三个过程，这三者相互联系，相辅相成，缺一不可，其中调查病史、搜集症状是认识疾病的基础；分析症状是揭露疾病本质、制订防治措施的关键；实施防治措施、观察疗效，是验证诊断，纠正错误诊断和发展正确诊断的唯一途径。

【第二章】
禽病临床诊断技术

禽病的发生是饲养管理不当、病原感染及环境条件改变等多种因素共同作用的结果，随着养禽场向规模化、集约化方向快速发展，兽医不仅需要进行疾病诊断，更需要为养殖场解决疾病防治、管理、环境及生产等一系列复杂问题。禽病具有发病初期不易被发现、暴发传染病后传播蔓延快、很多疾病具有类似症状等特点，因此，现代禽病诊断重点应关注群发性疾病。定期的检查和良好的记录是及时发现疾病、保障家禽健康的重要措施。禽病临床诊断技术主要包括问诊、临床检查和病理剖检等。

第一节 问 诊

问诊就是通过询问饲养管理人员了解家禽发病情况和经过。问诊的主要内容包括：现病历、既往病历和饲养管理情况。

1. 现病历

现况调查主要包括以下几个方面：

（1）发病时间及经过　首先应了解最早病例出现的时间及病程，若发病急，短时间内出现大量病例，发病死亡率高，则可能是急性中毒性疾病或烈性传染病；反之，若病程长，新病例增加缓慢，发病死亡率低，则可能是慢性病或普通病。

（2）发病年龄　某些传染病具有明显的年龄特征，如雏鸡易发生传染性法氏囊病、鸡白痢、肾型传染性支气管炎等，雏鸭易患鸭病毒性肝炎、传染性浆膜炎、雏鹅易患小鹅瘟等。

（3）疾病的表现　即畜主所观察到的有关疾病的现象，如呼吸困难、发热、食欲不振或废绝、腹泻、神经症状等。此外，许多疾病可影响家禽的生长发育和产蛋性能，除了上述症状外，在问诊时还应注意询问家禽的生长发育及产蛋性能情况。

① 生长发育　疾病对家禽生长发育的影响主要体现在生长速度、发育情况及群体内个体的均匀度等方面。健康家禽生长发育良好，体重正常，群内个体体重及个体大小整齐度高。几乎所有疾病均影响家禽的生长发育，急性传染病及中毒

病往往引起家禽急性发病死亡，而生长发育缓慢、体重下降、群体整齐度差多见于慢性消耗性疾病、营养代谢病，如鸡马立克氏病、免疫抑制病（禽呼肠孤病毒病、禽网状内皮组织增殖症、禽白血病）、慢性呼吸道病及多种维生素缺乏病等；产蛋禽卵巢发育迟缓、开产延迟往往与光照不足及营养不良等有关。

② 产蛋性能　疾病对产蛋禽和种禽产蛋的影响主要表现在产蛋率、受精率、蛋重，以及蛋白、蛋黄、蛋壳品质等方面。多种传染病、中毒病及维生素缺乏病等均可影响蛋禽的产蛋性能，如鸡传染性支气管炎不仅导致产蛋率下降，还能致蛋壳褪色变白、变薄易碎，卵白稀薄呈水样；维生素缺乏病则往往导致种蛋受精率和孵化率下降。

（4）疾病的经过　从最初发病到就诊时疾病表现的变化过程。如发病率、死亡率、临床症状的变化，是否有新的症状出现或原有某些症状已经消失；是否经过治疗，使用什么药物，效果如何。若用抗生素类药物治疗后症状减轻或迅速停止死亡，提示为细菌性疾病；若用抗生素药无作用，可能是病毒性疾病、中毒性疾病或营养代谢病。

（5）畜主估计到的原因　如饲喂不当、换料、转群、应激、拥挤、通风不良、圈舍温度过低或过高等。

（6）周边养殖场的发病情况　调查附近家禽场（户）是否有与本场相似的疫情，若有，可考虑空气传播性传染病，如新城疫、禽流感、鸡传染性支气管炎等。若禽场饲养有两种以上禽类，单一禽种发病，则提示为该禽种特有的传染病；若所有家禽都发病，则提示为家禽共患的传染病，如禽霍乱、禽流感等。

2. 既往病史

通过了解禽群过去发生过什么重大疫情，有无类似疾病发生，其经过及结果如何等情况，分析本次发病和过去所发疾病的关系。如本场过去曾发生过新城疫、鸭瘟、禽流感等疫情而未对圈舍进行彻底的消毒，家禽也未进行疫苗免疫接种的，可考虑旧病复发。

3. 饲养管理情况

（1）禽场历史及环境　养禽场的历史、地理位置（如与居民区及其他养殖场的距离）、圈舍的结构、布局（如禽舍、水源、排污设施等的布局）。

（2）家禽品种及引种情况　家禽的品种及来源往往与禽病的发生密切相关，如有许多垂直传播性传染病（如鸡白痢、禽脑脊髓炎、禽白血病、禽网状内皮组织增殖症等）的发生往往与种禽场污染有关。若新引进带菌、带病毒的家禽，未经隔离观察就与本场原有禽群混群饲养，常引起新的传染病暴发。通过引种情况调查可为疾病的诊断提供线索。

（3）饲养方式　饲养方式（如笼养、网养、平养、放养），圈舍微环境（如温度、湿度、通风、光照）调控设施及调控情况，水源状况，给水方式（水槽、罐式饮水器、乳头式饮水器），饲料来源（如自行配制），商品料、饲料性质（粉料、粒料)，以及是否有霉变、发热、结块等异常现象，饲喂方式（自由采食、限饲）等。

（4）管理措施　重点了解发病前后禽群的免疫情况，如疫苗种类、接种方法、疫苗的保质期、疫苗的保存情况等；了解养禽场的密度、通风、光照、卫生消毒、垫料及粪污的处理情况等。通过询问和调查，可获得许多有价值的资料。

〉〉〉第二节　临床检查

一、群体检查

安静而缓慢地进入家禽圈舍，在不打扰家禽正常活动的情况下，通过观察家禽的行为、精神、采食、饮水、运动及粪便，同时注意倾听家禽是否发出异常声音等，为临床诊断提供线索。

1. 行为

健康家禽行为自在，平养家禽在场地内均匀分布。若家禽精神正常，但出现颤抖、扎堆等现象则可能是圈舍温度过低所致；若出现远离热源、张口喘息、饮水量增加，可能是圈舍温度过高所致，多见于雏禽；若出现啄羽、啄蛋、啄肛等异嗜行为或相互打斗等异常行为，可能是光照过强、密度过大、羽虱等体外寄生虫袭扰，以及含硫氨基酸等营养缺乏所致。

2. 精神状态

健康家禽活泼好动，双目有神，反应敏捷，对外界刺激（如异常声响、陌生人或陌生事物）反应强烈，圆睁双目、引颈转头向刺激源方向查看，一旦遇到强烈刺激，则出现惊叫、惊恐不安、扎堆或乱飞乱撞等。在病理状态下，家禽常出现精神沉郁或精神兴奋等症状。

（1）精神沉郁　禽群对外界刺激反应迟钝甚至无反应。表现为闭目缩颈、呆立不动或嗜睡、卧地不起。多种传染病均能引起家禽精神沉郁，如禽流感、新城疫、鸭瘟、大肠杆菌病等。

（2）精神兴奋　家禽表现为在没有外界刺激或外界仅有轻微刺激情况下出现惊恐不安、奔走鸣叫、躁动或乱飞乱撞等表现。多见于药物中毒，如马杜拉霉素、氨茶碱等药物中毒，或维生素缺乏病如维生素B_1缺乏、硒和维生素E缺乏等。

3. 采食

正常情况下，家禽采食量在一定时期内相对稳定，食欲旺盛，添加饲料后激烈抢食，采食快。在病理状态下，家禽表现为食欲减少甚至废绝，或出现异嗜癖。若家禽出现采食慢、挑食或拒食等现象，导致采食量减少，是多种疾病的征兆，若采食量严重下降，往往是急性、烈性传染病的征兆，如禽流感、黄病毒病等；若家禽出现啄癖，如啄羽、啄肛、啄蛋等，常见于饲料营养不全，如维生素、氨基酸缺乏等，或体外寄生虫侵袭。

4. 饮水

家禽饮水量主要与气候、运动及饲料含水量有关。病理状态下主要出现饮水增加（表现为饮水频次增加）或废绝。若家禽精神状况良好，但饮水量增加，多见于高温季节圈舍温度过高；若精神沉郁、食欲下降，但饮水量增加，则多见于急性热性传染病，如鸡新城疫、高致病性禽流感、鸭瘟、肾型传染性支气管炎等，也见于食盐中毒等疾病。

5. 运动机能

健康家禽运动、起卧自如，休息时双腿弯曲呈俯卧姿势，一遇刺激迅速站立或奔跑。常见的运动障碍有：

（1）痉挛　病禽表现为头颈扭曲、偏向一侧、后仰、角弓反张或倒地后双腿呈划船状，多见于家禽的急性烈性传染病，如多见于鸡新城疫、鸽瘟、鸭病毒性肝炎、雏鸭黄病毒病、雏鸭高致病性禽流感、小鹅瘟、鸽沙门氏菌感染引起的脑炎等传染病，以及食盐中毒等。

（2）共济失调　病禽表现为无目的不自主运动，如不能准确啄食等，头颈颤抖，步履蹒跚易倒地，多见于禽脑脊髓炎、鸡新城疫、幼龄水禽禽流感，或维生素E缺乏病、维生素B_2缺乏病等。

（3）跛行　腿部骨、关节损伤可致关节变形、运动异常，见于鸡传染性滑液囊炎、肉鸡病毒性关节炎、痛风、钙磷代谢障碍、锰缺乏病、维生素B_2缺乏病、鸭疫里默氏菌病、葡萄球菌病等。

（4）体态异常　犬坐姿势的病禽跗关节着地，头部高抬，张口、伸颈呼吸，多见于极度呼吸困难的疾病，如鸡传染性支气管炎、鸡传染性喉气管炎、雏禽曲霉菌病、白喉型鸡痘等；企鹅样姿势的病禽腹部下垂，走动时左右摇摆如企鹅，多见于蛋鸡输卵管囊肿、肉鸡腹水症及严重的输卵管炎（输卵管内有大量干酪样坏死物）等；劈叉姿势见于神经型马立克氏病。

（5）麻痹　多种禽病可致家禽腿、翅、头颈或全身麻痹，表现为双翅下垂、头颈下垂难以抬起或向前伸直贴于地面，双腿或全身麻痹，瘫软难以站立。多见于禽肉毒毒素中毒病、马立克氏病、鸡脑脊髓炎、鸡新城疫、鸭瘟，以及多种维生素缺乏病。

6. 粪便

健康鸡的粪便含水量较少，多为圆柱形，能堆积成形，颜色多为浅棕色或灰黄色，便中或表面有白色的尿酸盐；鸭、鹅等水禽的粪便含水量高，多不成形，颜色主要为灰黄色，与饲料颜色较为接近。但因家禽粪道和尿道相连于泄殖腔，粪尿同时排出，家禽又无汗腺，体表覆盖大量羽毛，因此，粪便的稀稠常受到环境温度的影响，室温高，家禽粪便相对较稀，特别是夏季常因饮水量过大而出现水样稀便，而冬季则家禽粪便变稠。许多疾病特别是消化道疾病可导致家禽粪便异常，因此，粪便检查具有重要意义。常见的异常粪便有：

（1）白色稀便 病鸡排出白色糊状稀便，常黏附在肛周羽毛上，严重者堵塞肛门，导致病鸡排便困难，多见于雏鸡白痢；病鸡排出白色且带有一定黏性的稀便，多见于鸡传染性法氏囊病；病禽排出大量石灰水样稀便，多见于肾型传染性支气管炎、痛风等；产蛋鸡排出石灰水样粪便，且便中混有碎蛋壳，见于前殖吸虫病。

（2）绿色水样便 绿色水样便往往是重症疾病末期的征兆，主要是由于病禽食欲减退或废绝，而肠黏膜发炎、肠液分泌增加，以致形成含有大量胆汁的水样便，多见于高致病性禽流感、鸡新城疫、禽霍乱、禽伤寒等。

（3）血便 粪便呈褐色、暗红色或鲜红色，多见小肠球虫病、盲肠球虫病、泄殖腔啄伤等；某些急性传染病（如鸭瘟和高致病性禽流感）也可见血性粪便。

（4）黑色稀便 粪便颜色发暗发黑呈煤焦油状，多见于肌胃糜烂、盲肠肝炎、坏死性肠炎等。

（5）水样稀便 粪便呈水样，多没有或仅有少量尿酸盐，多见于食盐中毒、卡他性肠炎、肾型传染性支气管炎恢复期及热应激状态下家禽过量饮水等。

（6）粪便中有异物 粪便中带有纤维素或腊肠样栓子，多为脱落的肠黏膜和肠内容物混合而形成，临床上多见于慢性鸡白痢、球虫病、坏死性肠炎、大肠杆菌病、小鹅瘟等；病禽粪便中若有线虫或绦虫，则为线虫或绦虫感染。

（7）泡沫样便 多为黏液样粪便，便中混杂有数量不等的小气泡，主要是由于肠管内异常发酵产生的气体混入便中所致，多见于圈舍湿度过大、流感或维生素B_2缺乏。

7. 呼吸

主要通过视诊观察家禽的呼吸频率、张口呼吸，以及是否流鼻液或甩血样黏条等现象；听诊主要听群体中是否有啰音或其他异常杂音，最好在夜间熄灯后慢慢进入禽舍进行听诊。正常情况下，家禽并无明显的胸式呼吸或腹式呼吸，呼吸音几乎轻不可闻。呼吸系统异常主要见于以下情况：

（1）张嘴呼吸 家禽呼吸困难时常表现为张口呼吸，严重时头颈前伸，并伴有明显的啰音（呼噜声）和呼吸频率的加快，主要是由于呼吸道狭窄引起，临床多见于传染性喉气管炎后期、白喉型鸡痘、支气管炎后期；雏鸡出现张口、伸颈呼吸多见肺型白痢或霉菌感染。热应激时禽类也会出现张口呼吸，应注意区别。

（2）甩头 口中甩出血性黏液性分泌物，在走道、笼具、食槽等处发现有血样黏条，临床多见于传染性喉气管炎。

（3）流鼻涕并有甩鼻音 禽群中可听到频次及间隔不等的甩鼻音，鼻孔流出浆液性或黏液性鼻涕，临床多见于鸡传染性鼻炎、慢性呼吸道病、传染性支气管炎、传染性喉气管炎、新城疫、禽流感等。

（4）怪叫音 当家禽喉头部气管内有异物时会发出怪叫音，多见于传染性喉气管炎、白喉型鸡痘等。

二、个体检查

1. 头面部

（1）头面部肿胀　头面部肿胀常见于鸡传染性肿头综合征、高致病性禽流感、鸭瘟。

（2）鸡冠、肉髯　鸡冠、肉髯发绀、出血/坏死，多见于高致病性禽流感和鸡组织滴虫病；鸡冠苍白，多见于营养不良性贫血、传染性贫血、住白细胞虫病及脂肪肝综合征；鸡冠表面有痘疹或痘痂，多见于鸡痘。

（3）眼结膜　眼结膜肿胀、潮红、出血及流泪，多见于圈舍氨浓度过高、高致病性禽流感、鸡新城疫、鸡传染性喉气管炎、黏膜型鸡痘、鸭瘟、鸭光过敏综合征、鸭传染性浆膜炎及严重的维生素A缺乏病等；眼结膜混浊，多见于维生素A缺乏病、鸡传染性脑脊髓炎等。

（4）鼻漏　鼻漏多见于鸡传染性鼻炎、鸡传染性喉气管炎、传染性支气管炎、鸭瘟、禽流感、新城疫等。

（5）眶下窦　一侧性眶下窦肿胀，多见于鸡传染性鼻炎；两侧性眶下窦肿胀，多见于鸡慢性呼吸道病、鸭传染性窦炎。

（6）喙及口腔　鸭上喙结痂、变短、上翘，多见于鸭光过敏综合征；口腔联合部结痂，多见于单端孢霉烯族毒素中毒；口腔流出污秽带有臭味的液体，多见于禽毛滴虫病；口腔流出酸臭的黏液，多见于鸡新城疫；口腔流出黑色液体，多见于鸡肌胃糜烂。

2. 被毛

鸡羽毛发育不良，绒毛少，且呈“棍棒样”，主要见于维生素B_2缺乏；羽毛脱落，多见于螨虫病、啄羽、坏疽性皮炎等；雏鸡头部羽毛脱落，主要见于泛酸缺乏病，主羽尖部羽片发育不良、边缘参差不齐，主要见于单端孢霉烯族毒素中毒。

3. 皮肤

皮肤出血性溃疡，主要见于坏疽性皮炎；皮肤表面有痘疹和痘斑，见于禽痘；皮肤发绀、出血，主要见于磺胺类药物中毒病及丹毒；皮肤脱水，主要见于鸡肾型传染性支气管炎、鸡传染性法氏囊病；皮肤变硬、变厚，主要见于大肠杆菌引起的皮下蜂窝织炎；皮肤型肿瘤，主要见于皮肤型马立克氏病；皮肤表面有大小不等的出血性疹块及水肿，多见于丹毒、葡萄球菌病；喙、爪（蹼）部皮肤粗糙、皴裂、出血和角质脱落，多见于泛酸缺乏病。

4. 关节

关节肿胀变形，多见于鸡传染性滑液囊炎、病毒性关节炎、葡萄球菌病、鸭疫里默氏菌病、关节型痛风等；胫跖关节肿大变形、跖骨向内侧或外侧弯曲，见于滑腱症；跗关节着地，趾关节向内弯曲，多见于维生素B_2缺乏症。

5. 肛门

肛门周围羽毛被粪便污染，多见于多种原因引起的腹泻，如鸡白痢、鸭瘟、禽流感、大肠杆菌病等；肛门外翻，多见于产蛋禽的难产；肛门出血或损伤，多见于啄肛。

第三节　病理剖检

多种家禽疾病特别是家禽的传染病都有特殊的剖检变化，对有代表性的病禽进行剖检是禽病诊断的重要手段。病禽的选择对诊断结果的正确与否影响重大，应选择临床症状明显且与禽群中症状类似的病禽，以濒死禽和死亡时间不超过6（夏季）~12（冬季）小时的死禽为宜，剖检数量越多越好。

一、家禽的处死方法

1. 颈椎脱臼

两只手分别握住禽头部和身体用力向两边拉伸，使颈椎脱臼致死，本方法的优点是被处死家禽痛苦少，较为人性化，主要用于雏禽的处死。该方法的缺点是剖检过程中由于血管内大量血液涌出而污染切口，影响对病变的观察。

2. 颈动脉放血

左手心向上，虎口抵住翅根，握住家禽的两只翅膀，左手小指勾住家禽右侧跗关节，将家禽头部拉向背侧，同时用左手大拇指和中指牢牢固定住家禽颈部靠近下颌的皮肤，右手持尖头手术剪，首先刺破左侧颈部皮肤，待手术剪尖抵颈椎后改变剪刀方向，紧贴颈椎横向从颈静脉和颈动脉下穿过，将该部位的皮肤、神经、血管一并剪断，即可快速放血处死家禽。注意不要剪断气管和食管，以免影响观察。

二、家禽的病理剖检技术

将家禽尸体仰卧摆放，用力将两腿向两侧拉伸并向背侧按压，致股骨头脱臼。

1. 暴露皮下与肌肉

将靠近胸骨后缘腹部皮肤提起，沿腹中线向前、向后剪开（注意不要剪破腹壁），用力向两边撕开皮肤，暴露颈、胸、腹、腿部皮下与肌肉，以及食道、气管和胸腺。

2. 内脏器官的暴露与取出

从胸骨后缘横向剪开腹壁，沿胸骨两侧向前剪断肋骨，用力将胸骨向上向前翻起并折断，再用剪刀横向剪断胸骨和胸部肌肉，向后剪开腹壁至泄殖腔，即可暴露整个胸腹腔内脏器官。

切断肝脏前端的血管、筋膜以及食道和腺胃交界处，轻轻牵引肝脏和肌胃，并扯断肠系膜及气囊，即可将肝脏、脾脏、肌胃与肠管等取出体外，体腔内仍留有心脏、肺脏、卵巢（♀）或睾丸（♂）、肾脏等，更易于观察。

用手术刀或剪刀从肺脏边缘小心切开两侧的肺胸膜，用刀柄轻轻将肺脏与肋骨剥离，即可将肺脏完整取出。

剪断系带，即可将卵巢或睾丸取出。

用剪刀轻轻剥离包膜，用手术刀柄轻柔地将镶嵌于腰椎和尾椎骨两侧的肾脏撬出，以便进一步检查。

将直肠轻轻向后牵拉，暴露出位于直肠背侧和尾椎夹角中的法氏囊，轻轻剥离法氏囊，将其与泄殖腔相连部位切断，即可取出法氏囊。

3. 开颅

用剪刀从大脑和小脑交界处横向剪开颅骨，沿颅骨正中线向前剪开颅顶骨，从大脑和小脑交界用剪刀向左右两侧轻轻撬开并剪除颅顶骨，逐步暴露整个大脑和小脑。实践证明，这种方法对脑组织的破坏小，能较为完整地取出脑组织。老龄家禽头骨坚硬，应改用骨剪从枕骨大孔开始向两侧沿颅腔边缘剪开。

4. 组织器官的检查

剖检过程中，应注意仔细观察各脏器位置、形状、大小、色泽是否有改变，是否有淤血、出血、坏死等病变。注意观察脏器浆膜面特别是气囊壁是否有炎性渗出物和粘连等病变。

对实质器官，除观察其外观变化外，还应用手触碰或按压，以感知其质地是否有改变，如质脆易碎、实变如橡皮样变、坏死致弹性降低或丧失等；此外，还应用手术刀或剪刀切开观察，切面外翻说明实质器官肿大，同时注意观察脏器是否出现病变，如坏死、增生、实变等。

对中空管脏如气管、食道、肠管等，应选择适当部位（有显著病变部位）切开，观察管腔内容物的多寡与性质、肠壁是否有病变等。

图2-1　鸡的保定

图2-2　鸡颈动脉放血前腿的保定

图2-3　颈动脉放血前头颈部的保定

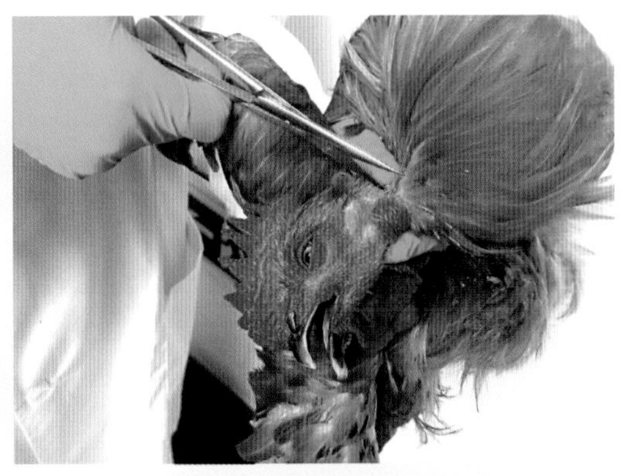
图2-4　颈动脉放血术式

图2-5　颈动脉放血

图2-6　死亡判定——肛门反射消失

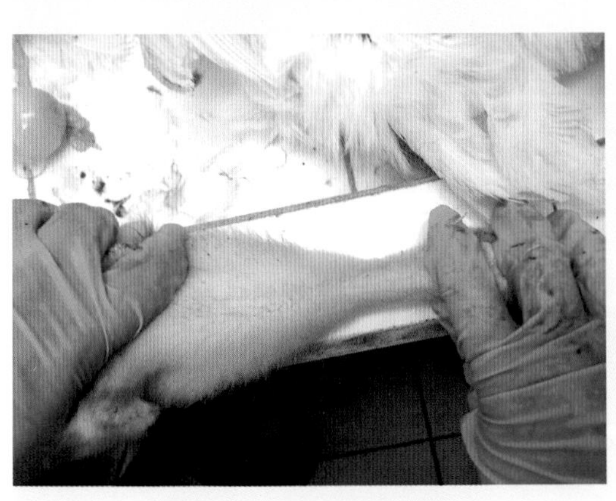
图2-7　雏鸭无痛处死

图2-8　将待检家禽仰放于解剖台

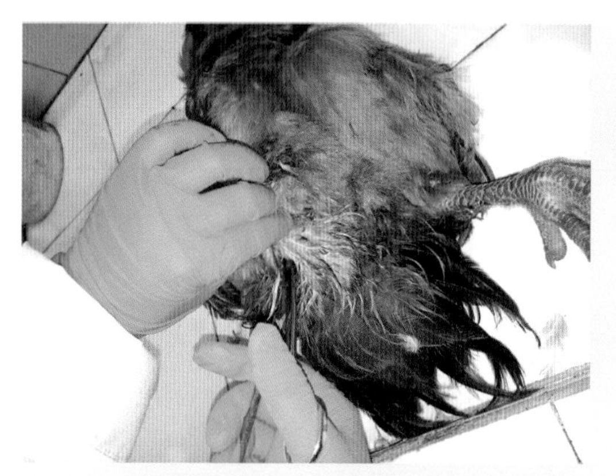

图2-9　提起腹部皮肤小心剪开，注意避免剪破腹壁

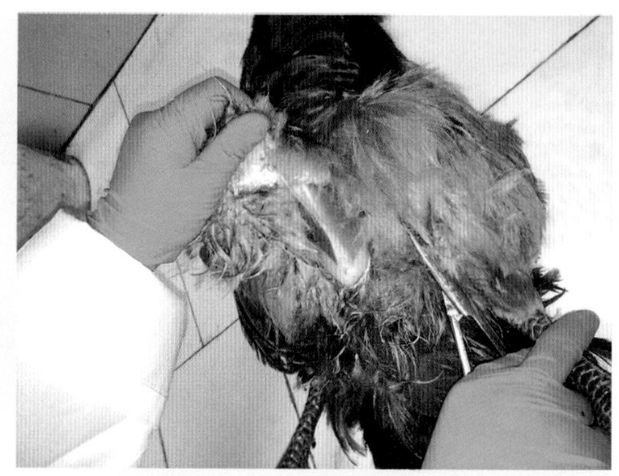

图2-10　向前撕开皮肤

图2-11　暴露腹部皮下和肌肉，将两腿向两边拉扯并向下按压，使髋骨脱臼

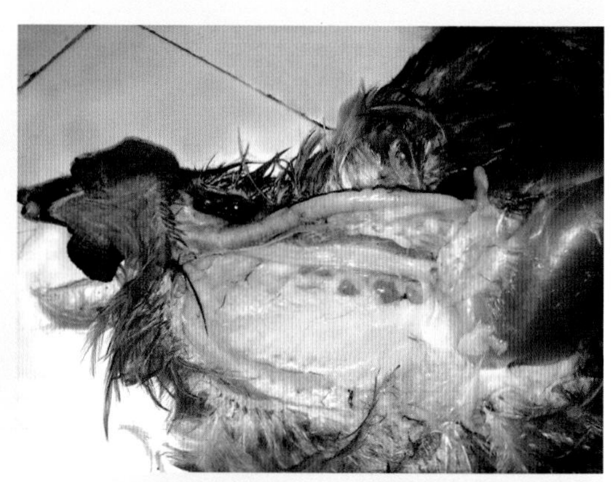

图2-12　剪开颈部皮肤，暴露气管、食道、嗉囊及胸腺

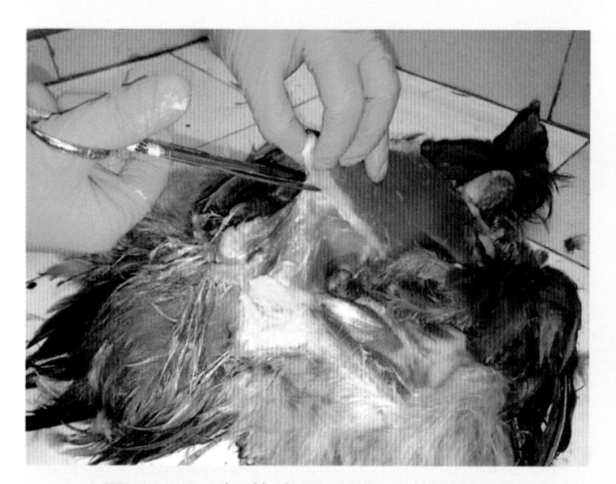

图2-13　抓住胸骨后缘，剪开腹壁

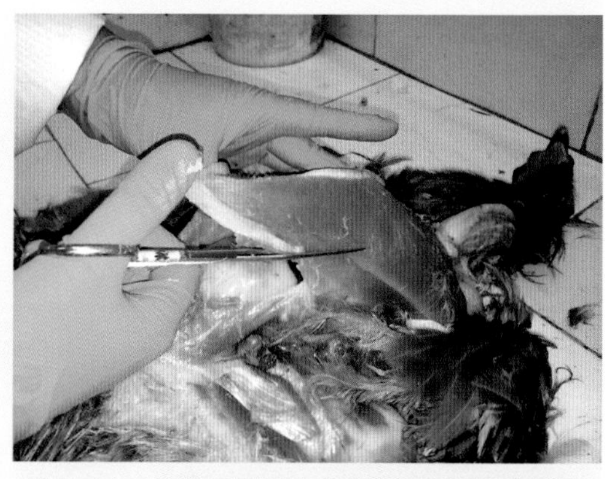

图2-14　沿胸骨两侧向前剪断两侧肋骨与胸骨

图2-15　向前向上掀开胸骨，小心剥离心包膜和系带，从近心端剪断胸骨和胸肌

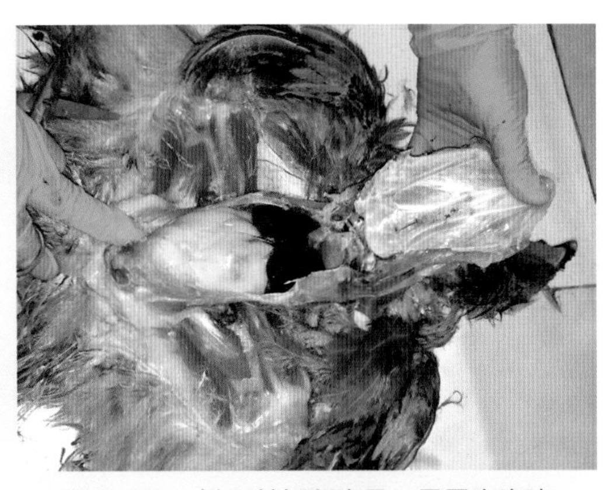

图2-16　掀开并折断胸骨，暴露胸腹腔

图2-17　牵拉断气囊和系膜，暴露内脏器官

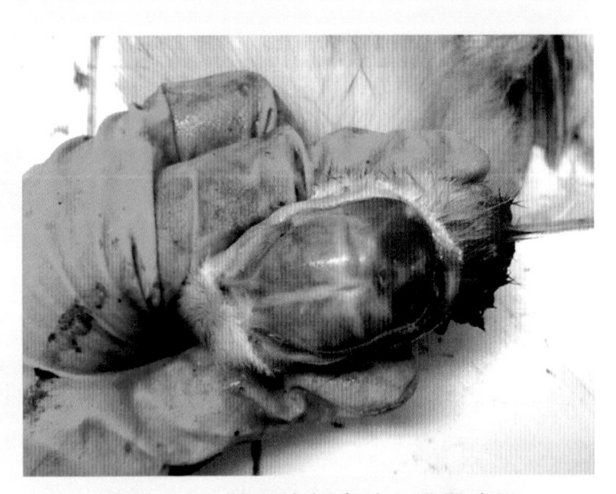

图2-18　剪开头部皮肤，暴露头骨

图2-19　沿颅骨骨缝在颅顶剪开颅骨

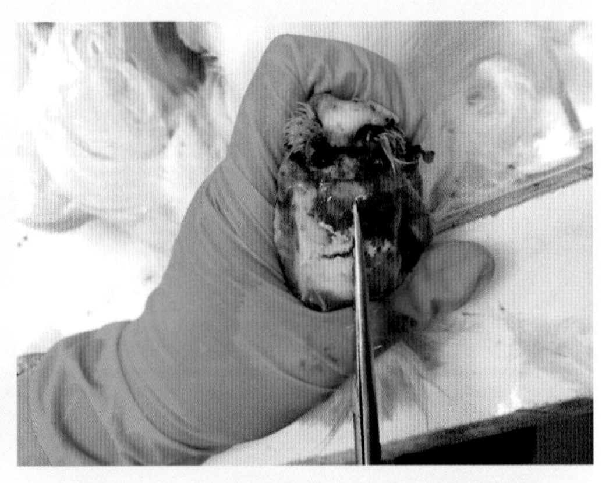

图2-20　沿颅骨骨缝十字交叉剪开颅骨

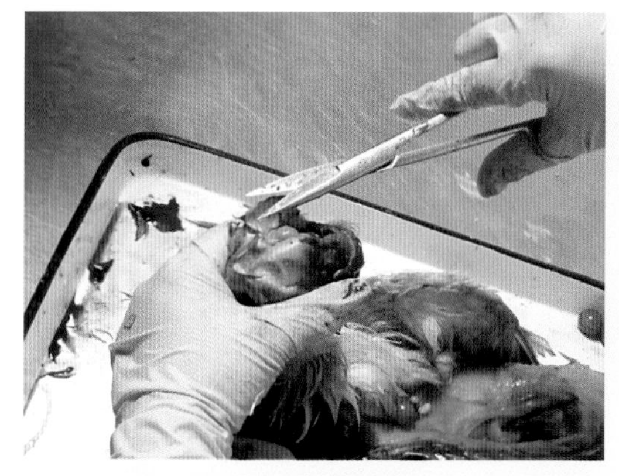
图2-21 掀开颅骨

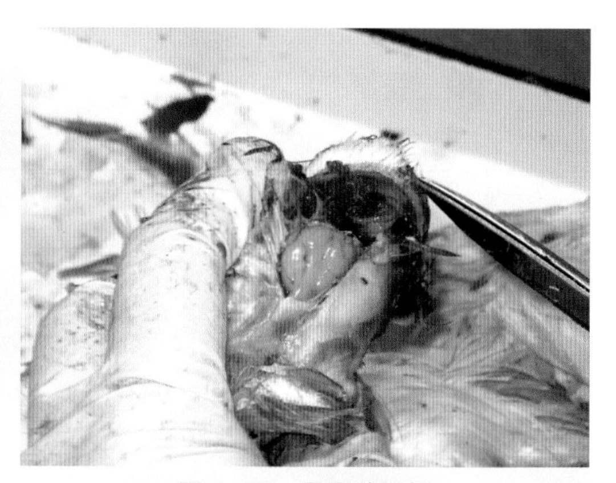
图2-22 暴露脑组织

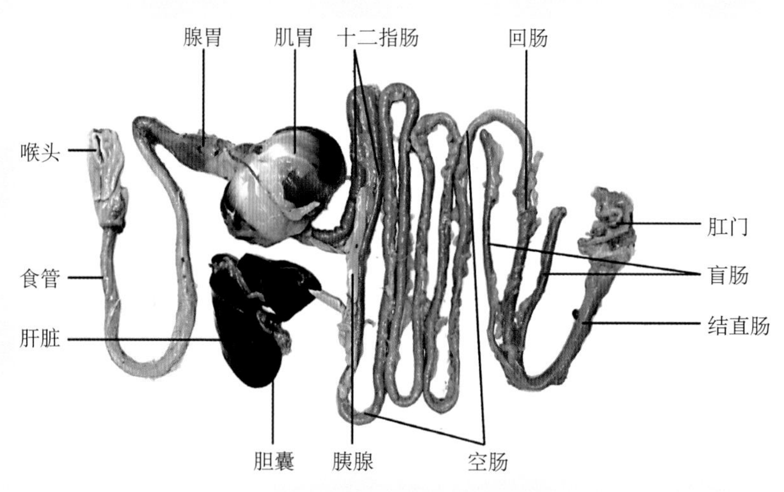

图2-23 鸡的消化系统

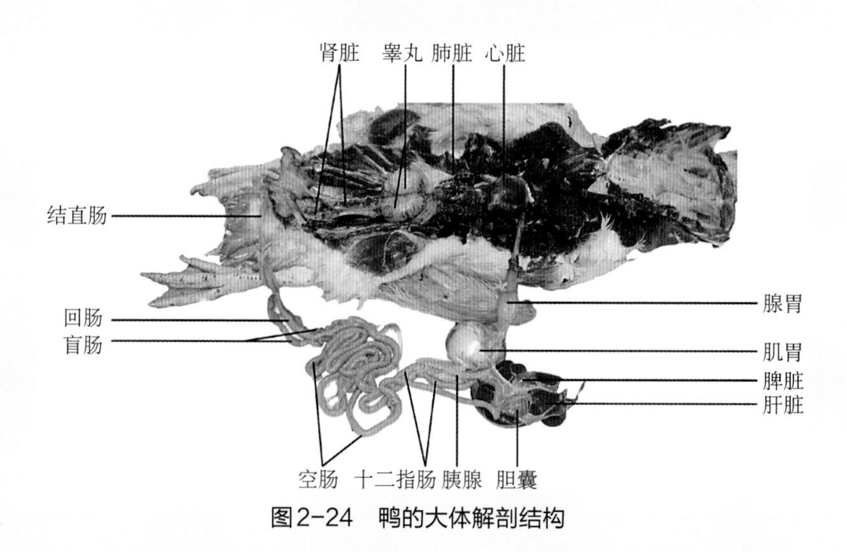

图2-24 鸭的大体解剖结构

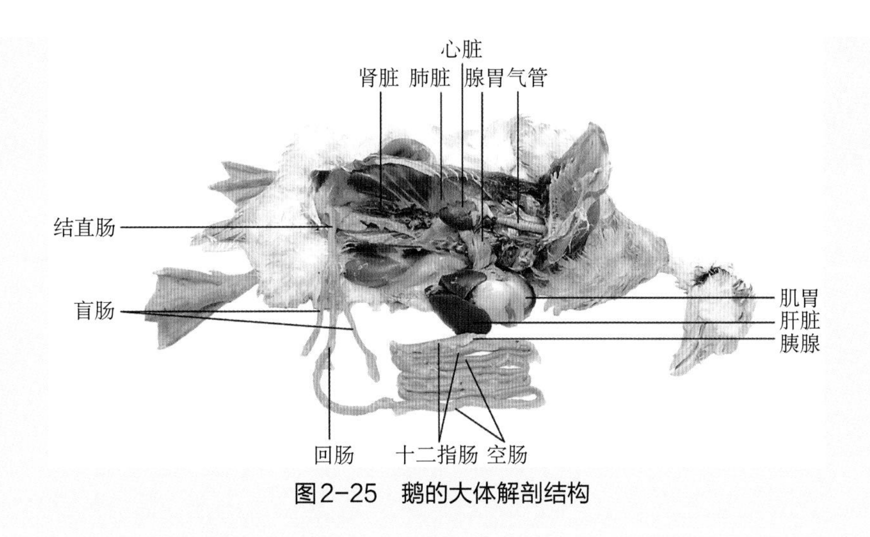

图2-25　鹅的大体解剖结构

三、禽病常见的病理变化

由于致病因素（细菌、病毒、寄生虫和理化因素等）的影响，在疾病发生、发展过程中，禽体各种器官、组织的代谢、功能和形态结构可能发生变化，即为病理变化或病变。对某一种疾病来说，一种变化或多种变化的综合，常有一定的特征性。因此，观察和确定家禽疾病过程中病理变化的性质和外观形态表现特征，是进行家禽疾病病理剖检诊断的基础。下面介绍家禽疾病常见的病理变化。

1. 血液循环障碍引起的病理变化

（1）充血　器官或组织的血管内血液含量异常增加称为充血，常见的是静脉血管的充血（又称为淤血），这主要是由于静脉血回流受阻，血液淤积在各器官组织中。因为淤积的血液是静脉血，故淤血的器官呈深紫红色。动脉血管的充血主要见于急性炎症的早期，炎区及周围发红，因为动脉血含氧较丰富，故充血的组织呈鲜红色。常见的充血性病变有：

① 肺淤血　左右两侧肺脏明显肿大，颜色呈均匀一致的紫红色，切面湿润，流出暗红色的血液。

② 肝淤血　肝脏轻度肿大，颜色紫红，切面常见流出多量暗红色的血液。

③ 脾淤血　脾脏轻度肿大，被膜紧张，颜色紫红，切面稍见外翻。

④ 肾淤血　两侧肾脏呈均匀一致紫红色。

⑤ 黏膜充血　黏膜稍浮肿，颜色鲜红或暗红。

⑥ 脑充血　脑膜表面的血管明显扩张，呈树枝状切面见脑实质中灰质和白质出现针尖大的红色小点。

（2）出血　血液从心脏或血管内流出称出血。在禽病中，出血的病变很常见，出血的形态可有如下多种表现：

① 点状出血　常发生在黏膜或浆膜，病变部位出现弥漫性针头大的红色小点，又称为出血点。如禽霍乱，在心冠脂肪和肠系膜上可见大量点状出血。

② 出血斑　常发生于黏膜、浆膜、皮肤和肌肉组织，出血部位表现为芝麻至绿豆大小甚至更大的红色血斑。如鸭瘟病例，常在心外膜上出现出血斑。腿肌、胸肌、肝脏、肾脏等器官组织的广泛出血见于鸡传染性法氏囊病、鸭病毒性肝炎等。

③ 血肿　发生在组织内的局限性大量出血，其表现为器官被膜下、皮下、肌间等部位蓄积多量血液，形如球状，如血管瘤型禽白血病造成的皮下血肿、肝脏血肿等。

④ 体腔积血　血液流入体腔内称体腔积血，如心包积血、胸腔积血、腹腔积血，体腔内见血液或凝血块。例如，产蛋鸡的脂肪肝综合征因肝破裂造成的体腔积血。

（3）水肿和积水　水肿是指组织液生成超过回流，导致多量液体蓄积在组织间隙中的病理现象，如果水分蓄积在心包腔、脑室、体腔等部位，则称为积水。常见的水肿和积水有以下几种：

① 皮下组织水肿　常见于饲料粗劣或慢性营养不良的病例，在切开皮肤时，常见皮下组织湿润多水，有时呈胶冻样外观，如维生素E-硒缺乏病导致的皮下渗出性素质，禽流感、鸭瘟等病例的头部和颈部皮下组织水肿。

② 心包积水　心包内有较多淡黄色透明的液体，若伴有出血性病变，则液体呈血性，如禽霍乱、鸡心包积水综合征等，也见于肉鸡猝死症。

③ 腹腔积液　腹腔内有积水，性质同心包积水。病程较长时，可见腹腔器官表面有干酪样的纤维素性或胶冻样渗出物，如肉鸡腹水症。

④ 肺淤血、水肿　两侧肺体积增大，重量增加，呈紫红色，切面异常湿润，并流出一些泡沫样液体。多见于肺部感染的传染病，如鸭瘟、禽霍乱等。

⑤ 肉髯水肿　鸡患禽霍乱时，有时可见头部的肉垂发生肿胀，切开后流出多量液体。这被认为是由于细菌的毒性产物损伤毛细血管，致使血管的通透性增加，因而形成皮下组织水肿所致。

2. 组织、细胞损伤引起的病变

（1）萎缩　萎缩指已发育正常的实质细胞、组织或器官的体积缩小，可能伴发细胞数量的减少。长期饲料不足、慢性消化道疾病（如慢性肠炎）和严重消耗性疾病（如蠕虫病和恶性肿瘤等）均可引起营养物质的供应和吸收不足，或体内营养物质特别是蛋白质过度消耗而导致全身性萎缩，其中最明显的是脂肪组织、肌肉组织与肝脏的萎缩，此时，常见心冠脂肪呈半透明冻胶状，肠系膜上的脂肪组织消失；多种禽病可导致卵巢和鸡冠的萎缩，萎缩的卵巢可见卵泡不发育，呈皱缩状态，同时伴有逐渐缩小，颜色减退，鸡冠萎缩可见体积变小、外观干燥无光。

（2）细胞水肿　离子和水的细胞内外平衡失调，如缺氧时线粒体受损，使得三磷酸腺苷（ATP）生成减少，细胞膜钠钾泵功能发生障碍，导致细胞内钠和水增多。发生这种病变的器官呈轻微的肿大，颜色晦暗，似沸水烫过，多见于急性传染病和中毒病，并常发生在肝脏、肾脏和心脏。肝细胞水肿时，肝脏体积稍见肿大，柔软而质脆，颜色减退或带灰色，失去原有光泽，切面见原有的结构模糊不清；肾脏细胞水肿时，肾体积稍肿大，颜色减退或带灰色，失去原有光泽；正常的心肌是红褐色的，发生混浊肿胀时，心肌颜色略灰暗，失去原有光泽，质地较软，见于高致病性禽流感、鸭坦布苏病毒病等。

（3）脂肪变性　实质细胞内脂肪的异常蓄积称脂肪变性。多发生于肝脏，有时也见于心脏、肾脏，主要由各种急性传染病和中毒病引起。肝脏脂肪变性轻微时，仅见其色泽稍带黄色，严重时，整个肝脏肿大，呈弥漫性黄色或土黄色不等，质地较软，切面带油脂状，常见于鸭病毒性肝炎及禽霍乱等；心肌脂肪变性时，心肌颜色略带灰暗，病变部呈淡黄色，有时可见心壁切面上出现淡黄色条纹，而与正常红褐色的心肌相间，形成斑纹状，见于高致病性禽流感、鸭坦布苏病毒病等。

（4）尿酸盐沉积　尿酸盐沉积是指尿酸的生成和排泄发生异常，灰白色的尿酸盐在某些器官或组织中沉着的一种病理现象。常见于家禽维生素A缺乏病、痛风、肾型传染性支气管炎等疾病。肾脏尿酸盐沉积时，肾脏肿大，表面可见许多灰白色、纵横交错呈网状结构的花纹，切面可挤压出一些灰白色的物质。输尿管显著扩张、粗大，其内充满灰白色石灰浆样的尿酸盐。心外膜尿酸盐沉积时，心包稍膨胀，心外膜被覆一层厚薄不等的灰白色尿酸盐沉积物。肝被膜及腹膜尿酸盐沉积时，在肝的被膜、腹壁及肠管的浆膜等部位，被覆有灰白色的尿酸盐物质，尿酸盐数量多的时候，可形成一层假膜而被覆在器官的表面，数量较少时，尿酸盐则以微粒状态黏附于浆膜上，使之失去正常的光泽。

（5）坏死　坏死是指活体内局部组织、细胞的死亡。坏死可发生于机体的任何器官或组织。坏死的组织失去正常的结构和色泽，大的坏死区，肉眼观察即明显可见，微细的坏死灶，需要在显微镜下观察才能发现。组织坏死常见于多种家禽传染病和中毒病。

① 肝脏坏死　常以细小的坏死灶出现。例如，禽霍乱时，肝脏表面和切面弥漫性散在分布多量针尖或针头大小的灰黄色或灰白色小点；鸭瘟时，肝脏出现灰黄色的坏死灶，但其数量较少，大小不等（大的如粟粒，小的如针头），坏死灶周围常有充血或出血现象，也称为出血性坏死。

② 脾脏坏死　在多种家禽传染病均可见脾脏坏死灶。如鸡戊型肝炎导致的脾脏肿大坏死，番鸭呼肠孤病毒病引起的鸭脾脏的肿大和坏死。

③ 肺脏坏死　在鸡患慢性呼吸道病时，肺脏呈现纤维素性肺炎，常伴有肺组织的大面积坏死。此时，可见坏死区如黄豆、蚕豆大，严重时可见局部甚至整个

肺脏大部分区域呈灰黄色，质地坚硬呈干酪样，切面见肺组织原有结构消失。

（6）溃疡 器官组织表面的坏死灶，当坏死组织溶解脱落时，则遗留一个凹陷病灶，这样的病变称为溃疡。见于弧菌性肝炎引起的肝脏溃疡性坏死，鸭瘟的消化道黏膜发生的溃疡性坏死，坏死性肠炎形成的溃疡性假膜等。

3. 炎症病变

具有血管系统的活体组织对损伤因子所发生的防御反应称为炎症。凡是能引起组织和细胞损伤的因子都能引起炎症，致炎因子种类繁多，主要包括生物性、化学性、物理性因素等，其中生物性因素引起的炎症在禽病中最为常见和重要。由于致炎因素的性质和作用强度不同，以及机体的反应性和器官组织结构、机能差异等因素的影响，各器官组织发炎的形态表现亦多种多样。

（1）心包炎 浆液性、纤维素性心包炎，可见心包腔内充满多少不等的浆液性、胶冻样或干酪样纤维素性渗出物。病初，心包腔内蓄积一定量的浆液性渗出物，随后，心包腔内的渗出物逐渐混浊，出现絮片状凝结物，心外膜被覆同样的渗出物，多见于禽大肠杆菌病、鸭疫里默氏菌病和鸡慢性呼吸道病等。尿酸盐性心包炎可见心外膜被覆一薄层灰白色石灰样的尿酸盐，多见于痛风等。

（2）呼吸系统炎症

① 纤维素性肺炎 肺炎渗出物中含有大量纤维素，肺脏肿大，病变区质地较硬实，呈灰黄色，切面较干燥，有时肺脏表面被覆一些灰黄色的纤维素，见于鸡慢性呼吸道病。

② 坏死性肺炎 病变肺组织出现粟粒至绿豆大小的黄白色小结节，质地较坚实，切面呈均质化干酪样，见于曲霉菌病、雏鸡白痢等。

③ 出血性肺炎 两侧肺脏均见肿大，呈深浅不一的暗红色，局部质地较坚实，切取小块肺组织放置水中下沉，见于鸭瘟、禽流感和禽霍乱等。

④ 气囊炎 气囊壁混浊和增厚，呈云雾状，囊壁及囊腔内可见纤维性渗出物甚至积有大量干酪样渗出物，多见于慢性呼吸道病、大肠杆菌病、鸭传染性浆膜炎、高致病性禽流感等。

⑤ 气管炎 气管腔内有多量黏液，并可混杂有干酪样物；有时黏膜严重充血、出血，呈一片红色，渗出的黏液中常混有血丝。严重者，在气管腔内出现条状的血凝块，见于鸡传染性喉气管炎、传染性支气管炎、鸡新城疫、禽流感等。

⑥ 鼻炎 鼻腔黏膜充血、水肿，渗出大量稀薄或浓稠的黏液，有时混有血液，多见于传染性鼻炎、传染性喉气管炎和禽流感等。

（3）消化道炎症

① 卡他性肠炎 卡他性炎是指特征为发生于黏膜并有多量渗出物流出的炎症，简称“卡他”。卡他性肠炎可见肠黏膜肿胀发红，肠腔内充满多量黏液性渗出液，这是许多传染病常见的病变，如鸡白痢、大肠杆菌病等。

② 出血性肠炎 以炎症区组织明显出血及炎性渗出物中含有大量红细胞为特

征，常见于某些急性传染病或寄生虫病。例如，鸭瘟、鸡新城疫、禽流感、球虫病、禽霍乱等，病鸡的肠壁增厚，黏膜显著充血、出血，肠内容物因含大量的红细胞而呈粉红色糊状。

③ 纤维素性肠炎、坏死性纤维素性肠炎　肠炎过程中有大量纤维素渗出，并常形成一层假膜覆盖于肠黏膜表面，或纤维素性渗出物包裹肠内容形成栓塞状物堵塞肠道。如小鹅瘟病例，可见空肠和回肠段显著膨大，质地韧实，剖开肠腔可见大片肠黏膜坏死脱落，与纤维素性渗出物混合并凝固形成栓塞状物，或者是纤维素性渗出物形成一层假膜包裹着肠内容物，状如香肠，堵塞于肠腔；坏死性肠炎形成的纤维素性坏死性炎症，常见肠黏膜坏死、脱落。

④ 腺胃炎　腺胃壁增厚，黏膜肿胀或表面被覆多量黏性渗出物，腺体的乳头明显肿大、界限不清，如鸡传染性支管炎病毒引起的腺胃炎。

⑤ 食管炎和嗉囊炎　鸭瘟病例中可见食管发生假膜性-坏死性食管炎。这种病变初期为黏膜出血，其后与黏膜的皱襞相平行，形成1 ～ 10毫米的长条形坏死灶，在坏死灶的表面被覆一层灰黄色或黄绿色的假膜；鸡、鹅、鸽、火鸡和鹌鹑的念珠菌病，在口腔、食管、嗉囊的黏膜上形成一层白色、灰白色、黄色或褐色的薄膜，以嗉囊黏膜的病变最为明显，薄膜剥落后可出现不规则地图样的溃疡面。

⑥ 泄殖腔炎　鸭瘟病例中可见泄殖腔黏膜呈弥漫性充血、出血，散在有针头、粟粒至黄豆大小的坏死灶，在其表面黏附有一些灰绿色坏死物，直肠及泄殖腔周围组织水肿。

（4）其他常见炎症

① 卵巢炎　卵泡从正常的深黄色转变为灰黄色、红褐色、深红色，甚至淡绿色、铅黑色，其内含有干酪样、红色或褐色的半流体物，有些则为稀薄油样的液体；卵泡的形状不规则，呈椭圆形、三角形、四角形不等，有些卵泡的基部形成一长柄的蒂，这样的变化以成年鸡的沙门氏菌病最为典型。由于卵巢炎常可导致卵泡破裂，卵黄物质流溢于体腔而引起体腔炎，此时可见腹腔浆膜充血、出血，表面黏附有厚薄不等的卵黄性物质，称为卵黄性体腔炎，俗称“卵黄性腹膜炎”。

② 肝周炎　见于鸭疫里默氏菌病和家禽大肠杆菌病等，可见肝被膜出血，并黏附一层厚薄不等的纤维素性渗出物形成的膜。痛风病例的肝被膜上常黏附灰白色的尿酸盐渗出物。

③ 法氏囊炎　主要见于鸡传染性法氏囊病，法氏囊显著肿大，囊体本身由正常时的灰白色变为淡黄色，表面常被覆一些淡黄色胶样渗出物，剖开囊体，皱褶上的黏膜可见出血斑点，并常有坏死灶，囊腔内有胶冻样或果酱样的渗出物，如法氏囊严重出血，则呈紫色葡萄状。

④ 眼炎　家禽的眼炎常因鼻窦炎蔓延引起，常发生于鸡传染性鼻炎和鸡慢性呼吸道病，可见眼睑肿胀，结膜潮红，流出泡沫状的渗出物，慢性经过的病例，结膜囊内蓄积多量干酪样物，因而使眼部显著肿胀和向外突起，严重者引起角膜

溃疡、穿孔而失明。维生素A缺乏病的病例，因鼻泪管上皮变性，泪液分泌障碍发生干眼症时，也可导致眼炎。

⑤ 皮肤炎　皮肤型禽痘发生于冠、肉髯、眼眶周围、颈部、翼下及肛门周围等无毛或少毛处皮肤，其结节状痘疹是皮肤上皮的一种增生和炎症的表现，炎症痊愈，则痘痂脱落。坏疽性皮炎，病变部异常湿润，呈红褐色或黑褐色，多见于鸡的葡萄球菌病，主要发生在翼部、背部、胸部和腹部的皮肤。

⑥ 滑液囊炎　常见于鸡胸骨和皮肤之间或在跗关节、翅关节及趾关节处出现显著的囊状肿胀，按压有波动感，剖开囊腔，其内充满淡棕色液体。多见于滑液囊支原体感染或机械性损伤等。

⑦ 脚垫肿　因脚底皮肤损伤后引起细菌感染，在损伤部位及其周围组织形成脓肿，经较长时间后，结缔组织增生而成为球状硬结，见于葡萄球菌病。

4. 常见肿瘤性变化

肿瘤是机体在各种致瘤因素作用下，局部组织的细胞在基因水平上失去对其生长的正常调控，导致克隆性异常增生而形成的新生物，这种新生物常形成局部肿块或使器官、组织弥漫性肿大。如鸡马立克氏病、禽网状内皮组织增殖症、禽白血病等，常引起病禽发生典型的肿瘤病变；黄曲霉毒素中毒也可导致家禽肝脏肿瘤的发生。

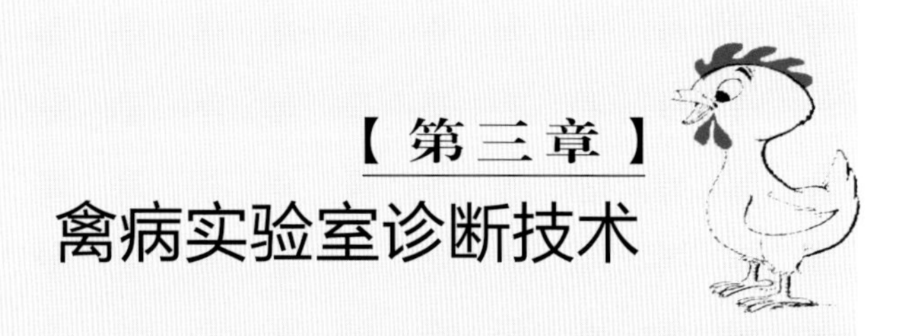

【第三章】

禽病实验室诊断技术

及时、准确的诊断是有效防治疾病的前提。我国家禽传染病现阶段的特点是种类多、新病不断出现、多病原混合感染日趋严重、非典型病例不断增加等，给疾病的诊断增加了难度。因此，多数传染病的诊断必须借助实验室诊断才能确诊。本章重点介绍家禽传染病及寄生虫病的实验室诊断技术，主要包括病料的采集、保存及运输、病理组织学检查、病原学和血清学检查等技术。

〉〉〉第一节　病料的采集、保存及运送

由于疾病种类繁多，病因比较复杂，因此，针对不同的疾病需采集不同的病料进行检测。采集病料时，应选择症状典型、刚刚死亡或濒临死亡的病禽。最好采集3～5只及以上病禽的病料，亦可以选择处于疾病不同发展阶段的病禽采集病料。不同检测技术及检测对象对病料的采集及保存的要求不同。

一、病料的采集和保存

1. 用于病理组织学检查的病料

用于病理组织学检查的病料只能从刚死亡家禽或处死的病禽采集。一般情况下，可根据剖检时肉眼可见的病理变化，选取病变明显的组织器官。但如果缺乏临诊诊断，病理剖检时又未见特征性或典型的病变，应全面取材，如肝脏、脾、肺、肾、脑、肠、胸腺和法氏囊等，最好采取病健交界部位的组织，而且要包括器官的重要结构部分，如肝脏和脾脏应包括其被膜等。较重要的病变部位尽量多取几块病料，以便分析病变的发展过程。将采集的组织用锋利刀片修剪成3～5毫米见方的组织块，于10%福尔马林中固定，或用95%乙醇或无水乙醇固定12～24小时，经充分固定的组织，即可制作组织切片，进行组织病理学检查。

2. 用于病原学和血清学检测的病料

采样工具如刀、剪、镊子及包装用品（瓶、皿）等，需灭菌后使用。每一种病料都应使用独立容器储存并密封；采集下一个病料时，应更换器械或将器械严格消毒后再使用。

（1）抗凝血　用3.8%柠檬酸三钠溶液或0.1%的肝素作为抗凝剂，待血液采出后立即与抗凝剂充分混匀，以确保抗凝效果。

（2）血清　采集全血于离心管或其他容器中静置，待血液完全凝固后，离心分离血清或继续放置一段时间，血清即可自动析出；将凝固的全血置37℃温箱20～30分钟，可加快血清的析出。将血清及时吸出分装，若不能立即检测，则可保存于4℃或－20℃以下冻存，注意避免溶血和反复冻融。

（3）口、鼻分泌物　用灭菌棉拭子从口腔、鼻腔深部或咽部拭取分泌物，立即装入灭菌试管内密封保存待检。

（4）粪便　先用消毒液或酒精棉擦洗肛门周围的污染物，再用消毒棉拭子通过肛门蘸取直肠内容物，置于装有少量灭菌缓冲盐水或转运培养基的试管内。

（5）脓汁或局部脓肿渗出液　先将肿胀部位拔毛并用酒精棉彻底消毒肿胀部位外表面，对未破口的肿胀病灶，用灭菌注射器和针头抽取脓汁或渗出液，对已破溃的病灶，可用灭菌棉签插入深部直接蘸取渗出物。

（6）体液　采用穿刺法抽取胸水、腹水、脑脊液、关节腔液等液体，抽取的液体放入密封的灭菌容器待检。

（7）组织器官　打开体腔，暴露内脏器官，先将欲采集的组织器官如肝、脾、肾、胸腺、法氏囊等表面消毒，再用灭菌手术刀或剪刀将脏器表面划口后，插入组织深部采取适量的组织材料，放入灭菌容器内，同时做组织触片，备用。

（8）皮肤和体表　将病变的皮肤表面消毒后用消毒剪刀剪取，放入有保护液的容器内，密封，冷藏。对家禽体表的寄生虫（主要有蜱、螨、虱等），可采用肉眼观察和显微镜观察相结合的方法。

二、病料的运送

现场采集的病料应尽快送实验室进行检查。由于病料的性状及检查的目的不同，运送方法不同。对供病原学检查的病料，全程注意冷链保存；细菌学和血清学待检病料，不可冻结，应放在装有冰袋或冰块的保温箱内，尽快送达实验室；供病毒学检查的病料，同样应尽快送达实验室；若路途较远，则应冷冻保存运送到实验室。

〉〉〉第二节　病原分离培养及鉴定

从临床病料中分离鉴定病原是确诊禽病的最重要的手段，主要包括细菌分离鉴定、病毒分离鉴定及寄生虫检测和鉴定等。

一、细菌的分离培养和鉴定

1. 细菌分离、培养和鉴定原则

（1）首先根据临床症状和流行病学特征，判断可能为哪种或哪几种病原菌，

在此基础上选择合适的培养基。

（2）采取、保存和运输至实验室的病料，以及细菌分离培养全过程应注意无菌操作，避免杂菌污染。

（3）根据疑似病原菌的生长特性选择合适的培养条件，如培养温度、培养时间、是否需要厌氧培养等。

（4）对获得的可疑病原菌进行分离纯化，并对纯培养物进行生化、血清学和分子生物学鉴定。必要时进行动物接种试验，以确定病原菌的毒力。

（5）在细菌分离培养时，严格按生物安全相关规定对送检病料及培养物进行消毒处理，防止病原扩散。

2. 细菌的鉴定

细菌培养特性、菌落特征和革兰氏染色特性等是细菌鉴定的初步依据。

（1）培养特性和菌落特征　不同的细菌具有不同的培养特性，如营养要求、培养条件、在鉴别培养基上的表现等。菌落特征包括菌落的大小、表面状态、气味、色泽、质地、边缘结构等，是鉴定细菌的重要依据。如葡萄球菌产生的色素可使菌落呈金黄色、柠檬色或白色；多杀性巴氏杆菌在斜射光下出现特征性虹光等。

（2）革兰氏染色特性　细菌的革兰氏染色特性是鉴定细菌的又一重要依据。

用细菌培养物或组织、粪便等临床样本制备抹片，自然干燥后经火焰固定，革兰氏染液染色，镜检观察细菌的形态特征。革兰氏阳性菌为蓝紫色，革兰氏阴性菌为红色。细菌的外形比较简单，有球状、杆状和螺旋状三种基础类型，有些细菌形态、结构特征鲜明，如多杀性巴氏杆菌在心血抹片中可见肥厚的荚膜及典型的两极着色。

另外，一些特殊的染色方法也可用于细菌的鉴定，如瑞氏染色法常用于多杀性巴氏杆菌两极染色特征的检查，抗酸染色法则主要用于结核分支杆菌的鉴定等。

（3）细菌的生化鉴定　细菌都有各自的酶系统，因此，都有各自的分解与合成代谢产物，而这些产物就是鉴别细菌的依据。根据细菌的生化特性接种相应的生化培养基进行生化试验，观察其生化反应特性。常用的生化试验方法有糖发酵试验、甲基红（MR）试验、V-P试验、吲哚试验、硫化氢试验等；采用商品化生化编码鉴定管可用于细菌的快速鉴定，有条件的实验室，可采用全自动细菌生化鉴定仪进行快速鉴定。

（4）血清学鉴定　血清学试验既可用已知抗体检测未知抗原，也可用已知抗原检测其相应的抗体，以确定感染状态或评价疫苗的免疫状态等。常用的血清学方法有：

① 平板凝集试验：可用于沙门氏菌、大肠杆菌等的血清型鉴定。

② 全血平板凝集试验：可用于鸡白痢等抗体的检测，也可用于评估鸡白痢的感染状况，常用于鸡群的净化。

③免疫酶技术及免疫荧光技术：可用于抗原或抗体的快速检测。

（5）分子生物学鉴定　聚合酶链式反应（PCR）具有特异性好、敏感度高、检测速度快及通量高等特点，是病原鉴定的金标准，已经逐渐成为替代病原分离鉴定的现代禽病快速诊断的主流技术。目前，针对大部分病原菌均有成熟的特异性常规PCR检测方法或荧光定量PCR技术。

二、病毒的分离培养和鉴定

1. 病料处理

1克病料组织加入3 ~ 5毫升灭菌生理盐水充分研磨，反复冻融3次。根据病料中细菌污染的程度，每毫升研磨液中加入500 ~ 3 000单位青霉素和链霉素，37℃处理1小时后，1 500转/分离心15分钟，上清液即为接种材料。

2. 病毒的分离培养

病毒自身没有完整的酶系统，不能在无生命的培养基上生长。常用的病毒分离培养方法有细胞培养、禽胚培养和动物接种。

（1）细胞培养　用于病毒分离培养的细胞有原代细胞和传代细胞系。根据可疑病毒的特性选择生长旺盛的敏感细胞用于病毒分离。通常将接种物进行稀释，每个接种材料接种2 ~ 3个细胞培养孔，接种量以能使接种液覆盖细胞单层为宜。37℃吸附30 ~ 60分钟，加入维持液继续培养，定时观察细胞病变。对未出现细胞病变者，通常盲传3代，如仍不出现细胞病变，可用血清学或分子生物学方法检测，结果阴性者，终止培养。

（2）禽胚培养　鸡胚等家禽的胚胎是正在发育中的生命体，组织分化程度低，细胞幼嫩，有利于病毒的感染与繁殖，适于多种病毒的生长，如禽副黏病毒、正黏病毒、痘病毒、疱疹病毒、冠状病毒、腺病毒等。

用禽胚培养病毒时，根据疑似病毒的特性选择适宜的禽胚及日龄，经照蛋后画出气室和胚头部位置，用碘酒、酒精棉先后消毒接种位置及其周围。绒毛尿囊腔接种途径，接种位置一般选择胚头部对侧距离气室边缘3毫米处打孔，每胚接种0.1 ~ 0.2毫升接种材料，接种完毕，用融化的石蜡将蛋壳针孔封闭。接种后每隔6小时照蛋一次，观察胚的成活情况。将24小时内死亡胚弃去并做无害化处理。24小时后死亡胚连同96小时内未死亡的胚，置4℃冰箱6 ~ 12小时，收获尿囊液或胚体，再进一步进行病毒鉴定，同时注意检查胚的大体病变情况。

（3）动物接种　动物接种是最原始的病毒培养方法，在病毒学研究中主要有三方面用途：分别是分离鉴定病毒、传代增殖病毒或致弱病毒以及制备免疫血清。常用的实验动物有家禽、家兔、豚鼠、大鼠和小鼠等。接种时要根据疑似病毒的特性，选择相应的实验动物和适宜的接种途径，如皮下、肌肉、腹腔、脑内和静脉内等。

3. 病毒的鉴定

（1）病毒的形态观察　病毒的形态和大小是鉴定病毒种类的依据之一。病毒个体极其微小，只能在电子显微镜下观察其形态特征。病毒的基本形态有圆形、砖形、杆状、弹状、丝状和多形性等，如痘病毒是最大的病毒，呈砖形，流感病毒呈多形性，而圆环病毒为细小的圆形。

（2）血清学鉴定 对病毒分离株可用血凝及血凝抑制试验、中和试验、琼脂免疫扩散试验、放射性同位素标记技术、荧光抗体技术、酶标记抗体技术等血清学方法进行鉴定，以确定病毒的种类、血清型及其亚型。

（3）分子生物学鉴定 PCR及荧光定量PCR技术已经广泛用于病毒的鉴定，可直接用于病料的检测，不仅大大提高了检测速度，而且因无需对病毒进行培养，减小了病原的扩散及对环境污染的风险，尤其适用于禽流感等烈性传染病的快速诊断，对难以培养的病毒的鉴定也具有无可比拟的优势。目前，家禽主要的病毒病几乎都可以采用分子生物学方法进行鉴定。

三、寄生虫的检查和鉴定

1. 寄生虫检查技术

（1）粪便中寄生虫的检查 许多寄生虫，特别是寄生于消化道的虫体，其虫卵、卵囊或幼虫均可通过粪便排出体外。通过检查粪便，可以确定禽是否感染寄生虫以及寄生虫种类与感染强度。寄生在消化道相连器官（如肝脏）中的寄生虫，以及某些呼吸道的寄生虫，均可采用粪便检查法，因为寄生于呼吸道中的寄生虫其虫卵或幼虫常随痰液咽下并随粪便排出。寄生虫粪便检查时，一定要用新鲜粪便。粪便中寄生虫检查时，常用的实验室检测技术有肉眼观察法、直接涂片法、虫卵漂浮法、虫卵沉淀法和虫卵计数法。

（2）口腔、鼻腔和气管分泌物寄生虫的检测 用棉拭子取口腔、鼻腔和气管分泌物，将采取的分泌物涂于洁净载玻片上，镜检。

（3）其他组织中寄生虫的检查 有些原虫可以在家禽的不同组织内寄生。一般在禽死后剖检时，取一小块组织，以其切面在洁净载玻片上做成抹片、触片，或将小块组织固定后制成组织切片再染色镜检。抹片或触片可用瑞氏染色或姬姆萨染液染色后观察。

（4）体表寄生虫的检查 寄生于家禽体表的寄生虫主要有蜱、螨、虱等，对于这些种类的寄生虫的检查，可采用肉眼观察和显微镜检查相结合的方法。对较小虫体，常需刮取毛屑、皮屑，于显微镜下寻找虫体或虫卵。

2. 寄生虫的鉴定

（1）寄生虫种类的形态鉴定 虫体分类鉴定需参照有关寄生虫分类、形态描述的资料。观察虫体时，应由前向后、由外向内、由一般到重点进行观察，要求尽量鉴定到种；如不能鉴定到种，可鉴定到属。

（2）寄生虫分子生物学鉴定 寄生虫病的经典诊断技术主要是依靠显微镜进行形态学检查，要想获得准确的诊断结果，必须要有有经验的镜检员，且显微镜镜检的敏感性不高，劳动强度大。而分子生物学诊断方法具有简单、速度快、敏感性高等优点，已广泛用于寄生虫的检查，主要包括分子杂交技术、PCR技术、随机扩增多态性DNA、限制性片段长度多态性等，多用于家禽的球虫病、隐孢子虫病和蠕虫病等寄生虫病的诊断。

〉〉〉第三节　血清学诊断技术

血清学诊断方法是家禽传染病实验室诊断的重要手段，主要包括血凝及血凝抑制试验、凝集试验、琼脂免疫扩散试验、酶联免疫吸附试验、荧光抗体技术和免疫胶体金技术等。

一、血凝及血凝抑制试验

1. 原理

有些病毒能够凝集某种（些）动物的红细胞（如鸡、鹅、豚鼠和人的红细胞），称为病毒的血凝性，基于病毒的这种特性而设计的试验称为血凝试验（HA）。血凝试验可以检测材料中是否存在具有血凝特性的病毒，是非特异性的。病毒凝集红细胞的能力可以被该病毒的特异性抗体抑制，称为血凝抑制，利用该现象建立的试验称为血凝抑制试验（HI）。HA和HI用于禽流感病毒、新城疫病毒等具有血凝特性的病毒引起的疫病的诊断。

2. 应用

（1）病毒滴度测定　通过对病毒悬液进行连续倍比稀释，并与红细胞悬液混合，进行HA，可以测定出该病毒悬液的血凝价，是衡量病毒相对含量的一种指标。

（2）病毒鉴定　通过血凝抑制试验，用已知血清鉴定分离病毒或材料中病毒种类，有利于对一些疾病的诊断，如禽流感、新城疫等。

（3）抗体效价测定　对临床血清样本进行倍比稀释，并进行血凝抑制试验，可以获得血清抗体的血凝抑制试验效价，常用于禽流感、新城疫等抗体水平的监

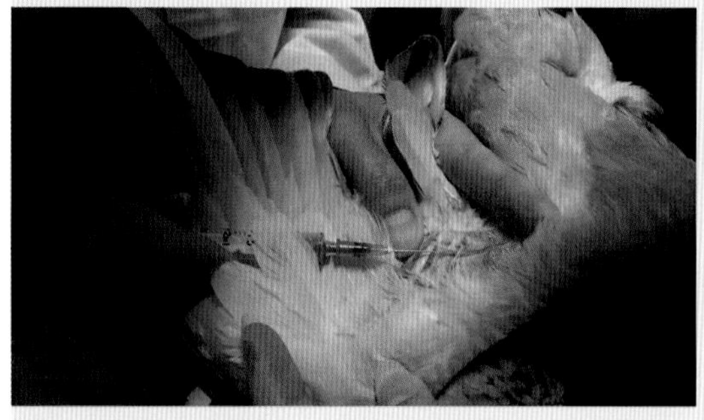

图3-1　翅静脉采血

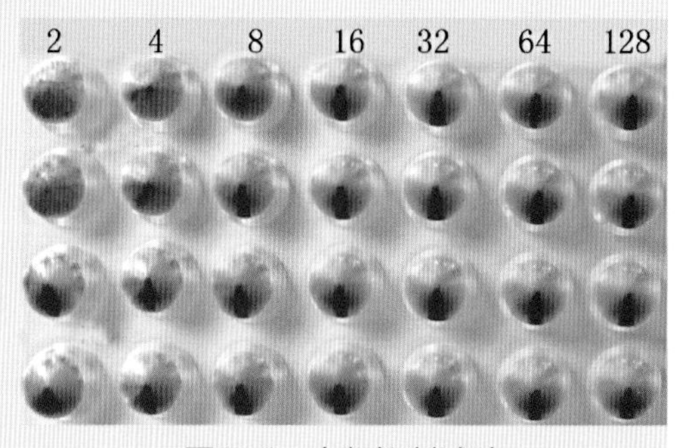

图3-2　血凝抑制试验

测及疫苗免疫效果的评价。如一般将免疫后禽流感血凝抑制试验抗体≥$5\log_2$判定为免疫合格。

二、凝集试验

1. 原理

细菌等颗粒性抗原与相应抗体结合后，在有电解质存在时，抗原抗体相互作用出现肉眼可见的凝集团块，称为凝集反应。根据凝集现象建立的检测抗原或抗体的方法称为凝集试验。参与反应的抗原称为凝集原，抗体称为凝集素。将可溶性抗原（或用抗体）吸附于载体形成致敏颗粒后再与相应抗体（或抗原）结合，同样可发生凝集反应。将细菌等抗原与相应抗体直接反应，两者比例合适时出现凝集现象，称为直接凝集；而将可溶性抗原或抗体吸附于免疫无关的载体颗粒表面（即致敏）后，再与相应抗体或抗原进行特异性反应，称为间接凝集。

2. 应用

（1）病原鉴定、血清分型及疾病诊断　利用已知血清，可鉴定未知的病原细菌。例如，用沙门氏菌A～F多价O血清，与分离自患病家禽的细菌进行玻片凝集试验，从而鉴定沙门氏菌，可用于禽伤寒、鸡白痢的诊断。采用针对不同血清型的单因子血清，则可以确定菌株的血清型。

（2）用于测定血清中的抗体　利用已知抗原，可以检测血清中的抗体。例如，用布鲁氏菌虎红平板凝集抗原，可以检测临床血清样本中的布鲁氏菌抗体的存在情况及水平。

三、琼脂免疫扩散试验

1. 原理

琼脂免疫扩散是可溶性的抗原与相应抗体在琼脂凝胶中所呈现的一种沉淀反应。琼脂是一种多糖体，高温时能溶于水，冷却凝固后形成多孔结构的凝胶。抗原、抗体在含有电解质的琼脂凝胶中扩散，由近及远形成浓度梯度，当二者在比例适当处相遇时，即发生沉淀反应，形成肉眼可见的白色沉淀线（抗原和抗体的特异性结合物）。

琼脂免疫扩散试验（简称琼扩试验）可分为单向免疫扩散（单扩）、双向免疫扩散（双扩）等。单扩是将一定量的抗体与融化琼脂混合均匀后制备琼脂板，再按一定要求打孔并加入抗原。抗原向四周扩散，在抗原、抗体比例合适处形成白色沉淀环。双扩则是先制备不含抗原或抗体的琼脂板，并打孔，然后将抗原和抗体加入相邻的孔中，两者同时在琼脂中向四周扩散，在比例合适处生成白色沉淀线。琼扩试验常用于家禽疾病诊断及抗体检测。

2. 应用

（1）疾病诊断　利用琼扩试验，用已知血清（抗体）检测临床样本中可能存在的病原（抗原），从而进行疾病的诊断。例如，传染性法氏囊病、鸡马立克氏病及传染性喉气管炎等。特别是针对鸡马立克氏病，可拔取病鸡新换羽毛数根，剪下毛根直接插于含有阳性血清的琼脂平板，如在周围形成白色沉淀环，即可得出诊断结果。

（2）测定血清中的抗体效价　同样，利用琼扩试验，可以用已知抗原检测未知抗体及其效价。例如，采用双向琼扩试验，在琼脂凝胶板上打梅花孔，中间孔加入抗原，四周加入不同稀释度的血清，出现沉淀带的最大稀释倍数即为抗体的琼扩效价。这种方法常用于小鹅瘟等抗血清琼扩效价的测定。

四、酶联免疫吸附试验（ELISA）

1. 原理

酶联免疫吸附试验（ELISA）是一种目前应用广泛、发展迅速的新型免疫测定技术。ELISA的主要过程是将抗原（或抗体）吸附在固相载体表面，加待测抗体（或抗原），再加相应酶标记抗体（或抗原）。如果两者相对应，则生成抗原（或抗体）-待测抗体（或抗原）-酶标记抗体复合物。然后再加入该酶的底物，则反应生成有色产物。产物的量与样本中受检物质的量直接相关，故可根据颜色反应的深浅来进行定性或定量分析。在实际应用中，根据检测目的不同，ELISA有多种设计和多种操作形式，如间接ELISA、双抗体夹心ELISA、双夹心ELISA、竞争ELISA、阻断ELISA和抗体捕捉ELISA等。

2. 应用

（1）抗体检测　ELISA具有快速、灵敏的特点，生产中主要用于疫苗免疫后抗体水平的监测，评价免疫效果。也可以通过检测感染抗体来对疾病进行诊断。目前，市场上有许多商品化的禽病抗体ELISA检测试剂盒，如IDEXX公司开发的禽流感、鸡新城疫及传染性支气管炎等的ELISA抗体检测试剂盒。

（2）病原（抗原）检测　采用ELISA检测病原或抗原成分，可对疾病做出诊断，如IDEXX公司的禽白血病病毒ELISA检测试剂盒可检测p27蛋白，能直接检测蛋清和泄殖腔拭子等样本，利于该病的诊断。

五、荧光抗体技术

1. 原理

荧光抗体技术是用荧光素对抗体进行标记，通过荧光显微镜对所标记的荧光抗体进行观察，从而示踪或检查相应抗原的一种技术手段。该技术将血清学的特异性和敏感性与显微技术结合起来，从而可以对抗原进行定性和定位分析，在疾病的早期、快速诊断方面得到了广泛应用。荧光抗体技术有直接法和间接法两种。直接法是用荧光素直接标记抗体后对样本中的抗原进行检测，针对所要检测的每一种抗原均需要制备荧光标记抗体；而间接法对抗抗体（二抗）进行标记，首用抗原特异性的抗体（一抗）与样本中的抗原进行结合，然后用荧光标记的抗抗体与一抗进行结合，以形成抗原-抗体-荧光抗抗体后进行检测，间接法无需针对每种抗原制备相应的荧光标记抗体。

2. 应用

在禽病诊断中，荧光抗体技术主要通过对病原进行检测，从而实现对疾病的快速诊断。利用特异性抗体，用直接法或间接法，可以对分离培养的细菌、组织触片或组织切片中的病原等进行快速检测，从而对疾病进行诊断。例如，用患有疑似禽霍乱的病死鸡肝脏制备触片，并采用抗多杀性巴氏杆菌特异性荧光抗体进行检测，在荧光显微镜下观察是否有荧光即可对该病进行诊断。

六、免疫胶体金技术

1. 原理

免疫胶体金技术属于免疫标记技术的一种，是以胶体金标记抗体或抗原，以检测未知抗原或抗体的方法。胶体金是在某些特定还原剂作用下形成的特定大小的金颗粒，在弱碱环境下其带负电荷，可与蛋白质正电荷牢固结合，从而可以对抗体或抗原进行标记。目前常见的胶体金试纸条是依据胶体金免疫层析技术研制而成，其主要原理是以硝酸纤维素膜为载体，将特异性抗体固定在膜的某一区带，当把硝酸纤维素膜的一端浸入样本后，由于微孔膜的毛细管作用，样本中的抗原沿着膜向另一端渗移。当移动到抗体区域时发生抗原抗体的特异性结合，免疫金聚集可使该区域形成红色区带。

2. 应用

在禽病领域，该技术主要用于检测特定病原来实现对疾病的快速诊断。目前有多个商品化的胶体金诊断试纸条，如禽流感病毒H5亚型抗原检测卡、新城疫抗原检测卡及传染性法氏囊病毒抗原检测卡等。

第四节 PCR诊断技术

PCR是一种模拟体内DNA复制的方式，在体外特异性地将DNA某个特殊区域大量扩增出来的技术。与传统的检测方法相比，PCR具有快速、准确和灵敏度高等优点，可以在几小时内对样本中微量的病原核酸进行检测，从而在禽病诊断研究中得到广泛应用。此外，利用针对不同病原的特异性引物建立的多重PCR能同时进行不同病原的检测，适合对多种病原混合感染的快速诊断。

一、常规PCR检测技术

1. 原理

常规PCR技术，即传统的PCR方法。利用与所要扩增的目的片段特异性结合的短寡核苷酸引物，在DNA聚合酶、dNTP、模板等存在的情况下，通过20 ～ 40次的“变性-退火-延伸”的循环反应过程，使目的基因扩增几百万倍。PCR反应在特定的PCR热循环仪上进行，反应结束后，通过琼脂糖电泳和核酸染色，对扩增产物进行观察。

2. 应用

常规PCR在禽病诊断中的应用主要是对病毒、细菌等病原进行快速检测，从而实现对疾病的诊断。例如，从患有疑似鸡新城疫的家禽病料中提取病毒RNA，并逆转录为DNA后，采用新城疫病毒特异PCR方法对病毒核酸进行检测，2 ～ 3小时即可获得诊断结果。

二、荧光定量PCR检测技术

1. 原理

荧光定量PCR是将传统PCR与荧光检测技术结合起来的一种检测技术。其基本原理与传统PCR相同，均是对特定目的片段在体外进行大量扩增。但在PCR反应体系中，加入荧光标记的探针或DNA荧光染料，通过PCR扩增时中每一个循环产物荧光信号的实时检测，从而实现对起始模板定量及定性的分析。针对产生荧光信号的原理不同，荧光定量PCR有多种形式，目前最为常用的是探针法和染料法。探针法是利用与靶序列特异杂交的探针（如TaqMan探针）来指示扩增产物的增加，染料法则是利用能与PCR产物结合并发出荧光的染料（如SYBR Green）来指示扩增的增加。进行荧光定量PCR检测，需要有荧光定量PCR仪，以实现对产生荧光的实时监测。与传统PCR相比，荧光定量PCR不仅可以对样本中的核酸进行定量分析，同时具有更高特异性（特别是探针法）、敏感性等特点，而且不需要进行琼脂糖凝胶电泳，更为快速且可实现高通量检测。

2. 应用

在禽病诊断中，荧光定量PCR的应用与传统PCR相同，可以通过检测病原核酸从而实现对疾病的诊断。但该方法更为敏感、快速，并且能高通量地对大量样本同时进行检测。该方法在禽病诊断中应该已较为广泛应用，如基于TaqMan探针技术建立的禽流感病毒H5、H7、H9亚型特异性荧光定量RT-PCR方法，以及禽流感病毒通用性RT-PCR方法，已广泛用于禽流感的诊断。

【第四章】
疫病的类症鉴别

家禽疾病种类多，引起疾病的原因复杂，临床表现也极为复杂多样。同种疾病在不同的发病阶段、同种动物不同年龄、不同免疫状态或在不同种类的动物中表现不同；反之，不同疾病也可引起相似的症状，而在家禽的传染病中，多种不同疾病可导致某些相似症状的现象尤为突出，给禽病诊断，特别是经验不足的初学者造成很大困难。做好类症鉴别，对缩小诊断范围、建立正确诊断至关重要。本章主要介绍常见家禽疫病的类症鉴别。

一、具有呼吸道症状家禽疫病的类症鉴别

临床常见的引起呼吸道症状为特征的禽病主要包括：新城疫、禽流感、传染性鼻炎、传染性喉气管炎、传染性支气管炎、禽曲霉菌病和慢性呼吸道病等，主要表现为禽类打喷嚏、流泪及咳嗽、呼吸困难，常伴有不同程度的啰音。虽然此类疾病的流行病学特征、临床症状及病理变化较为相似，需经实验室诊断才能确诊，但对这三方面特性的综合分析仍可为疾病的初步诊断和防控提供依据。禽类常见呼吸道病见表4-1。

表4-1　具有呼吸道症状家禽疫病的鉴别诊断

病　名	病　原	流行特征	临床症状	大体病变
鸡新城疫	新城疫病毒	发病急，传播快，各种年龄的鸡均可发病，发病率和死亡率与鸡的抵抗力和病毒的毒力有关	病鸡精神不振，食欲减退或废绝，排出绿色粪便。大多数病鸡呼吸困难，2～3天后大批死亡，中后期出现神经症状，出现头颈扭曲，平衡失调，有时可见神经麻痹，瘫痪。产蛋鸡产蛋量大幅度下降，蛋壳褪色、变薄、变软	腺胃乳头出血，肠黏膜充血、出血，十二指肠、小肠卵黄蒂附近、回肠等部位的淋巴滤泡及盲肠扁桃体肿胀、出血、坏死，表面有黄白色伪膜覆盖，浆膜面可见红色枣核样病灶。产蛋鸡卵泡出血、液化、变形，气管黏膜充血、出血

（续）

病　名	病　原	流行特征	临床症状	大体病变
禽流感	A型流感病毒	多种家禽和野禽均易感，发病率高，死亡率低，但高致病力毒株感染时，发病率、死亡率均可达100%	病禽精神沉郁，食欲减退，下痢，排绿色粪便，出现程度不同的呼吸道症状，产蛋鸡产蛋率下降；高致病性禽流感病鸡头面部肿胀，冠髯发绀，严重时出血、坏死，脚鳞充血、出血	低致病性禽流感无特征病变。高致病性禽流感病禽全身浆膜、黏膜及各组织器官广泛出血，腺胃黏膜乳头出血，胰腺可见出血斑或坏死灶，气管黏膜严重出血，可见血性分泌物
鸡传染性鼻炎	副鸡嗜血杆菌	4周龄以上鸡多发，产蛋鸡发病较多，发病急，传播快，感染率高，死亡率低	呼吸困难，流鼻涕，一侧或两侧眶下窦肿胀，眼睑水肿，结膜发炎。产蛋鸡产蛋量大幅度下降	鼻腔和黏膜充血、潮红，窦腔内有大量浆液性、黏液性或干酪样渗出物。产蛋鸡卵泡变形、破裂，有时可见卵黄性腹膜炎
鸡传染性喉气管炎	疱疹病毒	主要感染鸡，育成鸡和成年产蛋鸡感染症状最典型，传染率高，病死率较低	流泪，流鼻涕，呼吸时湿性啰音，咳嗽，喘气，严重时呼吸困难，频频甩头，常甩出带血的黏性分泌物，产蛋鸡产蛋量下降或停止	喉头和气管黏膜肿胀、出血，有时可见干酪样渗出物或凝血块。眼结膜肿胀、增生、坏死和角膜混浊。产蛋鸡卵泡变形、破裂
鸡传染性支气管炎	冠状病毒	仅感染鸡，各年龄鸡均易感，雏鸡和产蛋鸡发病较多，冬季发病最严重	病鸡张口呼吸、咳嗽、呼吸困难，常伴有明显的啰音；肾型传染性支气管炎呼吸道症状较轻微，主要表现为下痢，粪便尿酸盐增多，饮水量明显增加	呼吸型传染性支气管炎病鸡主要表现为气管、支气管黏膜充血，管腔内有浆液性、卡他性或黄白色干酪样渗出物；肾型传染性支气管炎主要表现为“花斑肾”，肾脏肿胀，有大量尿酸盐沉积，肾小管和输尿管扩张
禽曲霉菌病	曲霉菌	多种禽类均易感，幼禽最易感，多呈急性暴发，多发于潮湿、多雨季节	雏禽病程短，表现为严重的呼吸困难，张口伸颈、呼吸时胸腹部煽动明显，部分病鸡出现头颈向后弯曲、斜颈和平衡失调等特征症状。成年禽呈慢性经过消瘦、贫血，严重时呼吸困难，衰竭死亡	肺脏和气囊壁等部位可见黄白色圆盘状质地较坚硬的霉菌结节，严重者在内脏浆膜面和气囊壁可见霉菌结节，部分病禽可见灰白色、灰绿色或灰黑色霉菌斑
禽慢性呼吸道病	鸡毒支原体	1～2月龄雏鸡最易感，鹌鹑、孔雀、雉鸡、鹦鹉等也可感染，寒冷季节多发	幼禽病初流鼻涕、打喷嚏、甩头、张口喘气、呼吸道啰音，随后出现眶下窦肿胀，导致病禽眼睑粘连和眼部突出，病程较长者生长发育不良。成年鸡病程漫长，出现气管啰音，流鼻涕，咳嗽，体重减轻，产蛋鸡产蛋量下降等	眶下窦内有浆液性、黏液性或黄白色干酪样分泌物，喉腔、气管内有多量灰白色、红褐色黏液或干酪样物质。纤维素性的肝周炎、心包炎、气囊炎，气囊内有白色或黄白色干酪样渗出物，肺胸膜增厚、充血、出血、肺实质肉样变甚至出现干酪样坏死

二、具有腹泻症状家禽疫病的类症鉴别

细菌、真菌、病毒和寄生虫等病原性因素均可导致禽下痢。新城疫、传染性法氏囊病、禽霍乱、鸡白痢、禽伤寒、禽副伤寒、禽大肠杆菌病、肾型传染性支气管炎、鸭瘟、包涵体肝炎和鸡球虫病等，均可引起不同程度的下痢；病理剖检变化以肠炎为主，肠黏膜充血、出血、溃疡或坏死。家禽常见的具有腹泻症状的疫病见表4-2。

表4-2　具有腹泻症状的禽类疫病的鉴别诊断

病　名	病　原	流行特征	临床症状	大体病变
鸡新城疫	新城疫病毒	发病急，传播快，各种年龄的鸡均可发病，发病率和死亡率与鸡的抵抗力和病毒的毒力有关	病鸡精神不振，食欲减退或废绝，排出绿色粪便。大多数病鸡呼吸困难，2 ～ 3天后大批死亡，中后期出现神经症状，出现头颈扭曲，平衡失调，有时可见神经麻痹，瘫痪。产蛋鸡产蛋量大幅度下降，蛋壳褪色、变薄、变软	腺胃乳头出血，肠黏膜充血、出血，十二指肠、小肠卵黄蒂附近、回肠等部位的淋巴滤泡及盲肠扁桃体肿胀、出血、坏死，表面有黄白色伪膜覆盖，浆膜面可见红色枣核样病灶。产蛋鸡卵泡出血、液化、变形，气管黏膜充血、出血
鸡传染性法氏囊炎	传染性法氏囊炎病毒	自然病例仅见于鸡，以3 ～ 6周龄为发病高峰，发病急，死亡快；非典型病例，感染率高，死亡率低	典型发病鸡群突然出现精神沉郁，食欲减退，1 ～ 2天内可波及全群。病鸡腹泻，排出白色蛋清样稀粪，严重脱水，迅速死亡	典型病鸡法氏囊水肿，外周可见淡黄色的胶冻样水肿液，或出血呈紫葡萄样，囊内有黏液样或干酪样渗出物，肌胃和腺胃交界处常见环形出血带，腿部、胸部肌肉出血。非典型病鸡法氏囊萎缩，囊壁变薄，囊内有灰白色黏液样渗出物或干酪样坏死物
禽霍乱	多杀性巴氏杆菌	3 ～ 4月龄鸡和成年鸡易感，高温、潮湿、多雨以及气候多变的春季最易发生	最急性型病鸡常突然倒毙。急性型精神委顿，食欲废绝，呼吸急促，鼻和口中流出混有泡沫的黏液；随后出现腹泻，粪便呈绿色；体温升高达43℃以上；鸡冠和肉髯发绀呈黑紫色，常在1 ～ 3天内死亡	心脏冠状脂肪和心肌散布弥漫性出斑点，心包积液，肝脏肿胀，表面密布针尖大小灰白色坏死点，其他内脏器官浆膜面常有大小不一的出血点，肠管膨胀，内容物呈粥样，黏膜坏死脱落
鸡白痢	鸡白痢沙门氏菌	2周龄以内的雏鸡多见，20 ～ 45日龄者呈亚急性，成年鸡多为慢性或隐性感染	雏鸡病初精神萎靡、畏寒扎堆，多数病鸡呼吸急促，时而尖叫，排出白色糊状稀粪，污染肛门周围的绒毛；成年鸡感染常无临床症状	肝脏、脾脏肿大，表面有大小不一的白色坏死灶，卵黄吸收不良、内容物多为黄绿色糊状或干酪样；心肌和肠壁有时可见有灰白色增生性坏死结节（易与肿瘤结节混淆）；盲肠内有干酪样物充盈，形成“盲肠芯”；成年母鸡卵泡变形、变色，有腹膜炎

（续）

病　名	病　原	流行特征	临床症状	大体病变
禽伤寒	鸡伤寒沙门氏菌	鸡和火鸡对本菌最易感。本病主要发生于成年鸡和3周龄以上的青年鸡	雏鸡困倦，食欲废绝，鸡冠暗红，泄殖腔周围有白色粪便。育成鸡及成年鸡突然停食，腹泻，排黄绿色水样稀粪，频频饮水	病鸡肝脏肿大呈青铜色或绿色，脾脏与肾脏显著充血肿大，表面有细小坏死点，腹膜炎，肠道卡他性或出血性炎症。蛋鸡卵泡充血、出血或坏死
禽副伤寒	禽副伤寒沙门氏菌	主要感染鸡、火鸡和鸭等，1月龄以内的幼禽发病率和死亡率均高，成年禽多为隐性感染	雏禽嗜睡，食欲减退，饮水欲增加，白色水样下痢，泄殖腔沾有粪便。成年禽多无症状，偶有腹泻症状	肝脏、脾脏肿大，并有出血点和坏死灶，肺脏、肾脏充血，盲肠扩张，有干酪样物质
禽大肠杆菌病	大肠杆菌	鸡、火鸡、鸭最易感；幼禽和胚胎感染最严重，无明显的季节性，多并发或继发于其他疾病	病鸡食欲下降，严重下痢，排黄白色或绿色稀粪。雏鸡脐炎发生在出壳初期，脐孔红肿，后腹胀大，黄白色下痢，出壳头几天死亡较多；成年家禽尤其是产蛋高峰期则主要发生生殖器官感染，产蛋量下降，种蛋受精率和孵化率降低	幼禽多见败血症，纤维素性心包炎，肝周炎，气囊炎，肠黏膜弥漫性充血出血，卵黄性腹膜炎，关节炎，脐炎，肺炎及肉芽肿
肾型传染性支气管炎	冠状病毒	各种年龄鸡均可感染，雏鸡最易感	呼吸道症状较轻微，主要表现为下痢，粪便尿酸盐增多，饮水量明显增加	肾型传染性支气管炎主要表现为“花斑肾”，肾脏有大量尿酸盐沉积、肿胀，肾小管和输尿管扩张
鸭瘟	疱疹病毒	雁形目鸭科成员均易感，成年鸭发病和死亡较严重	体温升高呈稽留热；精神沉郁，两脚麻痹无力，不愿走动；眼部周围常见浆液性或脓性分泌物，部分病鸭头颈肿胀为本病特征性临床症状；病鸭下痢，排绿色或灰白色稀粪	病鸭头部和腿部皮下有胶冻样水肿液，口腔、食道、肠黏膜出血性溃疡性坏死，肝脏出血性坏死是本病的特征性病变
包涵体肝炎	I亚群禽腺病毒	1～2月龄肉鸡多发；成年鸡多为隐形感染，春、秋两季多发	在生长良好的鸡群中突然出现死亡，最初3～5天死亡率上升，持续3～5天后逐渐停止。病鸡精神不振、食欲减退。白色水样下痢是本病特征症状	肝肿胀，呈淡褐或黄色，质脆，有出血斑或弥漫性坏死灶；肾肿胀呈淡褐色；脾脏有白色斑点状和环状坏死；骨髓呈灰白或黄色
鸡球虫病	艾美尔球虫	所有日龄和品种的鸡、鸭都有易感性，多于3～6周龄暴发，发病率20%～100%，致死率50%～100%。本病在潮湿、多雨的夏季最为严重，而在育雏室内任何季节都可发生	病禽下痢，粪便呈便血，呈暗红、黄褐色甚至混有血凝块。急性病禽迅速死亡，较大日龄家禽多呈慢性经过，表现为贫血，鸡冠和睑结膜苍白，食欲减少，消瘦、下痢	盲肠球虫：盲肠黏膜出血，内有血液块及坏死渗出物；小肠球虫：小肠黏膜出血，肠内容物有血性内容物

三、具有神经症状家禽疫病的类症鉴别

临床常见的具有神经症状的禽类疫病主要有禽脑脊髓炎、新城疫、高致病性禽流感、鸭病毒性肝炎、鸭坦布苏病毒病等，主要表现为头颈扭转、歪脖、腿麻痹、角弓反张、转圈等。常见的有神经症状的禽类疫病见表4-3。

表4-3　具有神经症状的禽类疫病的鉴别诊断

病　名	病　原	流行特征	临床症状	大体病变
禽脑脊髓炎	禽脑脊髓炎病毒	鸡、雉鸡、火鸡、鹌鹑等均可自然感染，3周龄以下的雏鸡最易感，本病无明显的季节性	共济失调，头颈震颤；部分雏鸡可见眼球晶状体混浊	常无肉眼可见变化，有时可见脑实质液化
鸡新城疫	新城疫病毒	发病急，传播快，各种年龄的鸡均可发病，发病率和死亡率与鸡的抵抗力和病毒的毒力有关	病鸡精神不振，食欲减退或废绝，排出绿色粪便。大多数病鸡呼吸困难，2～3天后大批死亡，中后期出现神经症状，出现头颈扭曲，平衡失调，有时可见神经麻痹，瘫痪。产蛋鸡产蛋量大幅度下降，蛋壳褪色、变薄、变软	腺胃乳头出血，肠黏膜充血、出血，十二指肠、小肠卵黄蒂附近、回肠等部位的淋巴滤泡及盲肠扁桃体肿胀、出血、坏死，表面有黄白色伪膜覆盖，浆膜面可见红色枣核样病灶。产蛋鸡卵泡出血、液化、变形，气管黏膜充血、出血
高致病性禽流感	H5N1亚型流感病毒	多种家禽和野禽均易感，发病率、死亡率均可达100%	精神沉郁，食欲减退，下痢，排绿色粪便，程度不同的呼吸道症状，产蛋鸡产蛋率下降；病鸡头面部肿胀，冠髯发绀，严重时出血、坏死。脚鳞有充血、出血。雏鸭易出现神经症状，可见共济失调、转圈或倒地呈划船状	全身浆膜、黏膜及各组织器官广泛出血，腺胃黏膜乳头出血，胰腺可见出血斑或坏死灶，气管黏膜严重出血，可见血性分泌物
鸭病毒性肝炎	小RNA病毒	主要感染鸭，3周龄内雏鸭发病率、死亡率高	精神沉郁，垂翅，厌食，发病半天到1天即可见全身性抽搐，病鸭多侧卧，头向后背，两脚痉挛性踢蹬，有时在地上旋转；少数病鸭排黄白色和绿色稀粪	肝肿大，质脆，发黄，表面有大小不一的出血斑点
鸭坦布苏病毒病	坦布苏病毒	除番鸭外的所有品种鸭、鸡、鹅均可感染，鸭最易感，以10～25日龄雏鸭及产蛋鸭更易感。本病一年四季均可发生，但夏、秋季节多发，发病率高达80%以上，死亡率2%～10%	采食减少，部分病鸭排绿色或白绿色稀粪；后期常见两脚瘫痪、向后伸展，头颈歪斜等神经症状，产蛋鸭产蛋量急剧下降	卵泡严重充血、出血、萎缩；部分病例肝脏肿大，发黄；心肌苍白，冠状脂肪出血，心肌有白色条纹状坏死

四、具有产蛋下降症状家禽疫病的类症鉴别

新城疫、传染性支气管炎、产蛋下降综合征、传染性鼻炎、禽流感、传染性喉气管炎、鸭坦布苏病毒病和鸭瘟等。其主要表现为产蛋禽产蛋量下降，蛋品质下降，可见蛋壳褪色、粗糙、变薄、变软或出现褐色斑点等，种蛋受精率、孵化率下降等。具有产蛋下降症状的禽类疫病见表4-4。

表4-4　具有产蛋下降症状的禽类疫病的鉴别诊断

病　名	病　原	流行特征	临床症状	大体病变
鸡新城疫	新城疫病毒	发病急，传播快，各种年龄的鸡均可发病，发病率和死亡率与鸡的抵抗力和病毒的毒力有关	病鸡精神不振，食欲减退或废绝，排出绿色粪便。大多数病鸡呼吸困难，2～3天后大批死亡，中后期出现神经症状，出现头颈扭曲，平衡失调，有时可见神经麻痹，瘫痪。产蛋鸡产蛋量大幅度下降，蛋壳褪色、变薄、变软	腺胃乳头出血，肠黏膜充血、出血，十二指肠、小肠卵黄蒂附近、回肠等部位的淋巴滤泡及盲肠扁桃体肿胀、出血、坏死，表面有黄白色伪膜覆盖，浆膜面可见红色枣核样病灶。产蛋鸡卵泡出血、液化、变形，气管黏膜充血、出血
鸡传染性支气管炎	冠状病毒	仅感染鸡，各年龄鸡均易感，雏鸡和产蛋鸡发病较多，冬季发病最严重	病鸡张口呼吸、咳嗽、呼吸困难，常伴有明显的啰音；肾型传染性支气管炎呼吸道症状较轻微，主要表现为下痢，粪便尿酸盐增多，饮水量明显增加	呼吸型传染性支气管炎病鸡主要表现为气管、支气管黏膜充血，管腔内有浆液性、卡他性或黄白色干酪样渗出物；肾型传染性支气管炎主要表现为“花斑肾”，肾脏肿胀，有大量尿酸盐沉积，肾小管和输尿管扩张
产蛋下降综合征	产蛋下降综合征病毒	各种年龄鸡均易感，产蛋高峰前后多发，鸭、鹅、火鸡、珍珠鸡等也可感染	突出症状是产蛋量突然下降，1周左右可下降20%～50%，蛋色变浅，蛋壳粗糙，产畸形蛋、软壳蛋、薄壳蛋等	输卵管卡他性炎症，管腔内有较多的黏液，黏膜水肿
鸡传染性鼻炎	副鸡嗜血杆菌	4周龄以上鸡多发，产蛋鸡发病较多，发病急，传播快，感染率高，死亡率低	呼吸困难，流鼻涕，一侧或两侧眶下窦肿胀，眼睑水肿，结膜发炎。产蛋鸡产蛋量大幅度下降	鼻腔和黏膜充血、潮红，窦腔内有大量浆液性、黏液性或干酪样渗出物。产蛋鸡卵泡变形、破裂，有时可见卵黄性腹膜炎
禽流感	A型流感病毒	多种家禽和野禽均易感，发病率高，死亡率低，但高致病力毒株感染时，发病率、死亡率均可达100%	病禽精神沉郁，食欲减退，下痢，排绿色粪便，出现程度不同的呼吸道症状，产蛋鸡产蛋率下降；高致病性禽流感病鸡头面部肿胀，冠髯发绀，严重时出血、坏死，脚鳞充血、出血	低致病性禽流感无特征病变。高致病性禽流感病禽全身浆膜、黏膜及各组织器官广泛出血，腺胃黏膜乳头出血，胰腺可见出血斑或坏死灶，气管黏膜严重出血，可见血性分泌物

（续）

病 名	病 原	流行特征	临床症状	大体病变
鸡传染性喉气管炎	疱疹病毒	主要感染鸡，育成鸡和成年产蛋鸡感染症状最典型，传染率高，病死率较低	流泪，流鼻涕，呼吸时湿性啰音，咳嗽，喘气，严重时呼吸困难，频频甩头，常甩出带血的黏性分泌物，产蛋鸡产蛋量下降或停止	喉头和气管黏膜肿胀、出血，有时可见干酪样渗出物或凝血块。眼结膜肿胀、增生、坏死和角膜混浊。产蛋鸡卵泡变形、破裂
鸭坦布苏病毒病	坦布苏病毒	不同品种鸭均易感；发病率可高达100％，死亡率较低，青年鸭和雏鸭发病后死亡率可达20％；通过直接接触和空气传播	临床表现为急性发热，采食减少，病鸭产蛋量急剧下降，产软壳蛋、无壳蛋。部分病鸭排绿色或白绿色稀粪；后期常见两脚瘫痪、向后伸展，头颈歪斜等神经症状	病理变化主要发生在卵巢、卵泡。表现为出血性卵巢炎症状；卵泡严重充血、出血、萎缩；部分病例肝脏肿大，发黄；脾脏斑驳呈大理石样；心肌苍白，内膜出血；脑膜出血、充血
鸭瘟	疱疹病毒	雁形目鸭科成员均易感，成年鸭发病和死亡较严重	体温升高呈稽留热；精神沉郁，两脚麻痹无力，不愿走动；眼部周围常见浆液性或脓性分泌物，部分病鸭头颈肿胀为本病特征性临床症状；病鸭下痢，排绿色或灰白色稀粪	病鸭头部和腿部皮下有胶冻样水肿液，口腔、食道、肠黏膜出血性溃疡性坏死，肝脏出血性坏死是本病的特征性病变

五、禽病毒性肿瘤病的类症鉴别

马立克氏病、禽白血病和禽网状内皮组织增殖症均是以引起家禽发生肿瘤为特征的病毒病，三种肿瘤病难以临床鉴别，只能通过病原学或病理组织学等实验室诊断才能确诊。三种病毒性肿瘤病见表4-5。

表4-5 禽病毒性肿瘤病的鉴别诊断

病 名	病 原	流行特征	临床症状	大体病变
马立克氏病	马立克氏病病毒	1～18月龄均可发病，8～9周龄最为严重	病初精神沉郁，食欲不振，渐进性消瘦，贫血，鸡冠苍白、皱缩无光，下痢，多为黄白色或白色与绿色混杂的稀便。神经型病鸡常因神经损伤而不能站立，病鸡呈劈叉姿势	皮肤型病鸡常见皮肤表面有大小不一的弥漫性肿瘤结节。神经型病鸡常见一侧腰荐神经或坐骨神经明显增粗。内脏型病鸡肿瘤可出现在几乎所有内脏器官，体积显著增大，表面和切面均可见灰白色弥漫型或结节型肿瘤病灶。眼型病鸡常见一侧虹膜褪色、瞳孔缩小、边缘不整

（续）

病　名	病　原	流行特征	临床症状	大体病变
鸡白血病	禽白血病病毒	自然条件下，仅见于16周龄以上出现肿瘤病潜伏期长，多为散发	多数病鸡呈亚临床感染状态，常表现生长迟缓、免疫功能低下和产蛋量下降，多无特征性症状。部分病鸡可见皮肤血管瘤和体表纤维瘤	可在不同组织器官出现不同形式的肿瘤，有的是弥漫性小肿瘤结节，有的是巨大的肿瘤病灶，幼龄禽仅见胸腺、法氏囊萎缩
禽网状内皮组织增殖症	网状内皮组织增殖症病毒	自然宿主众多，鸡和火鸡最易感，鸭、雉、鹅和日本鹌鹑均可感染	精神不振、食欲减退、生长发育不良或退行性消瘦，矮小综合征病鸡羽毛发育不良	内脏器官可见弥漫性或结节性肿瘤增生，幼龄禽仅见胸腺、法氏囊萎缩

【第五章】

病　毒　病

一、禽流感

（Avian Influenza，AI）

禽流感是由禽流感病毒（AIV）感染家禽引起的一种以轻度呼吸道病到全身性高度致死性的疾病。疾病的严重程度取决于病毒毒株的毒力、被感染的禽种、有无并发病及其他因素。其中，高致病性禽流感（HPAI）被OIE列为必须通报的疫病，也是我国法定的一类传染病。某些AIV毒株可感染人类引起严重的呼吸道疾病。

【病原特征】AIV属于正黏病毒科甲型流感病毒属，病毒子呈多形性，直径为20～120纳米。基因组为单股负链RNA，分为8个片段，被螺旋对称的核衣壳包裹。有囊膜，囊膜上的纤突分别为血凝素（HA）和神经氨酸酶（NA），均为糖蛋白，有良好的免疫原性，同时又有很强的变异性，是血清分型及毒株分类的重要依据。目前已知甲型流感病毒的HA有17个亚型，即H1～H17，NA有10个亚型，即N1～N10，两者组合成了众多的血清亚型，如H9N2、H5N1等。不同血清亚型AIV的宿主特异性及致病性不同，根据AIV的毒力强弱，将其分为高致病性毒株、低致病性毒株和非致病性毒株三大类。到目前为止，发现AIV高致病性毒株均为H5和H7的亚型，但是，并非所有H5和H7亚型都是高致病性毒株。不同血清亚型之间的交叉保护性较低，这给疫苗研制和本病的防治带来极大的困难。

【流行特征】禽流感呈全球性分布。病禽及带毒禽是主要传染源，带毒鸟类和野生水禽在本病传播中起重要作用。传播途径主要是呼吸道和消化道，病毒通过病禽的分泌物、排泄物和尸体等污染饲料、饮水及其他物体，通过直接接触和间接接触发生感染。本病一年四季都可发生，但以晚秋和冬春寒冷季节多见，无明显的周期性。感染高致病性毒株家禽常突然发病，传播迅速，往往呈流行性或大流行，当鸡和火鸡受到高致病力毒株侵袭时，可引起100%的死亡。由于我国采取了强制免疫等主动控制措施，高致病性禽流感呈逐年下降趋势。低致病性禽流感主要是由H9N2亚型感染所致，家禽发病率高而死亡率低，是我国目前禽流感的主要流行形式。

【临床特征】禽流感无特征性临床症状，潜伏期从几小时到几天不等，自然感染的潜伏期一般为3 ～ 14天，病程长短不一。低致病性禽流感主要表现为食欲减退，被毛凌乱，咳嗽，打喷嚏，呼吸啰音及流泪等，产蛋鸡产蛋量下降。高致病性禽流感最急性型往往不见任何症状突然死亡，病情稍缓的，可见禽群采食量显著减少，出现冠髯发绀，结膜潮红、流泪，头面部水肿，呼吸困难；部分病禽（尤其是雏鸭）出现神经症状，表现为头颈部扭曲、颤抖、平衡失调，甚至出现角弓反张，排出黄白、黄绿或绿色稀粪。致死率可达100%。产蛋禽产蛋量急剧下降，甚至在1周内完全停产。

【大体病变】高致病性禽流感病鸡头面部皮下水肿，鸡冠和肉髯发绀、出血或出血性坏死。脚部（爪、蹼）皮下有出血点或出血斑，浆膜、黏膜及各内脏器官广泛性出血，腺胃乳头出血、腺胃乳头管中可挤出白色脓性分泌物。胰腺可见黄白色坏死点或出血性坏死灶。气管黏膜肿胀、严重出血，气管内可见血性分泌物或干酪样栓子，肺脏水肿，有局灶性到弥漫性肺炎。产蛋禽卵泡充血、出血、变形、变色，甚至破裂，腹腔内可见新流出的卵黄液，病程稍长，形成凝卵样物质，并出现卵黄性腹膜炎。

低致病性禽流感以窦的卡他性、纤维素性、脓性炎症为特征。眶下窦肿胀，有浆液性、脓性或干酪样渗出物。气管黏膜水肿、充血并间有出血。卵巢退化、出血和卵泡破裂。大量纤维素性渗出物覆盖于肝脏、心脏表面及气囊壁或蓄积于气囊中。输卵管发炎，管壁水肿、变性，输卵管内有大量脓性分泌物。蛋壳粗糙、褪色、变薄、易碎。

【实验室诊断】

1. 病原的分子诊断

RT-PCR以及荧光定量RT-PCR技术可直接从气管拭子及组织样本中检出AIV特异的核酸片段，其敏感度与病毒分离培养相当，由于其检测速度快，且无需增殖病毒，不存在散毒的危险，因此，特别适合高致病性禽流感的快速诊断。

2. 病毒分离鉴定

采集活禽的喉头、气管或泄殖腔拭子或病死禽的气管、肺脏等组织样品作为病料，接种9 ～ 11日龄鸡胚绒毛尿囊腔，37℃孵育5天，将24 ～ 72小时内的死亡胚或活胚取出冷藏，检测鸡胚尿囊液对鸡红细胞的凝集活性，并利用血凝抑制试验进行病毒型和亚型鉴定。对AIV分离毒株需进行毒力鉴定，静脉接种6 ～ 8周龄SPF鸡，10天内能致6只及以上死亡的，即为高致病性AIV。

【防治要点】

加强饲养管理，严格执行生物安全措施，搞好新城疫等其他疫病的免疫防控能有效降低本病的发生。应高度重视高致病性禽流感的预防，我国将本病纳入强制免疫计划，制订科学合理的免疫程序，选择与流行毒株匹配的H5亚型单价灭活疫苗或与H9亚型的二联灭活疫苗，能有效控制本病的流行。

1. 疑似高致病性禽流感的处置

对疑似高致病性禽流感病例应及时上报，按照农业部颁布的《高致病性禽流感防治技术规范》进行诊断和处置。对确诊疫情的处置：由所在地县级以上兽医行政管理部门划定疫点、疫区、受威胁区。封锁疫区，扑杀疫区、疫点内所有禽只，销毁所有病死禽、被扑杀禽及禽类制品；对禽类排泄物、被污染饲料、垫料、污水等进行无害化处理；对被污染物品、交通工具、禽舍及场地进行彻底消毒；禁止禽类进出疫区及禽类产品运出疫区。按上述规定处理完毕21天以上，监测未出现新的传染源，在完成相关场所和物品终末消毒后即可解除封锁。父母代以上种禽场应对该病进行净化。

2. 低致病性禽流感的处置

对低致病性禽流感禽群投服某些具有抗病毒效应的中兽药，同时使用抗菌药物预防继发感染，能有效改善症状，促进患病家禽康复。

图5-1　病鸡精神沉郁，头面部肿胀

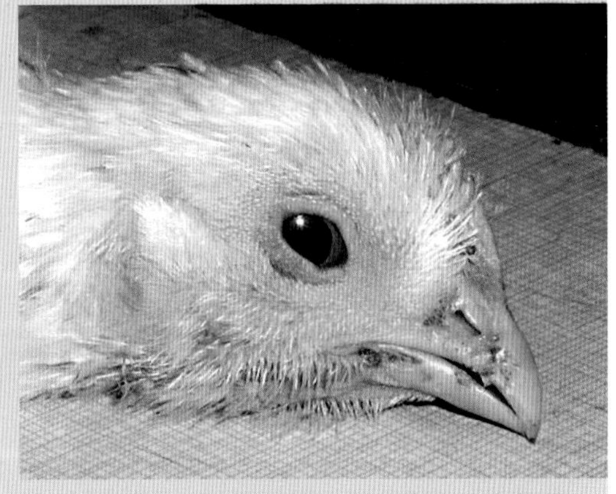

图5-2　病鸡眼结膜充血、流泪、流鼻涕

图5-3　病鸡头面部肿胀（1）

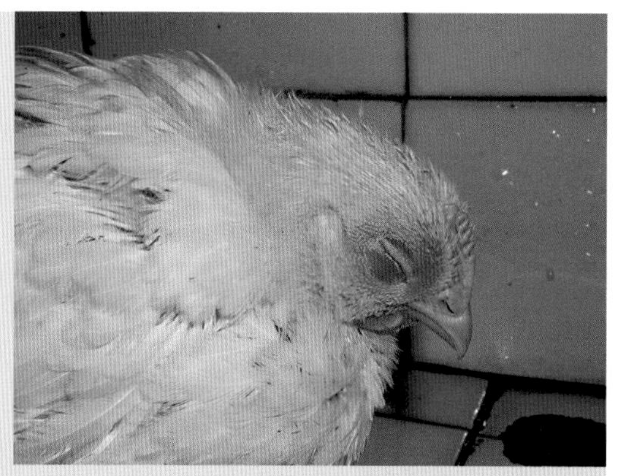
图5-4　病鸡头面部肿胀（2）

图5-5　鸡冠发绀

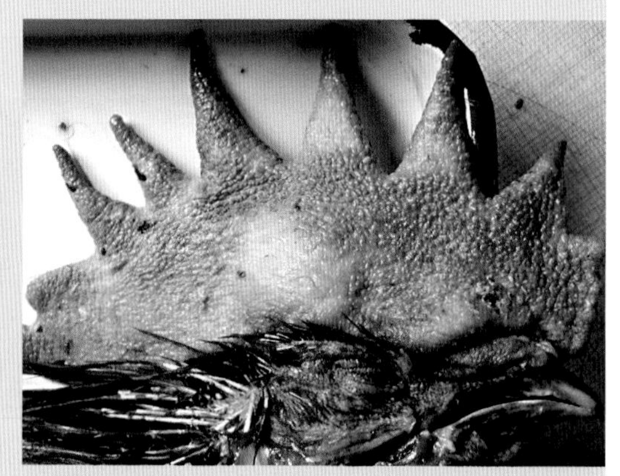
图5-6　鸡冠发绀和出血性坏死

图5-7　鸡冠、肉髯发绀

图5-8　病鸡头面部肿胀，鸡冠肉髯充血、出血性坏死

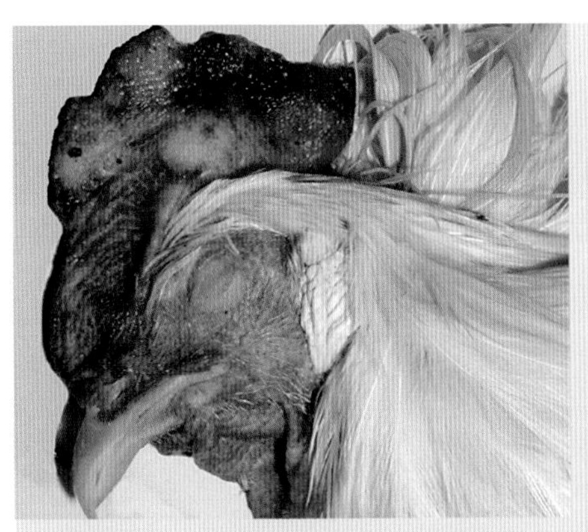

图5-9 鸡冠、肉髯出血性坏死

图5-10 鸡冠出血性坏死

图5-11 病鸭头部肿胀，流眼泪和血性鼻涕

图5-12 雏鸭排出白色稀便，出现共济失调等神经症状

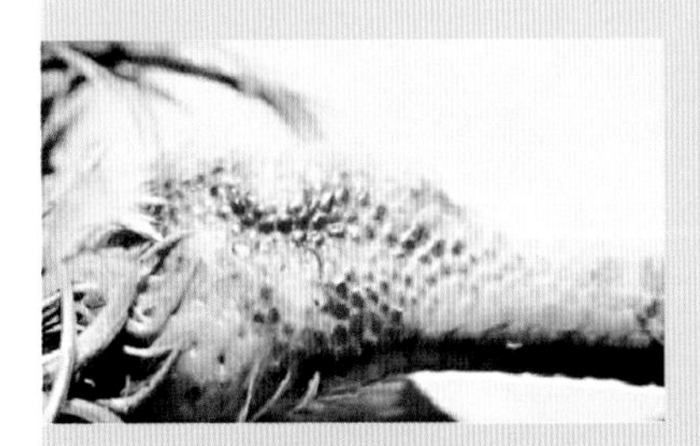

图5-13 病鸡脚鳞出血（1）

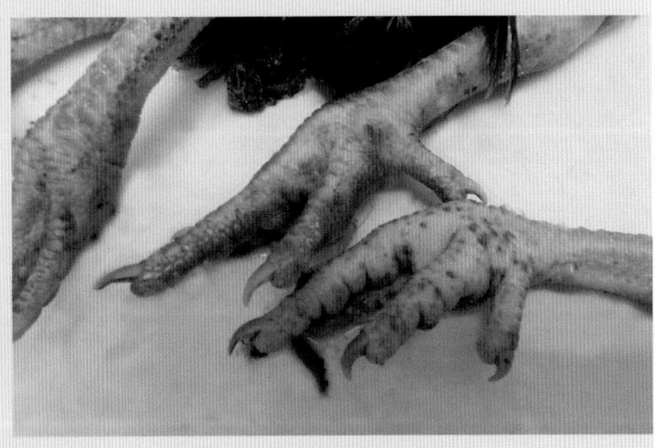

图5-14 病鸡脚鳞出血（2）

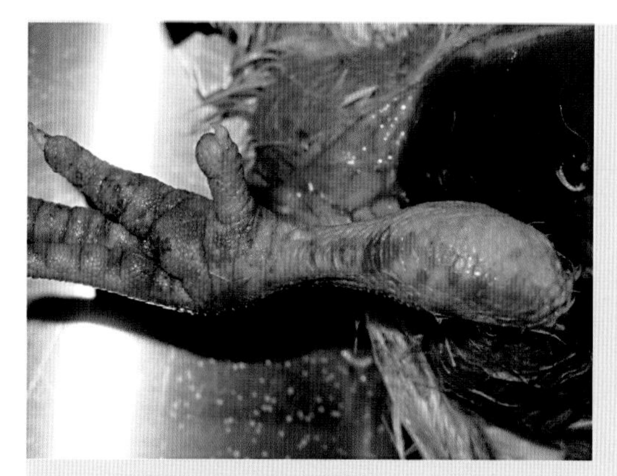
图5-15　病鸡脚鳞出血（3）

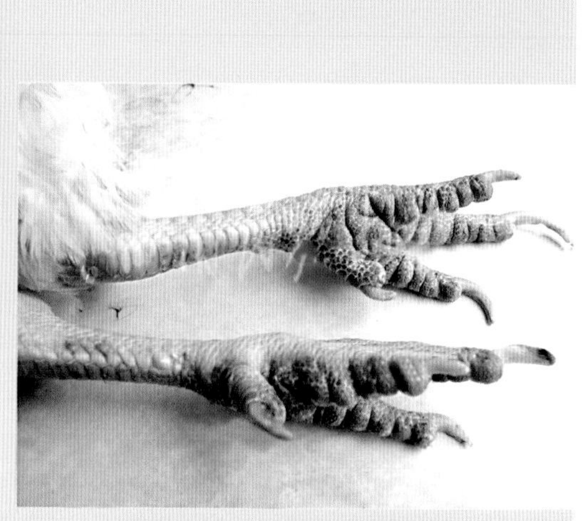
图5-16　病鸡脚鳞严重出血

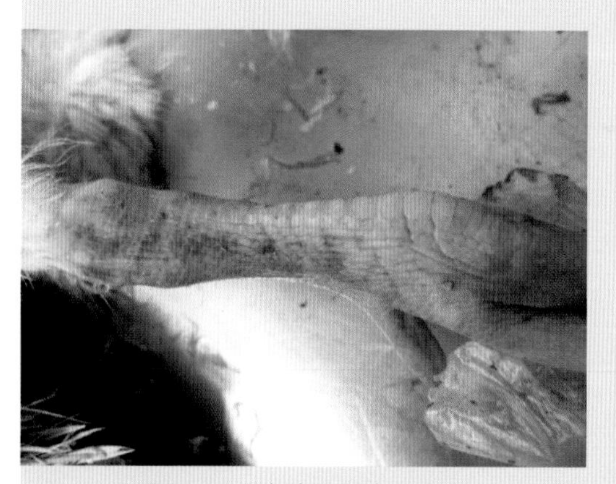
图5-17　病鸭腿部皮下出血

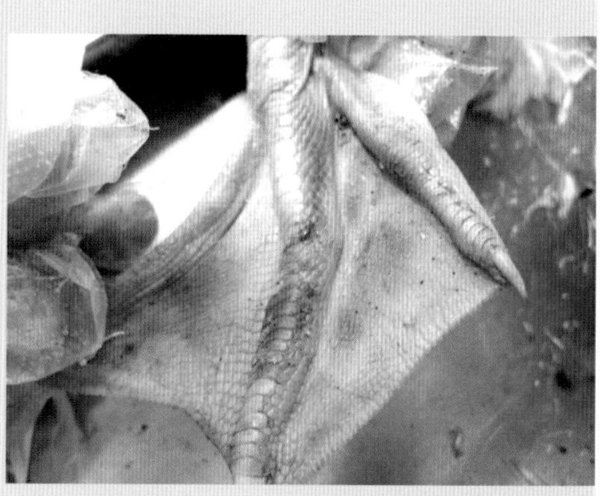
图5-18　病鸭脚蹼充血、出血

图5-19　病鸭蹼出血斑

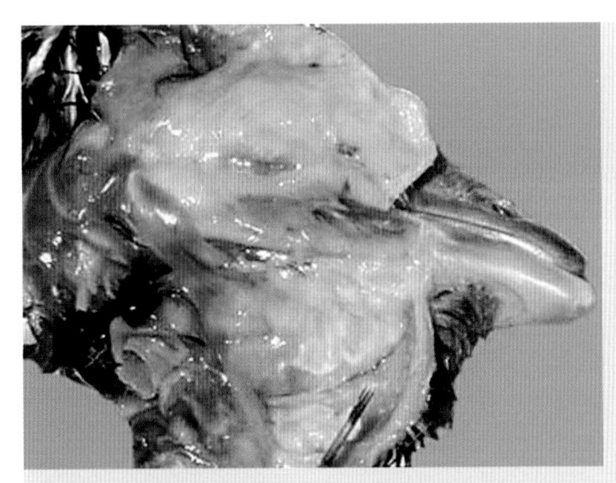

图5-20 病鸡头部皮下有淡黄色胶冻样渗出物

图5-21 病鸭头部皮下出血性水肿

图5-22 病鸡鼻窦黏膜充血、出血

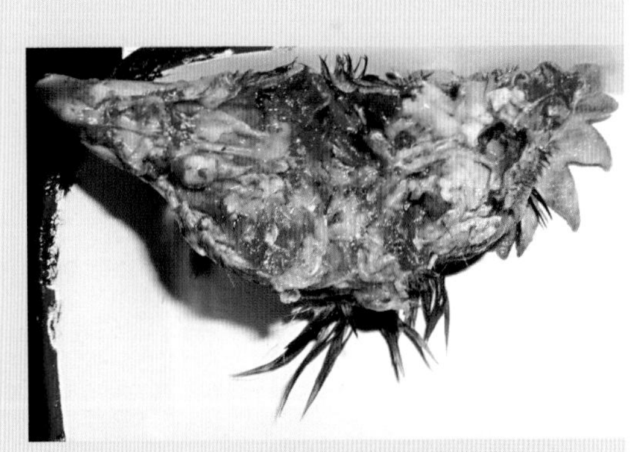

图5-23 病鸡鼻窦内有浆液脓性分泌物

图5-24 病鸡喉头、气管黏膜水肿、充血、出血

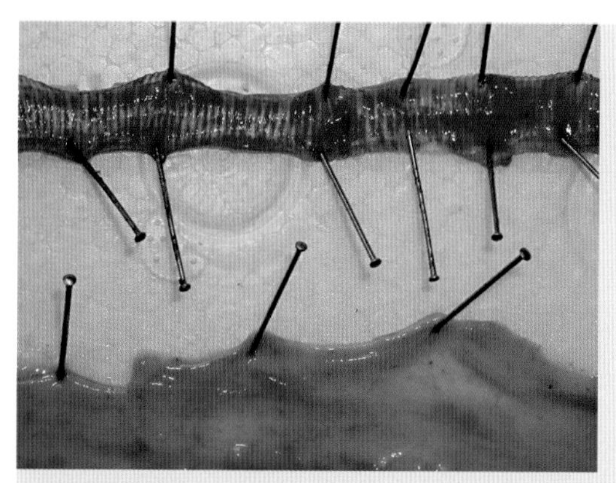

图5-25　病鸭气管黏膜出血（上）

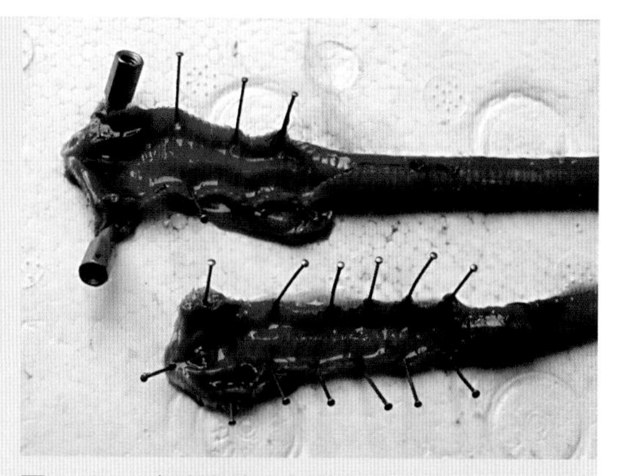

图5-26　病鸡喉头、气管黏膜严重出血，喉腔内有血凝块

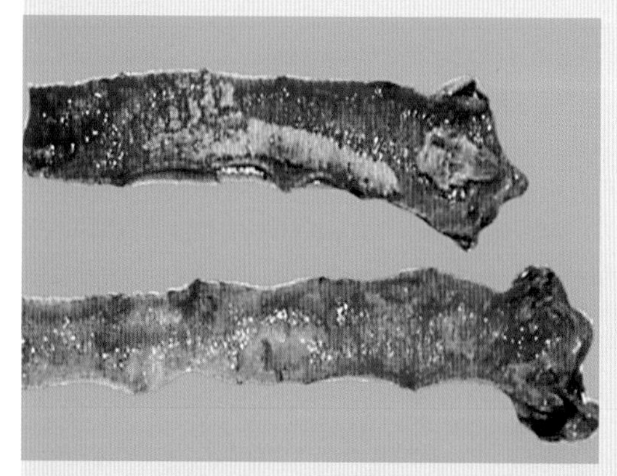

图5-27　病鸡喉头、气管黏膜坏死，内有干酪样物质

图5-28　病鸡腺胃乳头出血，乳头内可挤出白色脓性分泌物

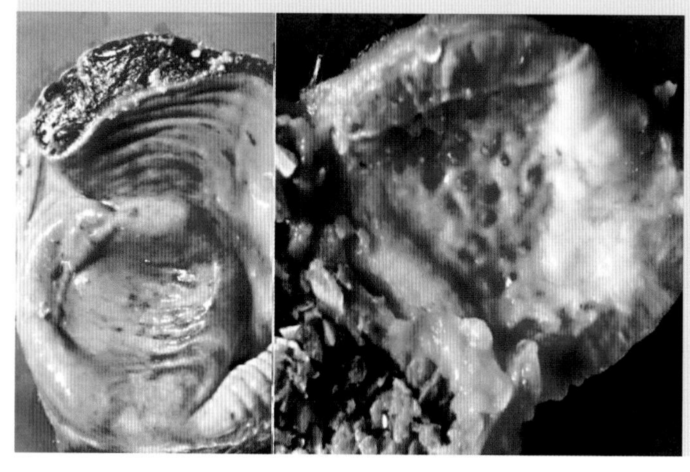

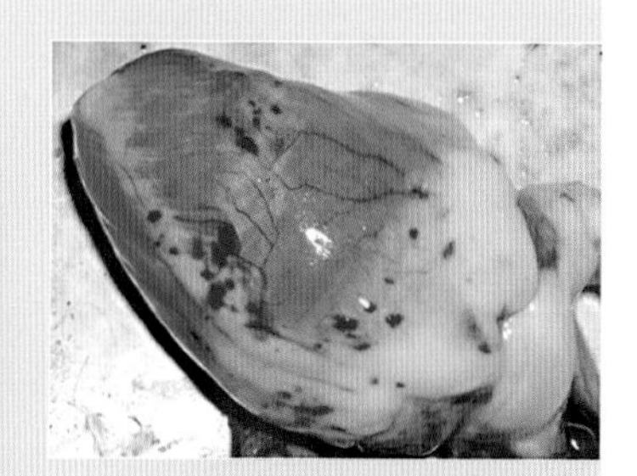

图5-30　病鸭心肌出血

图5-29　病鸡腺胃乳头出血，肌胃角质下层出血

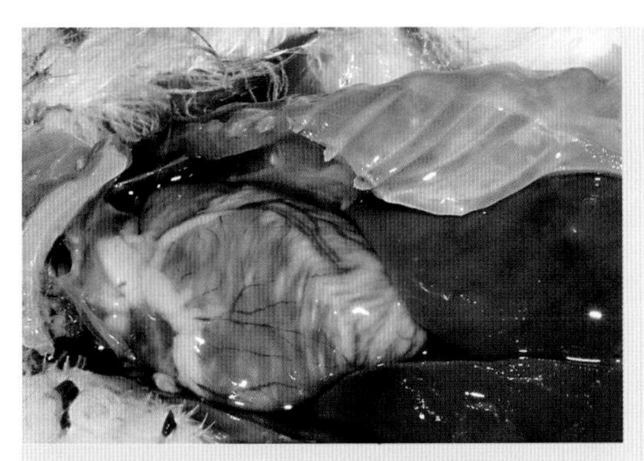
图5-31 病鸭心肌条纹状坏死

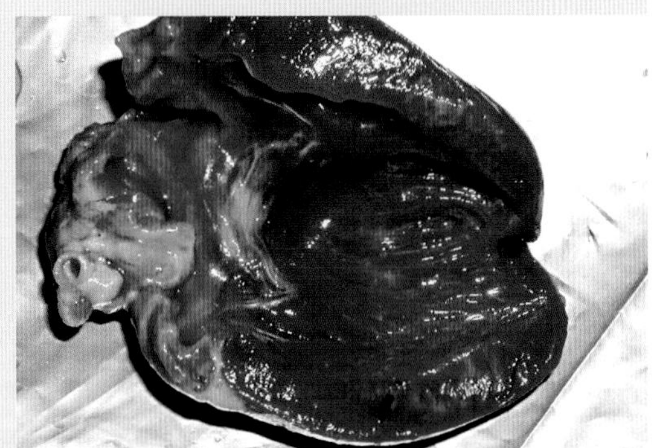
图5-32 病鸭心肌坏死（1）

图5-33 病鸭心肌坏死（2）

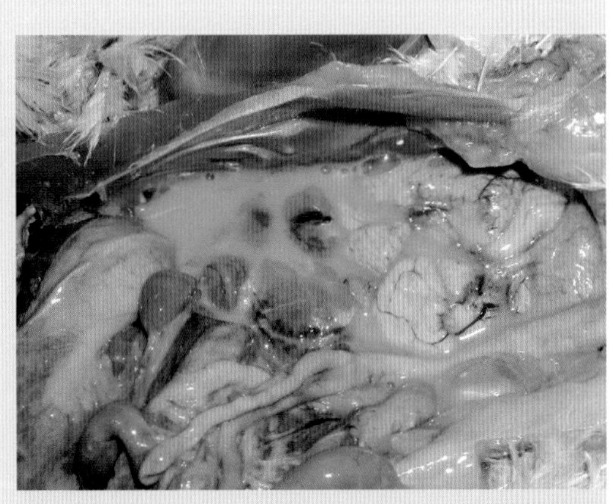
图5-34 病鸡卵泡破裂，腹腔内有新流出的卵黄

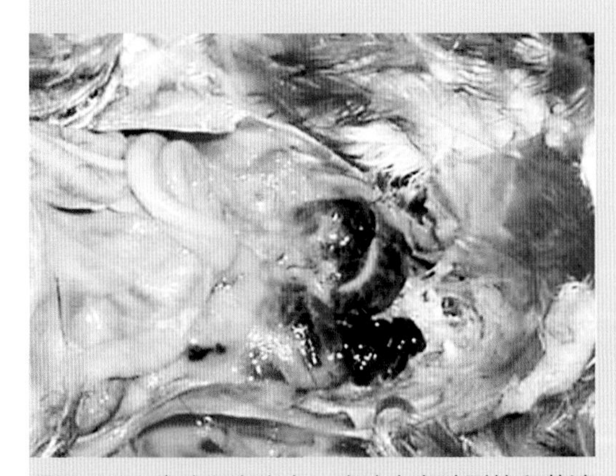
图5-35 病鸡卵泡出血，腹腔内有破裂的卵黄液

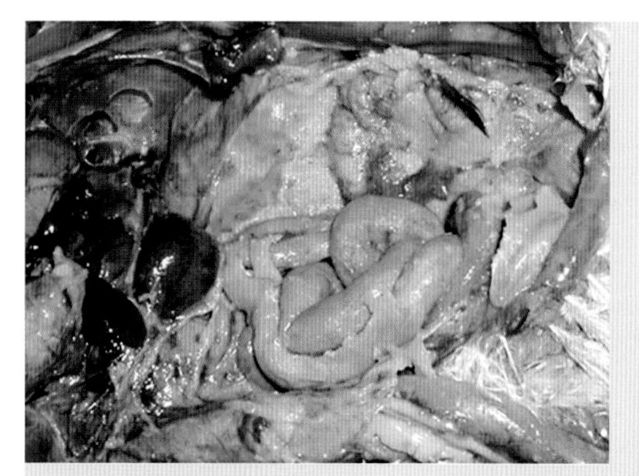

图5-36　病鸡卵黄性腹膜炎，腹腔内有凝卵样物质

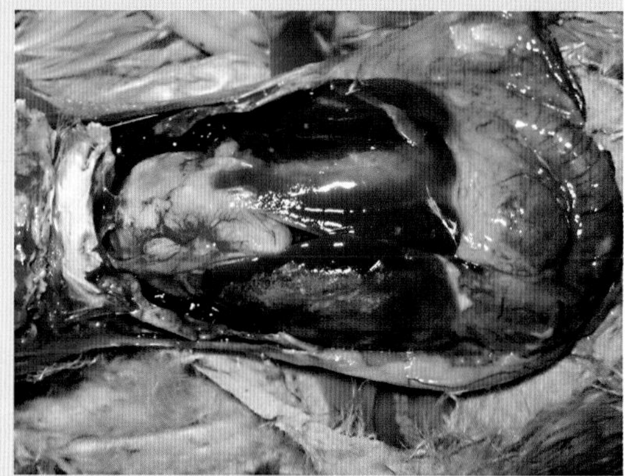

图5-37　病鸡肝周炎、心包炎

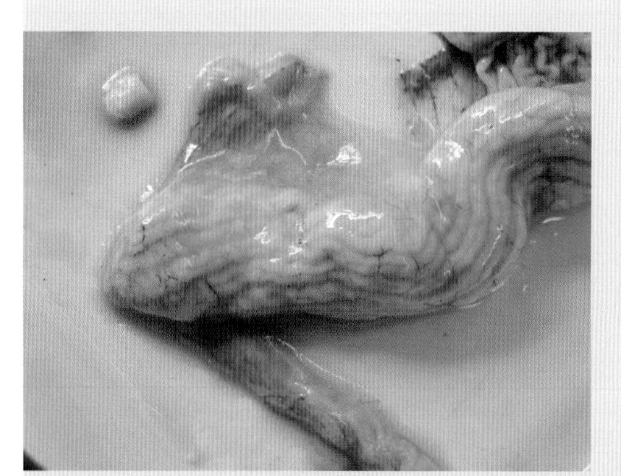

图5-38　病鸡输卵管及系膜水肿

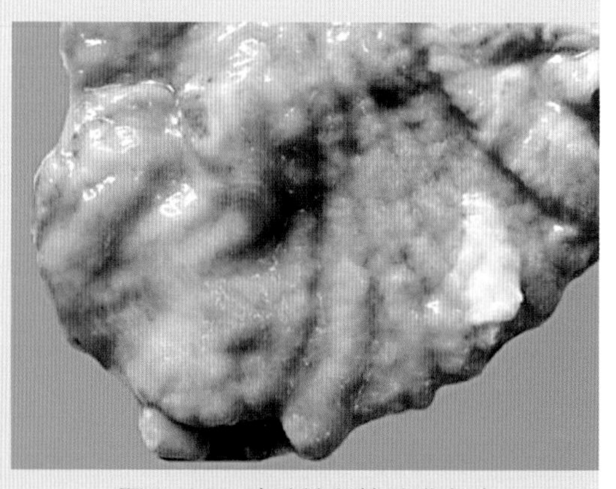

图5-39　病鸡输卵管黏膜水肿

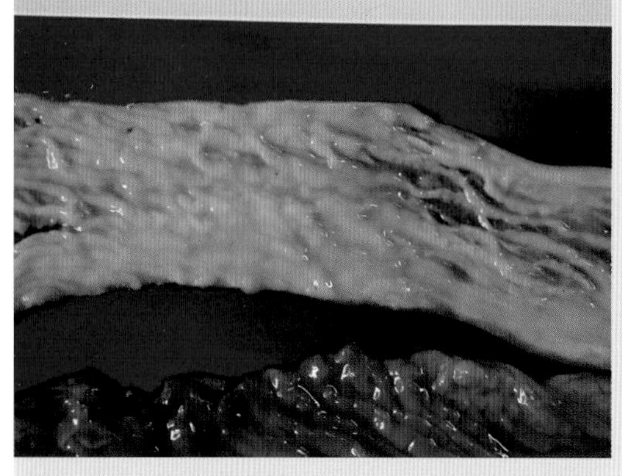

图5-40　病鸡输卵管内有灰白色黏液性分泌物

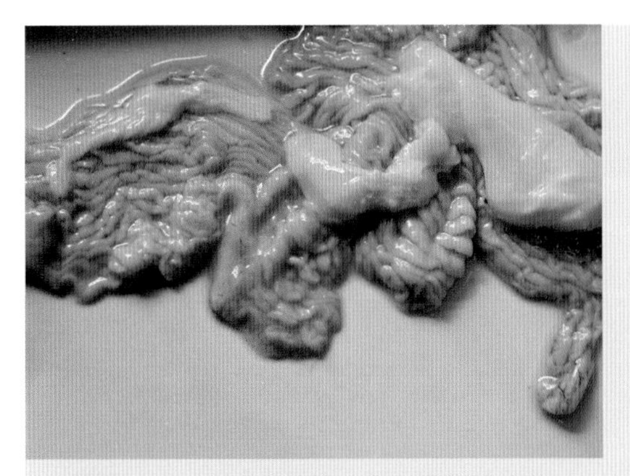

图5-41　病鸡输卵管内有干酪样渗出物

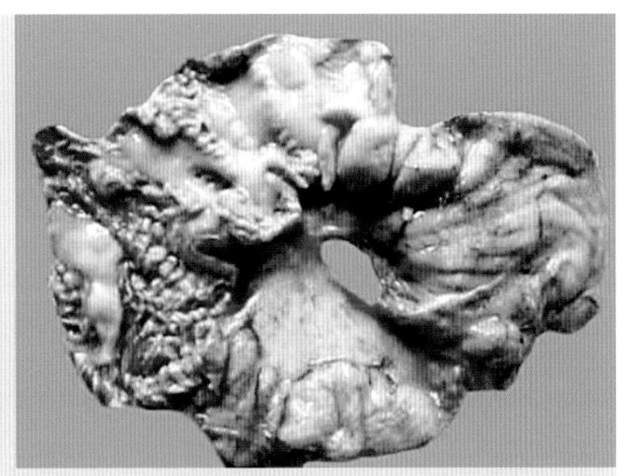

图5-42　病鸡输卵管系膜水肿，输卵管内有炎性渗出物

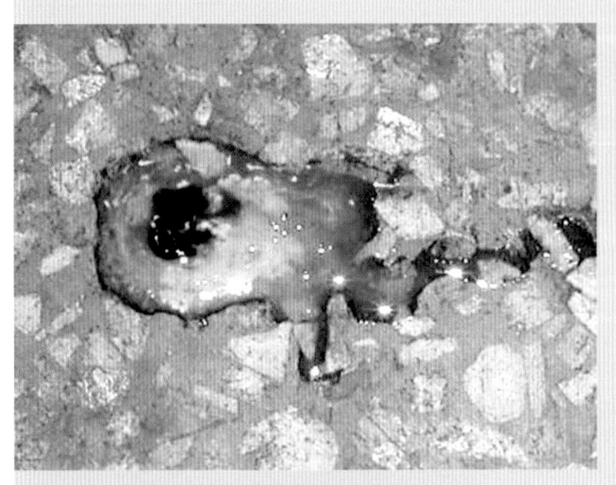

图5-43　病鸭排出绿色稀便

图5-44　低致病性禽流感，鸡蛋变小，蛋壳褪色

图5-45　病鹅心脏、肝脏严重出血

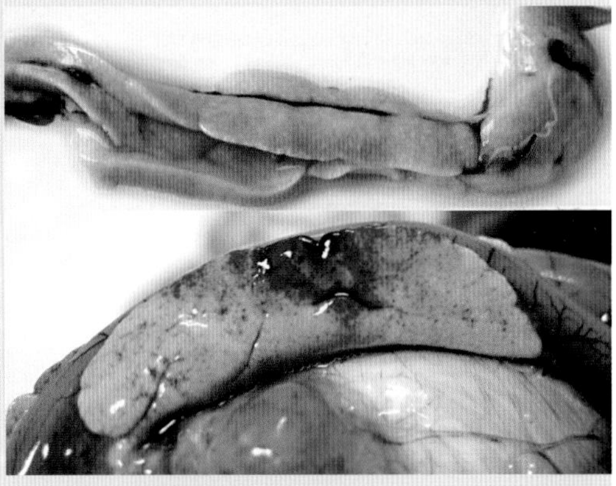

图5-46　病鸡胰腺弥漫性坏死点（上），病鹅胰腺出血性坏死灶（下）

二、鸡新城疫

（Newcastle Disease，ND）

鸡新城疫又名亚洲鸡瘟（俗称鸡瘟），是由副黏病毒科副黏病毒亚科禽腮腺炎病毒属的新城疫病毒（NDV）引起的鸡急性、高度接触性传染病，一些毒株可引起各种年龄鸡的严重的全身性疾病，伴有神经系统症状，对养鸡业危害极大，是OIE规定的A类疫病。

【病原特征】NDV颗粒为多形性，有囊膜，囊膜上的纤突为神经氨酸酶和融合蛋白。核衣壳呈螺旋对称，基因组为单股负链RNA。NDV属副黏病毒血清Ⅰ型，能凝集多种动物的红细胞。NDV只有1个血清型，但不同毒株毒力差异很大。NDV复制过程中产生前体糖蛋白F0，当其被蛋白水解酶水解为F1和F2后，病毒才具有感染性，水解位点氨基酸的序列与毒株的致病力有关，对鸡有致病性的F2蛋白C端氨基酸序列为^{112}R/K-R-Q-DK/R-R-F^{117}，低毒力毒株为^{112}G/E-K/R-Q-G/E-R-L^{117}。NDV有9种基因型。我国有多种基因型存在，目前我国NDV的优势基因型为Ⅶ型，比例呈逐年升高趋势，呈全国性分布；基因Ⅸ、Ⅵ型、Ⅲ型和Ⅱ型造成局部地区散发，近年来越来越少。

【流行特征】各种年龄的鸡均可发病，15 ~ 30日龄、40 ~ 60日龄和初产到产蛋高峰期的鸡群多发。我国新城疫的发生具有大范围散发和地方性流行的特征，不同地区发病的程度存在差异，发病率和死亡率与鸡的抵抗力和感染毒株的毒力有关，免疫鸡群仍然发病。临床症状和病例变化的非典型化、低发病率、低死亡率和产蛋率下降是当前我国ND流行的主要态势。

【临床特征】典型新城疫多见于未免疫鸡群和免疫功能低下的鸡群，幼龄鸡多见。主要表现为发病急，病程短，死亡率高。初期病鸡精神不振，伏地不动或翅下垂，鸡冠、肉髯发绀；食欲减退或废绝，嗉囊内充满酸臭黏液，倒提病鸡可从口腔中流出；大多数病鸡呼吸困难，张口呼吸，咳嗽，发出呼噜声，部分病鸡排出绿色粪便。2 ~ 3天后开始大量死亡，病程稍长者出现神经症状，头颈扭曲，平衡失调，倒地挣扎，或呈观星姿势，有时可见神经麻痹、瘫痪等症状。发病率20% ~ 30%，有时可高达100%，死亡率10% ~ 80%。

非典型新城疫多见于抗体整齐度差的免疫鸡群，主要表现为高发病率和低死亡率。发病鸡仅见轻微呼吸道症状，精神轻度不振，采食量下降，排黄白色或黄绿色稀便，多呈良性经过，但病鸡一旦出现鸡冠边缘发绀现象则迅速死亡。产蛋鸡主要出现产蛋率下降20%～30%，破损蛋、软壳蛋和白壳蛋数量增多，种蛋的受精率和孵化率降低，严重者呼吸道症状较明显，经过4～6周才逐渐回升。

鸡群抗体水平的整齐度与NDV感染密切相关，有研究证明，当鸡群HI抗体的标准偏差大于2时，鸡群感染NDV的概率为50%。由此可见，鸡群抗体水平的标准偏差可以作为判定NDV感染风险的指标。

【大体病变】本病的特征性病变集中在消化道。腺胃乳头出血，肠黏膜弥漫性充血、出血，十二指肠、小肠卵黄蒂附近、回肠等部位的肠黏膜相关淋巴组织及盲肠扁桃体肿胀、出血、坏死，表面有黄白色假膜覆盖，浆膜面呈红色枣核样，直肠黏膜条状出血或点状出血，有时可见胰腺有大小不一的灰白色坏死灶。喉头、气管黏膜充血出血，肺脏轻度水肿。产蛋鸡卵泡出血、液化、变形。

【实验室诊断】

1. 病毒分离鉴定

（1）病毒培养　病毒分离样本可以是病死鸡的喉气管、泄殖腔棉拭子经适量生理盐水洗脱的洗脱液，或气管、肺脏、肝脏或脑组织匀浆，按照1 ：5加入灭菌生理盐水，反复冻融3次，离心后的上清液，过滤除菌或采用双抗处理。或气管、肺脏、肝脏或脑组织匀浆，按照1 ：5加入灭菌生理盐水，接种9～11日龄SPF鸡胚绒毛尿囊腔，37℃孵育4～7天，收集接种24小时后所有的死胚和活胚尿囊液，测定其血凝活性，呈阴性反应的尿囊液至少盲传一代，有血凝性的尿囊液用NDV阳性血清测定其血凝抑制特异性。

（2）致病指数　不同NDV分离株的毒力差异显著，特别是由于ND活疫苗的普遍使用，尚需对NDV分离株进行毒力测定，以确定其为强毒株还是疫苗株。目前常用鸡胚最小致死剂量平均致死时间（MDT）、脑内接种致病指数（ICPI）和静脉接种致病指数（IVPI）等生物学指标判定NDV。OIE 通常采用ICPI判定NDV毒力，当ICPI大于或等于0.7即可确诊。

2. 分子诊断技术

OIE对新城疫的定义：由禽副黏病毒Ⅰ型引起的禽类感染，其毒株的毒力应符合以下标准：① ICPI ≥ 0.7；②毒株F2蛋白的C端有多个碱性氨基酸残基，F1蛋白的N端即117位为苯丙氨酸（直接或间接推导出的结果）。

根据这一定义，OIE允许采用分子生物学方法替代病原分离，对NDV分离株的毒力进行评价。因此，靶向NDV F基因蛋白裂解位点核苷酸序列的RT-PCR和荧光定量RT-PCR可直接从病料中检测NDV强毒株，可用于ND的快速诊断。

【防治要点】

搞好卫生消毒，加强饲养管理，防止病原侵入。免疫接种是预防新城疫发生的关键，常用疫苗有弱毒活苗和灭活油乳剂苗，应根据母源抗体水平和当地疫情合理安排免疫程序。疫情一旦确诊，应及时上报有关部门，处置方式参照高致病性禽流感。对假定健康鸡群和受威胁鸡群，立即用5～10倍弱毒疫苗肌内注射或饮水，在经历3～7天死亡率上升的过程后，疫情会逐渐平息。配合使用抗生素和多种维生素，可预防细菌继发感染，减少死亡。父母代以上种禽场应对该病进行净化。

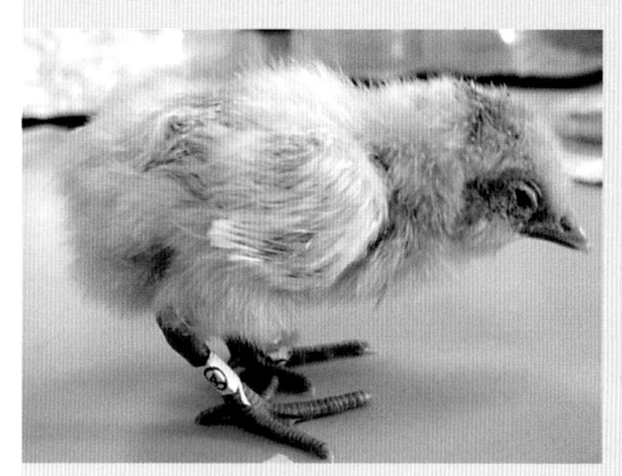

图5-47　人工感染SPF雏鸡精神沉郁、翅下垂

图5-48　人工感染病鸡畏寒挤堆，排出绿色粪便

图5-49　病鸡口腔中流出酸臭的黏液

图5-50　病鸡精神沉郁、翅下垂，呼吸困难，排黄绿色稀便

图5-51　病鸡张口呼吸，口有黏液

图5-52　神经型病鸡头颈扭曲

图5-53　神经型病鸡呈观星姿势

图5-54　神经型病鸡头颈扭曲

图5-55　神经型病鸡平衡失调，倒地挣扎

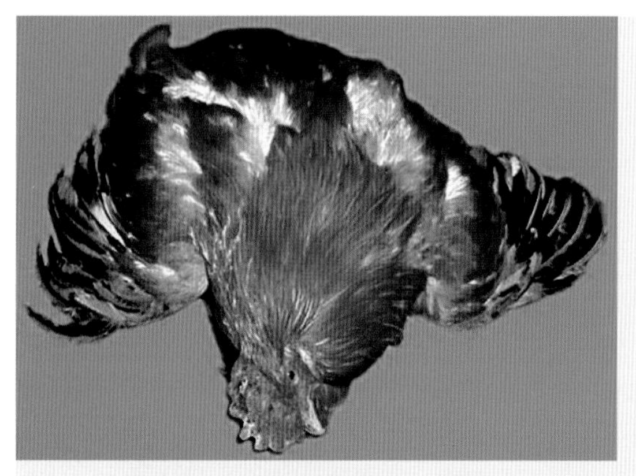

图5-56　病鸡神经麻痹、瘫痪

图5-57　蛋品质下降，白壳蛋、破损蛋增多

图5-58　病鸡所产蛋蛋壳褪色、粗糙、变软

图5-59　病鸡腺胃乳头出血

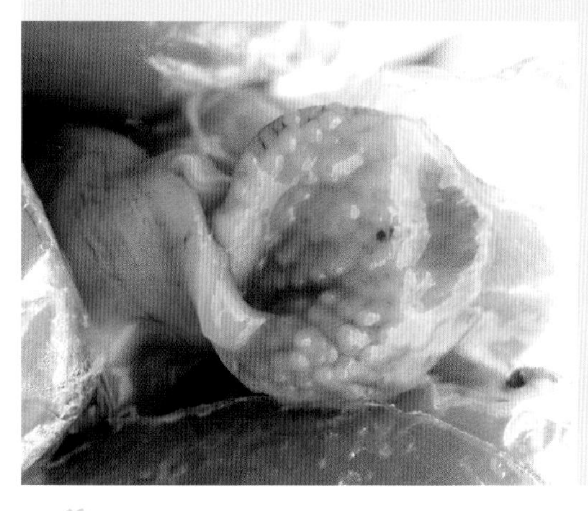

图5-60　人工感染SPF雏鸡，腺胃黏膜水肿，腺胃乳头出血

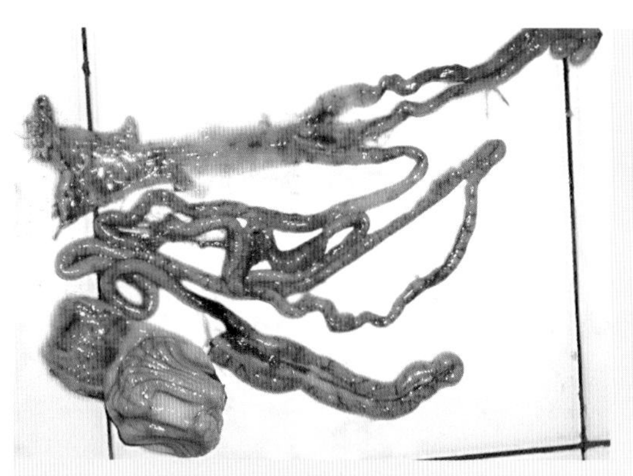

图5-61 典型新城疫病鸡消化道广泛性出血，肠管浆膜面可见紫红色枣核样病灶，盲肠扁桃体肿大、出血

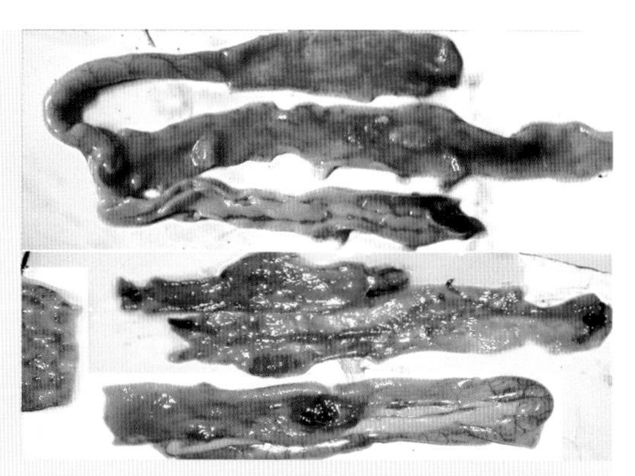

图5-62 病鸡肠黏膜淋巴组织出血性溃疡

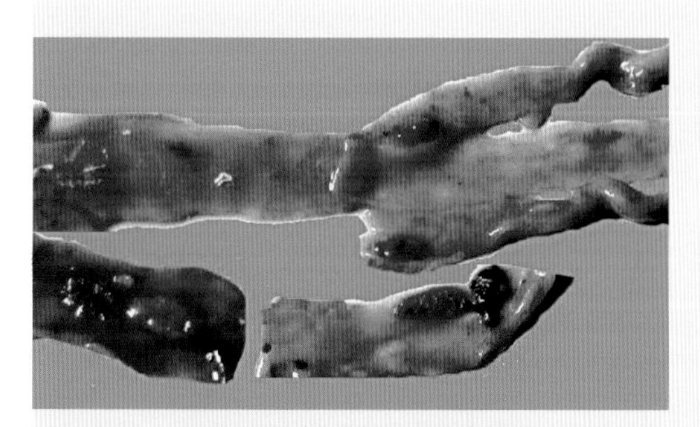

图5-63 病鸡盲肠扁桃体和肠黏膜相关淋巴组织的出血性、假膜性坏死

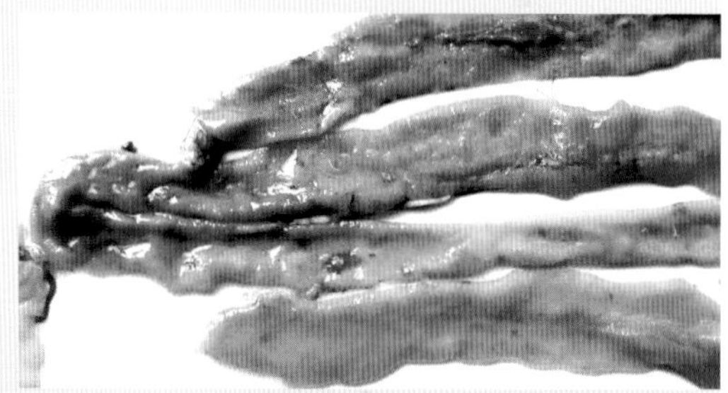

图5-64 病鸡小肠肠黏膜弥漫性出血、溃疡

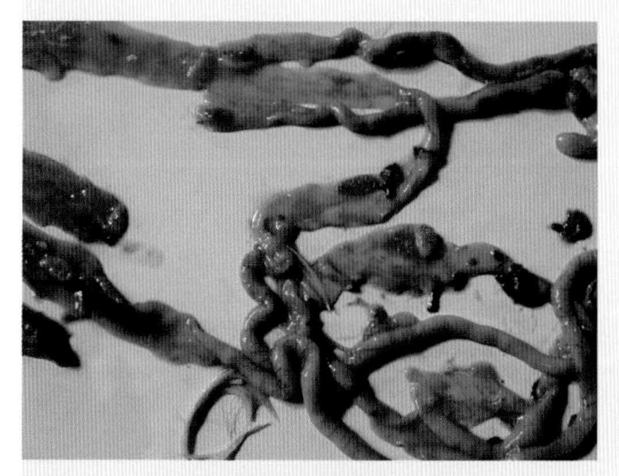

图5-65 病鸡盲肠扁桃体等肠黏膜相关淋巴组织出血性假膜样坏死

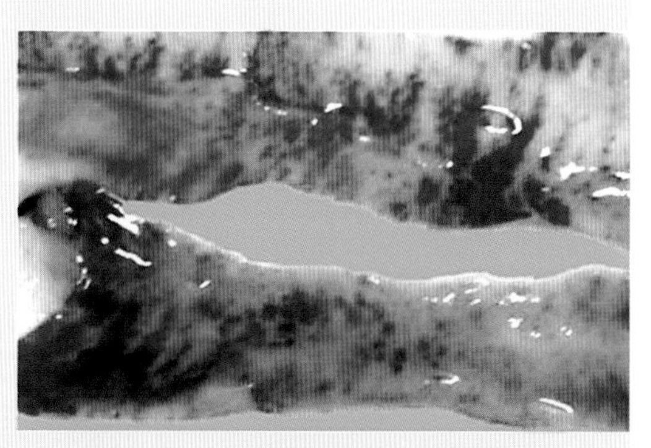

图5-66 病鸡直肠黏膜弥漫性出血斑

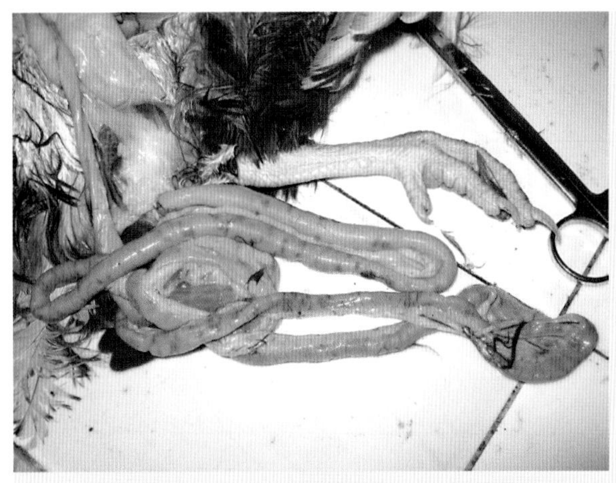

图5-67　慢性病例，病鸡肠浆膜面可见弥漫性出血斑

图5-68　慢性病例，病鸡肠黏膜弥漫性出血性溃疡

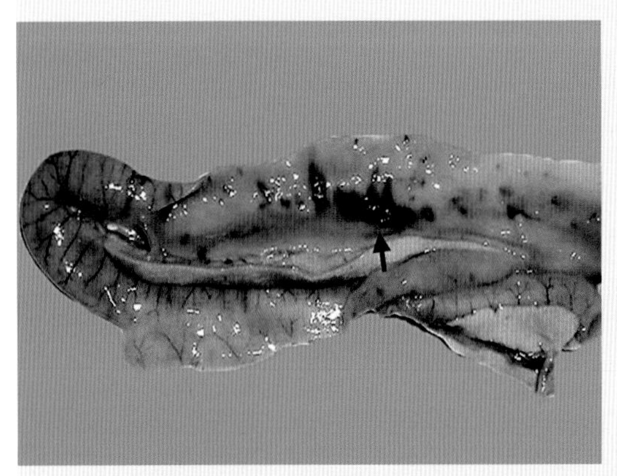

图5-69　慢性病例，病鸡十二指肠黏膜弥漫性出血和溃疡灶

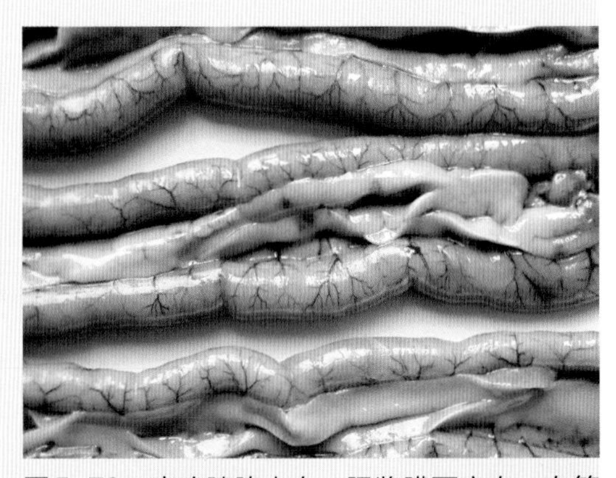

图5-70　病鸡胰腺出血，肠浆膜面充血，血管呈树枝状

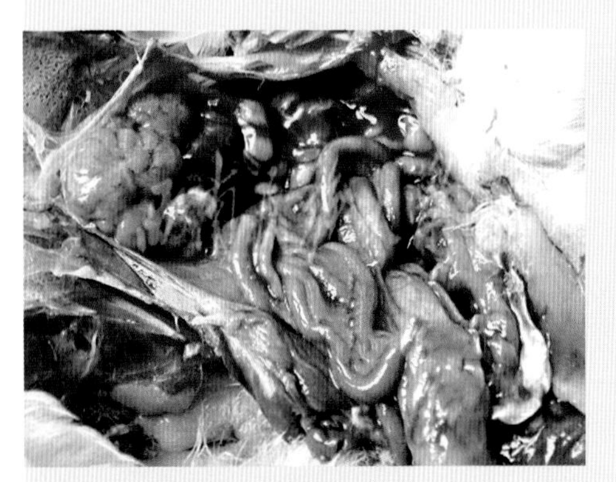

图5-71　产蛋期病鸡卵泡变形，出血、破裂

图5-72　病鸡喉头、气管黏膜充血、出血

三、鸡传染性法氏囊病

（Infectious Bursal Disease，IBD）

鸡传染性法氏囊病是由双RNA病毒科、禽双RNA病毒属传染性法氏囊病病毒（IBDV）引起的雏鸡的一种急性、高度接触性传染病。本病发病率高且病程短，传播迅速，病鸡严重腹泻、极度虚弱并有不同程度死亡，雏鸡感染后还可导致免疫抑制，并可诱发多种疫病或导致疫苗免疫失败。

【病原特征】IBDV颗粒为球形，无囊膜，核衣壳为二十面体立体对称，直径为55 ～ 65纳米，其基因组由两个片段的双股RNA构成，无红细胞凝集特性。IBDV有5种衣壳蛋白，即VP1 ～ VP5，其中VP2是病毒的主要保护性抗原。目前已知IBDV有2个血清型，即Ⅰ型和Ⅱ型，针对VP2的单克隆抗体可将两者区分开。血清Ⅰ型病毒为鸡源毒株，只对鸡致病。IBDV易发生毒力和抗原性变异，有的毒株毒力很强，称为超强毒（vvIBDV）。血清Ⅱ型病毒为火鸡源毒株，一般对鸡和火鸡均无致病性。

【流行特征】各品种的鸡均能感染，潜伏期为2 ～ 3天。主要发生于2 ～ 15周龄的鸡，以3 ～ 6周龄为发病高峰，近年来，该病发病日龄有增宽的趋势，从10日龄至产蛋的鸡群均有发生本病的报道。典型性病例多见于新疫区或高度易感鸡群，常呈急性暴发，表现为鸡群突然发病，病程一般为1周左右，发病鸡群的死亡曲线呈尖峰式。近年来，我国典型IBD发病明显减少，而非典型病例逐年增加，无明显的尖峰式死亡现象，感染率高，死亡率低，并导致严重的免疫抑制，且鸡群出现反复发病情况。

【临床特征】典型发病鸡群病初可见个别鸡突然发病，精神沉郁，食欲减退，羽毛蓬松，翅下垂，闭目，1 ～ 2天内可波及全群。病鸡腹泻，排出白色稀粪，随着病情的发展，病鸡出现畏寒、扎堆，严重者垂头、卧地不起，极度虚弱直至死亡。非典型病例主要见于老疫区或有一定免疫力的鸡群，症状不典型，主要引起免疫抑制，病鸡多出现食欲不振、进行性消瘦和腹泻等症状。

【大体病变】典型病例病死鸡严重脱水，胸肌和腿肌常见刷状或线状出血，肾脏肿大，并有尿酸盐沉积，呈“花斑肾”。法氏囊的变化最为明显，感染后4 ～ 6天法氏囊明显肿大，浆膜面黄染或出血，外观可见淡黄色胶冻样水肿液，严重出血时外观呈紫葡萄样，囊内可见纵褶增厚，有黏液样或干酪样渗出物。肌胃和腺胃交界处常见环形出血带。非典型病例仅见法氏囊萎缩，囊壁变薄，皱褶变小，内有较多灰白色黏液样渗出物或干酪样坏死物。病鸡消瘦，其他组织器官无明显病变。

【实验室诊断】

1. 病毒分离

采集典型病例的法氏囊和脾脏作为病料，接种9 ～ 11日龄SPF鸡胚绒毛尿囊膜，传染性法氏囊病病毒能致死鸡胚，胚体表现为萎缩、皮下水肿、充血和出血。

2. 血清学方法

琼脂扩散试验（AGP）可简便快速地从法氏囊组织中检出IBDV，是较为常用的血清学诊断方法，但敏感度相对较低。基于单抗或多抗的抗原捕获ELISA（AC-ELISA）方法可直接从临床病料中快速检出IBDV，包括变异毒株，敏感性大大提高，有利于传染性法氏囊病的快速诊断。

3. 分子诊断技术

RT-PCR可直接从病料中检出IBDV，不需要培养病毒，适于IBDV的快速诊断。荧光定量RT-PCR敏感度更高，还能区分感染病毒的毒力。

【防治要点】严格卫生消毒，加强饲养管理，切断各种传播途径。免疫接种是预防本病最重要的措施，特别应做好种鸡的免疫，以保障雏鸡足够高水平的母源抗体。有母源抗体的鸡群可选用中等毒力疫苗，没有母源抗体或抗体水平偏低的鸡群首免可选用弱毒疫苗，二免时再用中等毒力疫苗；对于传染性法氏囊病病毒污染程度较重的地区和鸡场，可以考虑使用中等偏强毒力的活疫苗，它们突破母源抗体的能力强，免疫效果较好。高免卵黄抗体可用于本病的治疗和紧急预防，发病鸡群及早使用高免卵黄抗体，同时配合使用抗生素，防止继发感染，对本病有确切的疗效；对同场未发病的鸡群紧急注射高免卵黄抗体，能有效阻止鸡群感染。卵黄抗体对非典型传染性法氏囊病效果不佳，此时使用黄芪多糖等免疫增强剂有助于免疫抑制的解除，促进病鸡康复。

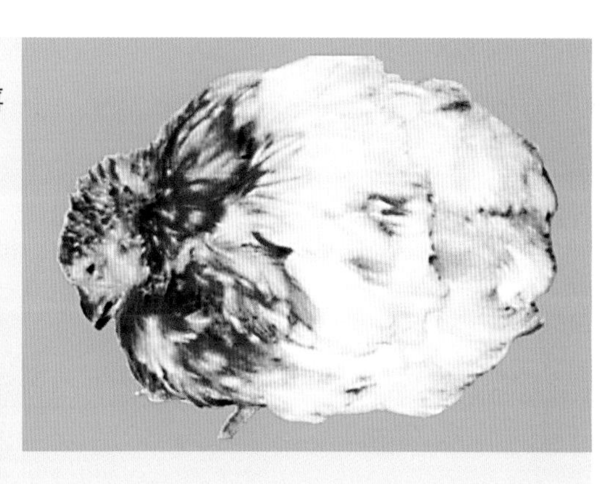

图5-73 病鸡精神不振，羽毛蓬松，喜卧或卧地不起

图5-74 病鸡排出白色黏性稀便

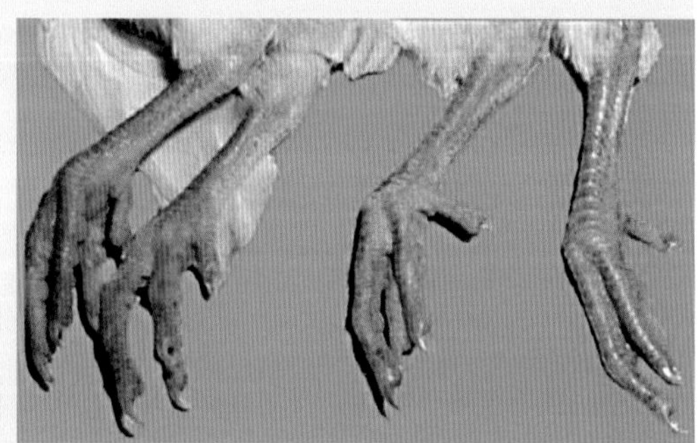

图5-75 病鸡脱水，爪部皮肤干燥无光

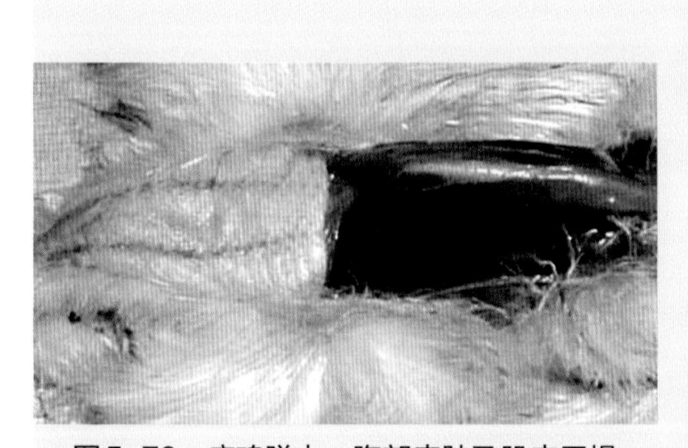

图5-76 病鸡脱水，胸部皮肤及肌肉干燥

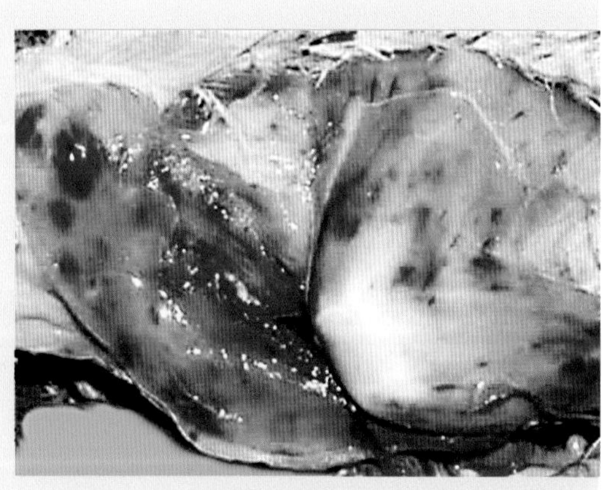

图5-77 典型病鸡腿部和胸部肌肉出血

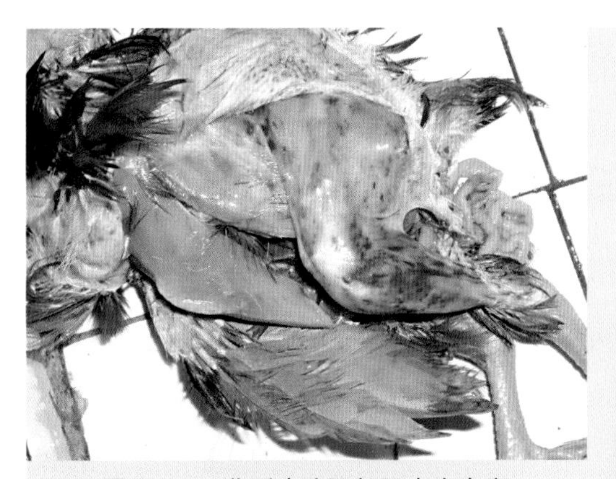
图5-78　典型病鸡腿部肌肉出血斑

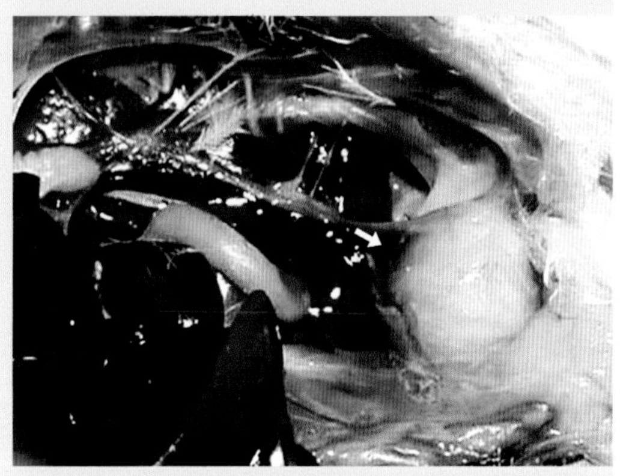
图5-79　典型病鸡法氏囊肿胀，浆膜面胶样浸润

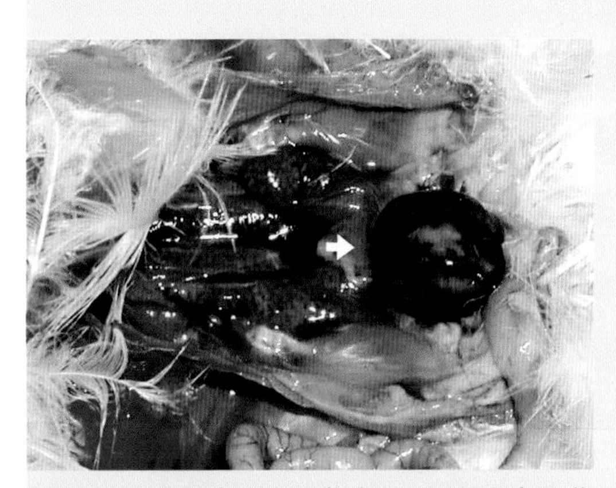
图5-80　典型病鸡法氏囊肿胀、严重出血呈紫葡萄样

图5-81　法氏囊肿胀、出血，黏膜纵褶增厚

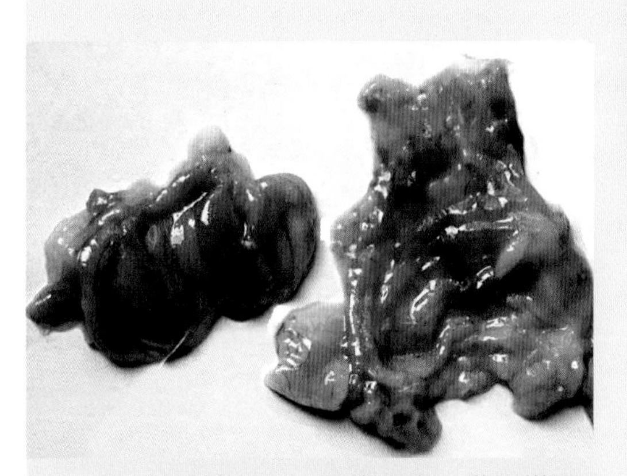
图5-82　法氏囊肿胀，黏膜出血、纵褶增厚；直肠及泄殖腔黏膜出血

图5-83 法氏囊肿大、严重出血、坏死

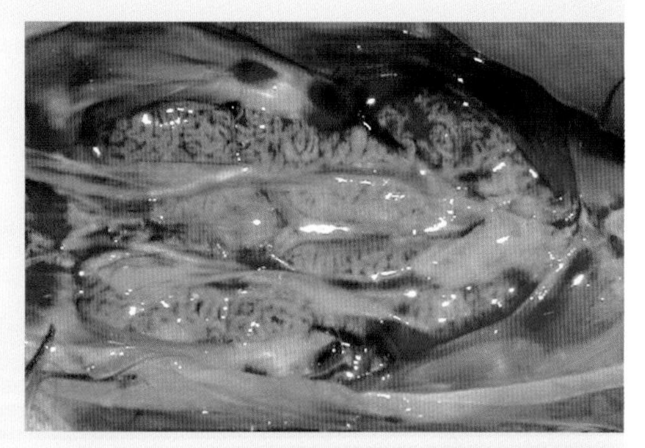

图5-84 肾脏尿酸盐沉积，肿胀、苍白

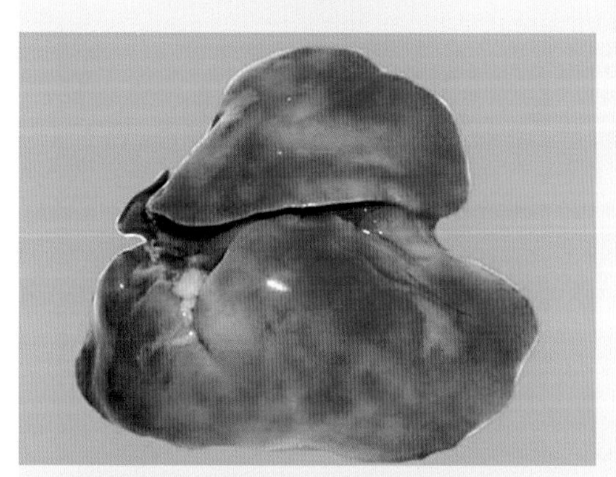

图5-85 典型病鸡肝脏黄染呈斑驳状

图5-86 法氏囊黏膜干酪样坏死，两胃交界处有出血带

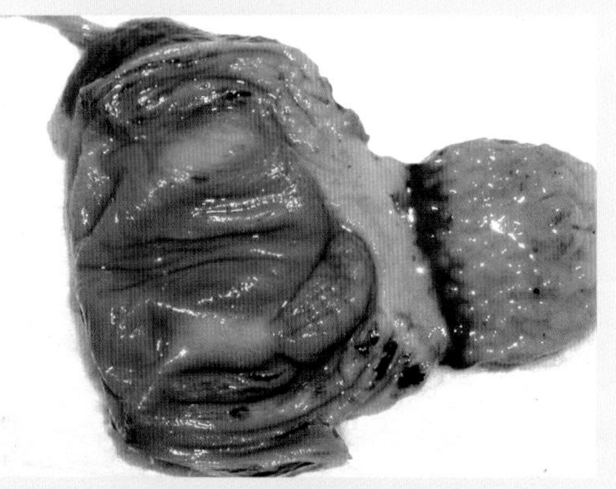

图5-87 典型病鸡两胃交界处条带状出血

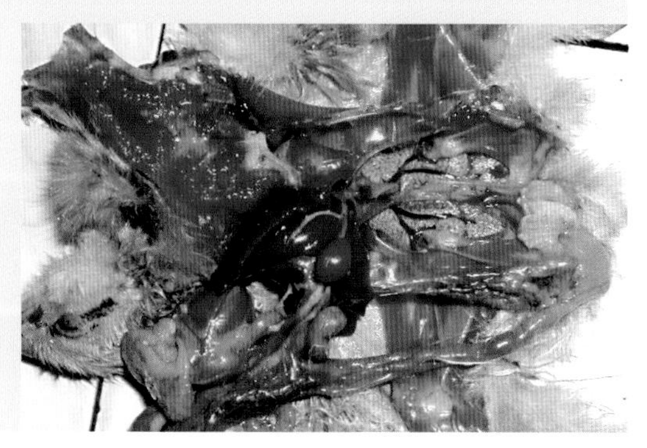

图5-88 非典型病鸡法氏囊萎缩，囊壁变薄，内有黄白色干酪样坏死物

四、鸡传染性喉气管炎

（Infectious Laryngotracheitis，ILT）

鸡传染性喉气管炎是由禽疱疹病毒Ⅰ型传染性喉气管炎病毒（ILTV）感染引起鸡的一种急性呼吸道传染病，以呼吸困难、咳嗽、气喘、咳出血性分泌物为特征。

【病原特征】ILTV为有囊膜的病毒，病毒粒子呈球形，直径为195～250纳米，基因组为双股线性DNA，能够在鸡胚和许多禽类细胞上增殖。ILTV只有1个血清型，但不同毒株毒力不同。

【流行特征】自然条件下，ILTV主要感染鸡，各种年龄均可感染，育成鸡和成年产蛋鸡症状最为典型。本病一年四季均可发生，寒冷季节尤为严重。病鸡和康复带毒鸡为主要传染源。本病发病急，传播快，2～3天可波及全群，感染率高达90%～100%，死亡率10%～20%不等。近年来，发病率和死亡率均较低的温和型病例逐渐增多。

【临床特征】潜伏期的长短与毒株的毒力有关，自然感染的潜伏期为6～12天，人工感染潜伏期为2～4天。典型发病鸡结膜潮红，颜面部肿胀，呼吸困难，表现为头颈伸直，张口呼吸，常发出啰音，严重发病鸡可见剧烈甩头或呈痉挛性咳嗽，常咳出血性分泌物。病程15天左右，发病10天左右死亡开始减少，鸡群状况开始好转。温和型传染性喉气管炎通常可见衰弱、流泪、结膜炎、眶下窦肿胀、流出血性鼻涕等；产蛋鸡鸡冠髯发绀、失去光泽，产蛋量下降。

【大体病变】喉头及气管黏膜肿胀、充血、出血甚至坏死，鼻咽部有多量黄白色血性分泌物，典型病鸡喉头和气管内可见带血的黏性分泌物或条状血凝块，中后期喉头气管黏膜附有黄白色纤维素性栓塞，严重者蔓延至气管，病鸡常因窒息死亡。眼结膜肿胀、增生、坏死和角膜混浊。温和型病鸡仅见结膜和眶下窦肿胀，气管轻度充血、出血，可见黏液性分泌物。

【实验室诊断】

1. 包涵体检查

传染性喉气管炎的特征是在气管或结膜上皮细胞内形成核内包涵体。用姬姆萨或苏木精-伊红染色，检测气管切片或气管分泌物涂片细胞中的核内包涵体，可对本病进行特异性诊断，但敏感度较低。

2. 病毒分离培养

采集喉头及气管渗出物或肺组织作为病料，接种9～12日龄鸡胚绒毛尿囊膜或尿囊腔，ILTV可致死鸡胚，胚体矮小，绒毛尿囊膜上可出现痘斑样坏死灶。

3. 病原鉴定

PCR、多重PCR及荧光定量PCR均可直接从样本中检测ILTV核酸，敏感度优于病毒分离培养和ELISA，而荧光定量PCR还可大大提高检测敏感度。已有区分毒力的RT-PCR方法的报道。荧光标记抗体技术、免疫酶技术和单抗捕捉ELISA、双抗体夹心ELISA等也可直接从病料中检测抗原，也可用于快速诊断。

【防治要点】加强饲养管理，改善鸡舍通风，注意环境卫生，不引进病鸡，严格执行消毒措施，防止病原入侵。非疫区鸡群不接种疫苗，疫区可用弱毒疫苗免疫，以点眼、滴鼻效果最好。本病尚无有效治疗方法，鸡群一旦发病，应及时隔离淘汰病鸡，每日用高效消毒药进行1 ～ 2次带鸡消毒，同时用泰乐菌素、红霉素、阿莫西林等抗菌药物，防止细菌继发感染，配合化痰止咳的中药，可缓解症状、减少死亡。

图5-89　病鸡张口伸颈呼吸

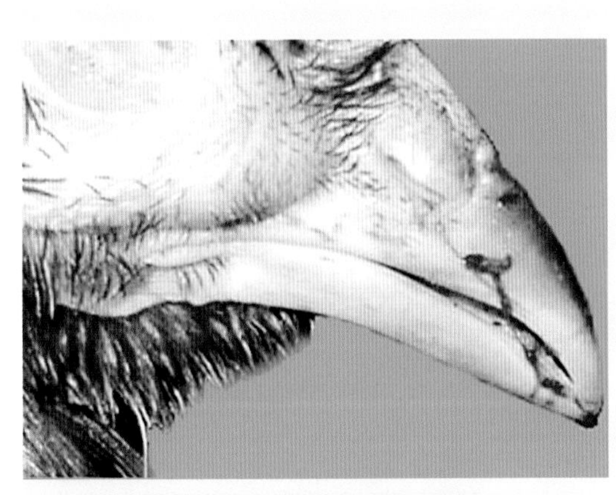

图5-90　病鸡流出血性鼻液

图5-91　病鸡眼部肿胀，鸡冠苍白

图5-92　病鸡头面部肿胀，鼻、眼流出血性分泌物

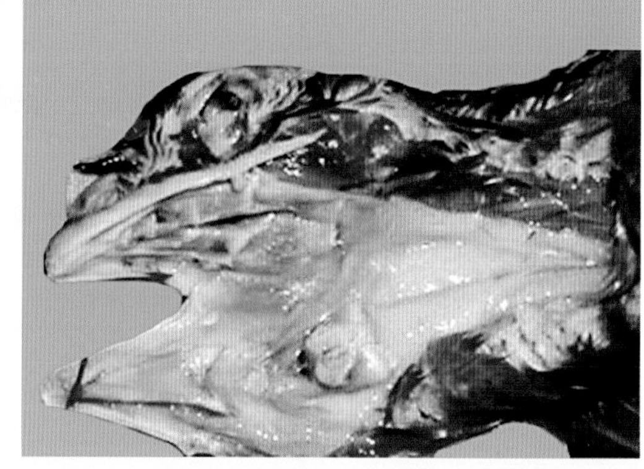
图5-93　病鸡喉头有干酪样栓子堵塞

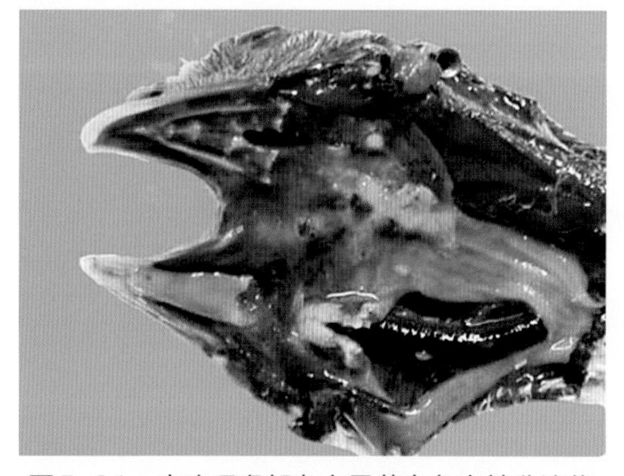
图5-94　病鸡咽喉部有大量黄白色血性分泌物

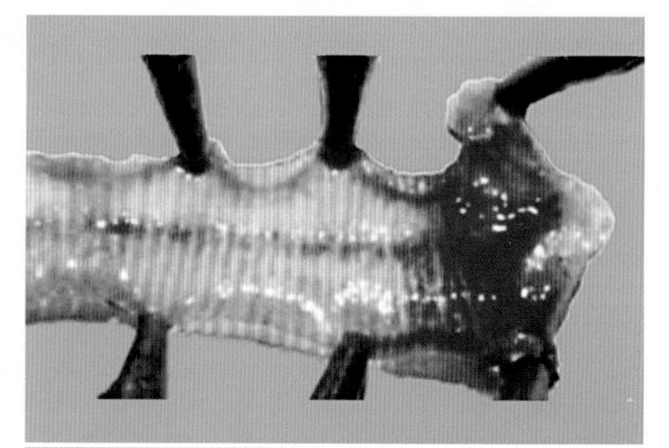
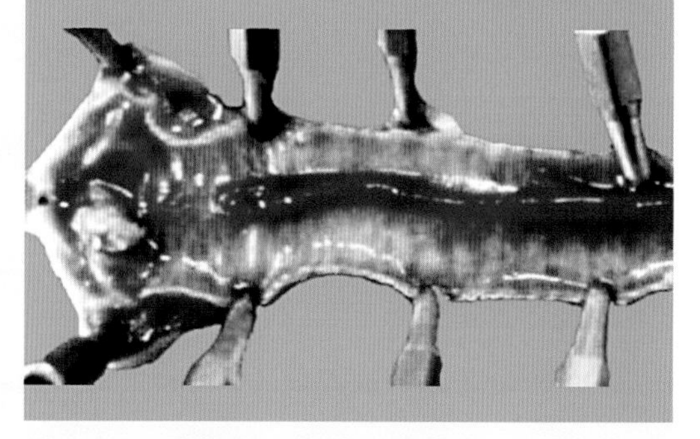

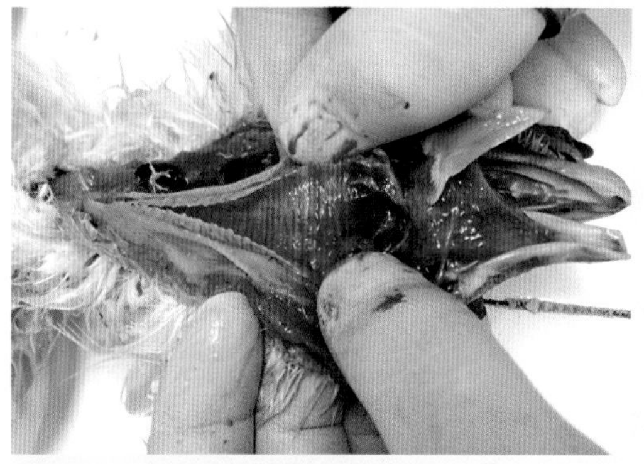
图5-95　病鸡喉头气管黏膜严重出血，喉腔内有血性分泌物

图5-96　病鸡喉头气管黏膜出血，气管内有血性栓子

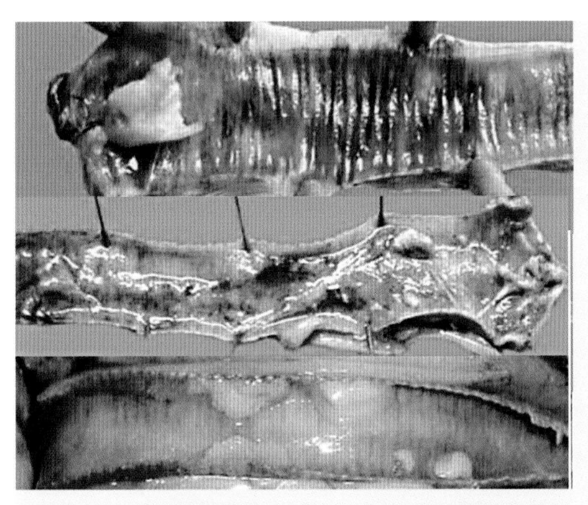

图5-97 病鸡喉腔和气管内有黄色干酪样或脓样分泌物

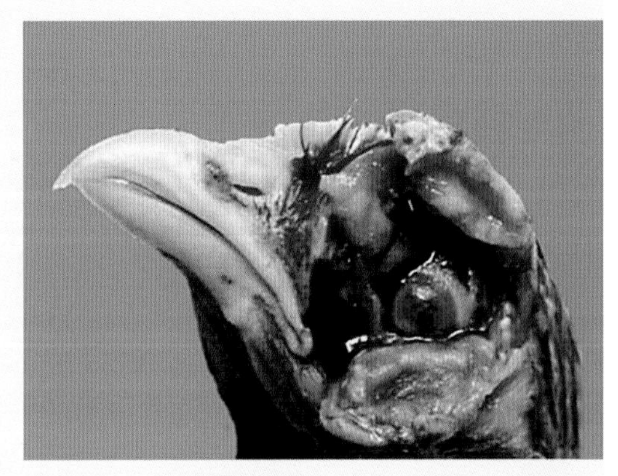

图5-98 病鸡眼睑充血、出血、增生、坏死，角膜混浊

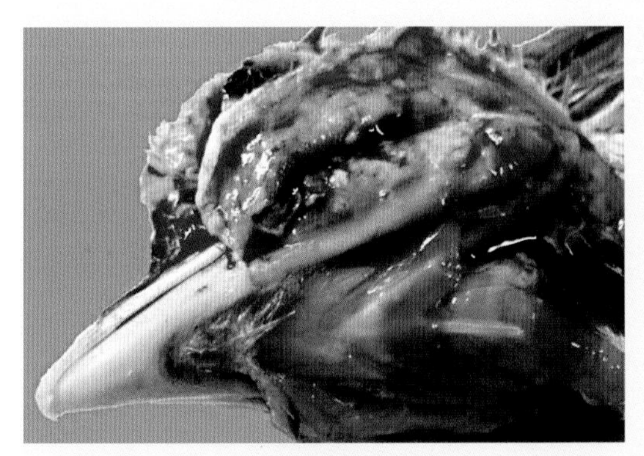

图5-99 病鸡颜面部皮下水肿、坏死

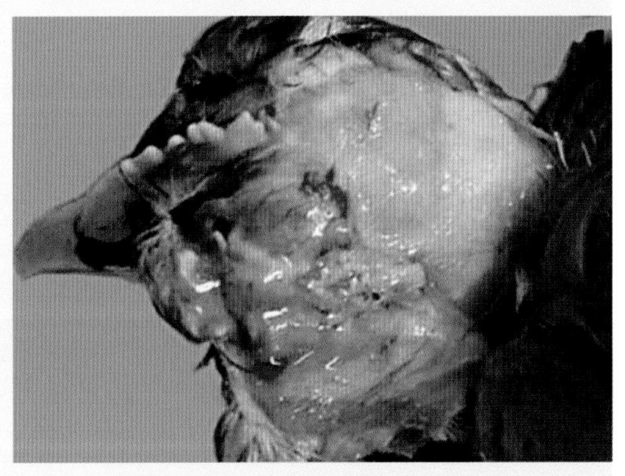

图5-100 病鸡头面部皮下水肿

五、鸡传染性支气管炎

（Infectious Bronchitis，IB）

鸡传染性支气管炎（IB）是由传染性支气管炎病毒（IBV）引起鸡的一种急性、高度传染性呼吸道和泌尿生殖道传染病。本病广泛流行于世界各地，是具有重要经济意义的病毒病。

【病原特征】IBV为冠状病毒科、冠状病毒属的代表种，为有囊膜的病毒，病毒粒子呈圆形或多边形，直径为120纳米，表面有棒状纤突。病毒核酸为不分节段的单股正链RNA。IBV血清型众多。病毒不能凝集鸡的红细胞，但经1%胰酶或磷脂酶C 37℃处理后，可出现血凝活性，且这一血凝活性能被特异性抗血清所抑制，因此可通过血凝抑制试验鉴定血清型。

【流行特征】自然感染仅见于鸡，各种年龄鸡均可发生，雏鸡和产蛋鸡发病较多，以雏鸡发病最严重。本病发病率高，可达100%，死亡率与感染毒株的毒力、感染鸡的年龄、免疫水平和应激等多种因素有关，6周龄内雏鸡死亡率可达30%。IB潜伏期短，发病急，传播快，病鸡带毒时间长，病毒主要经呼吸道传播，也可经消化道传播。本病一年四季均可发生，以冬季最严重。气候突变、寒冷、拥挤、通风不良或应激等均可诱发本病。

【临床特征】呼吸型传染性支气管炎发病急、传播快，发病率高，几天内可迅速波及全群，若无继发感染，鲜见死亡。病鸡精神沉郁，畏寒挤堆，呼吸困难，伸颈，张口呼吸，咳嗽、流鼻，严重时病鸡呼吸极度困难，鸡冠发绀。产蛋鸡产蛋率急剧下降，降幅可达30%～50%，恢复期出现畸形蛋、小蛋，白壳蛋、软壳蛋、砂壳蛋、薄壳蛋增多，蛋白稀薄如水，粪便不成形，尿酸盐增多。肾型传染性支气管炎病鸡呼吸道症状较轻微，5～7天后减轻，但饮水量明显增加，采食量下降，畏寒挤堆，病鸡排出白色粪便或水样粪便，爪部因脱水变得干燥无光。腺胃型传染性支气管炎病鸡仅见轻微呼吸道症状，病鸡消瘦，死亡率明显升高。

【大体病变】

1. 呼吸型传染性支气管炎　喉头、气管、气管支气管交界处黏膜充血、出血，管腔内有浆液性、卡他性或黄白色干酪样渗出物，上呼吸道易被水样或黏稠的黄白色分泌物附着或堵塞。严重时喉头呈扩张状态。产蛋鸡卵泡充血、出血、变形、破裂、液化，甚至发生卵黄性腹膜炎；卵巢、输卵管萎缩，黏膜充血、出血，皱褶细小、数量减少。

2. 肾型传染性支气管炎 肾脏有大量尿酸盐沉积、肿胀、小叶突出，肾小管、输尿管扩张，整个肾脏外观呈斑驳的白色网线状，俗称“花斑肾”。泄殖腔内有大量白色石灰样粪便，病鸡大量饮水致使嗉囊积水。白色尿酸盐还沉积在其他组织器官表面，呈现内脏型“痛风”。

3. 腺胃型传染性支气管炎 腺胃肿大，腺胃、肌胃交界处扩张，腺胃壁增厚，黏膜水肿，腺胃乳头界限模糊。

【实验室诊断】

1. 病毒分离鉴定

采集喉气管、泄殖腔拭子或肺脏、肾脏和输卵管等样本，接种9 ~ 11日龄鸡胚绒毛尿囊腔，37℃孵育48 ~ 72小时，IBV可致鸡胚矮小，蜷缩成球状（侏儒胚），取尿囊液进行血清学或分子生物学检测，阴性者盲传3代才能判为阴性。

2. 分子诊断技术

RT-PCR可直接从病料中检出IBV，该方法主要用于分离毒株的鉴定及病原流行病学调查。但该方法不能区分疫苗毒和强毒株，检测结果应结合临床症状及病理变化综合判断。

3. 血清学方法

尽管有HI、ELISA、中和试验、免疫组化等多种方法可用于IB的诊断，但由于非特异性反应等原因，其在临床诊断中的应用价值有限。

【防治要点】加强饲养管理，注意降低饲养密度，改善通风，减少各种应激，严格卫生消毒措施。多种弱毒疫苗和灭活疫苗对呼吸型传染性支气管炎均有良好的预防效果，对肾型传染性支气管炎可用含有T株的弱毒疫苗或灭活苗进行免疫。本病尚无特效疗法，对呼吸型传染性支气管炎可用广谱抗菌药物如泰乐菌素等防止细菌继发感染，用止咳平喘的中药缓解症状。对肾型传染性支气管炎可用肾肿解毒药等帮助尿酸盐排出，但长时间使用易导致病鸡出现长时间严重水泻，应严格控制肾肿解毒药的使用剂量和疗程。一些具有通淋排石、渗湿利水的中药复方药对肾型传染性支气管炎也具有良好疗效，且能有效避免康复鸡的水泻。在饮水中添加1%～2% 的红糖或葡萄糖，可有效降低肾型传染性支气管炎病鸡死亡率，促进病鸡康复。

图5-101　病鸡精神沉郁，呼吸困难

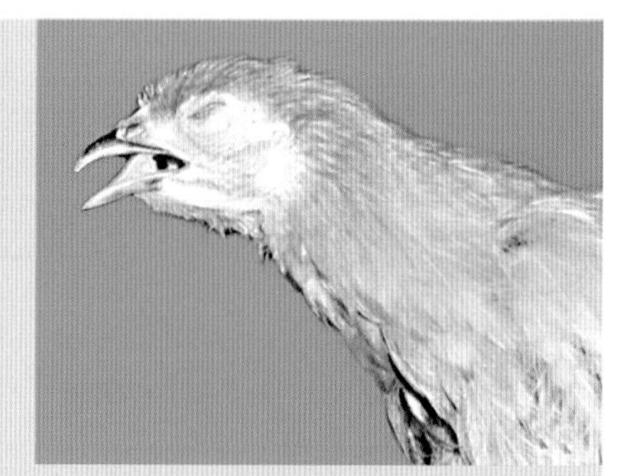

图5-102　病鸡严重呼吸困难

图5-103　病鸡呼吸极度困难，头颈前伸，张口呼吸

图5-104　病鸡畏寒、扎堆，排出含有大量尿酸盐的白色稀便

图5-105　病鸡产劣质蛋

图5-106　蛋壳褪色，变软

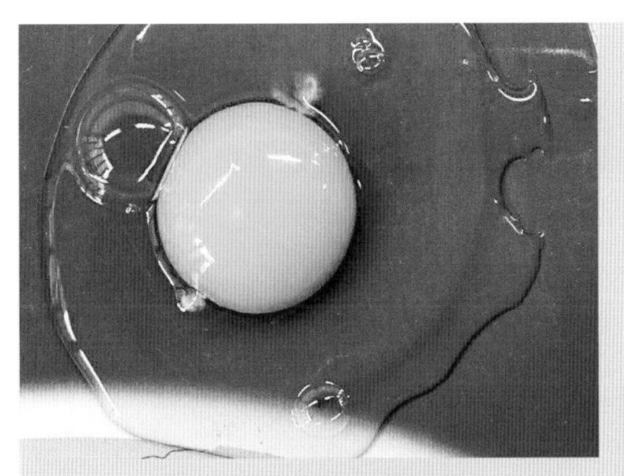
图5-107 蛋白稀薄如水

图5-108 肾病变型病鸡排出混有大量尿酸盐的白色水样便

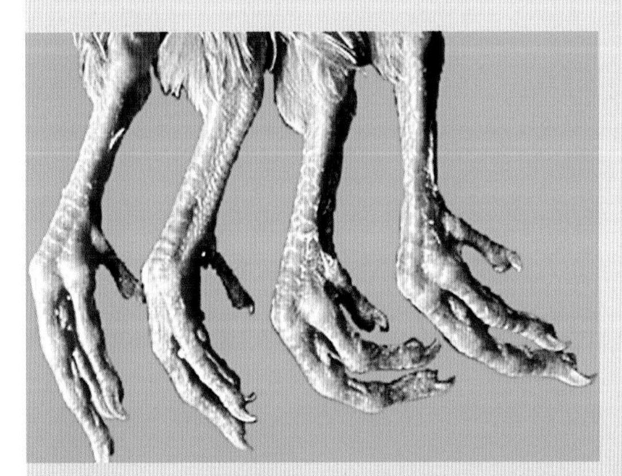
图5-109 病鸡脱水，爪部皮肤干燥无光

图5-110 病鸡喉头扩张

图5-111 病鸡喉头、气管黏膜出血，有时可见干酪样栓子

图5-112　病鸡卵巢萎缩、卵泡变形

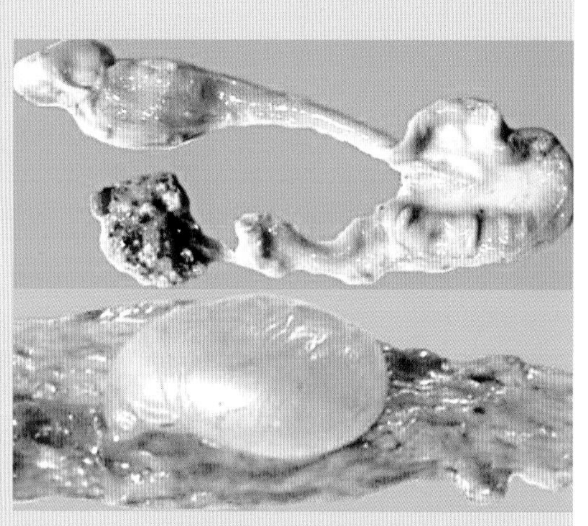

图5-113　产蛋鸡卵巢、输卵管严重萎缩，有时可见畸形蛋

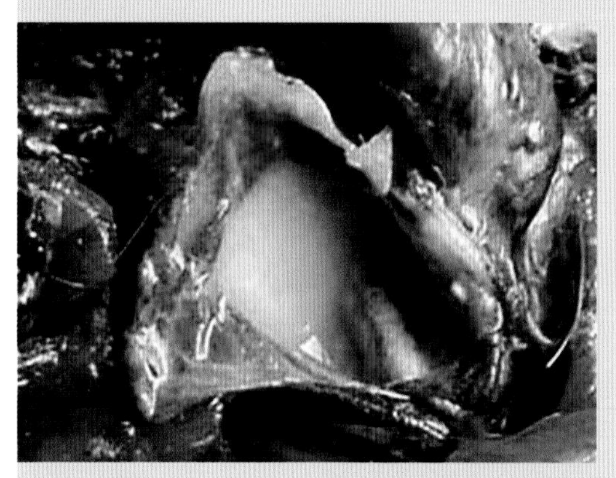

图5-114　肾型传支病鸡嗉囊积水

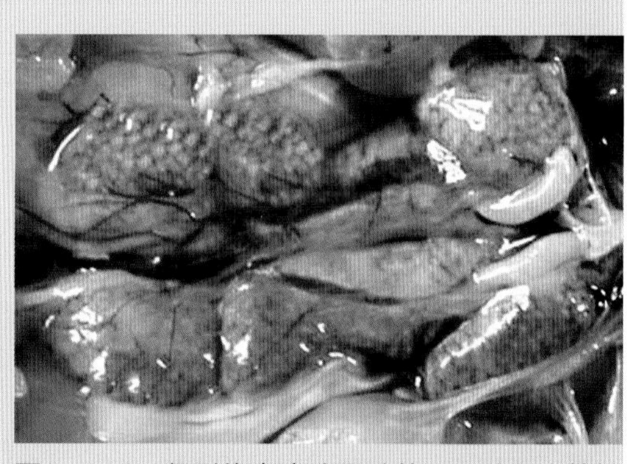

图5-115　肾型传支病鸡尿酸盐沉积致肾小管扩张，肾脏肿胀呈“花斑状”

图5-116　肾型传支病鸡肾脏尿酸盐沉积，肾小管、输尿管扩张

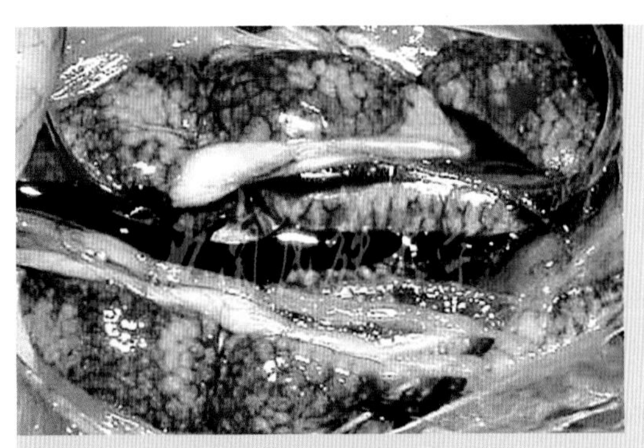

图5-117　肾型传支病鸡肾脏及输尿管扩张，内有大量尿酸盐沉积

图5-118　肾型传支病鸡出现“花斑肾”及输卵管积液

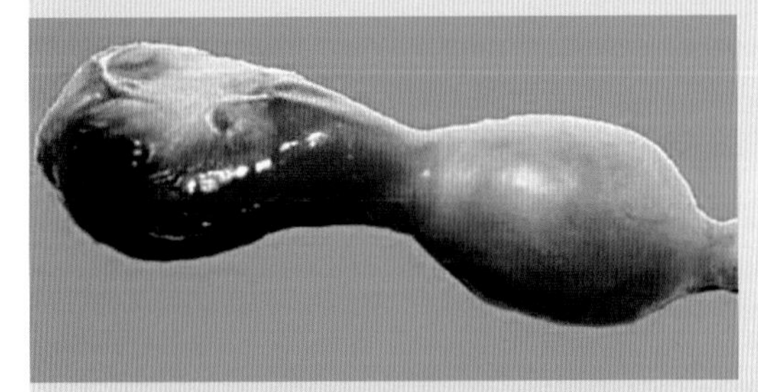

图5-119　腺胃型传支病鸡腺胃肿大

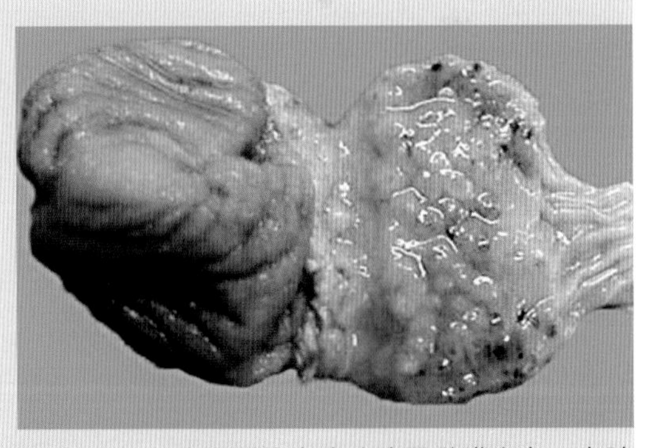

图5-120　腺胃型传支病鸡腺胃黏膜出血、水肿

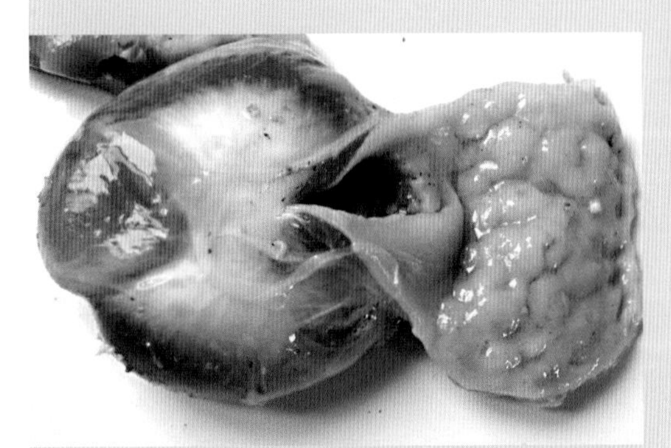

图5-121　腺胃型传支病鸡腺胃黏膜水肿，腺胃乳头模糊不清

六、鸡病毒性关节炎

（Avian Viral Arthritis Syndrome，AVAS）

鸡病毒性关节炎又称病毒性腱鞘炎、呼肠孤病毒感染等，是由禽呼肠孤病毒引起的以跗、趾关节肿大、腱鞘炎为特征的一种急性、病毒性传染病。该病在世界各地均有发生，我国于20世纪80年代发现本病。由于在多数情况下AVAS呈现亚临床感染而被忽视，但其能使鸡生长停滞、运动机能障碍、产蛋率下降、淘汰率升高，因此可造成严重的经济损失。

【病原特征】AVAS的病原为呼肠孤病毒科、正呼肠孤病毒属的禽呼肠孤病毒(Avain reovirus)。禽呼肠孤病毒无囊膜，呈正二十面体对称，有双层衣壳，直径约75纳米，其基因组为双股RNA，分10个片段。病毒在胞浆中复制，并形成胞浆包涵体。

【流行特征】鸡是自然感染发生关节炎的唯一宿主，肉鸡最易感，且有年龄相关性，多见于4～7周龄鸡，日龄越大，敏感性越低，10周龄以后很少发生该病。病鸡和带毒鸡是该病的传染源。该病主要经呼吸道和消化道传播，感染后的种鸡也可经种蛋传播给子代。感染鸡多呈隐性经过，发病率介于1%～5%之间，也有个别鸡场发病率超过10%。

【临床特征】根据发病情况分为急性、慢性两种。急性病毒性关节炎病程较短，一般5天左右，病鸡表现为精神沉郁，跛行，站立姿势改变，跗关节上方双侧肿大、发热，关节屈曲困难，患部早期稍柔软，后期变僵硬，常卧地不起。慢性感染鸡起初主要表现为精神沉郁，食欲减退，发育不良，消瘦，跛行更为严重，跗、趾关节肿大变硬，但一般不发热，胫跖骨变粗，后期出现单侧性或两侧性腓肠肌肌腱断裂，足关节扭转弯曲，不愿行走，严重时出现瘫痪，卧地不起，个别鸡翅关节也有发生，症状出现后不容易消失，随病情发展，患肢不能伸展，采食困难，生长迟缓。种鸡或蛋鸡感染后，产蛋量下降10%～15%。

【大体病变】本病典型病变在腿部关节。剖检急性病鸡可见跗、趾关节肿大，足部和胫部的腱鞘水肿，关节腔内有大量黄色胶冻样渗出物，有些为脓性渗出物。慢性病例的关节腔内渗出物较少，腱鞘硬化和粘连，在跗关节远端关节软骨上出现凹陷的点状溃疡，以后逐渐变大、融合，延伸到下方的骨质，关节表面纤维软骨膜过度增生。严重病鸡可见肌腱发生不全断裂，周围组织粘连，关节腔有脓样、干酪样渗出物。

【实验室诊断】通过流行病征、临床症状及病理变化即可做出初步诊断。一般无需进行实验室诊断，出于研究目的，可进行病原学检测，RT-PCR 可用于本病的快速诊断，但由于本病多呈隐性感染，检测结果应配合临床症状及病理变化进行合理判定。目前已有商用ELISA试剂盒用于抗体检测，但由于鸡群中呼肠孤病毒自然感染的普遍存在，抗体阳性率很高，其诊断价值有限。

【防治要点】加强饲养管理，降低饲养密度，严格执行卫生消毒制度，杜绝病原传入。种鸡开产前接种灭活疫苗，雏鸡接种弱毒疫苗，可有效预防本病。本病尚无有效疗法，一旦鸡群发病，应用碱性消毒液或有机碘消毒，给患病鸡群投服抗菌药物控制细菌继发感染，可减少死亡。

图5-122　病鸡精神沉郁，喜蹲伏

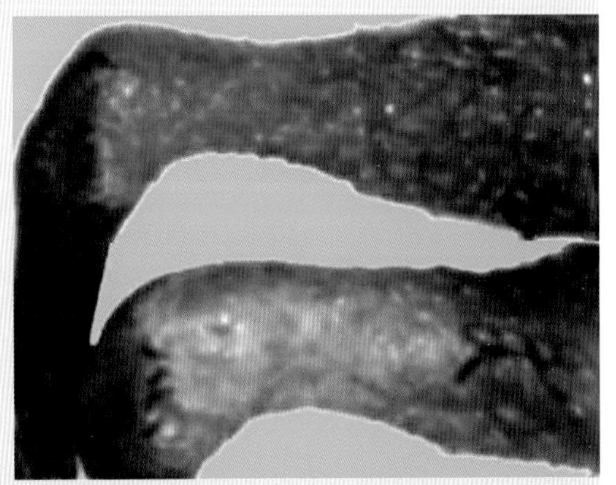

图5-123　病鸡腱鞘肿胀

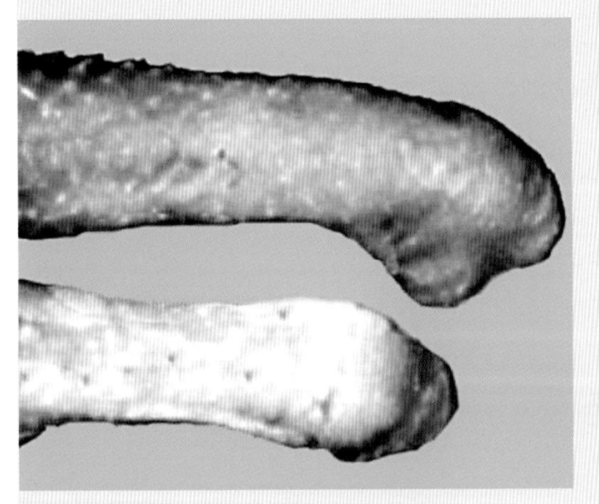

图5-124　病鸡跗关节腱鞘肿胀

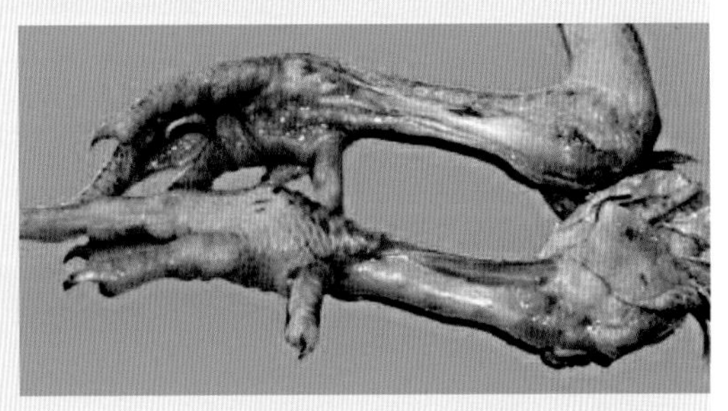

图5-125　病鸡跗关节和跖关节肿胀，腱鞘水肿

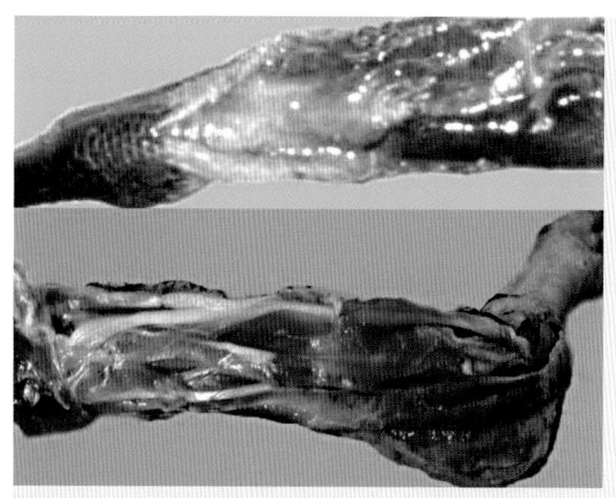

图5-126　病鸡腿部腱鞘肿胀，有黄红色胶冻样渗出物

图5-127　病鸡腿部腱鞘水肿，有淡黄色胶冻样渗出物

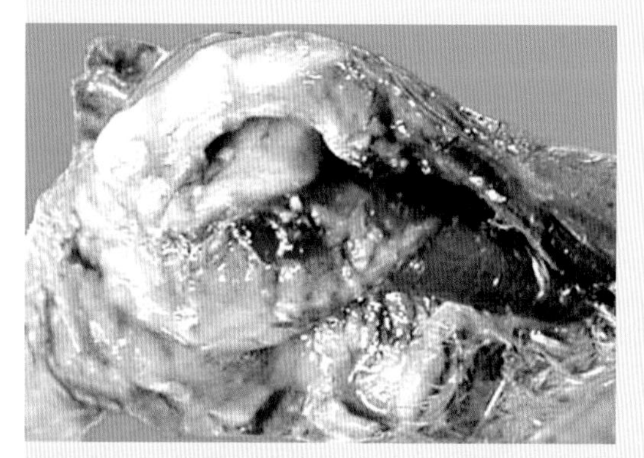

图5-128　病鸡跗关节肌腱肥厚、硬化、出血，周围纤维组织性愈着

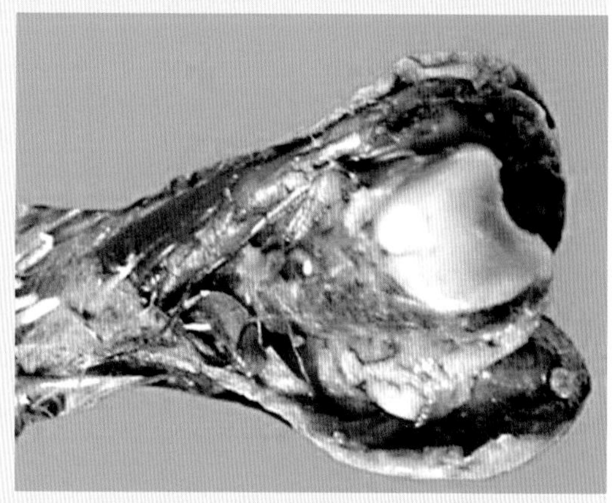

图5-129　病鸡跗关节滑膜出血

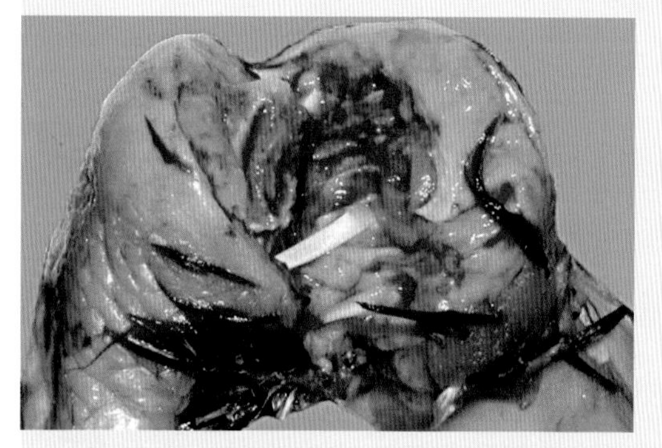

图5-130　病鸡跗关节内有血性渗出物

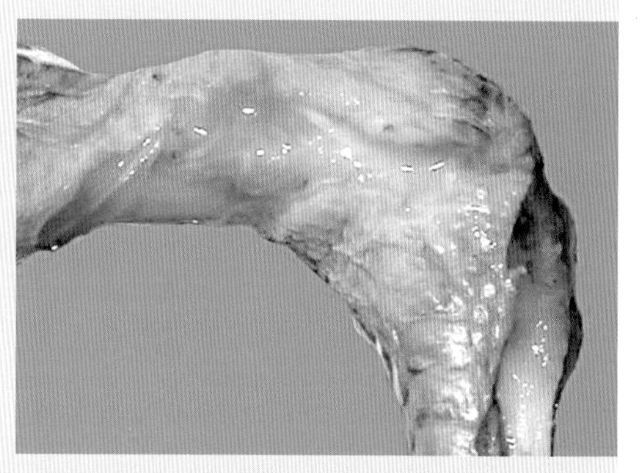

图5-131　病鸡跗关节内有大量脓性渗出物

（Fowlpox，FP）

禽痘是由禽痘病毒（FPV）引起的鸡、火鸡和鸽等多种家禽的一种高度接触性传染病。以体表无毛处皮肤痘疹（皮肤型），或在上呼吸道、口腔和食管部黏膜形成纤维素性坏死假膜（白喉型）为特征，能引起产蛋下降和死亡，对养禽业造成严重的经济损失。

【病原特征】禽痘病毒为痘病毒科禽痘病毒属成员，有10个种，包括鸡痘病毒、火鸡痘病毒、鸽痘病毒等，每型痘病毒通常只感染同种宿主。禽痘病毒是有囊膜的大型病毒，大小为300纳米×280纳米×200纳米，病毒粒子呈砖形，病毒基因组为线状双股DNA。FPV有血凝性，可根据这一特性进行病毒检测。

【流行特征】鸡和火鸡最易感，鸽也可感染发病。各种年龄、品种、性别的家禽均有易感性。本病主要通过直接接触或通过蚊虫叮咬而传播，一年四季均可发生，以夏秋季节多发，病鸡多表现为皮肤型，感染率高，死亡率低；冬季发病较少，病鸡常表现为白喉型。有时可见两种类型均存在的混合型，发病率不高，但致死率高，若饲养管理不善或与其他疾病并发，死亡率可达50%，产蛋鸡产蛋量下降。

【临床特征】根据病变部位不同将禽痘分为皮肤型、白喉型或混合型3种类型。

1. 皮肤型

轻度感染多无全身症状，严重者精神沉郁，食欲减退，贫血、消瘦。特征是多在无毛或少毛部位，如头面部（鸡冠、肉髯、耳球、眼睑、喙角等）、翅内侧、胸背侧部、腿部及爪部皮肤上，先形成一种灰白色或黄白色水泡样的小结节（痘疹），干燥后形成灰黄色或棕褐色痂皮；病鸡常表现结膜炎，可见结膜潮红，流泪，眼睑粘连，有痘痂。

2. 白喉型（黏膜型）

病鸡表现为精神委顿、厌食，眼睛和鼻孔初期流出浆性分泌物，后变成淡黄色脓性分泌物，口腔和咽喉等处的黏膜出现痘疹，黄白色假膜覆盖在黏膜表面，严重时阻塞口腔和咽喉，病鸡常因窒息死亡。

3. 混合型

皮肤型和白喉型的症状同时存在，病情严重，致死率高。

【大体病变】

1. 皮肤型

在病变发展的不同时期，皮肤表面可见痘疹、痘痂和痘痂脱落后形成的白色瘢痕或溃疡。

2. 白喉型

口腔、气管及食道黏膜上可见黄白色小结节，以后互相融合，形成干酪样假膜覆盖于黏膜表面，有时喉头黏膜增生使喉裂狭窄，撕去假膜可见出血性溃疡面。

3. 混合型

上述两种病变同时存在。

【实验室诊断】禽痘的临床症状及病理变化典型且易于观察，通常根据临床症状及病理变化即可确诊，无需实验室诊断。必要时可进行病毒分离：可采集痘痂或口咽的假膜，接种10 ～ 11日龄鸡胚绒毛尿囊膜，5 ～ 7天后绒毛尿囊膜上可见有致密的痘斑；也可将病料擦入已划破的冠、肉髯、无毛皮肤或拔去羽毛的毛囊内，5 ～ 7天后鸡出现典型的皮肤痘疹。可用PCR、琼脂扩散试验、血凝试验和中和试验等方法鉴定病毒分离株。

【防治要点】在本病高发季节，注意驱除传播本病的蚊、蠓、蜱等吸血昆虫，加强卫生消毒。用鸡痘鹌鹑化弱毒疫苗分别于20日龄和110日龄翼膜刺种，可有效预防鸡痘的发生。本病无特效治疗药物。对皮肤型鸡痘，轻轻剥离痘痂后可用碘酊或紫药水局部处理。对白喉型鸡痘，将口腔或喉腔内的假膜剥掉，用0.1%高锰酸钾冲洗后，再用碘甘油涂布。对严重感染病例，可使用抗菌药物防止继发感染；使用抗病毒中药，补充电解多维，可促进病鸡康复。

图5-132 病鸡精神沉郁，颜面部有痘痂

图5-133 病鸡贫血，鸡冠苍白，头面部有痘疹、痘痂和痘斑

图5-134 病鸡鸡冠肿胀，密布大小不一的痘疹

图5-135 病鸡头面部有痘疹和痘痂

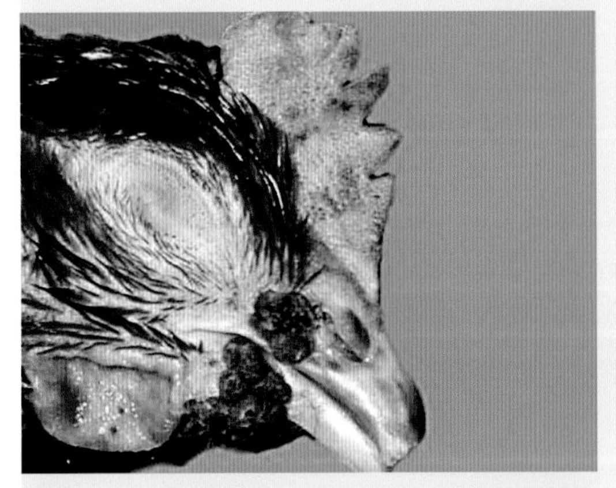
图5-136 病鸡贫血，鸡冠苍白，口鼻部有痘痂

图5-137 病鸡头面部有痘痂和痘斑

图5-138　黏膜型鸡痘，早期出现结膜炎

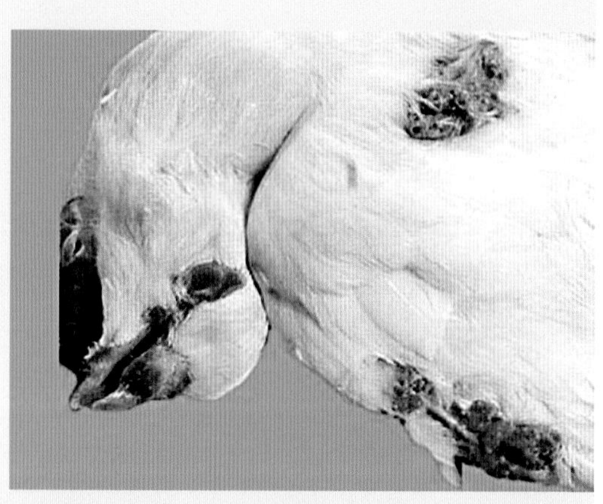
图5-139　病鸽颜面部及翅部皮肤有痘痂

图5-140　病鸽腿和爪部皮肤大小不一的痘疹和痘斑

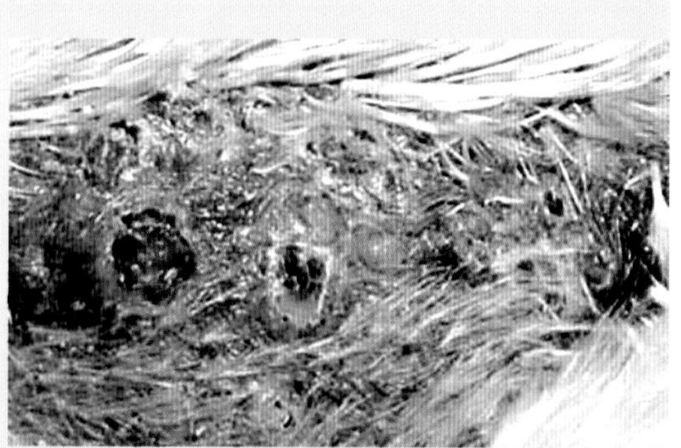
图5-141　病鸡背部皮肤痘疹和痘痂同时存在

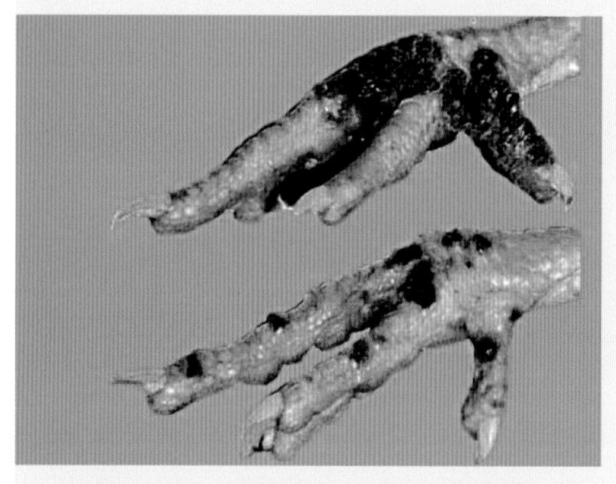
图5-142　病鸡爪部大小不一的痘痂

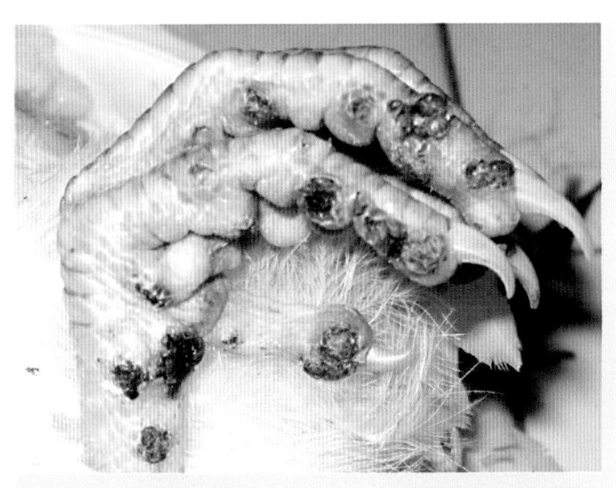

图5-143 病鸡爪部大小不一的痘痂，局部皮肤发炎呈红色

图5-144 混合型鸡痘，病鸡呼吸困难，眼睑部有痘痂

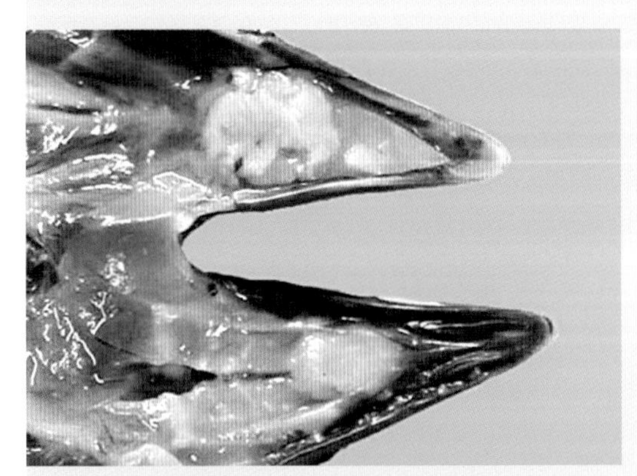

图5-145 黏膜型鸡痘，病鸡口腔黏膜白色干酪样坏死

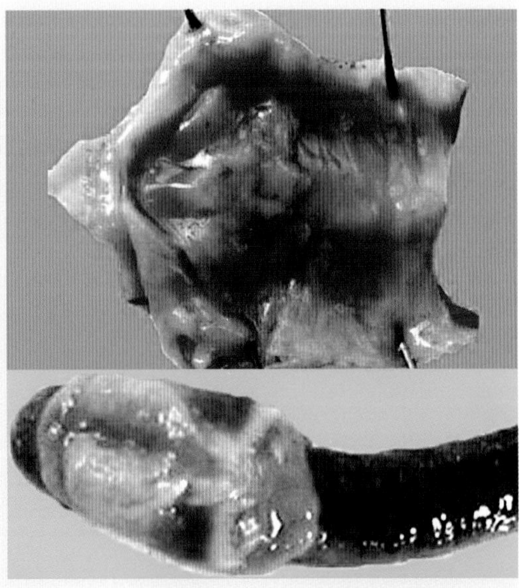

图5-146 黏膜型鸡痘，病鸡喉头黏膜增生，喉裂狭窄

图5-147 黏膜型鸡痘，病鸡气管黏膜上密布白色、淡黄色大小不一的痘疹

八、鸡马立克氏病

（Marek's Disease，MD）

鸡马立克氏病是由马立克氏病病毒（MDV）引起鸡的一种淋巴组织增生性肿瘤病，其特征为外周神经淋巴样细胞浸润和增大，引起肢（翅）麻痹，以及性腺、虹膜、各种脏器、肌肉和皮肤肿瘤病灶。

【病原特征】MDV属疱疹病毒科α疱疹病毒亚科马立克氏病毒属成员，该属分为3个血清型，血清1型（禽疱疹病毒2型）对鸡致病致瘤，不同毒株毒力差异大，可分为温和型、强毒型、超强毒型和特超强毒型毒株；血清2型对鸡无致病性，包括所有的不致瘤毒株；血清3型，对鸡无致病性，但可使鸡有良好的抵抗力，预防本病的疫苗就是由该血清型毒株制备的。MDV是有囊膜的病毒，圆形或卵圆形，直径为150 ～ 160纳米，基因组为线状双股DNA。

【流行特征】马立克氏病主要危害鸡，1 ～ 18月龄鸡均可发病，8 ～ 9周龄发病最为严重，发病率为5%～ 60%。火鸡、野鸡、鸽、鹌鹑等也有易感性。本病病程长，鸡常因极度消瘦、逐渐衰竭死亡，致死率达100%。

【临床特征】马立克氏病在临床上分为4种类型：神经型（古典型）、内脏型（急性型）、皮肤性和眼型。不管哪种类型，临床上均可见精神沉郁、食欲减退、鸡冠及肉垂苍白、进行性消瘦和下痢等症状。神经型病鸡步态不稳，开始不全麻痹，后则完全麻痹，不能站立，最常见呈一腿伸向前方，另一腿伸向后方的特征性劈叉姿势或两条腿向两侧伸展呈横叉姿势。内脏型多呈急性暴发，开始时大批鸡精神委顿，几天后部分病鸡出现共济失调，随后单侧或双侧肢体麻痹，很多病鸡表现为脱水、消瘦和昏迷。皮肤型则可见翅、颈、腿部等全身多处毛囊肿大、皮肤增生形成的肿瘤。眼型出现于单眼或双眼，虹膜失去正常色素，呈同心环状或斑点状以及弥漫性混浊的灰白色（死鱼眼），瞳孔缩小，边缘不整齐，严重阶段瞳孔只剩下针尖大小。

【大体病变】神经型马立克氏病主要发生于坐骨神经丛，也见于腰荐神经，可见受害神经增粗，呈黄白色或灰白色，横纹消失，有时呈水肿样外观，病变往往发生在单侧。内脏型马立克氏病肿瘤可见于卵巢、心脏、肝脏、脾脏、肺脏、肾脏、胰腺、肠系膜、腺胃等各种内脏器官。肿瘤在各组织器官中形成大小不一的肿瘤块，呈灰白色，质地坚硬而致密，有时肿瘤在组织中呈弥漫性增生，肿瘤组织呈灰白色，与原有组织的色彩相间存在，呈大理石斑纹，整个器官肿大。皮肤型马立克氏病主要在皮肤表面形成大小不一的肿瘤性结节，全身性毛囊肿瘤性增生。眼型马立克氏病内脏除眼部病变外，其他部位通常无明显病变。

【实验室诊断】

1. 病毒分离培养

病毒分离鉴定对MDV强毒感染和MD监测具有重要意义。将感染鸡的全血、血液淋巴细胞或肿瘤组织匀浆，接种鸭胚成纤维细胞（DEF）、鸡肾细胞（CK）或鸡胚成纤维细胞（CEF），培养5～14天，可出现典型细胞病变——蚀斑；病料也可接种4～11日龄鸡胚卵黄囊，经12～14天培养，MDV可在绒毛尿囊膜（CAM）上形成病毒痘斑。

2. 病毒鉴定

可用特异性单克隆抗体通过间接荧光抗体技术对病毒分离株进行鉴定。PCR和荧光定量PCR不仅能直接从病料中检测病毒，还可以鉴别毒株的毒力，是目前最常用的诊断技术。

3. 血清学检测

琼脂扩散试验检测抗体常用于感染或免疫鸡群的监测。此外，将新拔出的感染鸡主羽毛囊插入MD阳性血清琼脂平板进行扩散试验，可用于MD的诊断，尽管该方法敏感度较低，但操作简便，因而较为常用。

【防治要点】净化种鸡，种蛋及孵化室严格消毒，防止雏鸡在孵化室感染是防治本病的关键。选择质量可靠的疫苗，在雏鸡出壳后尽快接种，最好在24小时内完成，可有效预防本病。加强饲养管理，减少应激，作好其他疾病的防治工作，增强鸡体抗病力，不断提高兽医卫生综合防治水平。本病目前尚无有效治疗药物，对病鸡应及早发现、及时淘汰，以减少传染。

图5-148　病鸡极度消瘦，全身肌肉萎缩

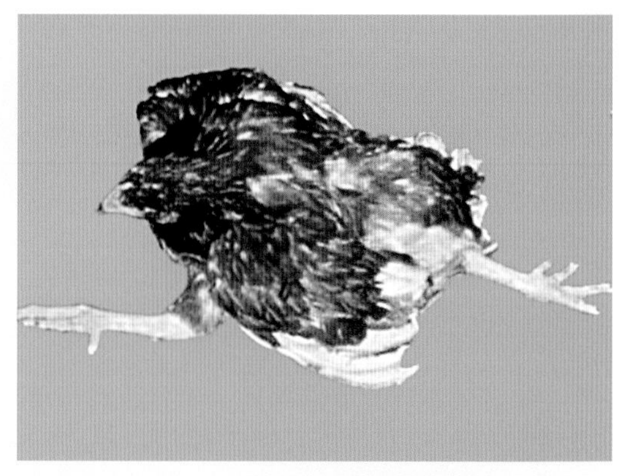
图5-149　坐骨神经型病鸡呈劈叉姿势

图5-150　腰荐神经型病鸡呈横叉姿势

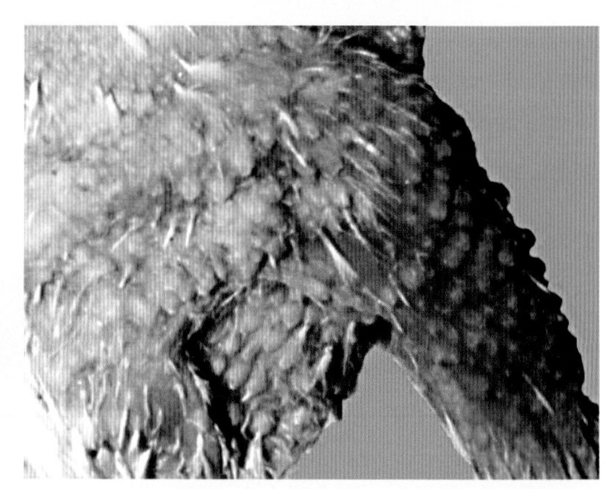
图5-151　皮肤型病鸡皮肤表面有大小不一的弥漫性肿瘤结节

图5-152　皮肤型病鸡颈部皮肤肿瘤性增生、出血性溃疡

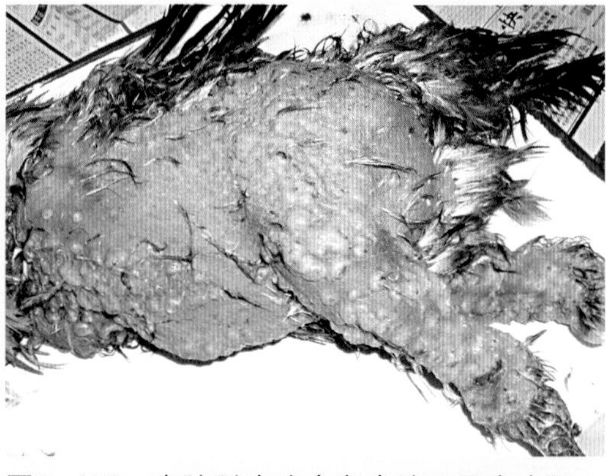
图5-153　皮肤型病鸡全身皮肤可见大小不一的肿瘤病灶

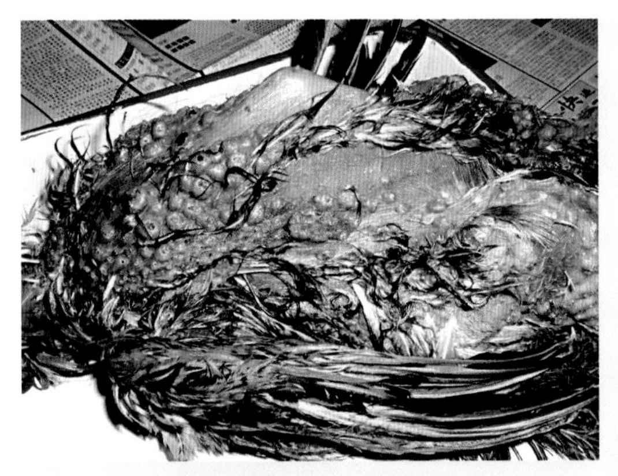

图5-154 皮肤型病鸡全身皮肤密布大小不一的肿瘤病灶

图5-155 皮肤型病鸡爪部肿瘤病灶

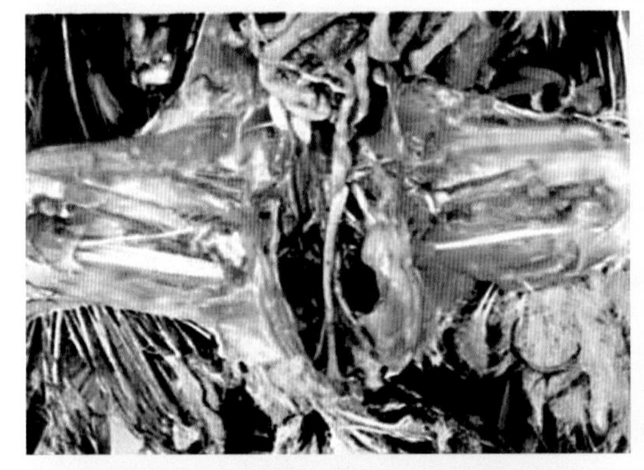

图5-156 神经型病鸡右侧坐骨神经肿大

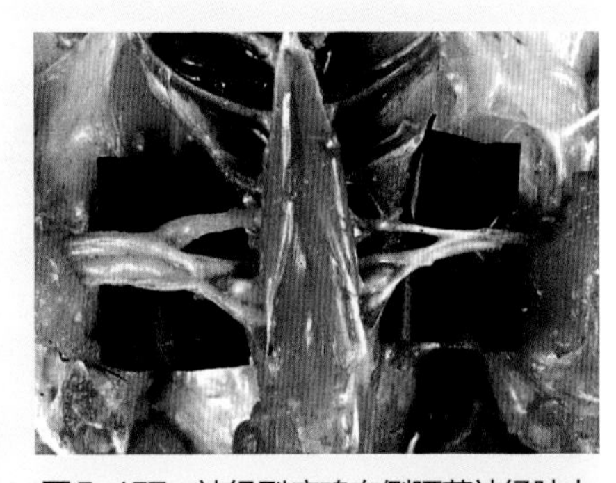

图5-157 神经型病鸡右侧腰荐神经肿大

图5-158 混合型病鸡皮肤和肝脏均有弥漫性肿瘤病变

图5-159　内脏型病鸡肝脏的多发性肿瘤结节

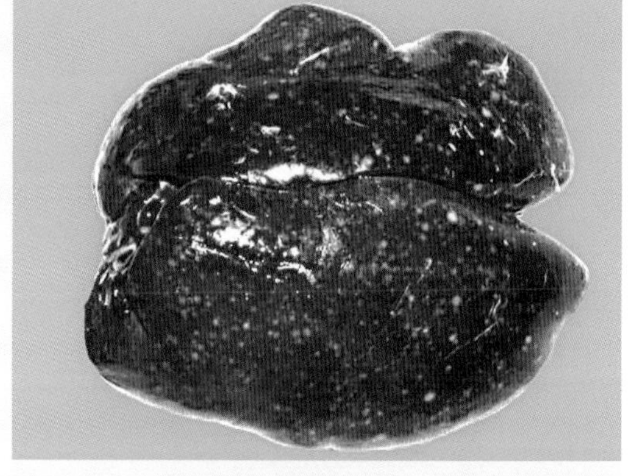

图5-160　内脏型病鸡肝脏肿胀，弥漫性肿瘤增生

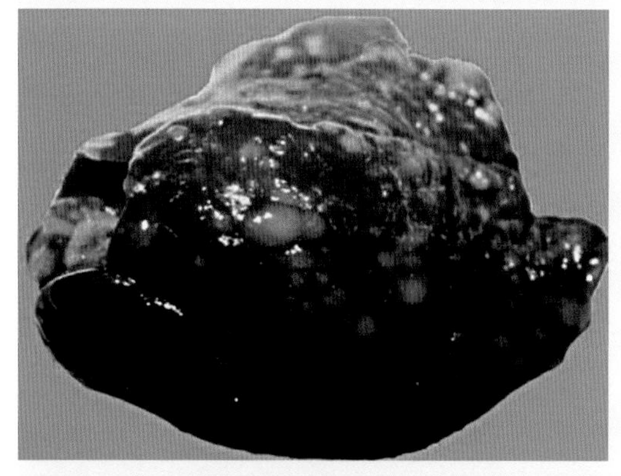

图5-161　内脏型病鸡肝脏表面有多发性肿瘤结节

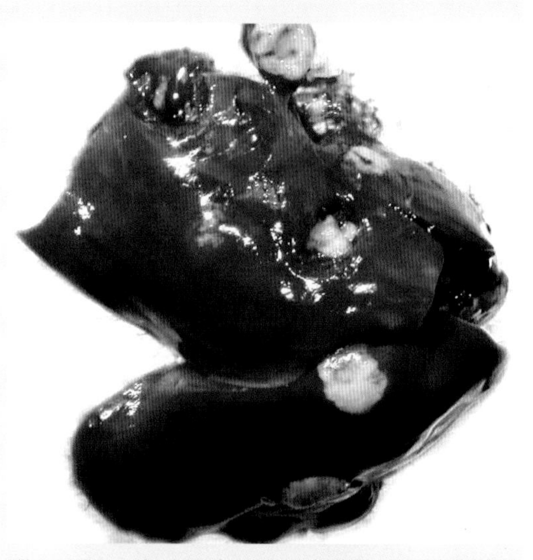

图5-162　内脏型病鸡肝脏多发性巨大肿瘤结节

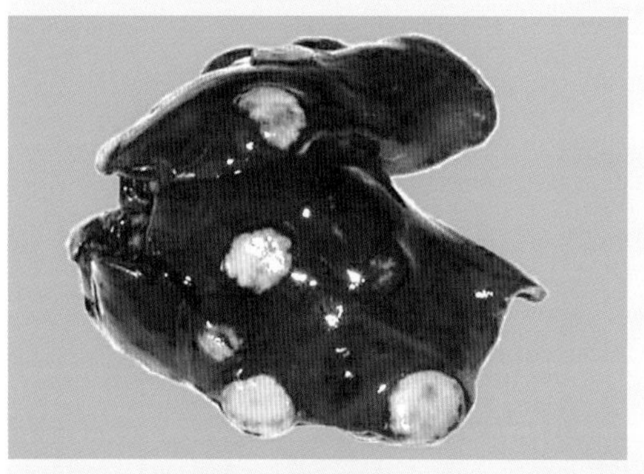

图5-163　内脏型病鸡肝脏多发性巨大肿瘤结节

图5-164 内脏型病鸡肝脏弥漫性肿瘤增生

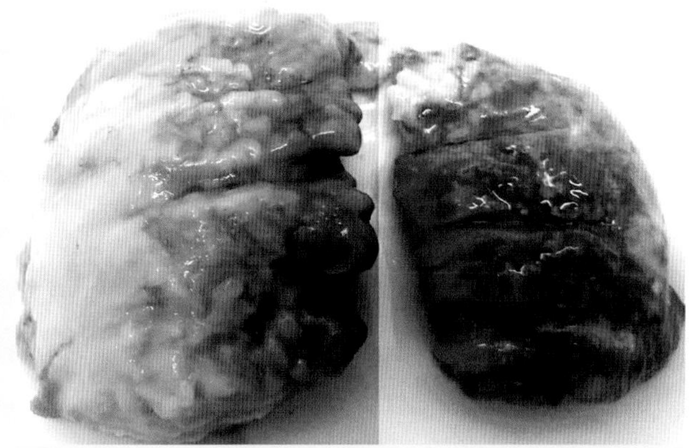
图5-165 内脏型病鸡左侧肺部几乎全部被肿瘤病灶取代，右侧肺脏可见肿瘤病灶和严重的出血病变

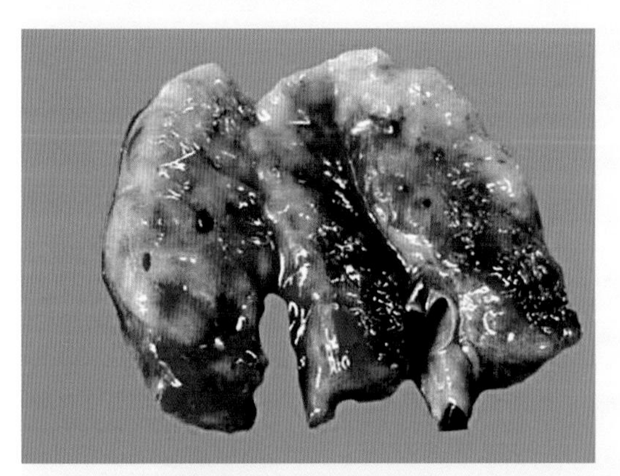
图5-166 内脏型病鸡肺部正常组织全部被肿瘤取代

图5-167 内脏型病鸡肺脏多发性巨大肿瘤

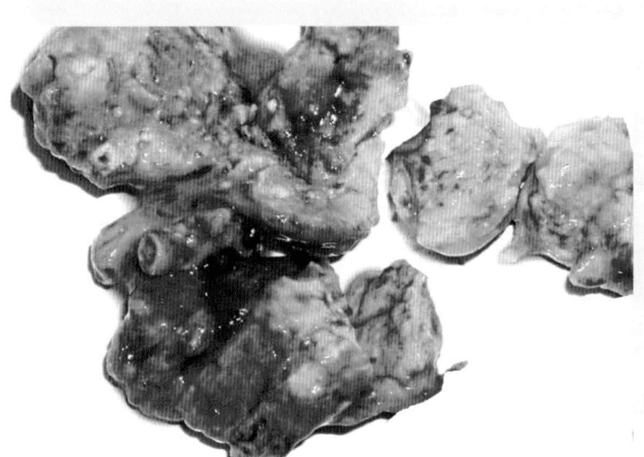
图5-168 内脏型病鸡肺脏肿瘤增生，大部分肺组织被肿瘤取代

图5-169　内脏型病鸡肺脏巨大肿瘤

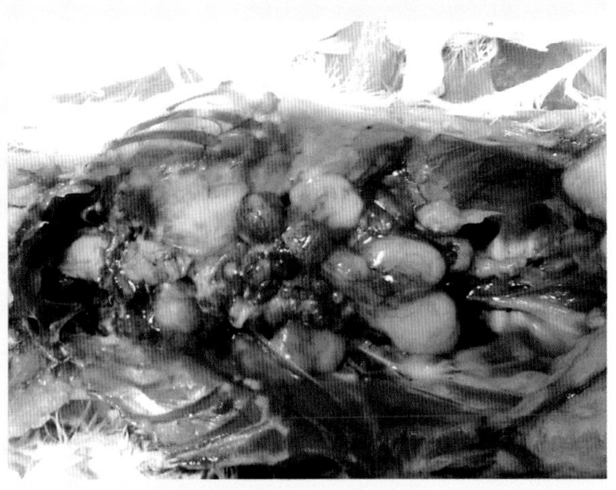

图5-170　内脏型病鸡双肺肿瘤增生，卵泡充血、出血、萎缩、变形

图5-171　内脏型病鸡肾脏肿瘤增生

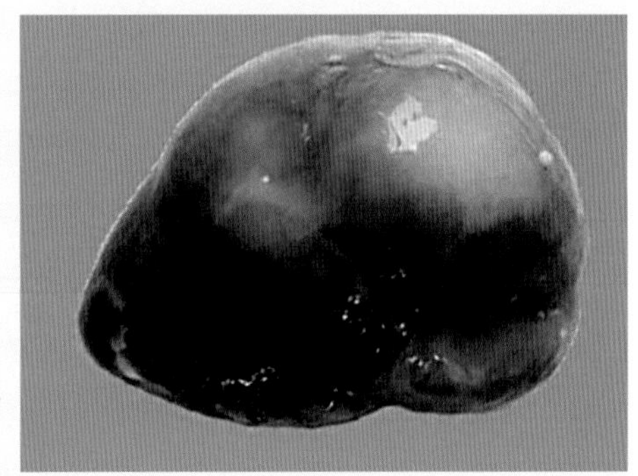

图5-172　内脏型病鸡脾脏肿瘤增生

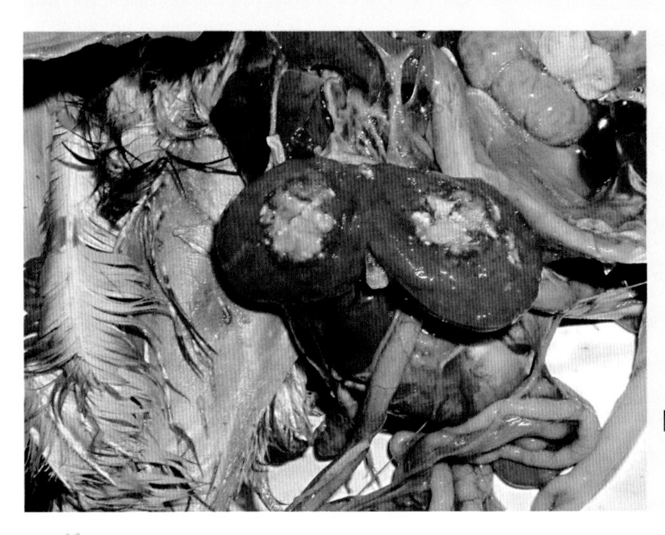

图5-173　内脏型病鸡脾脏肿瘤增生、坏死

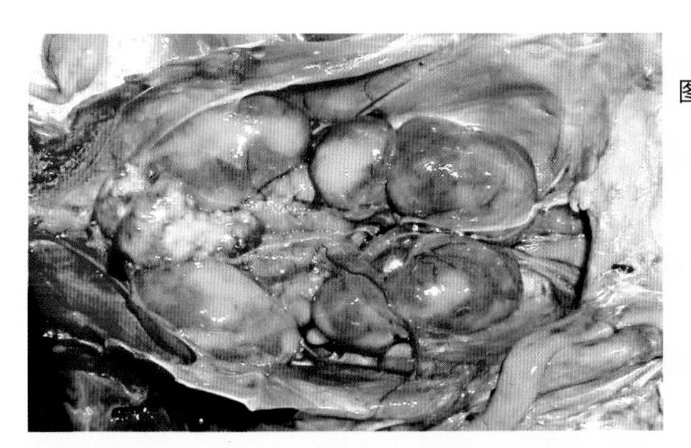

图5-174　内脏型病鸡肾脏肿瘤增生

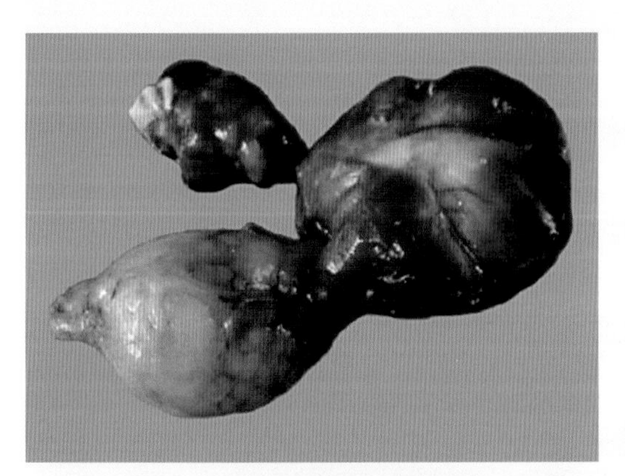

图5-175　内脏型病鸡腺胃肿瘤增生、肿大

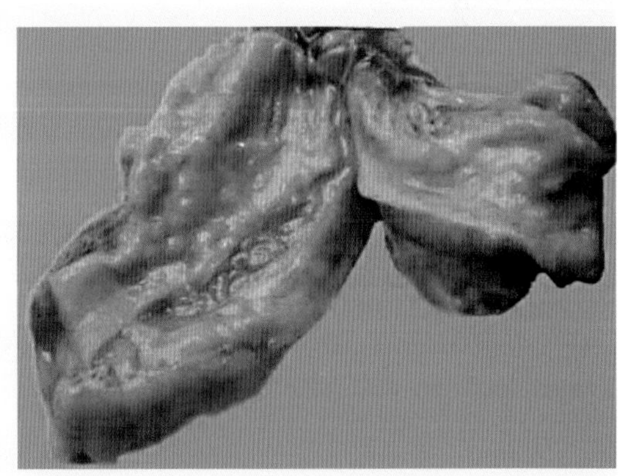

图5-176　内脏型病鸡腺胃肿瘤增生、胃壁变厚

图5-177　内脏型病鸡肠管弥漫性肿瘤增生，肠壁变厚，肠管粗细不均匀，黏膜出血

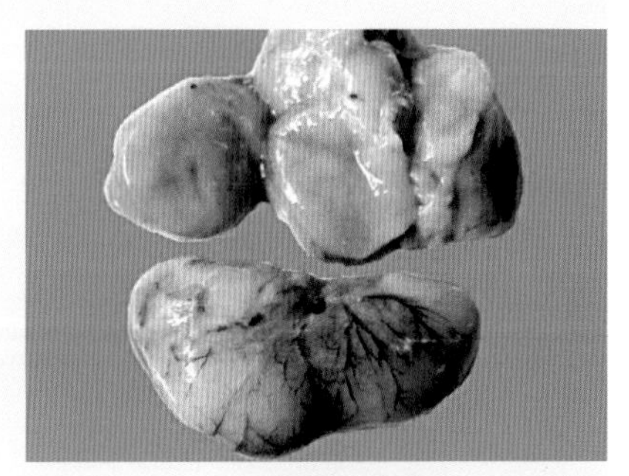

图5-178　内脏型病鸡睾丸肿瘤增生、肿大、变形

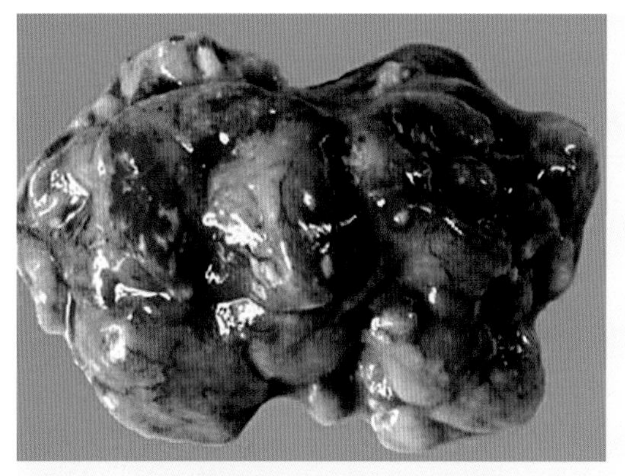

图5-179　内脏型病鸡卵巢肿瘤增生，卵泡肉样变

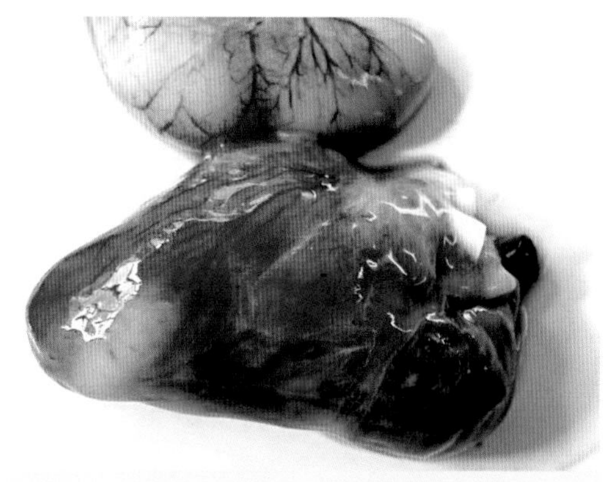

图5-180　内脏型病鸡心脏肿瘤增生，心肌出血

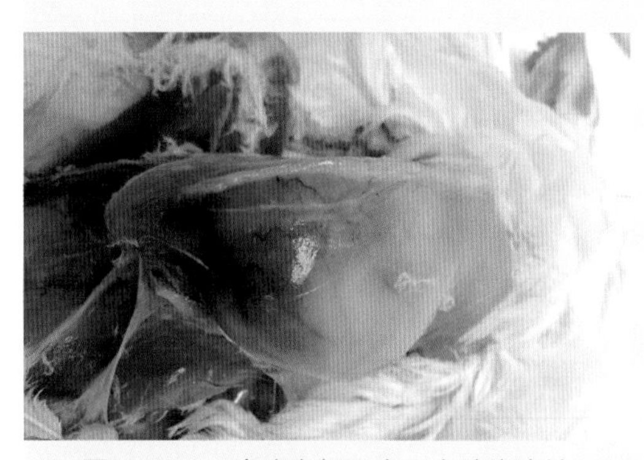

图5-181　病鸡胸部肌肉巨大肿瘤病灶

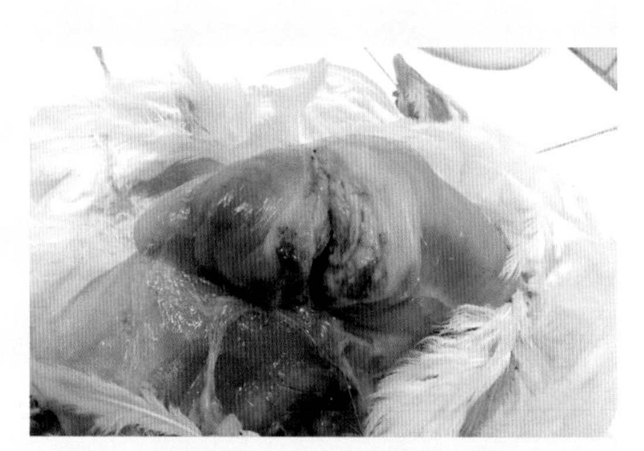

图5-182　病鸡胸部肿瘤切面

图5-183　病鸡胸部肌肉多发性肿瘤

九、禽网状内皮组织增殖症
（Reticuloendotheliosis，RE）

禽网状内皮组织增殖症是由网状内皮组织增殖症病毒（REV）引起的鸡、鸭、鹅、火鸡及其他禽类的综合征，以急性网状细胞肿瘤形成、矮小综合征、淋巴组织和其他组织的慢性肿瘤形成为特征。REV感染严重损害机体免疫系统，导致机体免疫力下降而易继发其他疫病。此病于1958年在美国首次发现，我国也存在本病，危害严重。

【病原特征】REV属于反转录病毒科，哺乳动物C型反转录病毒属的禽网状内皮组织增殖症病毒群。病毒粒子呈球形，直径80 ～ 100纳米，有壳粒和囊膜，核衣壳呈二十面体对称，核酸是单股正链线性RNA的二聚体。REV只有一个血清型，但不同毒株之间存在致病性的差异。

【流行特征】禽网状内皮组织增殖症的自然宿主包括火鸡、鸭、鸡、雉、鹅和日本鹌鹑等，其中鸡和火鸡最易感。一般低日龄鸡，特别是新孵出的雏鸡，感染后引起严重的免疫抑制或免疫耐受。而高日龄鸡感染后不出现或仅出现一过性病毒血症。本病可通过种蛋垂直传播，水平传播能力较差。污染REV的商业禽用疫苗（如马立克氏病疫苗、新城疫疫苗），可引起人工传播，并诱发矮小综合征或肿瘤形成，成为禽网状内皮组织增殖症发病的主要原因。

【临床特征】

REV感染早期主要引起生长发育迟缓和持续性免疫抑制。病鸡主要表现为精神沉郁，生长发育停滞和进行性消瘦，鸡群中陆续出现极度消瘦的“骨架鸡”，群体中个体大小差异很大。部分病鸡出现矮小综合征，少数发生网状细胞瘤。

1. 矮小病综合征

病禽生长发育不良，体格瘦小，其中羽毛发育异常是其明显特征，主翼羽的中央部分羽支黏附到附近的毛干上，羽干和羽支变细，透明感明显增强，羽支脱落变稀。

2. 网状细胞瘤

主要由复制缺陷型T株引起。慢性淋巴细胞瘤病禽仅死亡前表现出精神沉郁，很少有特征性临床表现。急性网状细胞瘤潜伏期最短3天，发病快，人工感染鸡通常在接种6 ～ 21天出现死亡，但鲜有临床症状，死亡率可达100%。自然感染病例发生肿瘤的概率很低。

【大体病变】病禽通常极度消瘦，胸肌、腿肌等肌肉组织严重萎缩。胸腺、法氏囊萎缩是本病的特征性病理变化。剖检时多见继发性细菌感染所致气囊炎、心包炎和肝周炎等病变。少数病鸡的内脏器官出现肿瘤。

【实验室诊断】

1. 病毒分离

将疑似RE的禽类血液、血浆或带有肿瘤的脏器等病料接种鸡胚（或鸭胚）成纤维细胞，每代培养2 ~ 7天，通常不出现细胞病变。需采用血清学或分子生物学方法进行病毒鉴定。

2. 病毒鉴定

扩增REV长末端重复序列（LTR）的PCR方法，可用于分离毒株的鉴定，也可用于家禽血液和肿瘤组织中病毒的检测，是最具诊断价值的诊断方法。此外，间接免疫荧光试验、免疫酶技术也可用于REV的鉴定。

3. 血清学检测

RE抗体阳性是REV感染的依据。ELISA抗体检测试剂盒对REV感染的诊断、REV鸡群净化及SPF鸡群后代的REV检测非常有用。琼脂扩散试验也可用于抗体的检测。

【防治要点】目前尚无可用的疫苗，对RE的防控主要采取综合防治措施。避免使用污染REV的疫苗对本病的预防具有重要意义。种禽场应开展RE的血清学和病原学监测，及时淘汰阳性个体，建立RE净化种禽场对本病的防控具有重要意义。在本病易感阶段使用黄芪多糖等免疫增强剂有助于提高鸡群对本病的抵抗力，对患病鸡群使用免疫增强剂有助于免疫抑制的解除并可促进病鸡康复。

图5-184　矮小症病鸡精神沉郁，生长发育迟缓

图5-185　矮小症病鸡躯干羽毛发育不良，主翼羽损伤

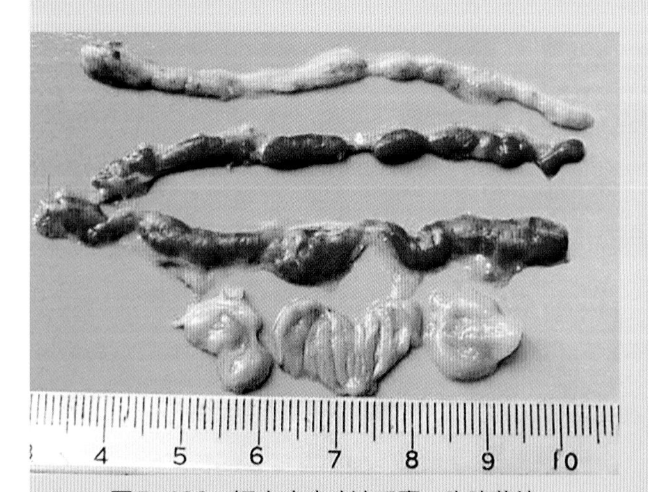

图5-186　矮小症病鸡法氏囊、胸腺萎缩

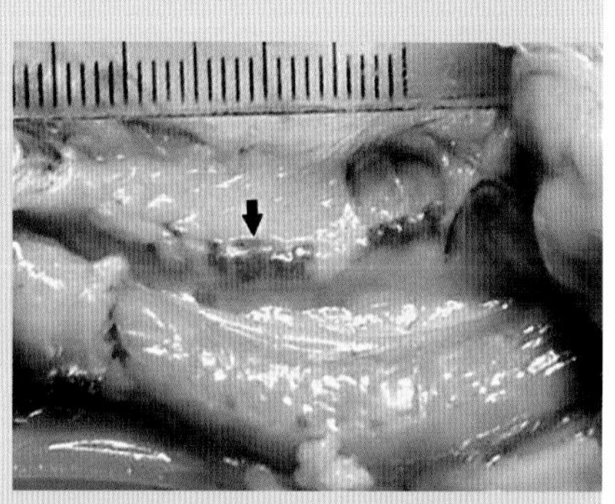

图5-187　矮小症病鸡胸腺萎缩、出血

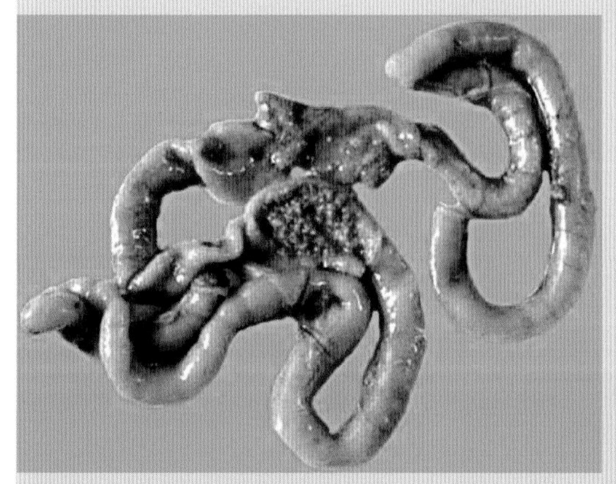

图5-188　矮小症病鸡肠管膨胀，充满大量未消化食物

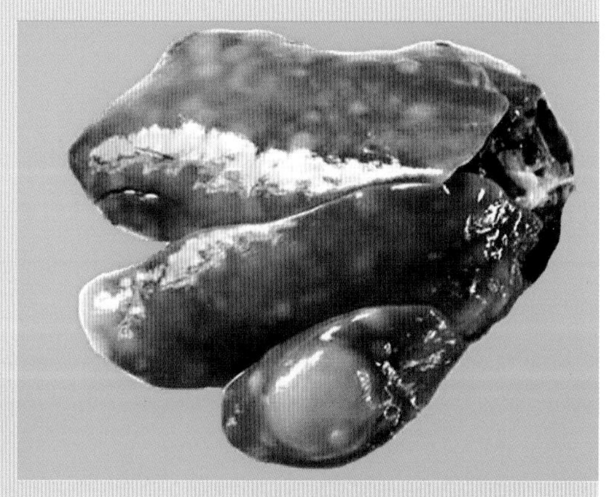

图5-189　病鸡肝脏多发性肿瘤

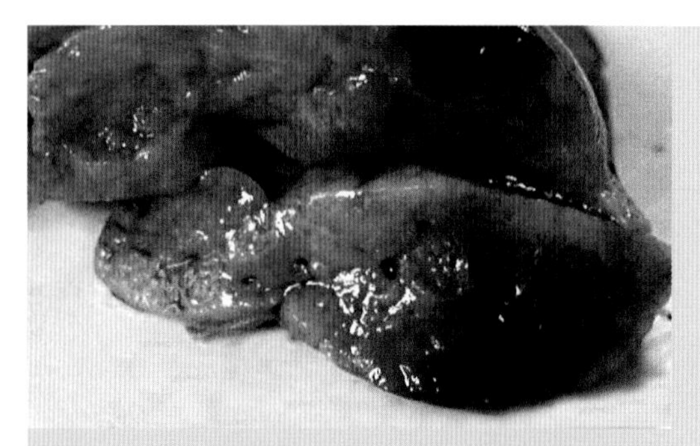
图5-190　病鸡肝脏肿瘤病变，切面肉样变

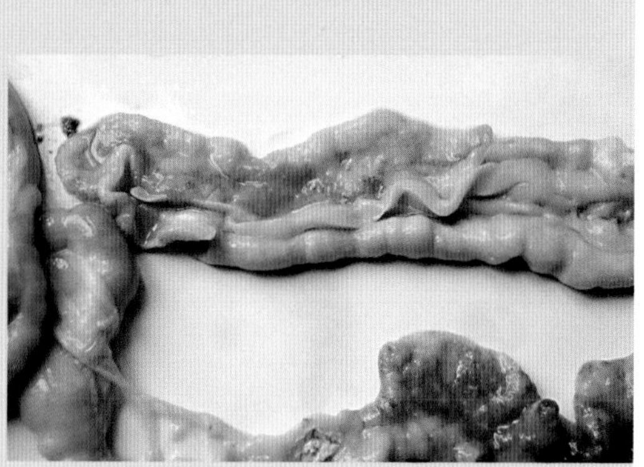
图5-191　病鸡肠道肿瘤增生呈串珠状，肠壁增厚，黏膜出血

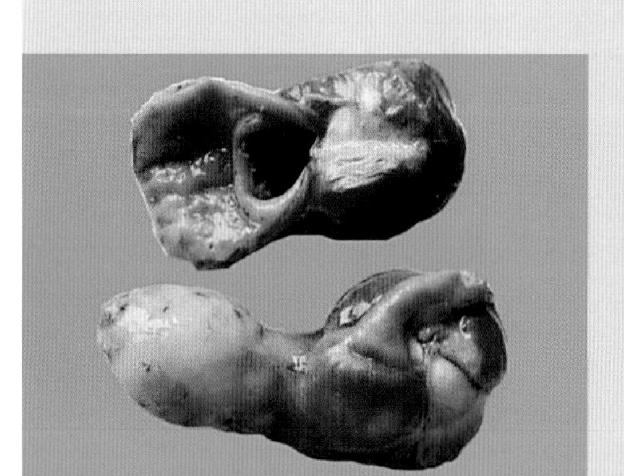
图5-192　病鸡腺胃肿瘤性增生，肿大

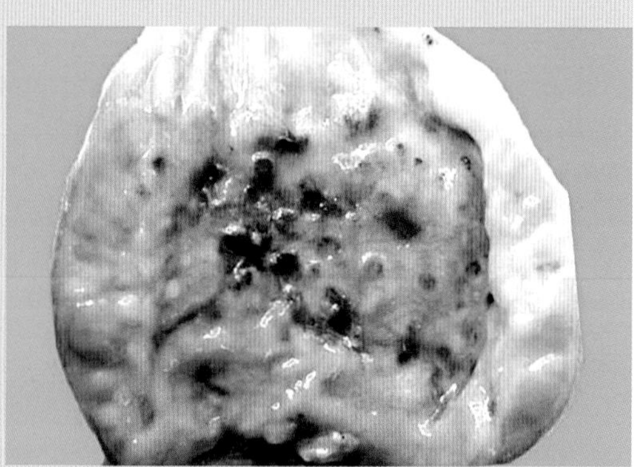
图5-193　病鸡腺胃肿瘤性增生，胃壁增厚，黏膜溃疡、出血

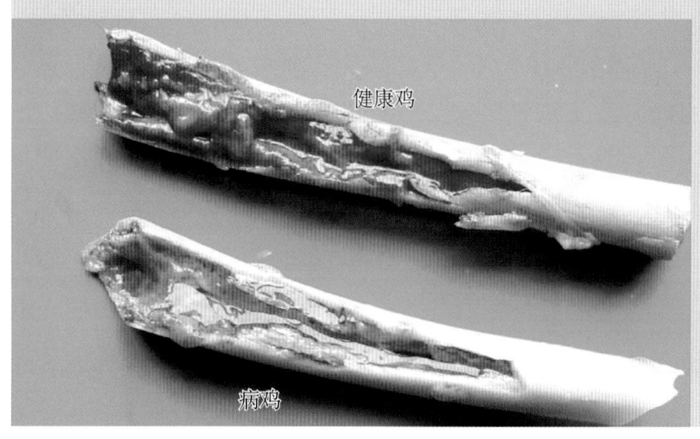

图5-194　病鸡骨髓被肿瘤组织取代，褪色，呈白色

十、禽白血病

（Avian Leukosis，AL）

禽白血病是由禽白血病病毒引起的禽类多种肿瘤性疾病的统称，主要引起造血细胞恶性增生和严重的免疫抑制，是严重危害养禽业的重要禽病之一。

【病原特征】禽白血病病毒（ALV）属于反转录病毒科 α 反转录病毒属，其具有特征性的反转录酶，是病毒复制过程中整合到宿主基因组中的前体DNA产生所必需的。ALV分为A ～ J共10个亚群，其中A、B、C、D、E、J亚群是从鸡中分离出来的。A、B和J亚群是最常见的外源性ALV，引起经典的禽白血病。F ～ I亚群ALV分离自鸡以外的宿主。ALV病毒粒子近似球形，有囊膜，直径80 ～ 145纳米，表面有纤突，基因组为单股正链RNA，大小为7 ～ 8kb。

【流行特征】鸡是ALV的自然宿主。不同品种或品系的鸡对病毒感染和肿瘤发生的抵抗力差异很大，母鸡的易感性比公鸡高。传染源是病鸡和带毒鸡。有病毒血症的母鸡，其整个生殖系统都有病毒繁殖，以输卵管蛋白分泌部的病毒浓度最高，出壳雏长期带毒排毒，成为重要传染源。不同年龄的鸡感染ALV其表现有很大差异：2周龄以内的雏鸡感染发病率和感染率很高，性成熟后母鸡产下的蛋带毒率也很高。4 ～ 8周龄雏鸡感染发病率和死亡率大大降低，其产下的蛋不带毒。10周龄以上的鸡感染后不发病，产下的蛋也不带毒。本病主要传播途径是垂直传播，也可水平传播，但比较缓慢。

【临床特征】病鸡通常无特征症状，多见精神不振，冠、髯苍白、皱缩，食欲减退，进行性消瘦，下痢等症状。禽白血病一般发生在性成熟或即将性成熟的鸡群，多见于16周龄以上鸡群，鸡群中陆续出现衰弱的个体，且逐渐增多，体重参差不齐，整齐度很差。产蛋鸡开产推迟，产蛋量低，畸形蛋较多。内脏肿瘤病鸡常见腹部膨大，体外可触摸到肿大的肝脏，病鸡最后衰竭死亡；血管瘤病鸡可见皮肤表面有一个或多个大小不一的血管瘤，破裂后血流不止；骨硬化病鸡胫骨增粗变厚，呈“长筒靴样”小腿，病鸡步履不稳或跛行。

【大体病变】剖检可见不同组织器官的肿瘤增生病变。肝脏比正常时增大好几倍，甚至一直伸延到耻骨，覆盖整个腹腔（故本病又称大肝病），肝脏变形，表面有弥散性肿瘤结节。脾脏极度肿胀，表面有弥漫性或结节性肿瘤增生，切面可见肿瘤结节或干酪样坏死。肾脏肿大，呈灰白色肉样变。卵巢呈现灰白色均质肿瘤增生，卵巢包膜增厚。感染早期，在肿瘤出现之前，病鸡多见胸腺、法氏囊严重萎缩、出血，有时可见骨髓褪色，被肿瘤组织取代。

【实验室诊断】本病的易与马立克氏病等其他肿瘤性疾病混淆，需通过实验室诊断方可确诊。

1. 病原学鉴定

RT-PCR方法具有特异性强、灵敏度高的优点，可检测出样品中微量的病毒RNA，是一种快速有效的检测方法。琼脂扩散试验可从鸡的羽髓中检测禽白血病病毒抗原，该方法具有操作简单、费用低廉和易于推广等特点，并可以检测5日龄以上的任何鸡。但这一检测过程需要逐只拔羽取髓，易使鸡产生应激反应，检测过程需2天左右，而且该方法敏感性较差，并有一定的假阳性出现。

2. 血清学检测

由于内源性的ALV先天性感染雏鸡通常不产生抗体，因此可检测血清抗体，靶向ALV P27的ELISA抗体检测试剂盒可用于本病的诊断。

【防治要点】减少种鸡群的感染和建立无白血病的种鸡群是控制本病的最有效措施。在种鸡育成期和产蛋期各进行2次检测，淘汰ALV阳性鸡。从蛋清和肛门拭子试验阴性的母鸡选择受精蛋进行孵化，在隔离条件下出雏、饲养，连续繁衍4代，可建立无病鸡群。同时加强鸡舍孵化、育雏等环节的消毒工作，育雏期隔离饲养，并实行全进全出制。在本病易感阶段使用黄芪多糖等免疫增强剂有助于提高鸡群对本病的抵抗力，对患病鸡群使用免疫增强剂有助于免疫抑制的解除并促进病鸡康复。

图5-195　病鸡精神沉郁

图5-196　病鸡贫血，鸡冠苍白、萎缩

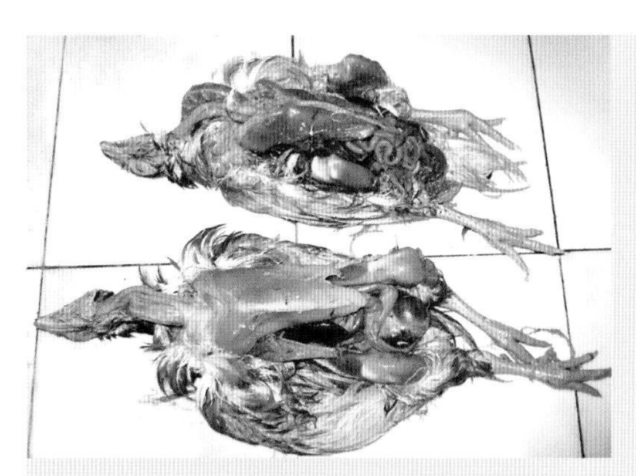

图5-197　病鸡消瘦，全身肌肉萎缩

图5-198　病鸡肝脏弥漫性肿瘤增生，极度肿大

图5-199　病鸡肝脏弥漫性肿瘤增生，左侧肝脏有一处被膜下出血灶

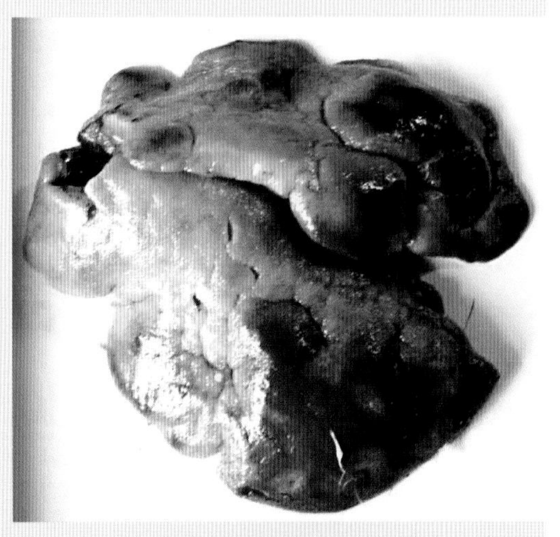

图5-200　病鸡肝脏弥漫性肿瘤增生，肿大、变形、硬化，表面凹凸不平，有出血性坏死灶

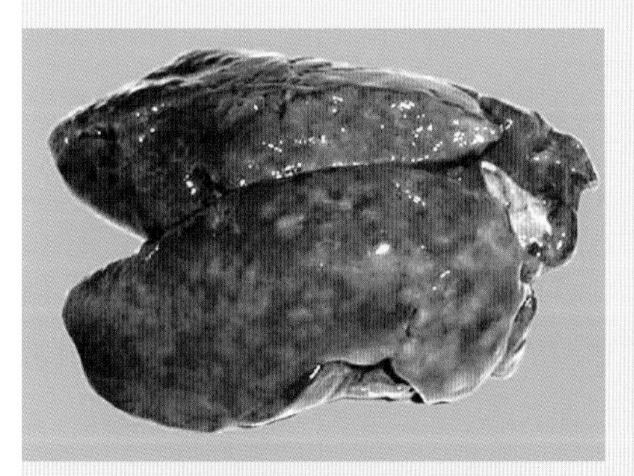

图5-201　病鸡肝脏弥漫性肿瘤增生

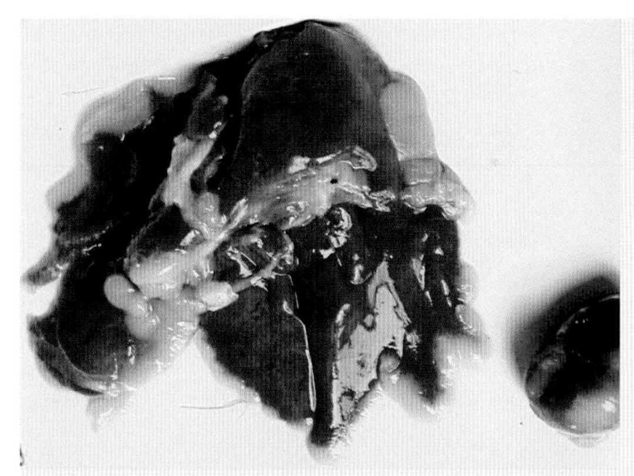

图5-202　病鸡肝脏边缘肿瘤增生，脾脏大有巨大肿瘤病灶

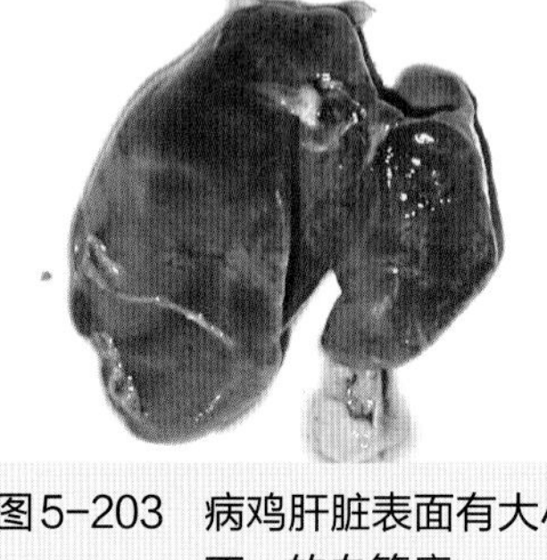

图5-203　病鸡肝脏表面有大小不一的血管瘤

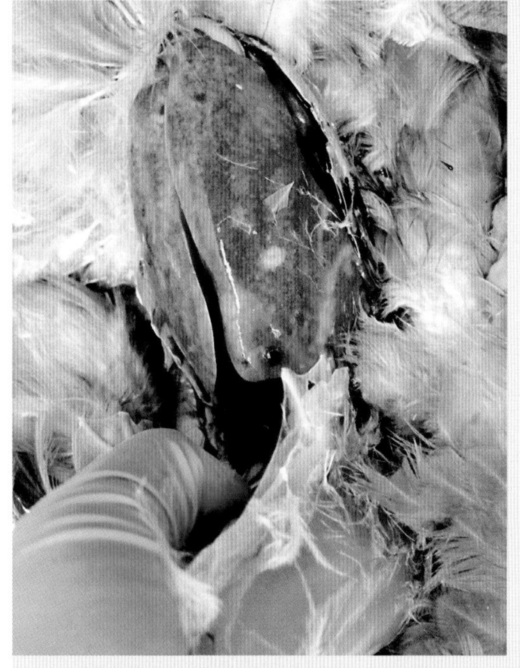

图5-204　病鸡肝脏肿瘤及血管瘤

图5-205　病鸡肝脏多发性血管瘤

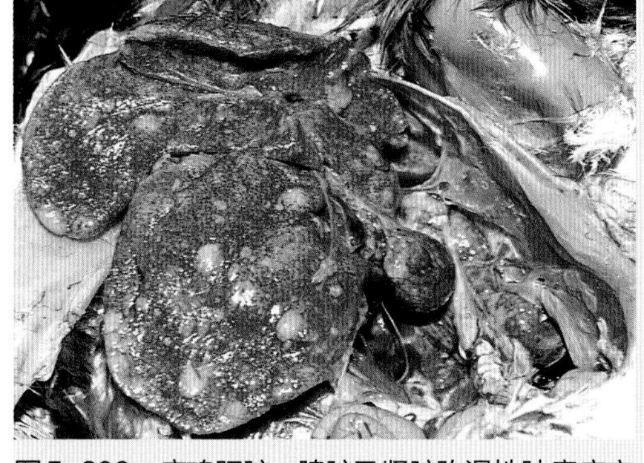

图5-206　病鸡肝脏、脾脏及肾脏弥漫性肿瘤病变

图5-207　成年蛋鸡法氏囊肿瘤增生，极度肿大

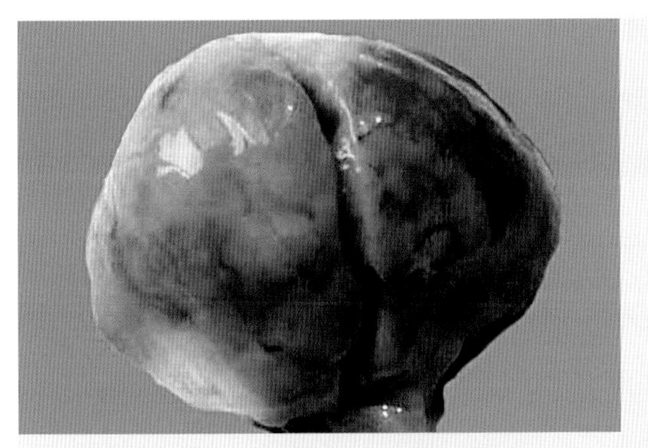

图5-208 成年蛋鸡法氏囊肿瘤增生

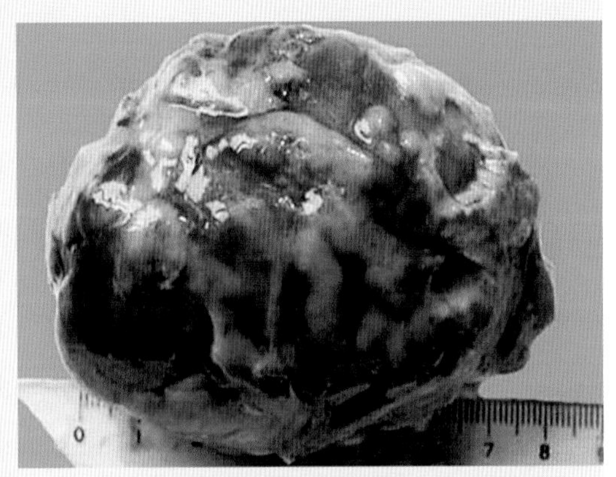

图5-209 病鸡脾脏肿瘤增生、极度肿胀

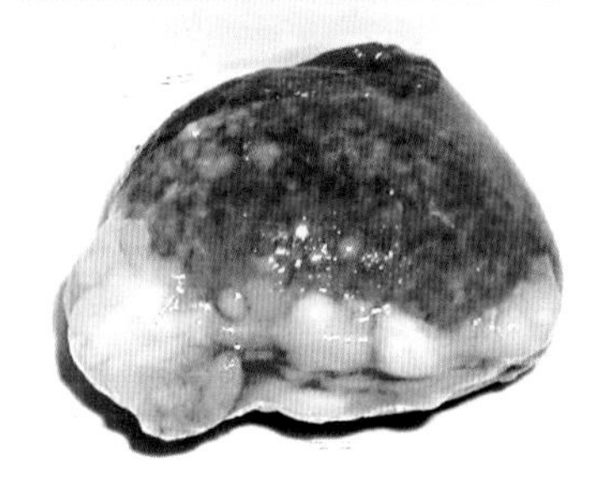

图5-210 病鸡脾脏弥漫性肿瘤增生

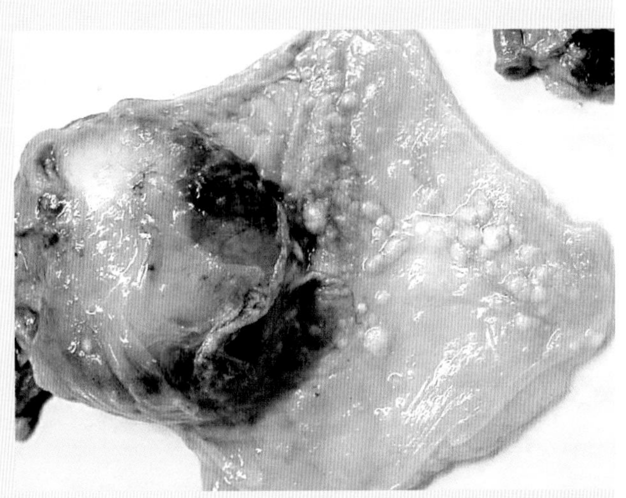

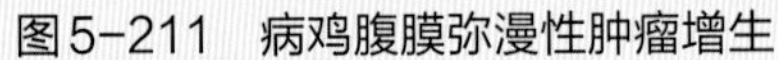

图5-211 病鸡腹膜弥漫性肿瘤增生

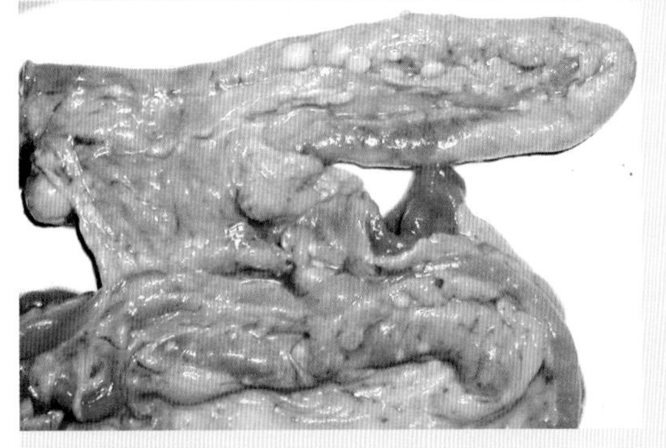

图5-212 病鸡肠系膜多发性肿瘤

图5-213 病鸡胸腹腔内弥漫性肿瘤增生

图5-214　病鸡卵巢肿瘤增生，卵泡变形、变色、干酪化

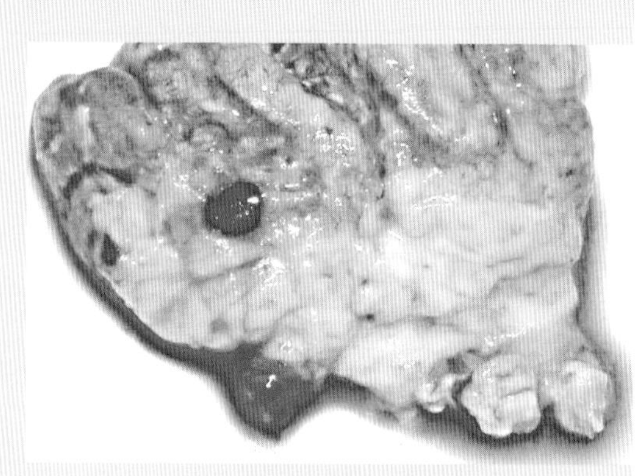

图5-215　病鸡肺脏肿瘤增生、实变

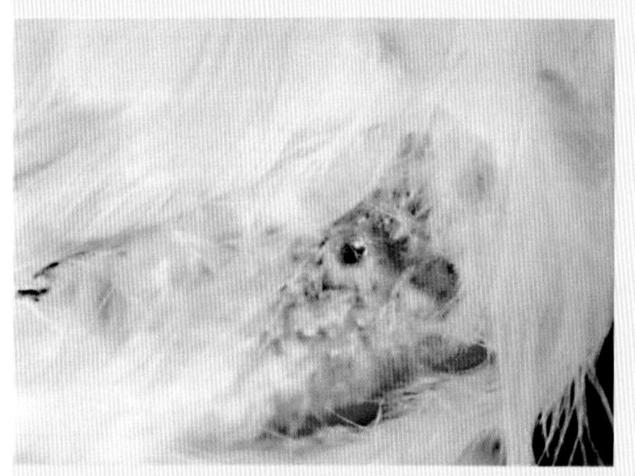

图5-216　病鸡胸部皮肤血管瘤，周围羽毛沾染有血性渗出液

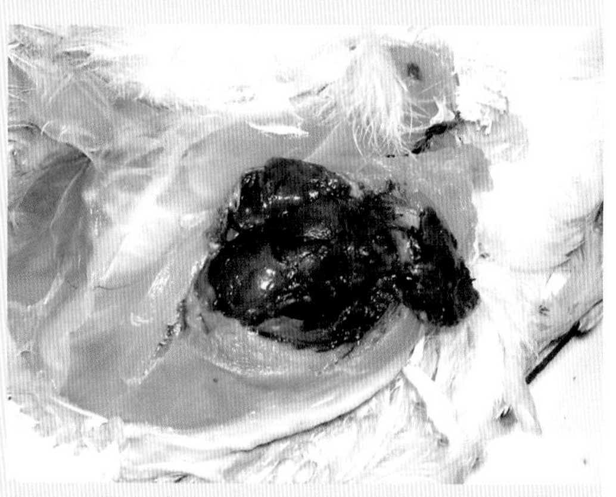

图5-217　病鸡胸肌血管瘤，切开瘤体，有大量血液流出

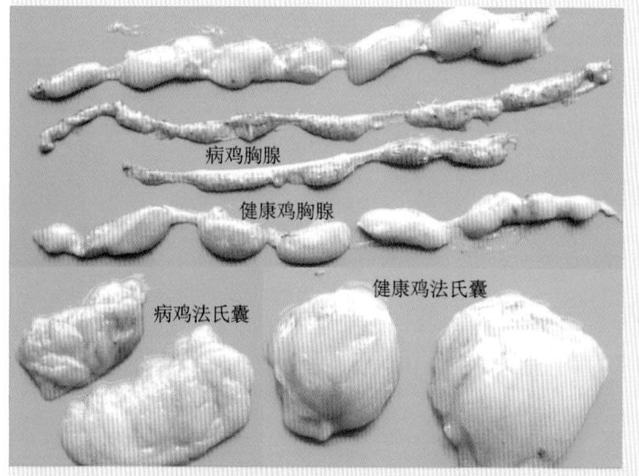

图5-218　感染早期病鸡胸腺（中）萎缩、出血，法氏囊萎缩（右下），黏膜出血（左下）

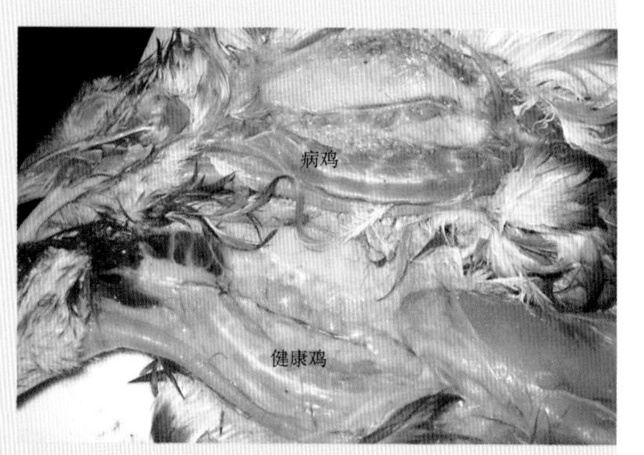

图5-219　病鸡感染早期胸腺萎缩、出血（上），下为同龄健康鸡

十一、鸡传染性贫血

（Chicken Infectious Anemia，CIA）

鸡传染性贫血是由鸡传染性贫血病毒（CIAV）引起的以雏鸡再生障碍性贫血、全身淋巴组织萎缩为特征的传染病。该病主要引起雏鸡的免疫抑制和生长发育迟缓，使鸡群对其他病原的易感性增高和免疫失败。

【病原特征】CIAV为圆环病毒科圆环病毒属的唯一成员，无囊膜，核衣壳呈二十面体对称，呈球形，直径25 ~ 26.5纳米，是目前已知最小的病毒，病毒基因组为单股环状负链DNA。CIAV只有一个血清型，可形成核内包涵体。

【流行特征】本病呈全球性流行，鸡是CIAV的唯一自然宿主，2 ~ 4周龄内的雏鸡易感，1 ~ 7日龄最易感，发病率为20% ~ 60%，病死率为5% ~ 10%。本病主要经卵垂直传播，也可水平传播。CIAV与其他病原（如MDV、IBDV及REV等）混合感染时，其致病性增强，并突破龄期及母源抗体的保护，引起疾病的暴发并造成重大的经济损失。

【临床特征】主要临床特征是贫血，感染后14 ~ 18天达到高峰，血液稀薄，凝固不良。病鸡精神沉郁，鸡冠和可视黏膜苍白，发育迟缓，消瘦。病初皮肤发绀变蓝，病变部位羽毛脱落，以后皮肤出血、坏死、破溃，皮肤表面及皮下均有血性液体渗出。

【大体病变】病鸡发育不良，全身肌肉萎缩、苍白，广泛性出血。特征性病变是胸腺萎缩，严重者胸腺实质几乎完全消失，仅见胸腺残迹；部分病鸡大腿骨的骨髓呈脂肪色、淡黄色或粉红色；小部分病鸡法氏囊萎缩，法氏囊壁变薄呈半透明状。

【实验室诊断】病毒分离鉴定是经典诊断方法。肝脏和脾脏是分离CIAV的最好材料，病料经腹腔或肌肉接种1日龄易感雏鸡是最敏感和特异的分离CIAV的方法，接种后2 ~ 3周可出现典型的贫血症状。PCR可用于病毒分离株的鉴定，并可直接从病料中检出CIAV的特异片段，是最常用的快速诊断手段。已有ELISA抗体检测试剂盒可用于CIAV抗体检测和疫苗免疫效果的评价。

【防治要点】加强饲养管理，严格执行卫生消毒措施，定期检疫，及时淘汰阳性鸡，可有效防止本病发生。用有一定毒力的弱毒活疫苗接种13 ~ 15周龄育成期种鸡可预防雏鸡发病，不能在产蛋前3 ~ 4周接种，以免通过种蛋传播病毒。本病无有效疗法，黄芪多糖等免疫增强剂有助于提高鸡群对本病的抵抗力，并能促进患病鸡群的康复，配合使用抗菌药物控制细菌继发感染，可显著降低死亡率。

图5-220 精神沉郁，鸡冠苍白

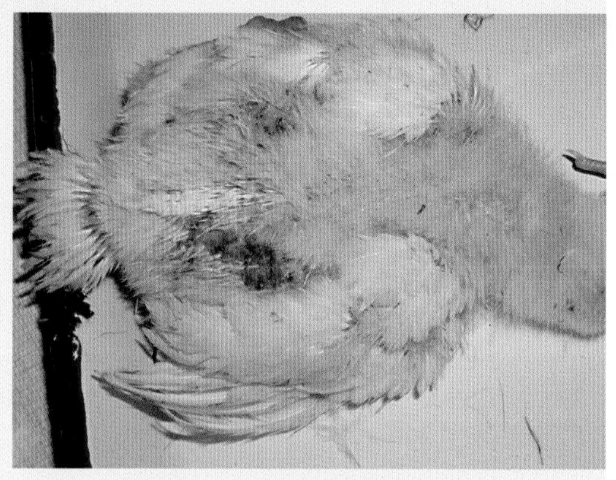
图5-221 病鸡背部皮肤出血

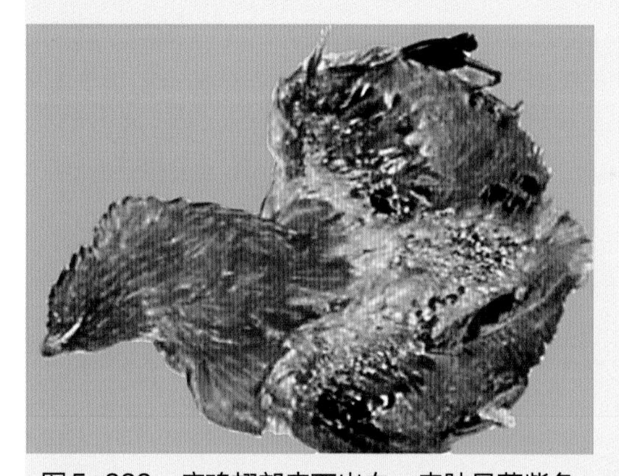
图5-222 病鸡翅部皮下出血，皮肤呈蓝紫色

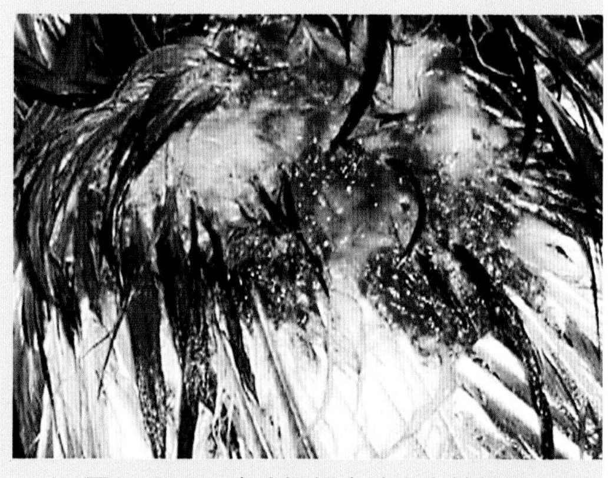
图5-223 病鸡翅部皮肤出血性坏死

图5-224 病鸡背部皮肤出血性坏死，羽毛脱落

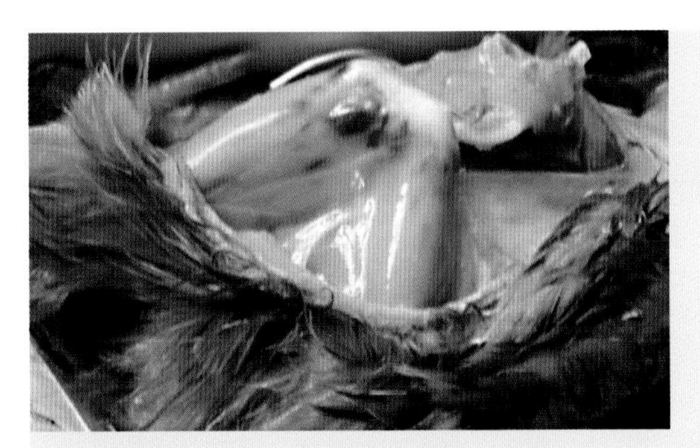
图5-225 腿部肌肉苍白、出血

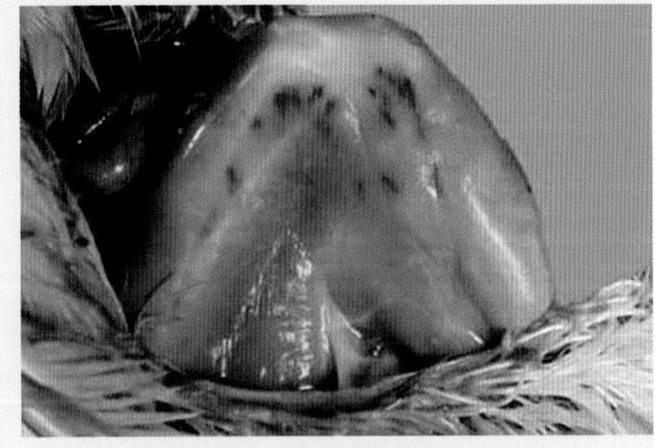
图5-226 腿部肌肉苍白、出血

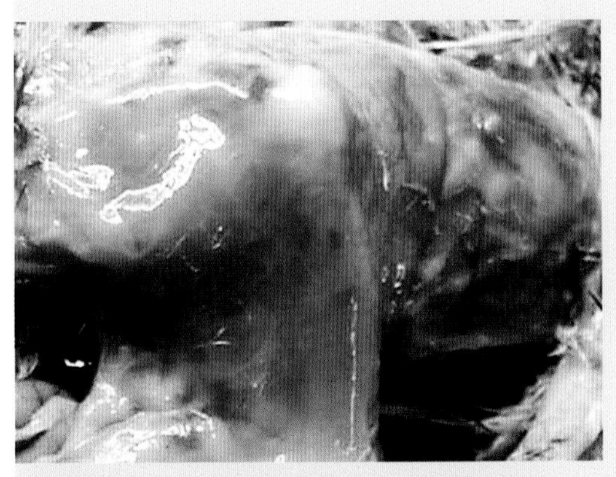
图5-227 全身肌肉苍白，广泛性出血斑

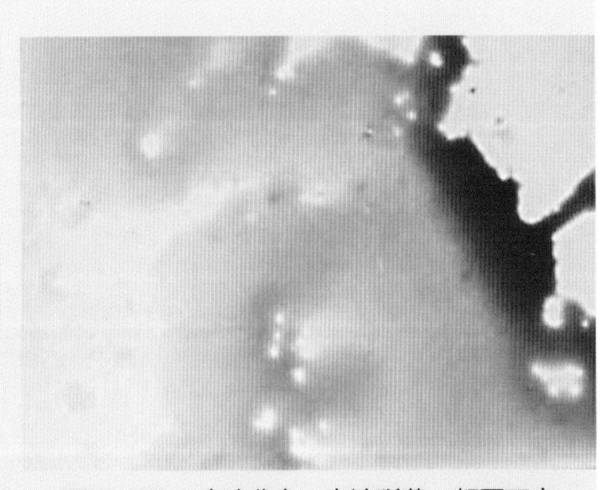
图5-228 病鸡贫血，血液稀薄、凝固不良

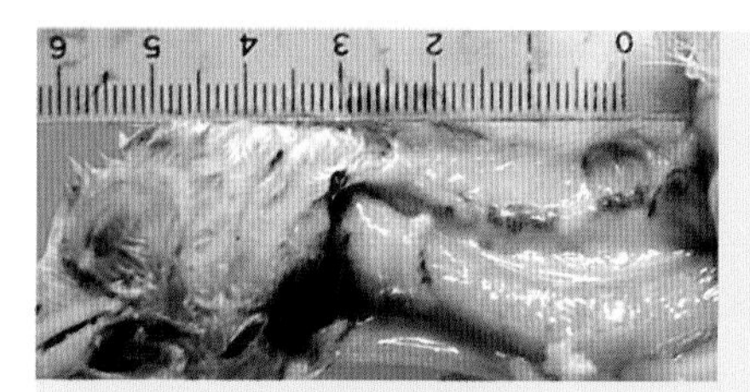

图5-229　病鸡胸腺萎缩、出血

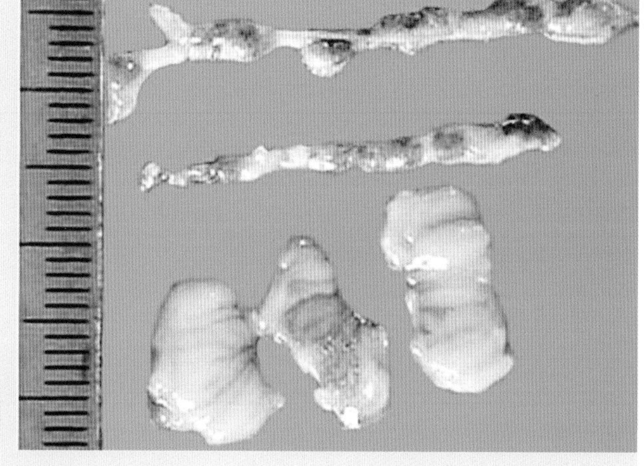

图5-230　病鸡法氏囊、胸腺萎缩

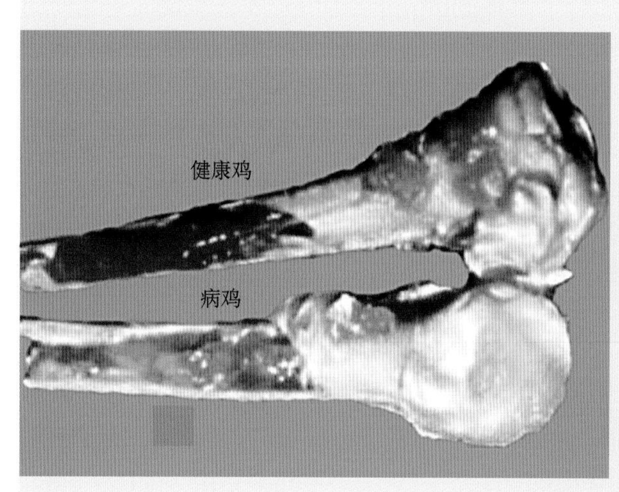

图5-231　病鸡骨髓褪色、黄染

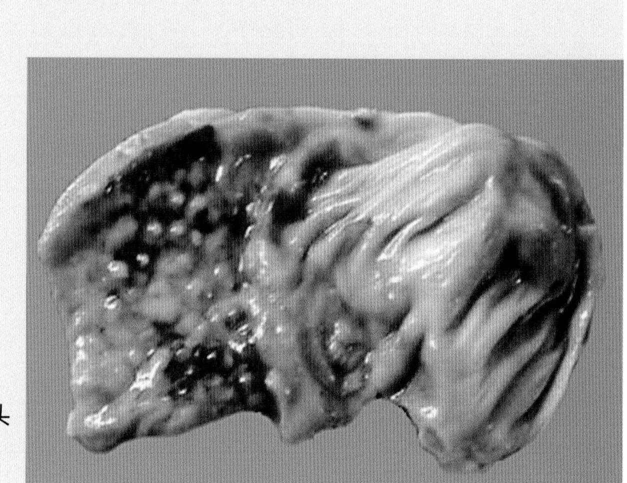

图5-232　病鸡腺胃黏膜出血，乳头管内有白色脓性分泌物

十二、鸡产蛋下降综合征

（Egg Drop Syndrome，EDS）

鸡产蛋下降综合征（EDS）是由禽腺病毒引起的青年母鸡的一种以产蛋下降为特征的病毒性传染病，呈全球性分布。

【病原特征】产蛋下降综合征病毒（EDSV）为腺病毒科、禽胸腺病毒属禽腺病毒Ⅲ亚群的唯一成员。EDSV是一种无囊膜的双股DNA病毒，有纤突，病毒粒子呈球形，直径为70 ～ 75纳米。仅有一个血清型，有血凝性，能凝集鸡、鸭等多种禽类的红细胞，血凝抑制试验可用于本病毒的鉴定。

【流行特征】各种年龄的鸡均可感染，但在性成熟之前无症状，多在24 ～ 36周龄发病，产蛋高峰期最为集中。鸭、鹅、火鸡、珍珠鸡等也可感染。病鸡和带毒鸡是主要的传染来源，主要传播方式是经受精卵垂直传播，也可水平传播。

【临床特征】高峰期蛋鸡突然出现产蛋量急剧下降及出现大量的异常蛋是本病的主要特征。产蛋率快速下降30%～ 50%，持续4 ～ 10周或更长。蛋壳褪色，接着出现软壳蛋、薄壳蛋，壳蛋表面粗糙。在蛋黄周围的蛋清形成浓稠的混浊区，其余蛋清呈水样。种蛋孵化率降低，弱雏数增多。单纯感染一般不引起死亡。

【大体病变】本病无特征性病变，一般仅表现为输卵管发生急性卡他性炎症，管腔内有较多的黏液渗出，黏膜水肿似水泡。

【实验室诊断】根据流行特征及临床症状即可做出初步诊断。可从病鸡呼吸道、肠道及肝脏中分离病毒确诊。EDSV在鸭胚及胚肝细胞上生长良好，鸡胚不适于病毒分离。HI试验可用于病毒的鉴定。用PCR方法直接从泄殖腔棉拭子、血液和畸形蛋中检出病毒。

【防治要点】加强鸡群饲养管理和带鸡消毒，可减少本病发生。给母鸡在18 ～ 20周龄注射灭活苗，对本病有较好的预防作用。目前尚无有效疗法，对发病鸡群投服抗菌药物，防止继发感染，补充电解多维，可促进本病康复。

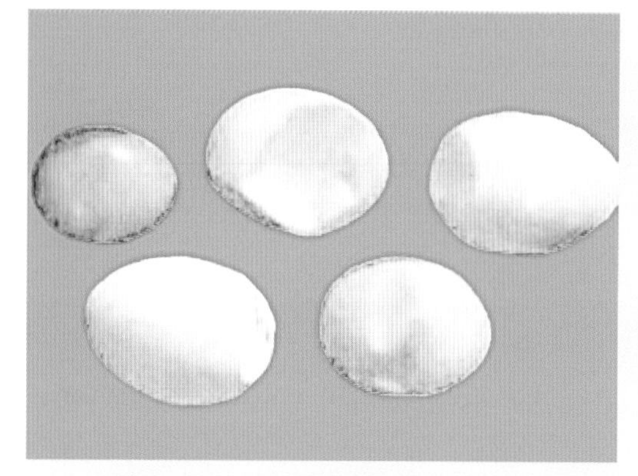
图5-233　病鸡产畸形蛋、软皮蛋

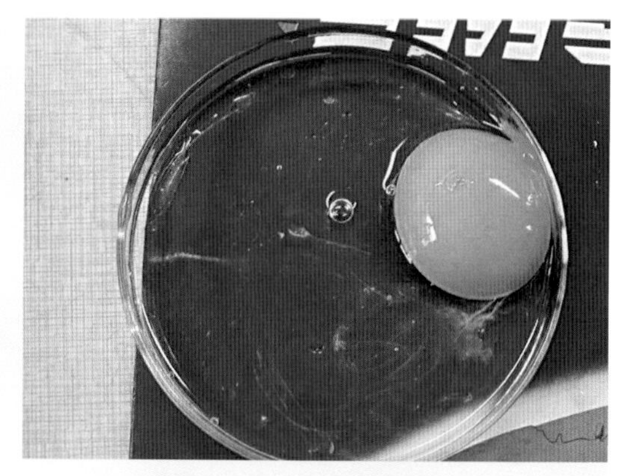
图5-234　卵白稀薄如水

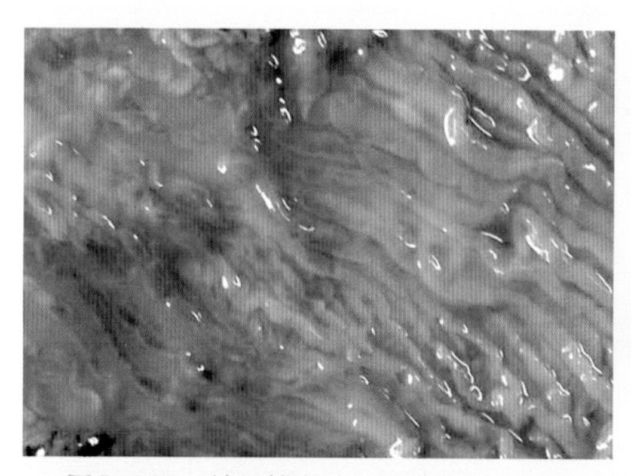
图5-235　输卵管水肿，黏膜充血、出血

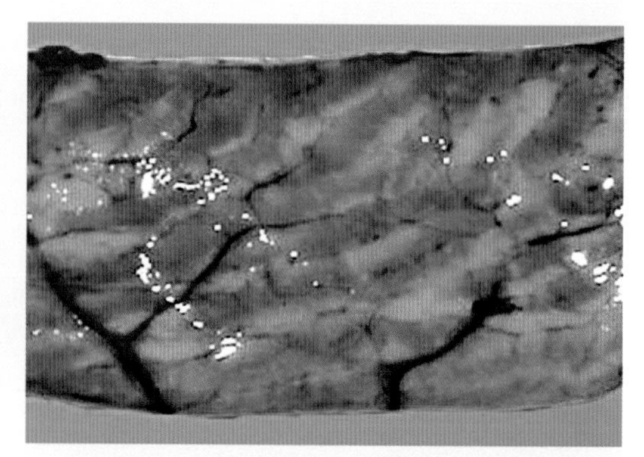
图5-236　输卵管水肿，浆膜面呈斑驳状

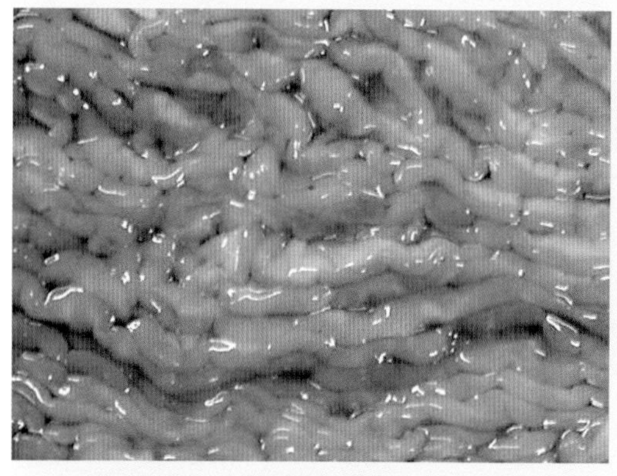
图5-237　输卵管黏膜淤血、水肿

图5-238　输卵管黏膜水肿

十三、鸡包涵体肝炎
（Avian Inclusion Body Hepatitis，IBH）

鸡包涵体肝炎又称贫血综合征（Anemia Syndrome），是由包涵体肝炎病毒引起的鸡的急性病毒性传染病。以严重贫血、肝肿大出血、死亡，以及肝细胞内出现核内包涵体为特征。该病广泛存在于世界各地，1951年美国首次报道本病的发生，我国于1980年以后陆续有本病发生的报道。

【病原特征】包涵体肝炎病毒（IBHV）属于腺病毒科腺病毒属Ⅰ亚群的成员，病毒粒子呈球形，直径为70 ~ 90纳米，无囊膜，核衣壳呈二十面体立体对称型结构，基因组为双股DNA。禽腺病毒（FAV）有12个血清型，已发现有10个血清型的病毒与本病有关，其中禽腺病毒1型病毒能凝集大鼠红细胞。

【流行特征】本病多发于春、秋两季。1 ~ 2月龄肉用仔鸡最常见，产蛋鸡群多在开产后散发，但多数鸡群长期带毒排毒而不表现临床症状。鸡群突然发病死亡，很快停止，也有持续2 ~ 3周的。本病发病率低，死亡率可达10%。垂直传播是本病的主要传播方式。本病也可经呼吸道、消化道及眼结膜等途径传播，但传播速度较慢。

【临床特征】该病潜伏期短，一般为1 ~ 2天。往往是在生长良好的鸡群中发病，常常突然出现死亡，最初3 ~ 5天死亡率上升，持续3 ~ 5天后死亡逐渐停止。病鸡表现发热，精神不振，食欲减退，羽毛蓬乱、无光，喜卧，嗜睡，贫血，可见鸡冠、肉髯、眼结膜苍白，少数出现黄疸。病鸡出现白色水样下痢是本病特征。产蛋母鸡开产推迟，产蛋量、蛋品质和种蛋孵化率均下降。

【大体病变】剖检可见肝脏肿大，褪色，呈淡褐色或黄色，质地脆弱，表面有大小不一、数量不等的出血斑点，有时可见弥漫性黄白色坏死灶，稍突出于肝脏表面。病程长者肝脏出现萎缩，体积明显缩小，呈淡褐色或黄色，有时边缘可见黄白色梗死灶。严重病例，肾脏肿大，呈淡褐色，有时可见尿酸盐沉着，皮质部有时出血。脾脏轻度肿大，有白色坏死灶。骨髓褪色，呈黄色、灰白色呈胶冻样。

【实验室诊断】

1. 病理学诊断

采集病变肝脏做石蜡切片，用苏木精－伊红（H.E.）染色或孟氏（Mann）包涵体染色方法染色，可在肝细胞见到核内包涵体。

2. 病原学鉴定

采集粪便、口咽拭子及肝脏等病料，接种鸡胚肝细胞，分离病毒（敏感性高，是最常用的病毒分离系统）。一般在接种后2 ~ 3天出现细胞病变，可见细胞圆缩、坏死、崩解。直接或间接荧光抗体技术可用于病毒分离株的鉴定。中和试验可用于病毒血清型的鉴定。

3. 抗体的检测

琼脂扩散试验操作简便，适用于感染鸡群的抗体检测。

【防治要点】目前尚无疫苗用于预防。腺病毒广泛存在于鸡群中，只有在机体发生免疫抑制时才导致疾病。因此，应注意加强饲养的管理，预防其他病原的混合感染，特别注意对传染性法氏囊病及传染性贫血等免疫抑制病的预防工作。还要注意防止或消除应激因素，如寒冷、过热、饲料配比不合理、断喙过度等。发生该病的鸡场，在饲料中可添加复合维生素以增强鸡的抵抗力，也可在饲料中添加抗生素等以防止并发或继发细菌感染。

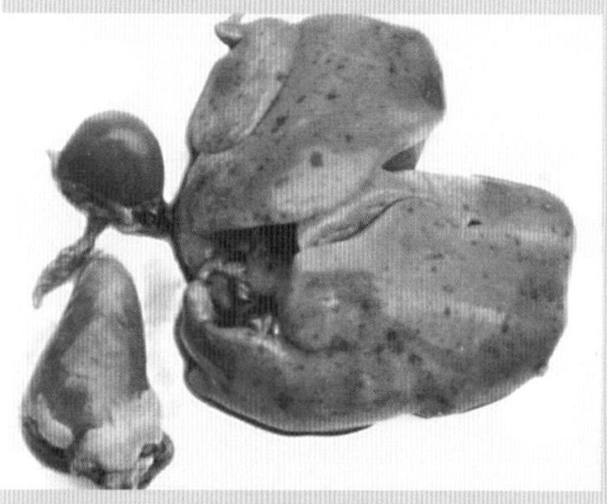

图5-239　肝、脾肿胀，黄染，弥漫性出血，心脏出血、坏死

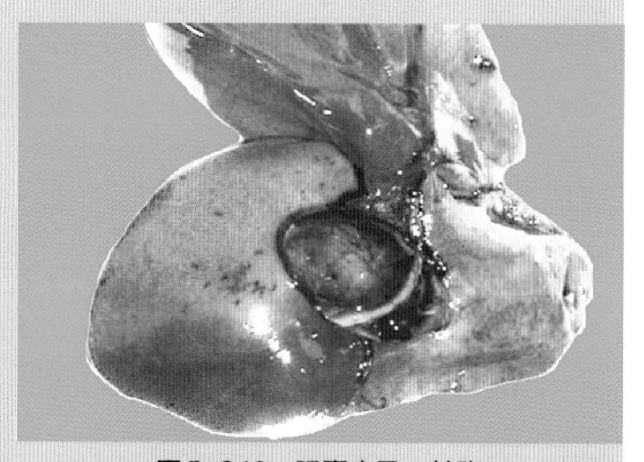

图5-240　胆囊充盈、扩张

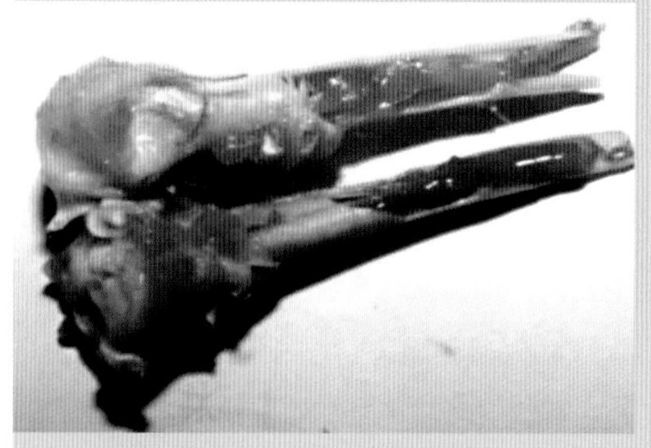

图5-241　病鸡骨髓黄染

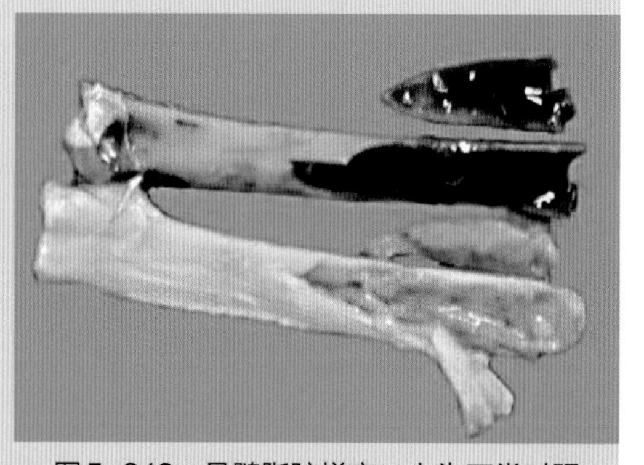

图5-242　骨髓脂肪样变，上为正常对照

十四、鸡心包积水综合征

（Group Ⅰ Fowl Adenovirus-4 Infection）

鸡心包积水综合征又称安卡拉病，是由禽腺病毒Ⅰ亚群中血清4型（FAdV-4）感染鸡引起的以心包积液为特征的病毒性传染病。该病于1987年首次在巴基斯坦暴发，随后在印度、科威特、日本和苏联发生该病。我国于2014年冬发现该病，2015年波及我国多地的蛋鸡和肉鸡企业，经济损失巨大。

【病原特征】引起本病的病毒属于腺病毒科禽腺病毒属Ⅰ亚群禽腺病毒C种的血清4型（FAdV-4）。Ⅰ亚群禽腺病毒共有A、B、C、D、E 5个种12个血清型，各个血清型的病毒之间不能产生交叉保护。FAdV-4具有腺病毒的典型结构，为无囊膜的双股DNA病毒，病毒粒子呈球形，核衣壳呈二十面体立体对称型，有纤突，但不能凝集动物的红细胞。

【流行特征】FAdV-4主要感染鸡，白羽肉鸡、蛋鸡、肉种鸡和土鸡都有发生，各种年龄的鸡都可以感染，从1日龄到480日龄鸡均有感染发病的报道，3～6周龄鸡最易感。死亡情况与鸡群的年龄和品种有关，年龄越小，死亡率越高，肉鸡死亡率高。本病主要通过鸡胚垂直传播，也可经粪便、气管和鼻腔黏膜水平传播。感染鸡终身带毒者，可间歇性排毒，是最主要的传染源。本病一年四季均能发生，以冬、春季节多发。

【临床特征】发病鸡群首先出现突然死亡的病例，多为体况良好的个体，随后出现精神沉郁、羽毛粗乱、采食量下降，排黄绿色稀便，产蛋鸡产蛋量下降。病鸡典型经过是病初1～2天死率较低，发病5～7天达到死亡高峰，持续5～8天后死亡减少，病程10～15天，死亡率20%～80%，一般在30%左右。

【大体病变】心包积液，心包腔中有大量淡黄色积液，心脏呈水囊状，是本病的特征性病变。此外，多数病鸡同时出现胸腹腔积液；部分病例可见肝脏肿胀、黄染，表面有大小不一的弥漫性出血斑和灰白色坏死灶；肾脏肿大，淤血、出血；肺淤血、水肿，表面有胶冻样渗出物。有时可见腺胃黏膜淤血、肿胀，肌胃角质层有大小、数量不等的溃疡灶。

【实验室诊断】

1. 病原学诊断

采集病鸡心包液、肝脏和脑组织接种鸡胚8～10日龄绒毛尿囊膜，FAdV-4可致死鸡胚。PCR可用于病毒培养物的鉴定，也可直接从病料中检出FAdV-4，可用于本病的快速诊断。

2. 血清学诊断

琼脂扩散试验和ELISA操作简便，适用于感染鸡群的抗体检测，鉴于腺病毒在鸡群中普遍存在，抗体检测的诊断价值尚需进一步评估。

【防治要点】 加强饲养管理和生物安全管理，降低扩群、转群、温差过大等因素造成的应激，做好鸡传染性法氏囊病、鸡传染性贫血、禽网状内皮组织增殖症等免疫抑制性疾病的防控，以增强鸡群抵抗力，减少继发感染。加强种禽检疫，从腺病毒检测阴性的种鸡场进雏鸡，有条件的种禽场可进行该病的净化。本病无有效治疗方法，发病鸡舍应加大通风换气，投服具有抗病毒和免疫增强效果的中兽药，同时使用利尿、保肝药物，有细菌继发感染时使用抗菌药物控制继发感染，有助于本病的康复。

图5-243　病鸡精神沉郁，排出黄绿色稀便

图5-244　病鸡心包内有大量淡黄色混浊的液体

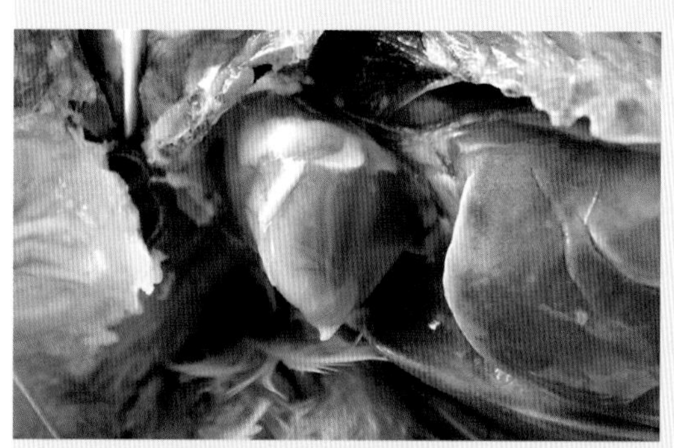

图5-245　病鸡心包内有大量淡黄色液体，肝脏褪色，有白色坏死灶

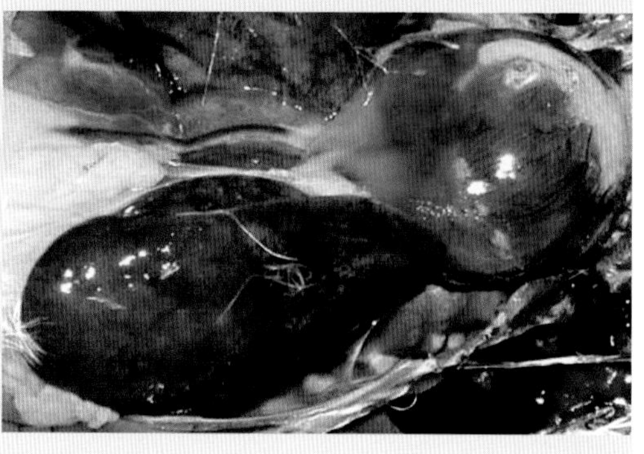

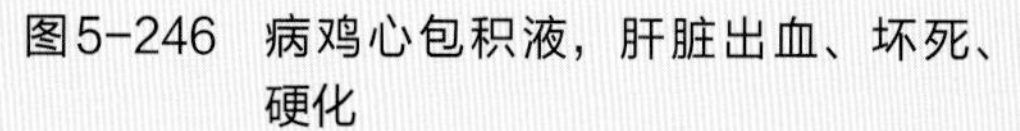

图5-246　病鸡心包积液，肝脏出血、坏死、硬化

图5-247　病鸡心包积液，肝脏褪色

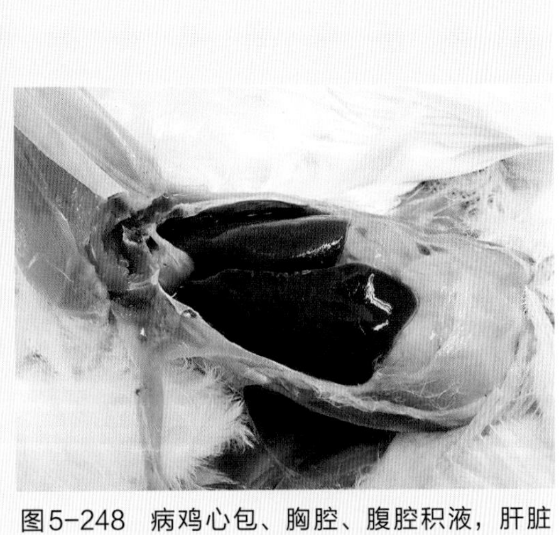

图5-248　病鸡心包、胸腔、腹腔积液，肝脏硬化

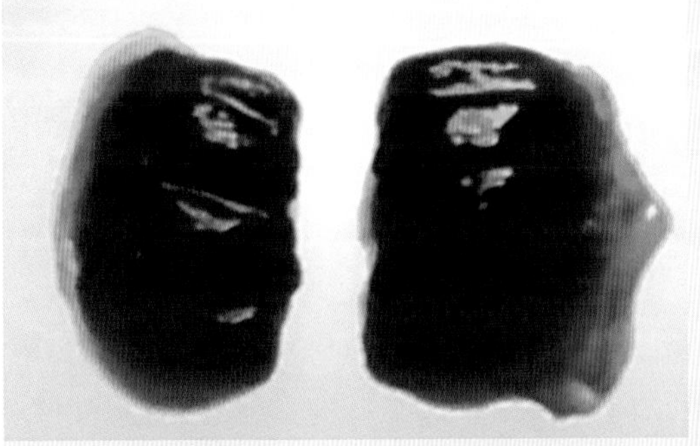

图5-249　病鸡肺淤血、水肿，外周有胶冻样水肿液

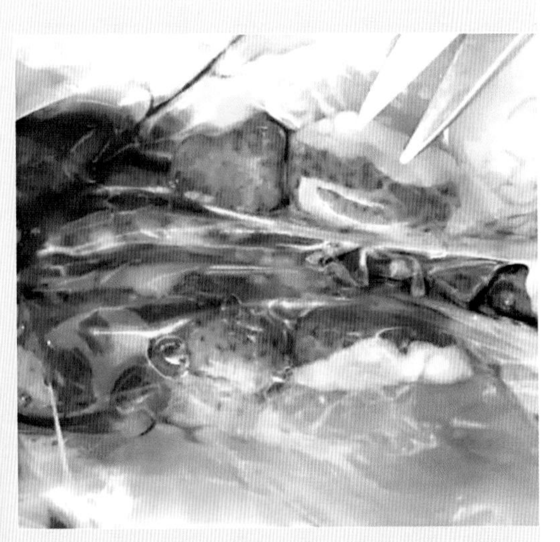

图5-250　病鸡腹腔积液，肾脏肿胀、褪色

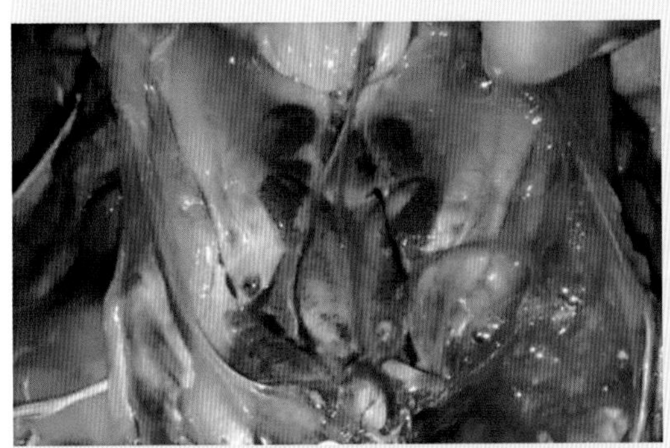

图5-251　病鸡腹腔内有淡黄色渗出液，肾脏肿胀、出血

十五、禽脑脊髓炎

（Avain Encephalomyelitis，AE）

禽脑脊髓炎是由禽脑脊髓炎病毒引起的主要侵害雏鸡的传染病，以共济失调和快速震颤（特别是头和颈部的震颤）为主要特征。本病1930年首次发现，目前呈全球性分布，我国也有本病的流行。

【病原特征】禽脑脊髓炎病毒（AEV）属于小RNA病毒科，其属的地位尚不十分明确，目前暂时将其定在肝病毒属。AEV粒子为六边形，无囊膜，直径20 ～ 30纳米，基因组为单股RNA。AEV只有一个血清型，但不同分离株的毒力和组织嗜性不同，大部分毒株都是嗜肠型的，致病性较低，但有些毒株是嗜神经型的，能使雏鸡出现严重的神经症状。

【流行特征】鸡、雉鸡、火鸡、鹌鹑等均可自然感染，但出现明显症状的多见于3周龄以下的雏禽。本病一年四季均可发生，无明显的季节性。垂直传播是本病的主要传播方式。病毒感染母鸡可通过种蛋垂直传播，部分鸡胚在孵化过程中死亡，出壳雏鸡可在1 ～ 20日龄内发病和死亡，引起较大的损失。本病也可水平传播，病毒可通过污染的饲料和饮水经消化道传播。

【临床特征】经垂直传播而感染的雏鸡潜伏期为1 ～ 7天，而经水平传播感染的潜伏期至少为11天，通常是在1 ～ 3周龄发病。病初雏鸡表现为迟钝，精神沉郁，喜卧，常以跗关节着地，继而出现共济失调，步态不稳，强行驱赶时则以跗关节着地并拍动翅膀，病雏一般在发病3天后出现麻痹而倒地侧卧，头颈部震颤一般在发病5天后逐渐出现，一般呈阵发性的震颤；人工刺激（如给水加料、驱赶、倒提）可引起震颤。有些病雏鸡趾关节卷曲、运动障碍，发育受阻，平均体重明显低于正常水平。部分存活鸡可见一侧或两侧眼球的晶状体混浊。发病率为40%～ 60%，死亡率为25%～ 50%。产蛋鸡感染多无明显临床症状，仅表现为一过性产蛋下降，降幅为5%～ 10%，蛋品质无明显变化。

【大体病变】一般无肉眼可见变化，有时可见脑膜下有透明的液体，脑室积水，切面可见因积水形成的空腔。

【实验室诊断】

1. 病原学诊断

病毒分离的最佳材料是脑组织，常采用脑内接种1日龄SPF鸡，接种后，1 ～ 4周龄出现典型症状，也可通过卵黄囊途径接种5 ～ 7日龄易感鸡胚，接种后12天检查部分鸡胚是否有胚胎萎缩、肌营养不良等特征性变化。荧光抗体技术（FA）可直接从病鸡的脑、胰腺和腺胃等组织器官中检出AEV抗原，RT-PCR也能直接从上述病料中检出AEV特异的核酸片段。这两种方法特异性好，灵敏度高，既可用于本病的快速诊断，也可用于分离病毒的鉴定。特异性好，敏感度高，适于本病的快速诊断。

2. 血清学诊断

琼脂扩散试验检测AE抗体，结果稳定，特异性强，方便快捷。ELISA抗体效价与病毒中和试验有良好的可比性，操作简便，通量高，目前已有商用试剂盒，通常用于禽场进行AEV抗体的快速检测和评价AE免疫抗体水平。

【防治要点】目前本病尚无有效的治疗方法。加强生物安全措施，淘汰和隔离感染雏鸡，不从发病种鸡场引种，平时做好消毒及环境卫生工作。在育成期接种疫苗，可控制种鸡群在性成熟后不再发生感染，同时也能防止病毒垂直传播。种鸡在8 ~ 10周龄用弱毒疫苗滴鼻点眼，开产前4周肌内注射灭活疫苗，产生的母源抗体能为雏鸡提供有效的免疫保护。

图5-252 病鸡精神沉郁

图5-253 病鸡以跗关节着地，头颈震颤

图5-254 病鸡肢势异常

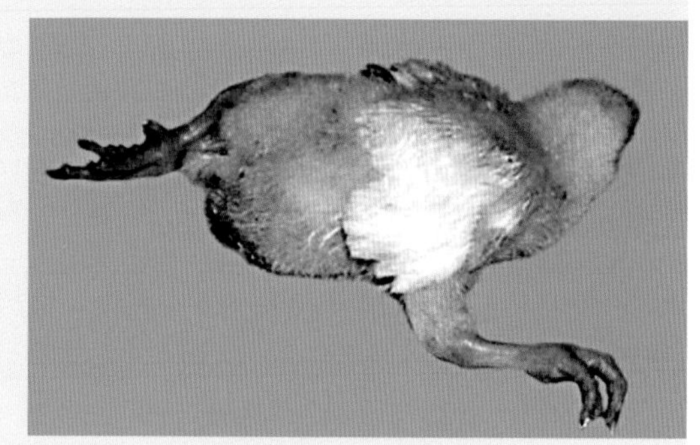
图5-255 病鸡瘫痪

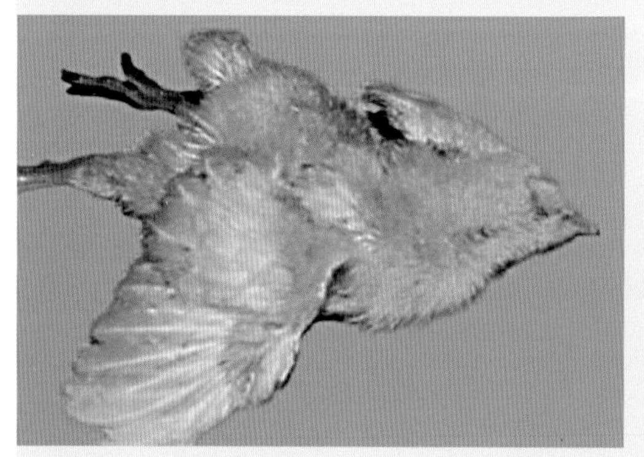
图5-256 病鸡神经麻痹，站立不稳，头颈部震颤

图5-257 存活鸡眼晶状体混浊

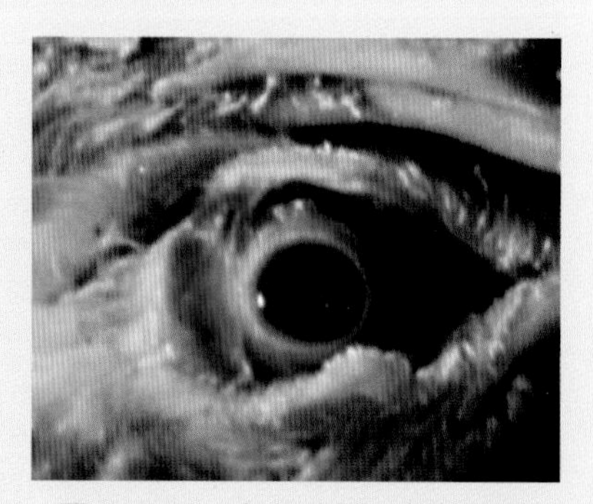
图5-258 存活鸡眼晶状体混浊

图5-259 大脑切面可见因脑积水造成的空腔

十六、鸡肝炎-脾肿大综合征

（Avian Hepatitis-splenomegaly Syndrome）

鸡肝炎-脾肿大综合征是由禽戊型肝炎病毒引起的蛋鸡和肉种鸡的一种以肝脾肿大为主要特征的传染病。该病在20世纪80年代首先在美国流行，随后在加拿大、澳大利亚等国家流行，造成了较大的经济损失，我国鸡群中也存在禽戊型肝炎病毒感染。

【病原特征】HEV为肝病毒科肝病毒属成员。病毒粒子无囊膜，呈不规则的球形，核衣壳呈二十面体立体对称型，表面有类似杯状病毒的杯状物，直径为32～34纳米，基因组为单股正链RNA。HEV不稳定，经超速离心、反复冻融易降解，4～8℃超过3～5天或自动降解，在液氮中能长期保存，在碱性环境中，在镁和锰离子存在下可保持完整。目前尚无适合HEV的细胞培养系统，静脉接种能在鸡胚中增殖。

【流行特征】鸡是HEV的唯一宿主，不同年龄的鸡均可感染，但自然感染主要见于13周龄以上的鸡，产蛋肉种鸡和30～72周龄产蛋母鸡最易发病，40～50周龄发病率最高。本病也有一定的隐性感染，不同地区感染率不同，对我国15个省（直辖市、自治区）的1 507份鸡血清的检测结果显示，12个省份的鸡场均存在HEV感染，表观健康鸡的抗体平均阳性率为3.58%（1%～9%），另一份调查结果显示，广西鸡群中HEV抗体的阳性率高达13%。发病鸡的粪便是病毒的主要来源，本病主要通过消化道传播，极有可能发生垂直传播。

【临床特征】该病的亚临床感染较为普遍，临床发病率和死亡率相对较低。病鸡可能出现鸡冠苍白，精神沉郁，腹泻，肛周羽毛被污染或有糊状粪便。感染鸡群发育较差，个体差异大，开产期推迟，无产蛋高峰或产蛋鸡产蛋量下降，严重者可下降20%，蛋品质下降，蛋壳褪色、变薄，体积变小，但受精卵的受精率和孵化率无显著变化，与此同时，死亡率每周升高0.3%～1%，可持续3～4周甚至更长。本病易继发大肠杆菌、产气荚膜梭菌、葡萄球菌等细菌感染，死亡率大大升高，严重者可超过30%。

【大体病变】本病的特征性病变主要见于肝脏和脾脏。病鸡肝脏肿大、出血、坏死或有增生性肿瘤样病变，质地脆弱，易碎，可能出现红色、黄色或黄褐色色斑，被膜下有血肿或附着血凝块，腹腔常有红色液体或血凝块。脾脏肿大，严重者可达正常脾脏的2～3倍，表面有白色坏死灶。卵巢发育不良或退化，卵泡萎缩、变形，也有病鸡卵巢无显著病变。肝脏病变严重者，可见心包、腹腔积液。

【实验室诊断】根据流行特征、临床症状和病理变化可做出初步诊断。由于该病毒培养困难，RT-PCR是确诊本病的最可靠方法。

【防治要点】本病尚无疫苗用于免疫预防。搞好饲养管理，加强生物安全措施是预防本病的可行策略。

图5-260　病鸡鸡冠苍白，贫血

图5-261　病鸡排出糊状粪便，肛周羽毛被污染

图5-262　早期肝脏肿胀、褪色，出血

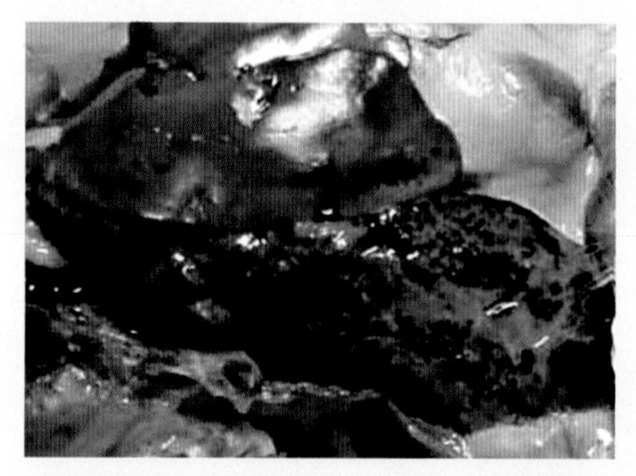

图5-263　肝脏肿大、出血，质脆易碎

图5-264　病鸡脾脏肿大、斑驳，肝脏肿大，被膜下出血

图5-265　肝脏类肿瘤样病变

图5-266 肝脏类肿瘤样病变

图5-267 肝脏肿胀、出血、坏死

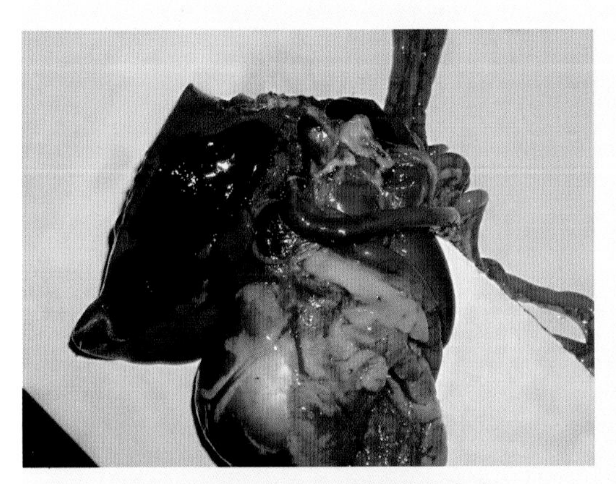
图5-268 病鸡肝脏被膜下出血

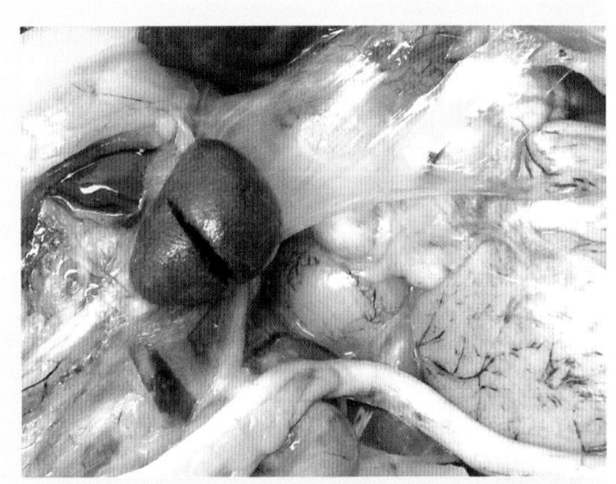
图5-269 脾脏肿大、坏死，卵泡明显变化

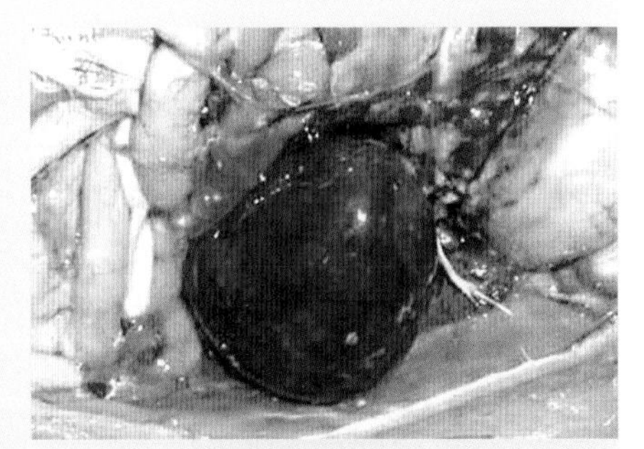
图5-271 脾脏高度肿胀、出血性坏死

图5-270 脾脏肿大、坏死，卵泡充血

十七、鸭　瘟

（Duck Plaque，DP）

鸭瘟是由鸭瘟病毒（DPV）引起的鸭、鹅和雁的急性、热性、败血性传染病，以血管损伤、组织出血、消化道黏膜出血性溃疡为主要特征，又称鸭病毒性肠炎。本病传播迅速，发病率高，病死率高，通常在90%以上，对水禽业危害极大。本病1923年首次在荷兰发生，目前呈全球性分布。我国1957年首次报道，给水禽养殖业造成了巨大的经济损失。

【病原特征】DPV属疱疹病毒科，α疱疹病毒亚科的成员，病毒粒子呈球形，直径为120～180纳米，核衣壳呈二十面体立体对称，有囊膜，无血凝性，基因组为单分子线状双股DNA。DPV只有一个血清型，适于在鸭胚中增殖，可致鸭胚出现病变直至全部死亡，因此鸭胚是最适宜的病毒分离培养系统。

【流行特征】DPV主要感染鸭、鹅和天鹅，迁徙水禽也可感染发病。本病一年四季均可发生，以春夏交替之际和秋季流行严重。水禽中，鸭的易感性最高，不同年龄和品种的鸭均可感染，但自然感染病例中，产蛋母鸭发病和死亡严重，雏鸭较少发病。本病主要经消化道传播，也可经呼吸道、交配和节肢动物叮咬传播。

【临床特征】潜伏期为3～7天，出现临床症状后常在1～5天内迅速死亡。病初精神委顿，厌食，缩颈垂翅，羽毛松乱，离群独处，呆立一隅，两腿麻痹，行走困难，强行驱赶，则扑翅向前跳跃，因体温升高，病鸭大量饮水，部分病鸭头颈部肿胀，鼻腔和眼睛流出浆液性或血性分泌物。病鸭排白色、黄绿色稀粪，甚至便中带血，严重时粪便呈墨绿色。本病传播迅速，发病率和死亡率均高，两者均可达50%～100%。一般病程3～10天，病程1周以上者，体重迅速下降。种鸭发病初期突然出现持续性高死亡率，产蛋鸭产蛋量下降。

【大体病变】不同品种、年龄、性别、易感性、感染阶段、病毒毒力和感染强度均对病变的产生有影响。可见眼结膜充血、出血、坏死；全身多处（头、颈、胸部和腿部）皮下有黄色胶冻样或血性渗出物；消化道黏膜（口腔、食道、肠道、泄殖腔）出现特征性出血和假模样坏死病变：早期黏膜表面有出血斑点，之后被隆起的假膜覆盖，小的病斑聚集形成黄绿色的痂块覆盖，食道病变与其纵褶相平行，腺胃和肌胃交界处有环形出血、坏死，肌胃角质下层出血；肠浆膜面可见一个或多个环形深红色出血环，环状带呈深紫色，该病变部位肠壁增厚，黏膜从出血带边缘开始出现坏死、脱落，逐渐形成坏死性溃疡，表面有一层假膜；脾脏大小正常或变小，色深，有出血性梗死区或呈斑驳状；胸腺表面和切面有出血斑和黄色病变区，周围有清亮的黄色或红色渗出液；法氏囊浆膜面呈紫红色或灰黄色，有水肿液包围，黏膜面出血，有细小的黄色坏死点，随后法氏囊壁变薄，颜色变深，囊内充满干酪样渗出物；感染早期肝脏呈浅铜色，表面有不规则的出血和坏死灶，后期肝脏呈深铜色或胆染，无出血点，白色坏死灶变大；心外膜，特别是冠状沟有密集的出血斑点，心肌斑片状出血，使其表面呈红色“刷漆样”，多见于成年鸭；喉头、气管黏膜点状或弥漫性环形出血，严重时气管内有血凝块，黏膜呈红布样；产蛋鸭卵泡出血、变形、变色。

【实验室诊断】根据流行特征、临床症状及典型病变即可做出初步诊断。对非典型病例，可采集肝脏、脾脏等器官作为病料，经绒毛尿囊腔接种9 ~ 14日龄鸭胚，鸭瘟病毒可致鸭胚出现典型的病变和死亡，用免疫荧光技术、反向被动血凝试验、ELISA对病毒分离株进行鉴定。荧光PCR可直接从组织及细胞培养物中检测DPV，敏感度高，特异性好，可用于病毒鉴定及鸭瘟的快速诊断。

【防治要点】不从疫区引种，不在疫区放牧，严格执行卫生消毒措施。雏鸭2周龄首免鸭瘟弱毒疫苗，蛋鸭和种鸭应于5 ~ 6周龄二免，开产前再加强免疫一次。对发病鸭群应严格隔离封锁，对病死鸭应严格进行无害化处理，环境、圈舍、垫料及粪便应严格消毒。发病鸭群紧急接种弱毒疫苗不能有效控制疫情。

图5-272　病鸭头面部肿胀，流泪

图5-273　人工感染雏鸭精神沉郁，流泪

图5-274　病鸭头部肿大，流出血性鼻液

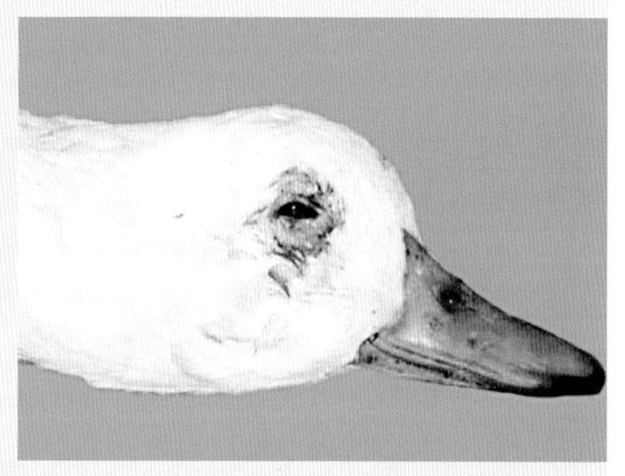

图5-275　病鸭流出血性眼泪和鼻涕

图5-276　人工感染鸭头面部肿胀，眼内流出黏液性分泌物

图5-277　病鸭腿麻痹，卧地不起，强行驱赶，呈跳跃式运动

图5-278　病鸭体温升高，大量饮水，被毛粗乱无光

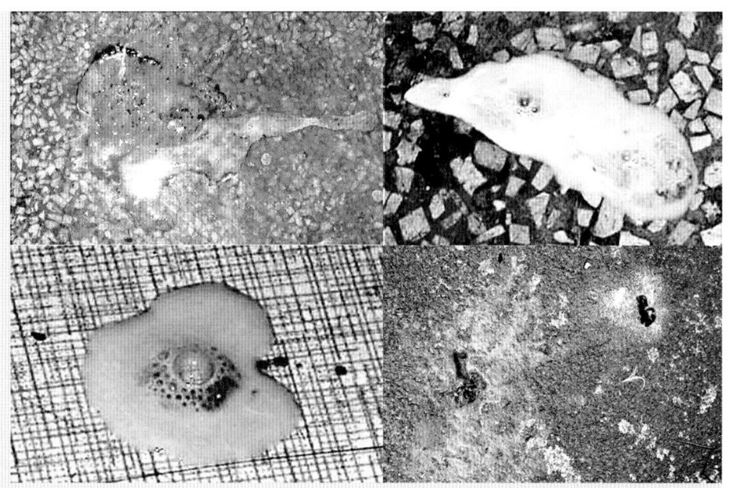

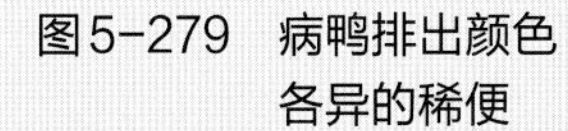

图5-279 病鸭排出颜色各异的稀便

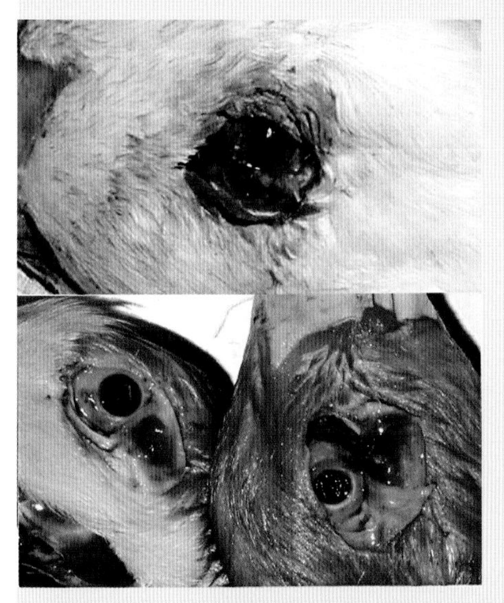

图5-280 病鸭眼结膜出血、坏死

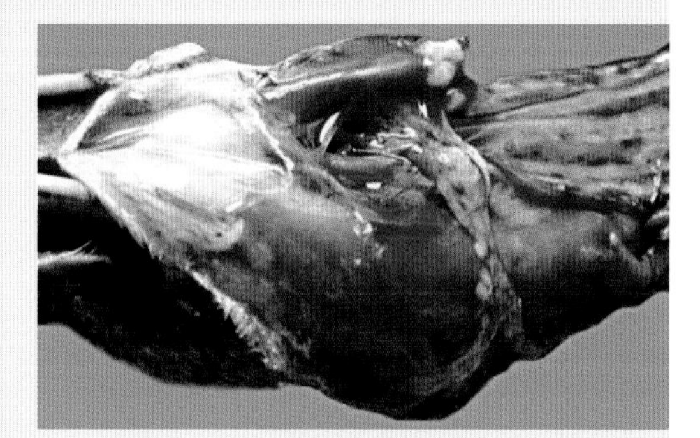

图5-281 病鸭头颈部皮下胶冻样浸润

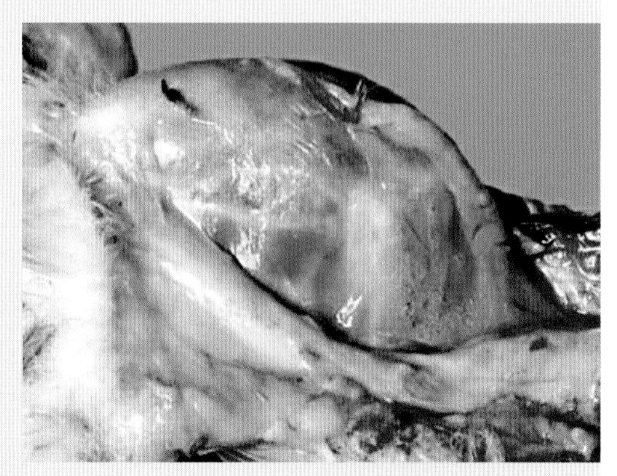

图5-282 病鸭腿部皮下胶样浸润

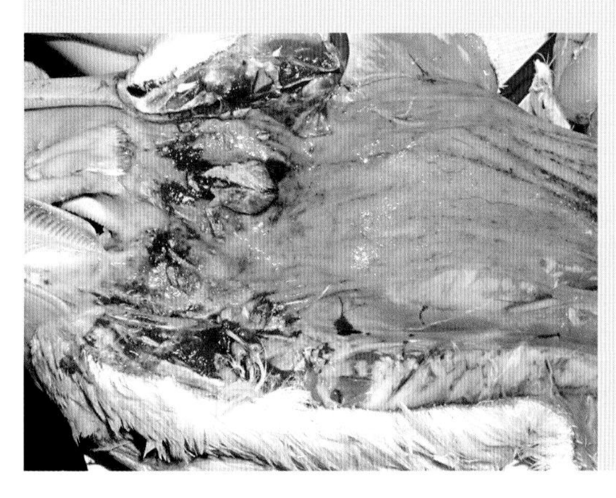

图5-283 病鸭喉头周围黏膜出血、假膜样坏死

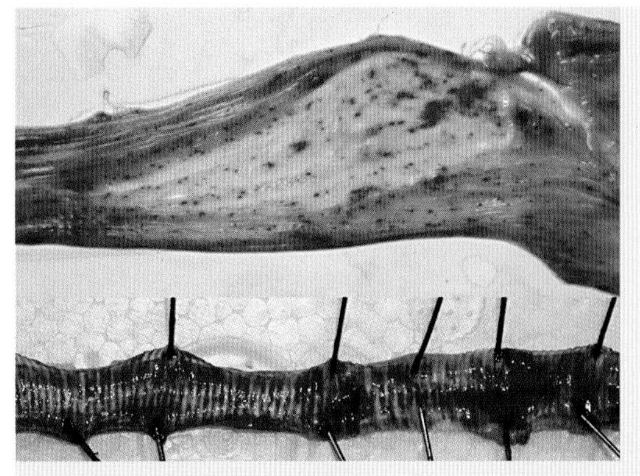

图5-284　病鸭食道黏膜出血（上），气管黏膜严重出血（下）

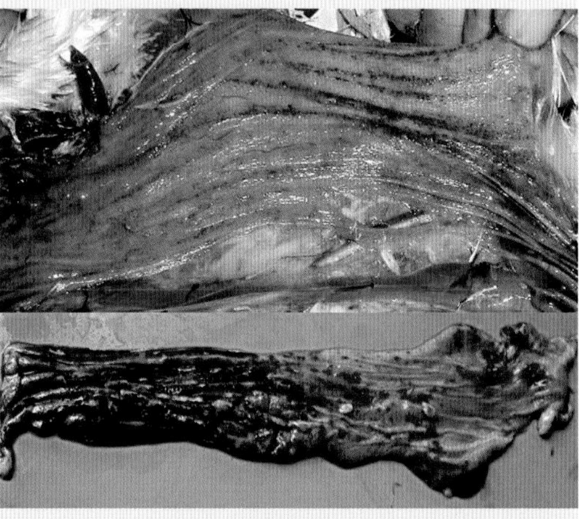

图5-285　发病初期病鸭食道黏膜沿纵褶呈现条带状出血（上），后期食道黏膜出血性坏死（下）

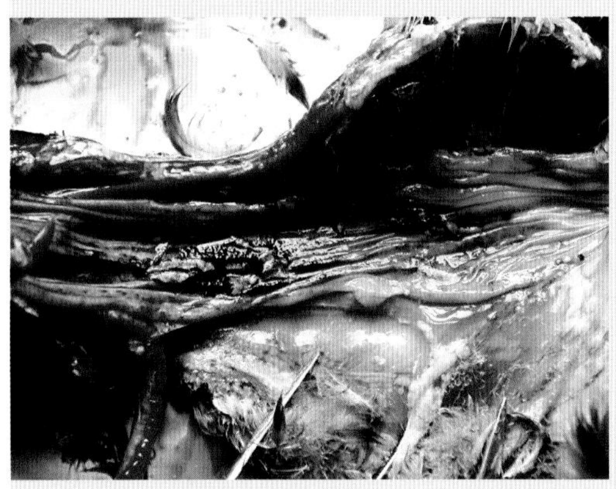

图5-286　病鸭食道黏膜出血、假膜样坏死灶，颈部皮下胶冻样浸润

图5-287　病鸭食道黏膜条带状出血、表面覆盖一层灰绿色假膜样坏死物

图5-288　病鸭腺胃、肌胃交界处黏膜溃疡，卵泡变形、破裂

图5-289 病鸭肠道黏膜面有环形出血

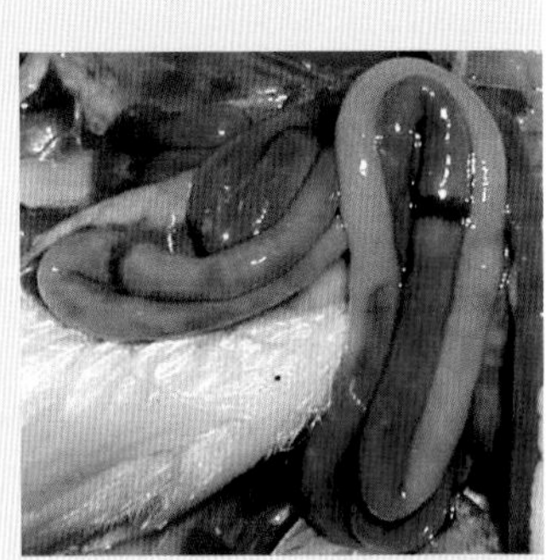

图5-290 人工感染病鸭肠道，浆膜面有紫红色环形出血带

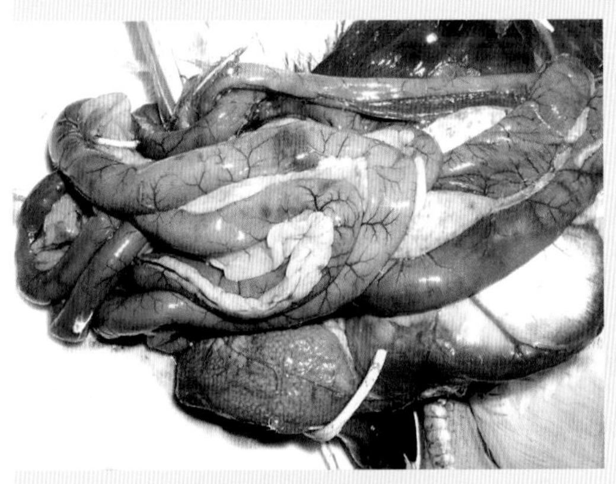

图5-291 病鸭肠道黏膜环形出血带，胰腺坏死

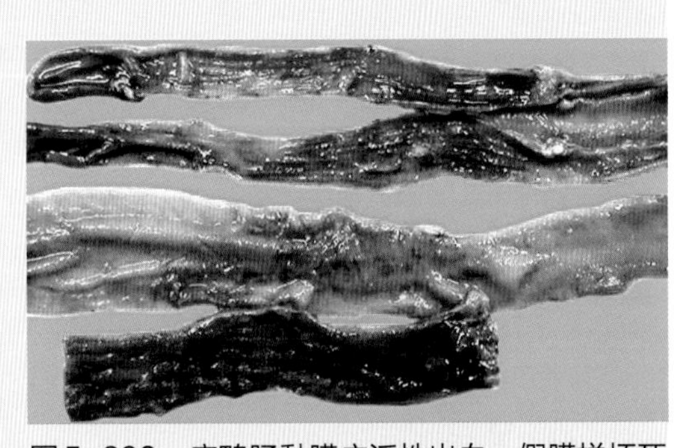

图5-292 病鸭肠黏膜广泛性出血，假膜样坏死

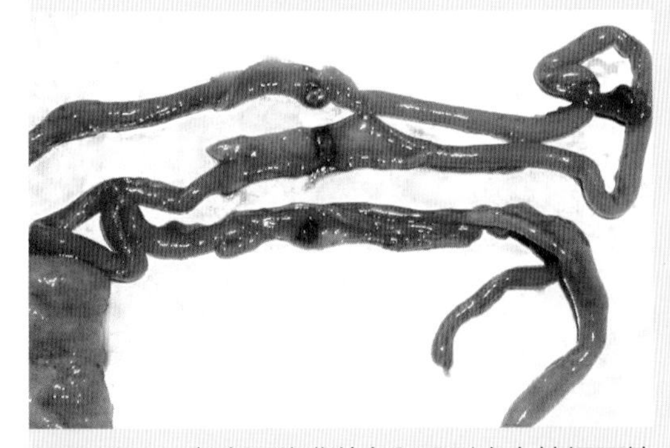

图5-293 病鸭肠黏膜淤血和环形出血性坏死灶

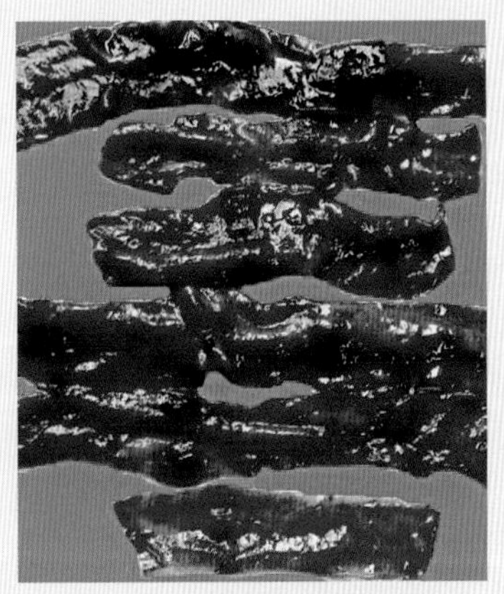

图5-294 病鸭肠黏膜弥漫性出血和坏死灶

图5-295　病鸭肠黏膜广泛性出血坏死

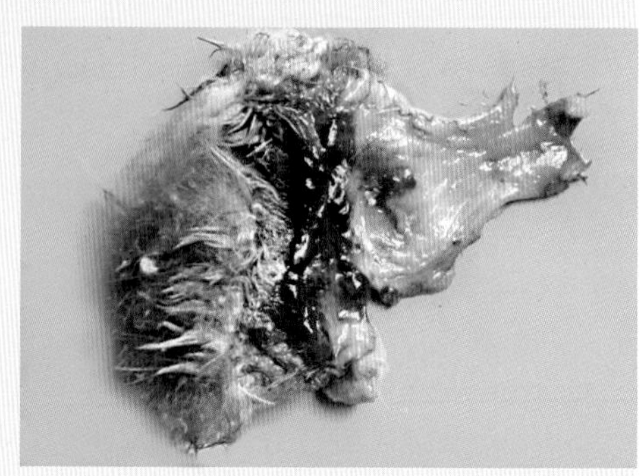

图5-296　病鸭泄殖腔黏膜出血性坏死

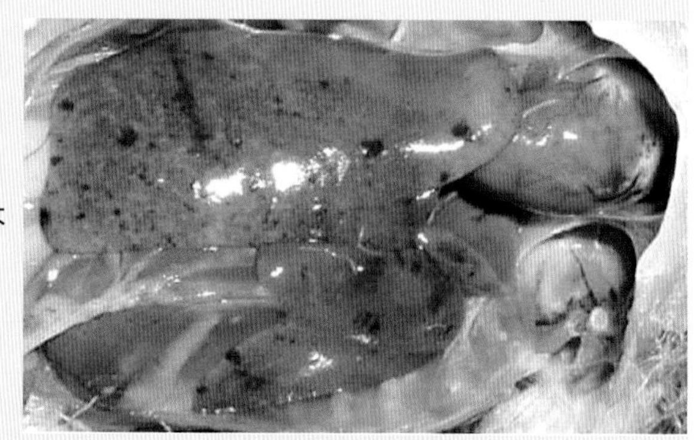

图5-297　病鸭肝脏呈浅铜色，表面有不规则的出血性坏死灶

图5-298　病鸭肝脏斑驳，表面有大小不一的出血斑和白色坏死灶

图5-299　病鸭肝脏表面有大面积出血斑和白色坏死灶

图5-300　肝脏肿胀、严重淤血、出血和大面积坏死

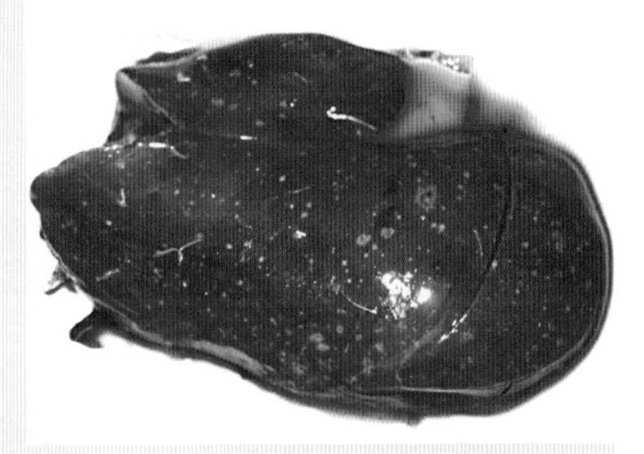

图5-301　病鸭肝脏肿胀，表面有弥漫性出血性坏死灶

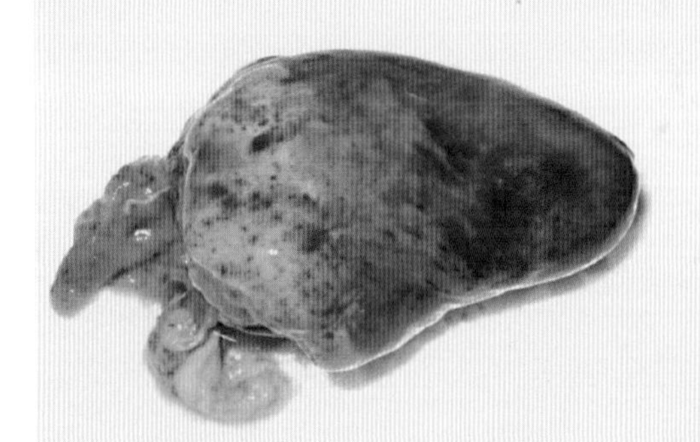

图5-302　病鸭心脏弥漫性出血

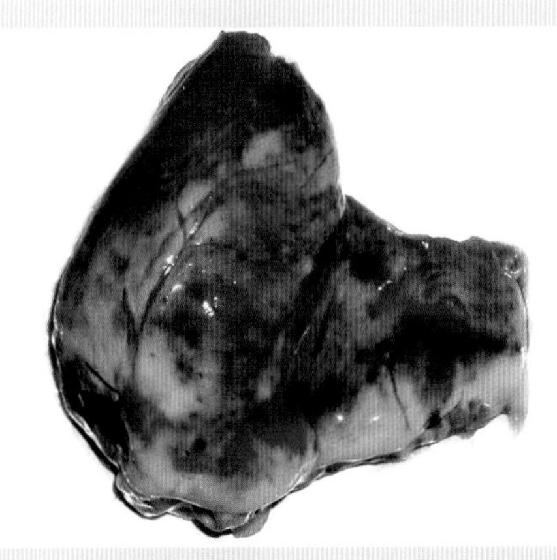

图5-303　病鸭心外膜淤血、出血，特别是冠状沟部位，因淤血点集中而呈“刷漆样”

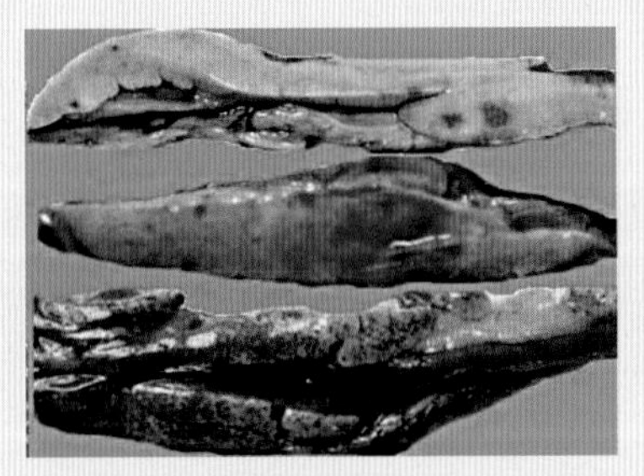

图5-304　病鸭胰腺出血性坏死灶

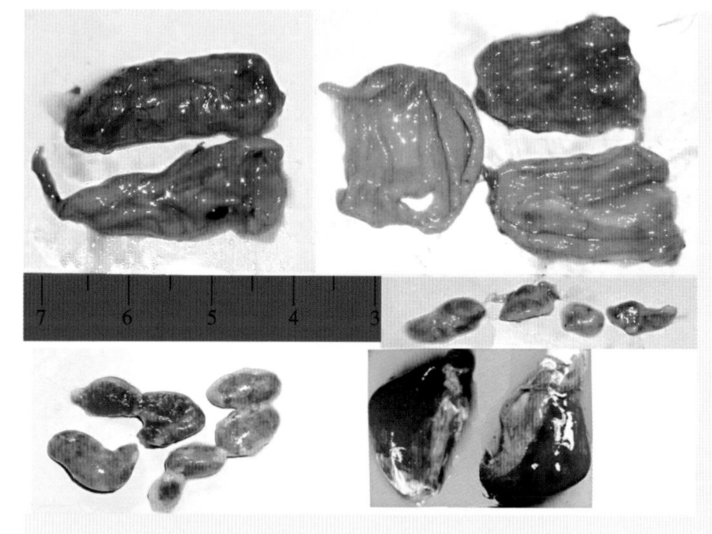

图5-305 病鸭法氏囊、胸腺肿胀、出血、坏死，脾脏肿胀、梗死

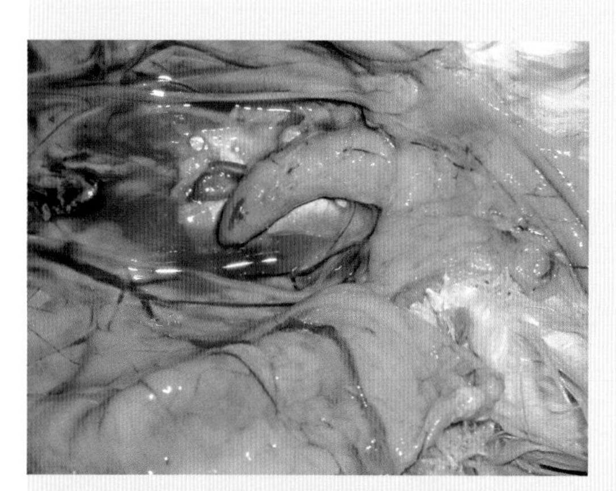

图5-306 病鸭法氏囊肿胀、周围有水肿液

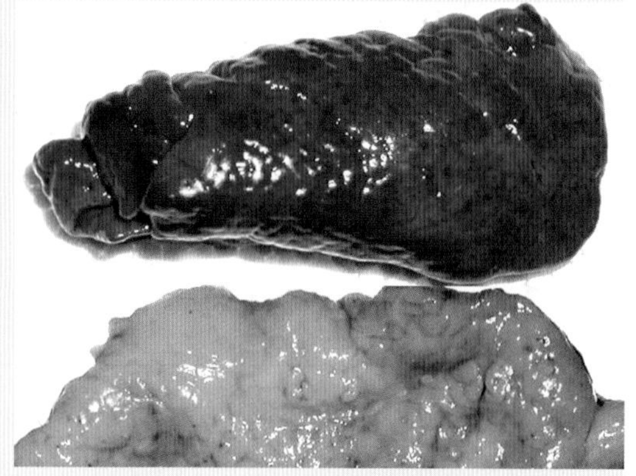

图5-307 病鸭肾脏和腹部脂肪出血斑点

图5-308 病鸭肺脏水肿、出血

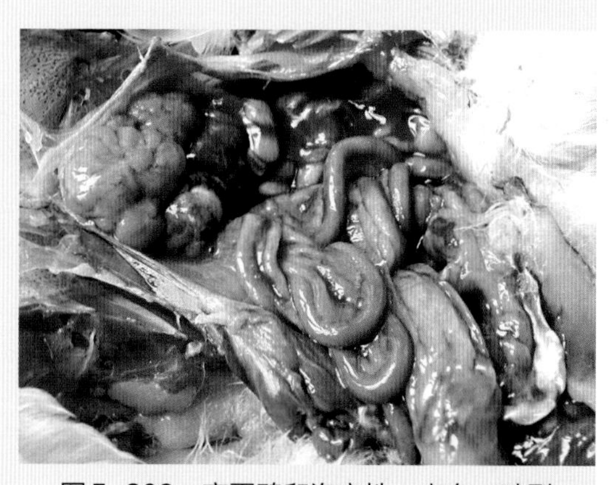

图5-309 产蛋鸭卵泡变性、出血、破裂

十八、鸭病毒性肝炎

（Duck Viral Hepatitis，DVH）

鸭病毒性肝炎是由鸭肝炎病毒（DHV）引起雏鸭的一种急性、高度致死性传染病，发病急、传播快，死亡率高，临床表现角弓反张，剖检见肝肿大和大量的出血斑点，是严重危害养鸭业的重要传染病之一。

【病原特征】引起鸭肝炎的病毒有多种，包括Ⅰ、Ⅱ和Ⅲ3种血清型，3种血清型之间无抗原相关性，无交叉保护作用。Ⅱ、Ⅲ DHV的致病力远不如Ⅰ型，因此通常所说的鸭病毒性肝炎主要是指Ⅰ型DHV感染。Ⅰ型DHV分布于世界各地，Ⅱ型只见于英国，Ⅲ型目前只见于美国和中国。Ⅰ型DHV又称鸭甲肝病毒(DHAV)，为小RNA病毒科禽肝病毒属的唯一成员，核衣壳呈二十面体立体对称型，病毒粒子呈圆形，为无囊膜的细小病毒，直径为20 ~ 40纳米，基因组为单股正链RNA。病毒分离株分为3种基因型，分别为DHAV-A、DHAV-B和DHAV-C，3种基因型之间无交叉保护作用，DHAV-A对应传统的Ⅰ型DHV、DHAV-B和DHAV-C为新型DHV，目前只在我国台湾发现DHAV-B，在我国大陆和韩国发现的新型DHV为DHAV-C。Ⅱ、Ⅲ型DHV为星状病毒科星状病毒属成员，核衣壳呈二十面体立体对称型，病毒粒子呈圆形，直径为25 ~ 35纳米，无囊膜，基因组为单股正链RNA病毒。DHV不凝集动物的红细胞。我国流行的鸭病毒性肝炎主要是由基因A型和基因C型鸭甲肝病毒引起的，两者的流行特症、临床症状及病理变化极为相似。

【流行特征】自然条件下DHV只感染鸭，且只引起雏鸭出现症状和死亡。1周龄内的雏鸭最易感，近年来，感染鸭的年龄有逐渐增大的趋势，3 ~ 5周龄的雏鸭发病也较为多见，成年鸭则隐性感染，2月龄以上鸭很少发病。雏鸭发病率可达100%，死亡率高低与感染病毒的毒力及感染年龄有关，介于20%～ 100%。本病主要经消化道和呼吸道传播，不能垂直传播。发病急，传播快。本病一年四季均可发生，饲养管理不当、环境卫生不良及多种应激因素均是本病发生的诱因。

【临床特征】雏鸭发病初期精神委顿，食欲减退或废绝，眼半闭呈昏睡状，以头触地，不久即出现神经症状，运动失调，身体倒向一侧，两腿痉挛性踢动，死前头向背部扭曲，角弓反张，病鸭在出现症状后3 ~ 4天出现尖峰式死亡。

【大体病变】本病的病变主要集中在肝脏。病鸭肝脏肿大、质脆、色暗淡或发黄，表面有大小不等的出血斑点；胆囊肿胀，胆汁呈褐色、淡茶色或淡绿色；脾脏有时肿大呈斑驳状；肾脏肿胀，有时可见出血斑；有些病鸭腿肌、胸肌可见出血点或出血斑。

【实验室诊断】本病的临床症状及病理变化可作为初步诊断的依据，确诊则有赖于病原学检测。已有检测不同血清型和基因型DHV的RT-PCR、反转录-巢式聚合酶链式反应（RT-nested PCR）、荧光定量RT-PCR等方法，不仅可用于本病的快速诊断及病毒分离株的鉴定，还可用于血清型的鉴定，是本病常用的快速诊断方法。病毒分离：取病死鸭肝脏作为病料，经尿囊腔接种12日龄非免疫鸭胚，DHAV-A、DHAV-C可致鸭胚死亡并导致胚肝黄染、出血及胚体出血。目前尚无商用的抗体检测方法。

【防治要点】认真建立和执行生物安全措施。我国已有基因A型弱毒疫苗，在种鸭开产前2～3周免疫接种，能有效保护雏鸭；鸭肝炎卵黄抗体可用于本病的特异性预防和治疗，出壳雏鸭皮下注射能有效抵抗同型病毒感染，重疫区鸭群可在一次注射后7～10天进行二次注射；发病鸭及早注射卵黄抗体可取得良好的疗效。

图5-310　病鸭精神沉郁

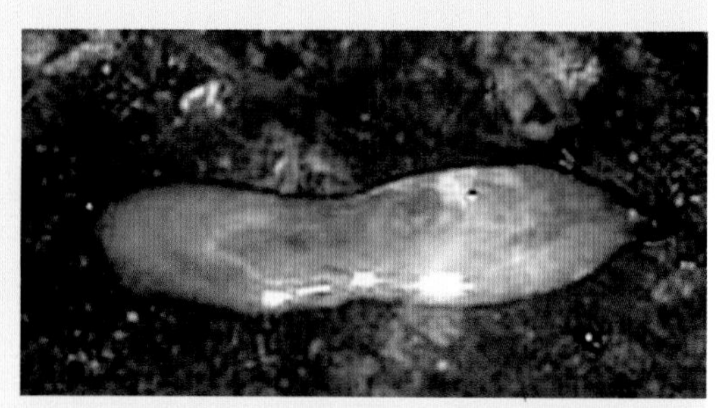

图5-311　病鸭腹泻，排出白色稀便

图5-312　病鸭出现神经症状，平衡失调，身体向一侧歪斜

图5-313　病鸭平衡失调，倒地挣扎

图5-314　病鸭濒死时头颈后仰

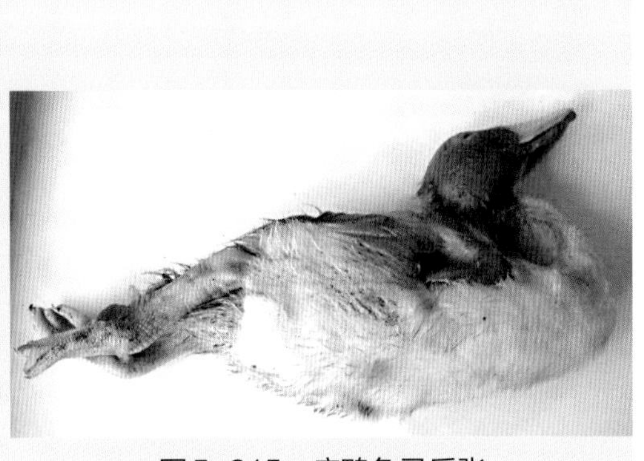

图5-315　病鸭角弓反张

图5-316　发病野鸭，角弓反张

图5-317　DHAV-C感染5日龄雏鸭角弓反张

图5-318　病鸭肝脏严重肿胀、黄染及弥漫性出血

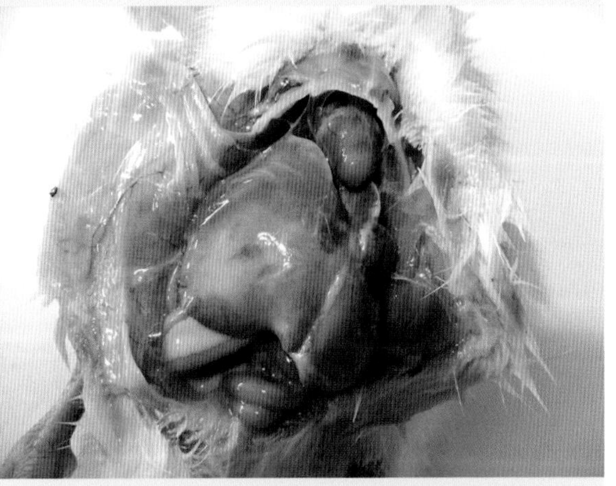

图5-319　DHAV-C感染雏鸭肝脏出血

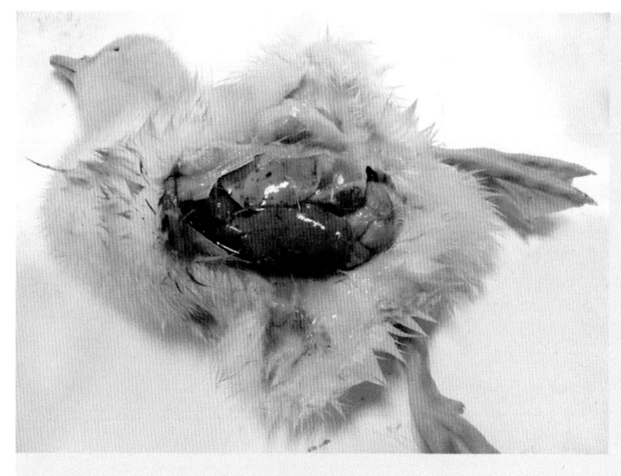

图5-320　DHAV-C感染5日龄雏鸭肝脏出血

图5-321　DHAV-C感染雏鸭肝脏出血

图5-322　DHAV-C感染雏鸭肝脏

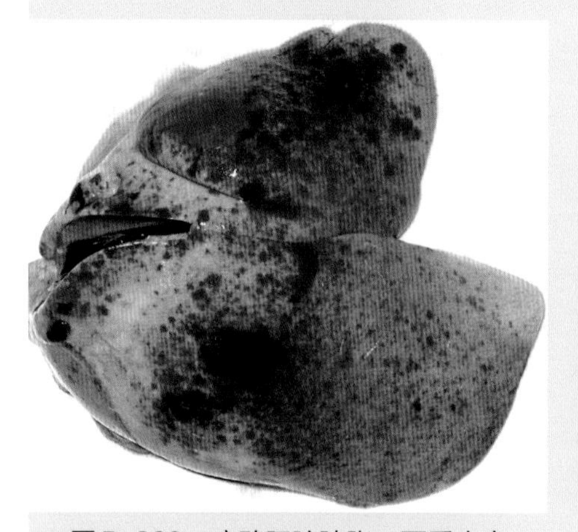

图5-323　病鸭肝脏肿胀、严重出血

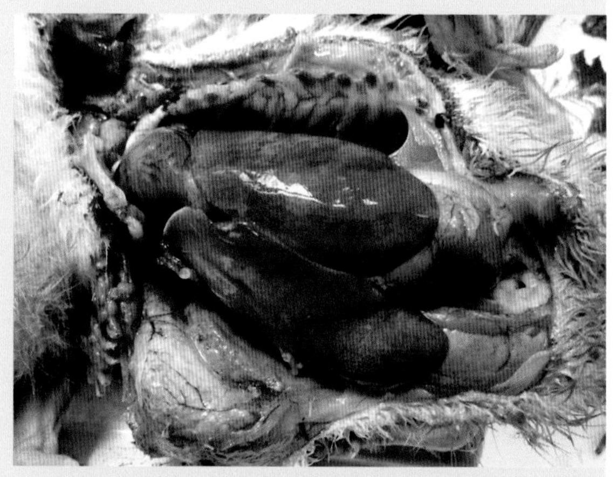

图5-324　病鸭肝脏肿胀、出血

图5-325 病鸭肝脏肿胀及巨大出血斑

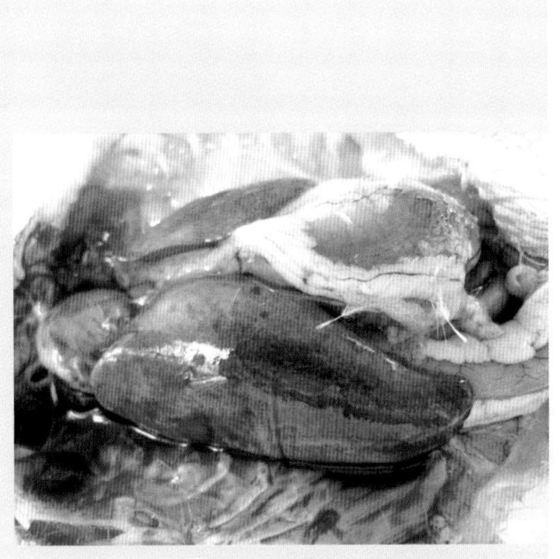
图5-326 病鸭肝脏肿胀，弥漫性出血

图5-327 病鸭肝脏肿胀、黄染、出血

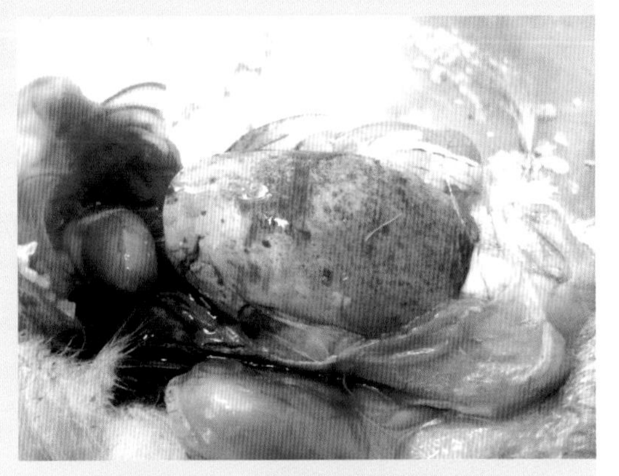
图5-328 病鸭肝脏肿胀及出血

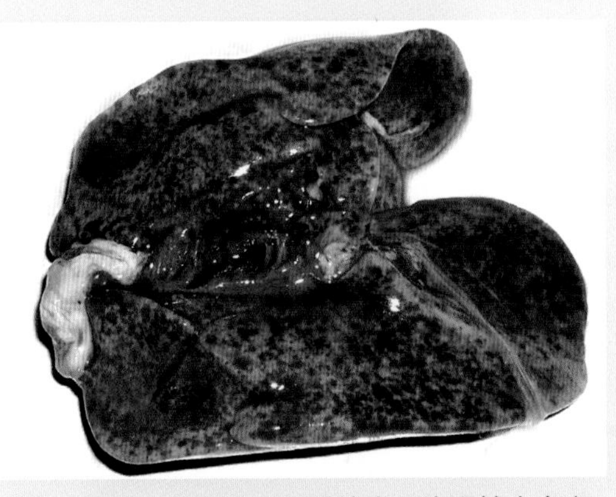
图5-329 病鸭肝脏严重肿胀及弥漫性出血斑

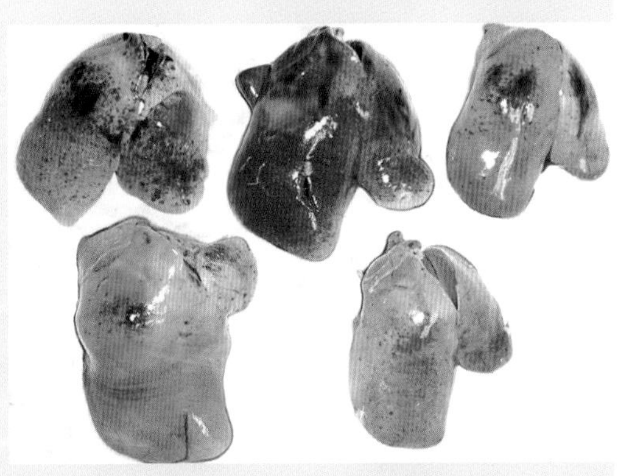
图5-330 病鸭肝脏不同程度肿胀、褪色、出血

图5-331　DHAV-C人工感染雏鸭肝脏肿胀及出血

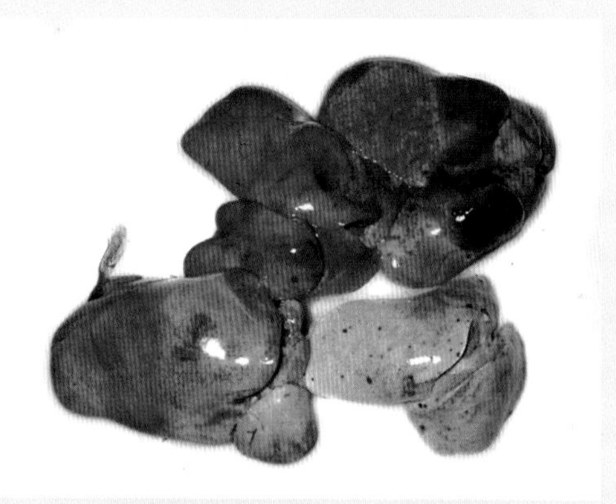

图5-332　病鸭肝脏不同程度的肿胀、褪色及出血

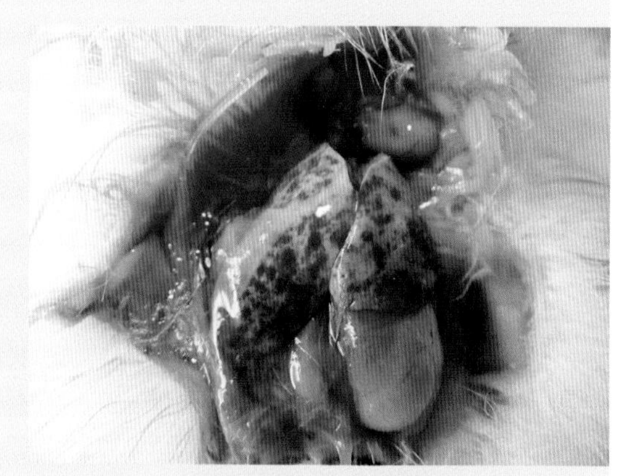

图5-333　DHAV-C人工感染雏鸭，肝脏肿胀、褪色及严重的出血斑

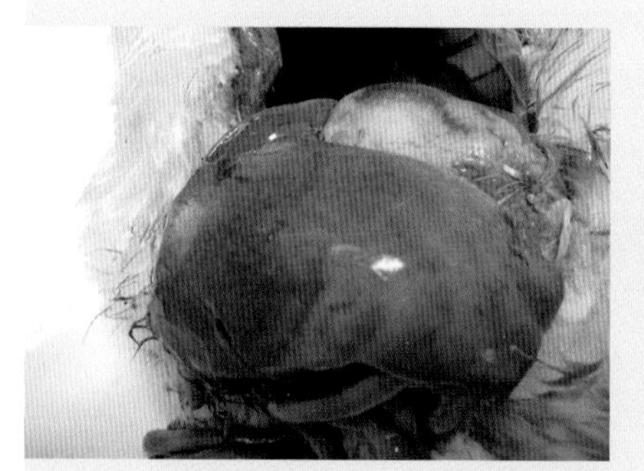

图5-334　DHAV-A和DHAV-C双重感染雏鸭肝脏肿胀、黄染和出血

图5-335　DHAV-C感染雏鸭肾脏肿胀、出血

图5-336 DHAV-C感染肾脏肿胀，出血，输尿管内有尿酸盐沉积

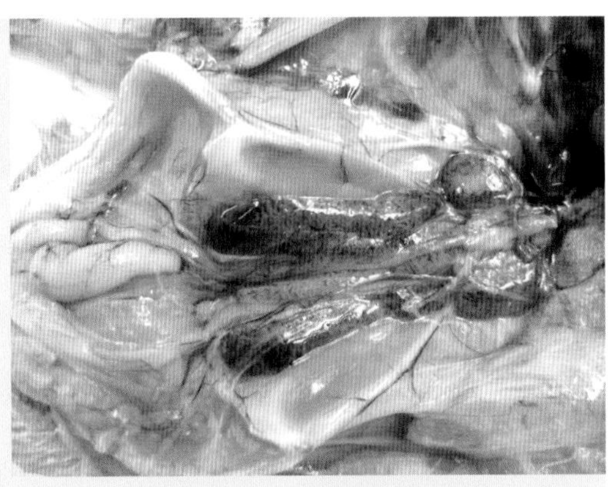

图5-337 病鸭肾脏出血

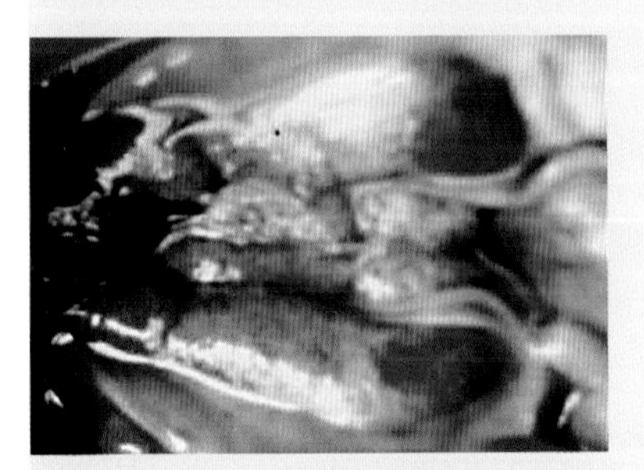

图5-338 病鸭肾脏肿胀、出血

图5-339 DHAV-C人工感染雏鸭，心肌褪色，脾脏肿胀、坏死

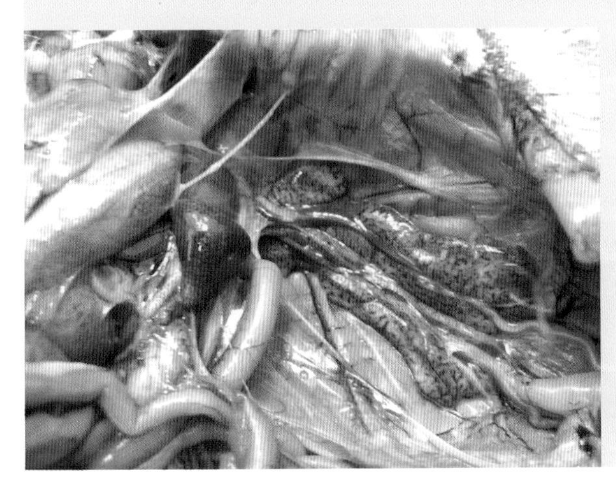

图5-340 病鸭脾脏、肾脏肿胀、出血

图5-341　DHAV-C感染雏鸭胸腺水肿、出血

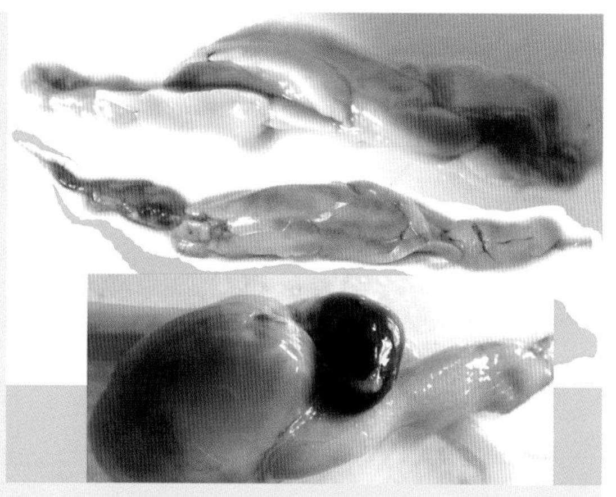

图5-342　DHAV-C感染雏鸭胰腺充血、出血，胆囊扩张

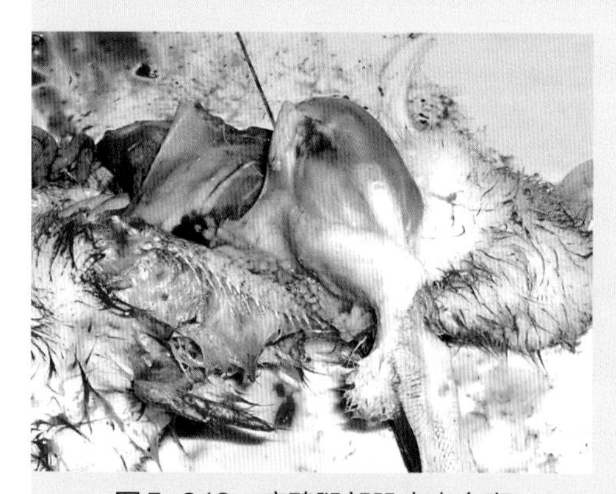

图5-343　病鸭腿部肌肉出血斑

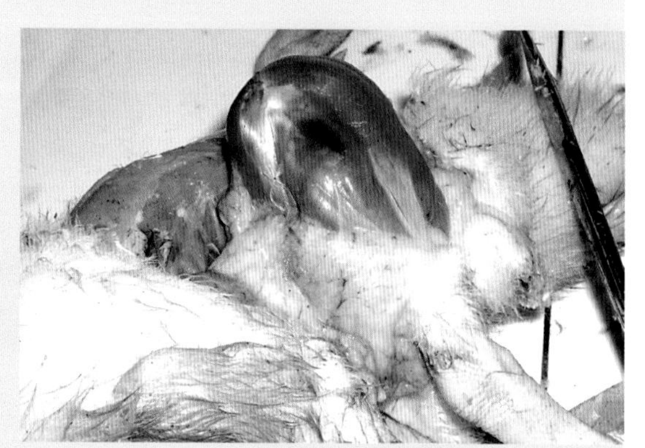

图5-344　病鸭腿部肌肉条带状出血

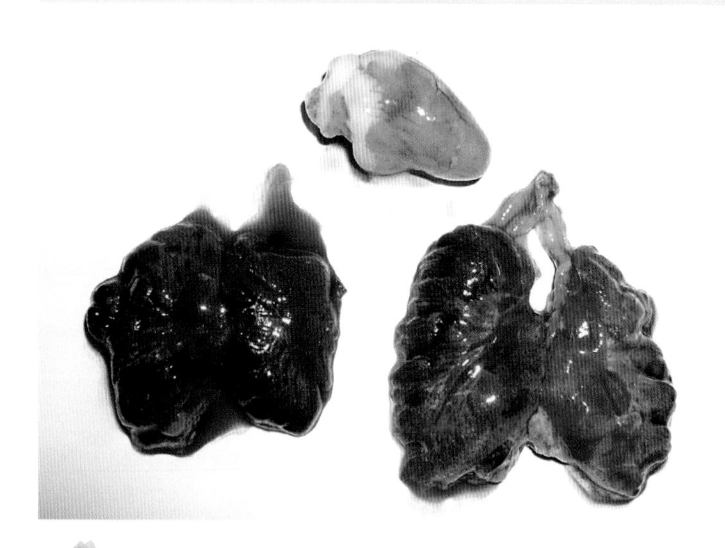

图5-345　病鸭心肌褪色呈粉色，肺脏淤血、出血

十九、水禽副黏病毒病

（Waterfowl Paramyxovirus Disease）

水禽副黏病毒病是由禽副黏病毒（APMV）引起的鸭、鹅等水禽的急性传染病，是近年来新出现的一种传染病。本病在我国许多地区呈上升趋势，成为危害我国水禽业的重要疫病。

【病原特征】APMV为副黏病毒科、副黏病毒亚科、腮腺炎病毒属成员，已确定了9个血清型（APMV-1，2，3，4，5，6，7，8，9），其中APMV-4，6，8，9只能感染鸭和鹅等水禽。病毒形态结构及生物学性状与鸡新城疫病毒相似，其F蛋白与NDV具有相同的裂解位点。病毒分离株多为基因Ⅶ型，也有基因Ⅸ型。

【流行特征】不同年龄、品种的鸭、鹅均可感染发病，雏禽更易感，发病率和死亡率均与年龄有关，2周龄以内的雏鸭、雏鹅死亡率为10%～100%，其病死率随着年龄的增长而逐渐下降。本病一年四季均可发生，但冬春季节多发。患病禽及带毒鸭鹅是主要的传染源。病原主要经消化道及呼吸道传播，也可经种蛋传播。

【临床特征】病禽精神不振，常呆立一隅或卧地不起，羽毛松乱，食欲减退或废绝，体重迅速减轻。初期排白色水样稀粪，其后排水样、黄绿色或墨绿色粪便。有些病鸭出现一过性的转圈或角弓反张等神经症状。产蛋期鸭、鹅感染后出现产蛋下降，软壳蛋、无壳蛋增多。病毒通过种蛋传播，可引起胚胎死亡，孵出的雏鸭、鹅弱雏增多且多出现扭头、转圈、头颈后仰等神经症状。

【大体病变】本病的特征性病变主要见于消化道。口腔内有大量黏液，整个肠道黏膜有散在或弥漫性大小不一的出血性溃疡灶，从十二指肠开始至后肠段病变更加明显和严重，直肠尤其明显。病灶表面覆盖淡黄色、灰白色或褐色纤维素性结痂，突出于黏膜表面，结痂难以剥离，强行剥离后可见出血性溃疡面。部分病例肝脏肿胀、淤血，胰腺可见散在的灰白色坏死点。有神经症状的病例脑膜充血、出血、水肿。

【实验室诊断】参见鸡新城疫。

【防治要点】参见鸡新城疫。

图5-346　病鸭精神沉郁

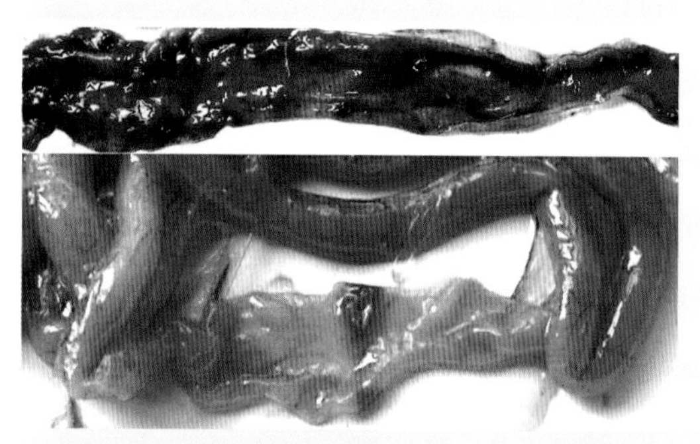

图5-347　病鸭肠道弥漫性出血及坏死

图5-348　病鹅肠道浆膜面可见淋巴组织坏死灶

图5-349　人工饲养雏天鹅肝脏黄染，肠道有环形出血带

图5-350　人工饲养雏天鹅肠道严重出血呈深红色，并有黑色环形出血性坏死灶，脾脏肿胀、出血

图5-351 人工饲养雏天鹅脾脏肿胀并有出血斑

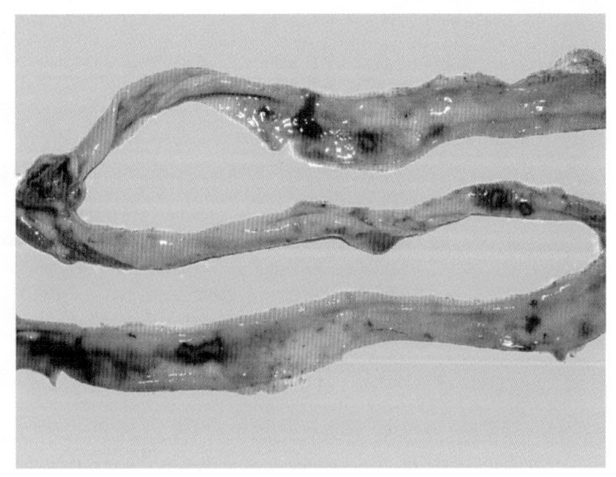

图5-352 病鸭肠黏膜出血性坏死灶

图5-353 病鹅肠道黏膜面可见扣状溃疡灶，胰腺坏死

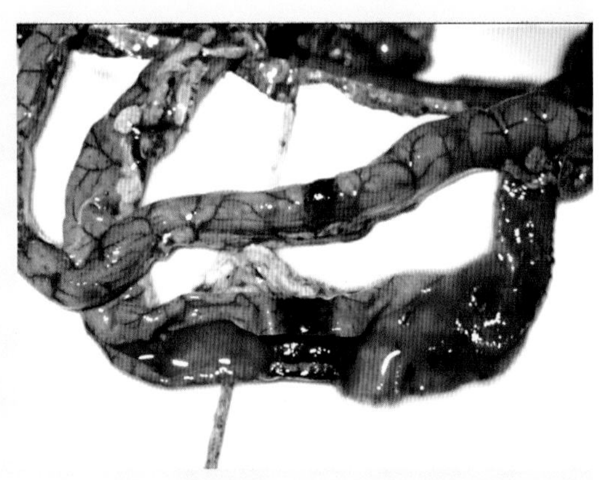

图5-354 病鸭肠黏膜的扣状溃疡和环形出血性坏死灶

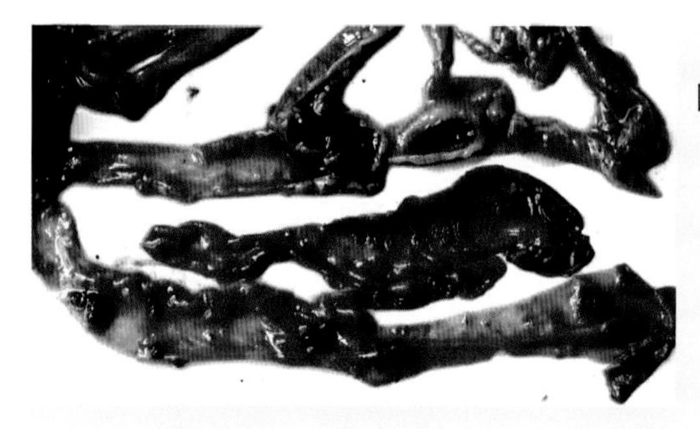

图5-355　病鸭肠黏膜的假膜样坏死灶

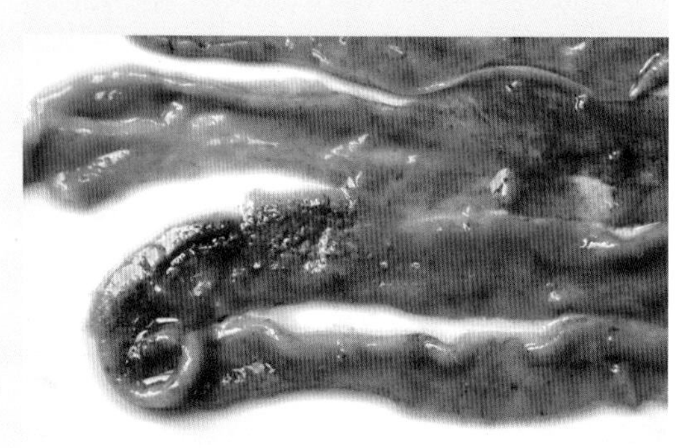

图5-356　病鸭小肠黏膜弥漫性出血，十二指肠黏膜假膜样坏死

图5-357　病鸭肠黏膜出血和假膜样坏死灶

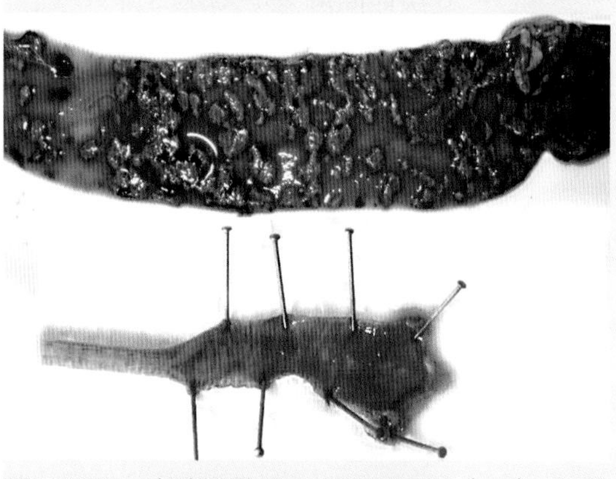

图5-358　病鸭肠黏膜出血性坏死灶（上），气管环形出血（下）

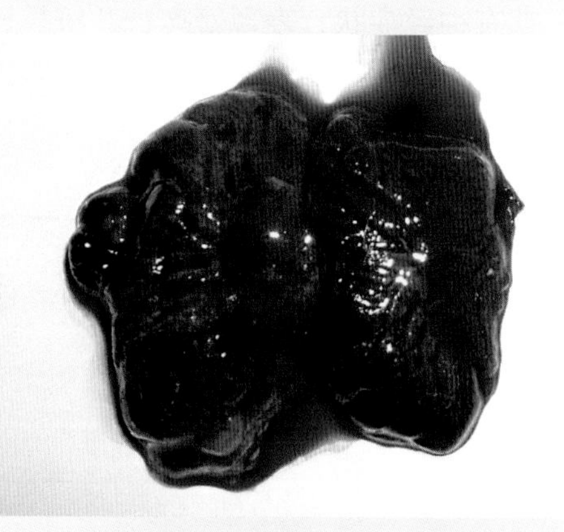

图5-359　病鸭肺出血、水肿

二十、鸭坦布苏病毒病

（Duck Tembusu Virus Disease，DTMUVD）

鸭坦布苏病毒病由坦布苏病毒（Duck Tembusu Virus，DTMUV）感染引起蛋鸭、种鸭产蛋骤然大幅下降及以出血性卵巢炎为主要特征的急性传染病。本病2010年4月首次在我国暴发，为一种新出现的病毒性传染病，曾称为鸭产蛋下降综合征、鸭传染性卵巢炎、鸭黄病毒感染等，2011 年中国畜牧兽医学会第一届水禽疫病防控研讨会将该病统一为“鸭坦布苏病毒病”。

【病原特征】鸭坦布苏病毒属瘟病毒科黄病毒属成员，病毒粒子呈球形，直径45 ~ 50纳米，有囊膜，表面有纤突，无血凝性。基因组为不分节段的单股正链RNA，在细胞质内复制。DTMUV 对乙醚、氯仿及去氧胆酸盐敏感。病毒能在鸭胚、鸡胚中增殖，经尿囊腔或绒毛膜接种后3 ~ 5天可致死胚胎。

【流行特征】鸭坦布苏病毒病发病突然，传播快速，可感染除番鸭外的所有品种鸭、鸡、鹅，以鸭最易感，发病最为严重。各种年龄的鸭均易感，但以10 ~ 25日龄雏鸭及产蛋鸭更易感。本病一年四季均可发生，但夏秋季节多发，发病率高达80%以上，死亡率2%～ 10%。鸭坦布苏病毒病首先发生在种鸭和蛋鸭养殖比较密集的福建省、浙江省、安徽省等，随后迅速波及全国各地。该病主要通过呼吸道水平传播。

【临床特征】产蛋鸭发病初期采食量突然下降40%～ 50%，随后产蛋率大幅下降，1 ~ 2周内可从90%以上降至10%以下。病鸭体温升高，排绿色稀粪，流行后期有神经症状，表现瘫痪、共济失调、行走不稳。发病期间种蛋受精率下降10%，病程一个半月左右，可自行恢复，恢复程度与鸭群状态、日龄有关，后期多出一个换羽过程。

育雏育成鸭多于18 ~ 28 日龄开始发病，采食量大幅下降甚至食欲废绝，开始排白色稀便，1 天后转为绿色稀便。流行后期出现神经症状，以病毒性脑炎为特征，病鸭瘫痪、站立不稳，行走时双脚呈外八字样，共济失调，易倒地，严重时两腿向后痉挛性踢蹬，衰竭死亡，死淘率为10%～ 30%。

【大体病变】产蛋鸭特征性病变主要在卵巢，初期可见部分卵泡充血和出血，中后期则可见卵泡严重出血、变性、萎缩和破裂，并出现卵黄性腹膜炎。肝脏黄染、肿大、出血、坏死。心脏冠状脂肪弥漫性出血，心肌苍白，有白色条纹状坏死。肺脏出血、水肿，外观颜色呈深红色。整个肠道黏膜弥漫性出血。

雏鸭肝脏肿胀、黄染；肾脏肿胀，可见尿酸盐沉积；肺脏水肿、严重出血呈紫黑色；心脏褪色，白色条纹状坏死；脑毛细血管充血呈树枝状，脑膜有弥漫性出血点，脑水肿，纹理不清。

【实验室诊断】病毒分离鉴定是本病最可靠的诊断方法。将病鸭的卵泡膜、肝脏、肺脏等病料经尿囊腔接种11日龄鸭胚或9 ~ 11日龄SPF鸡胚，病毒可致死鸭胚，造成全身皮下、肌肉及内脏器官的严重出血，收获接种后1 ~ 7天感染胚胎的尿囊液，用半套式PCR进行病毒鉴定，敏感度高于PCR，而采用地高辛标记探针进行鉴定，特异性好，其敏感度更高。

【防治要点】目前尚无商用疫苗，平时防治要注意建立良好的生物安全体系，搞好养殖场环境卫生，减少蚊虫等节肢动物的孳生，加强饲养管理，改善养殖环境（如降低饲养密度，冬春季节注意通风和保温，保证鸭舍适宜的温度和湿度等）。本病尚无有效的治疗措施，发病后可对症治疗，投服抗生素控制继发感染，同时配合使用电解多维、黄芪多糖或其他具有抗病毒作用的药物，有助于患禽的康复。

图5-360　病鸭精神沉郁

图5-361　病鸭出现神经症状，流行后期瘫痪

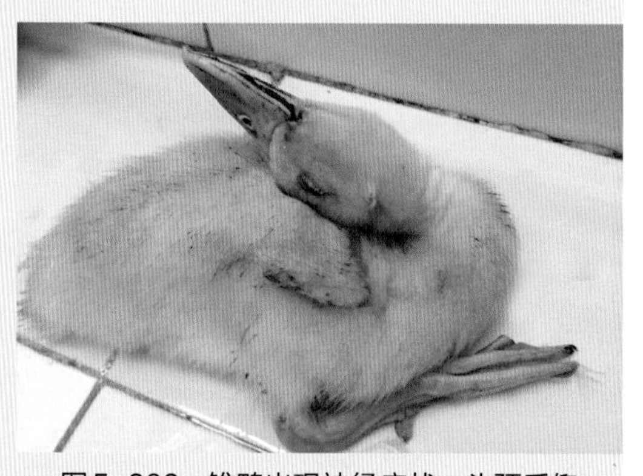
图5-362　雏鸭出现神经症状，头颈后仰

图5-363 雏鸭排出绿色稀便，平衡失调，倒地挣扎

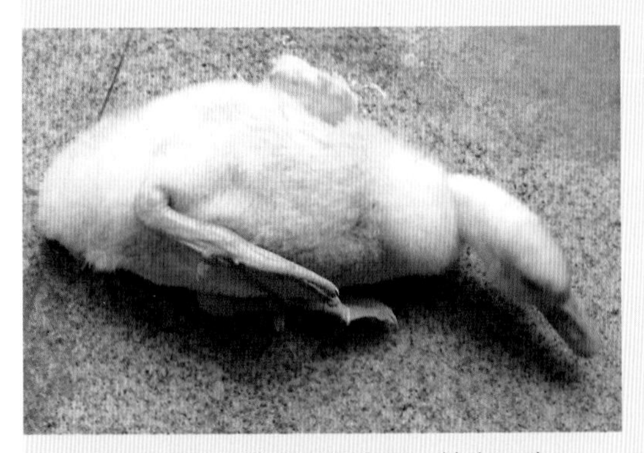

图5-364 雏鸭平衡失调，站立不稳

图5-365 病鸭排出绿色稀便（王友令）

图5-366 蛋鸭卵泡变形、出血，呈紫葡萄样

图5-367 蛋鸭出现脑神经症状，平衡失调（王友令）

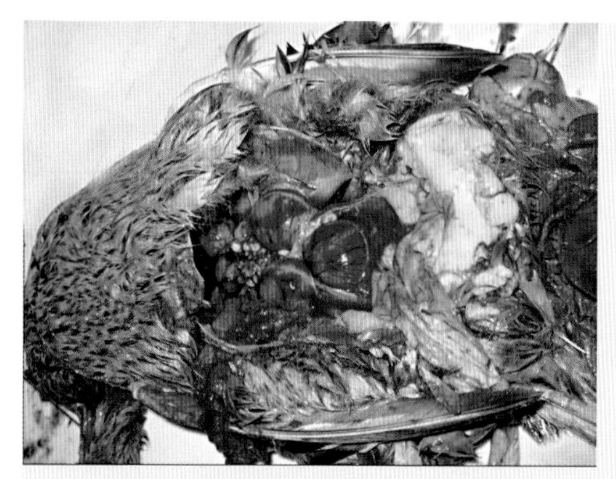
图5-368　蛋鸭卵巢充血、出血

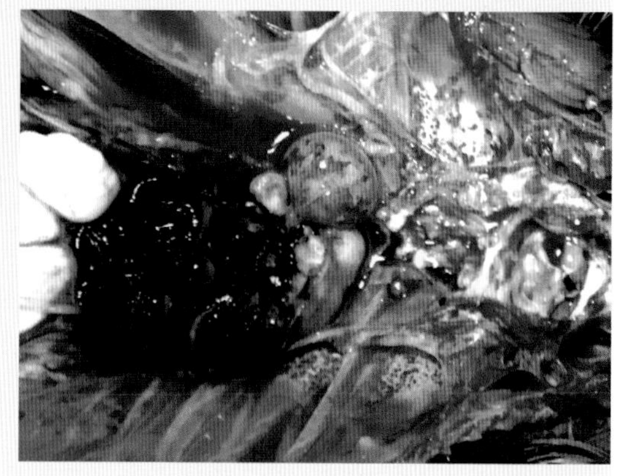
图5-369　野鸭卵巢严重出血，呈紫葡萄样

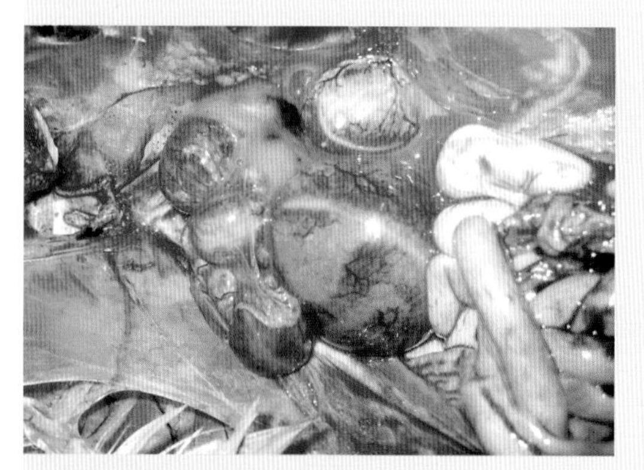
图5-370　蛋鸭卵泡充血、出血（王友令）

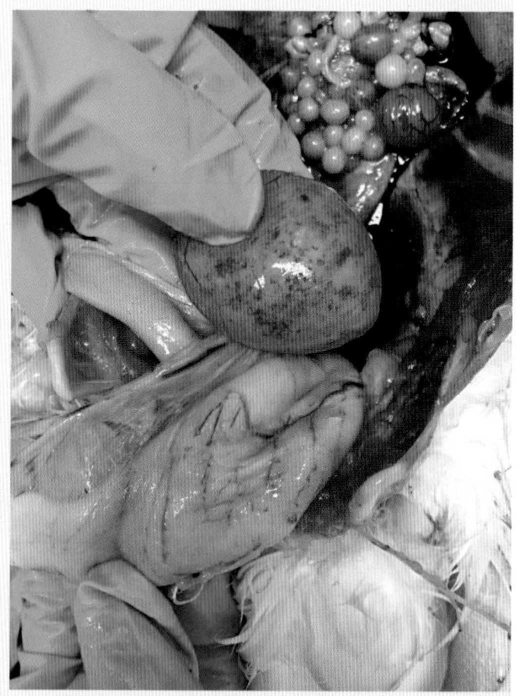
图5-371　卵巢弥漫性出血（王友令）

图5-372　蛋鸭卵泡出血（王友令）

图5-373　蛋鸭卵巢出血坏死

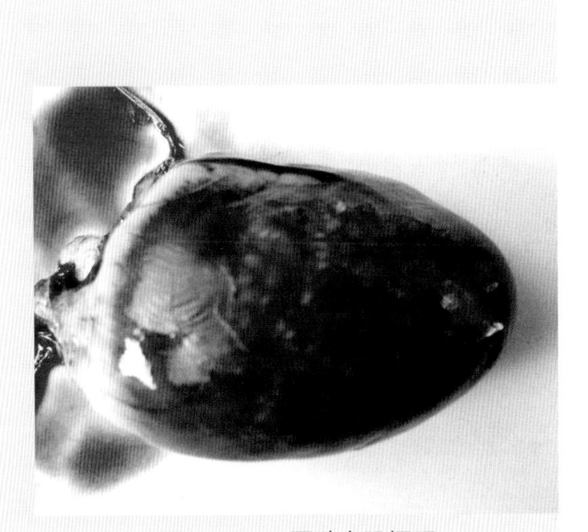

图5-374　蛋鸭心肌坏死

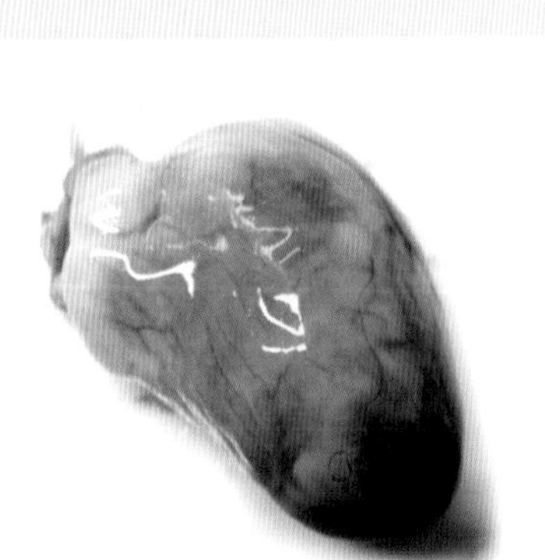

图5-375　雏鸭心肌褪色，变性

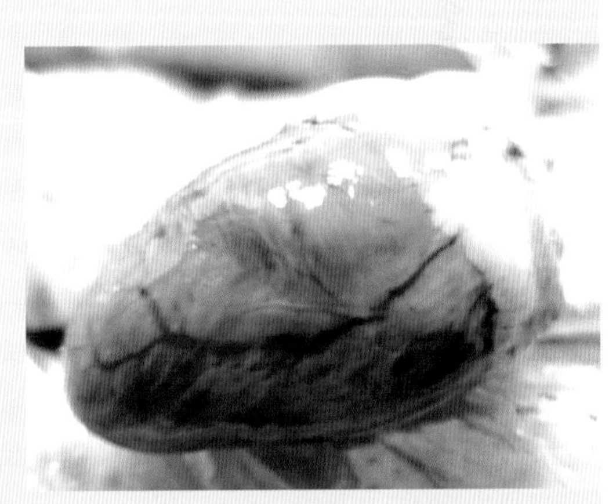

图5-376　雏鸭心肌苍白、有条纹状坏死

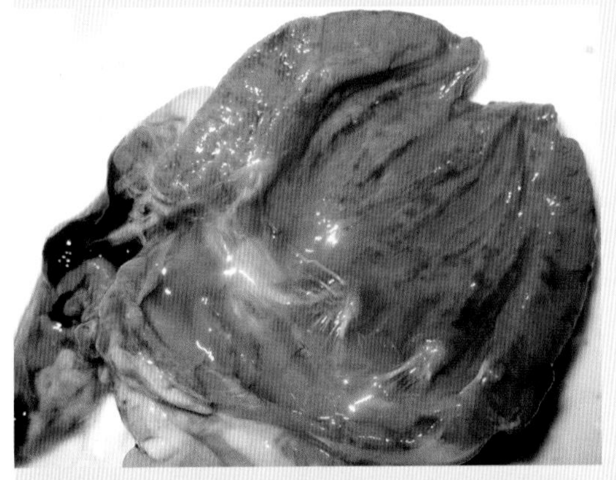

图5-377　病鸭心内膜条纹状出血（王友令）

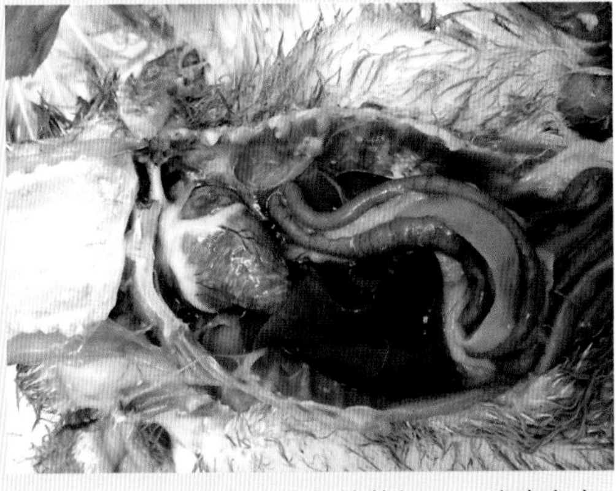

图5-378　雏鸭心脏的条纹状坏死、胰腺充血、腹气囊壁尿酸盐沉积

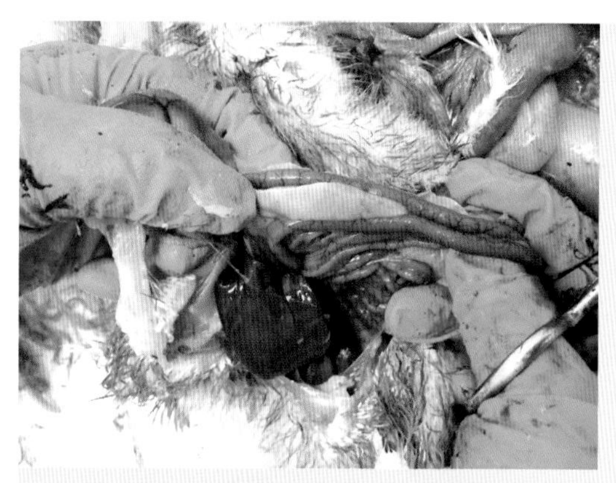

图5-379　雏鸭胰腺充血、出血呈粉红色

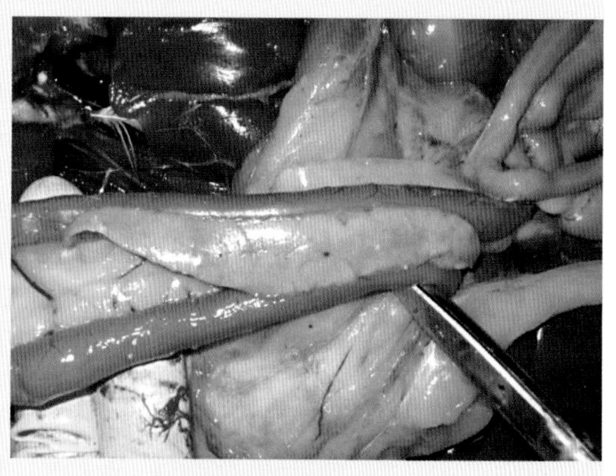

图5-380　病鸭胰腺充血、出血、坏死

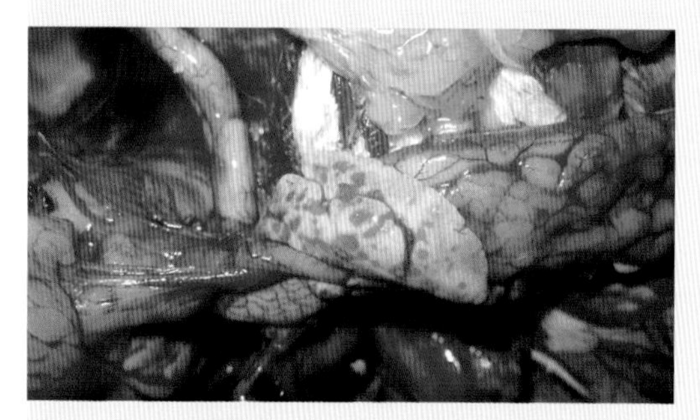

图5-381　蛋鸭有时可见胰腺多发性坏死（王友令）

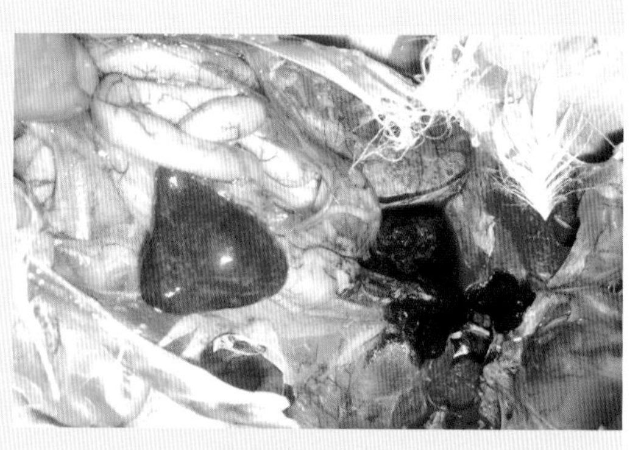

图5-382　蛋鸭脾脏肿胀、出血、坏死（王友令）

图5-383　雏鸭脑毛细血管充血呈树枝状，脑膜有弥漫性出血点，脑组织呈红色（王友令）

图5-384 雏鸭脑实质水肿、纹理不清

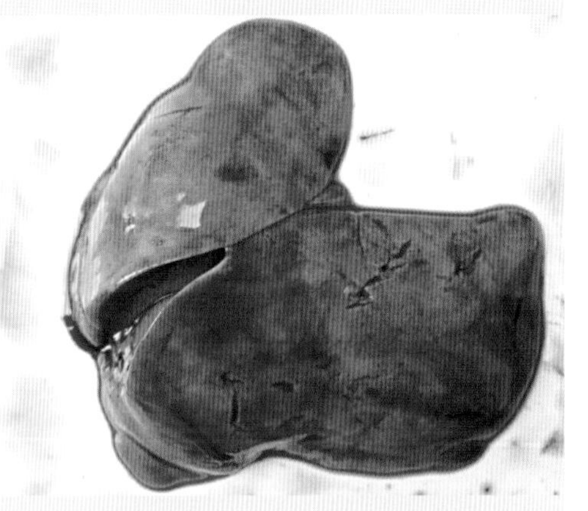

图5-385 病鸭肝脏黄染、肿胀、出血

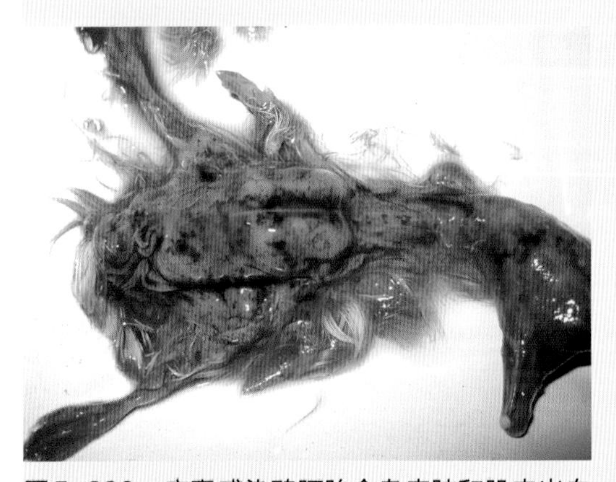

图5-386 病毒感染鸭胚胎全身皮肤和肌肉出血（王友令）

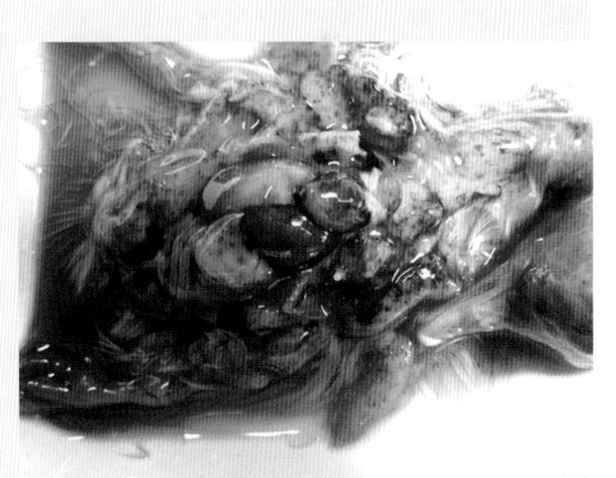

图5-387 病毒感染鸭胚胎全身肌肉及心脏等内脏器官弥漫性出血（王友令）

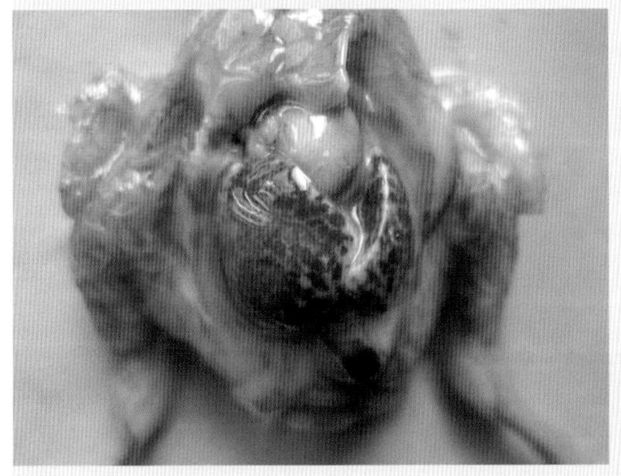

图5-388 病毒感染鸭胚肝脏肿胀、严重出血（王友令）

二十一、小鹅瘟

（Gosling Plague，GP）

小鹅瘟曾称为鹅流感、鹅细小病毒病，是由鹅细小病毒（Gosling Plague Virus，GPV）感染幼鹅引起的急性或亚急性败血性传染病，主要侵害1月龄内的雏鹅，以严重下痢及渗出性肠炎为特征，发病急、传播快、高发病率、高死亡率，是严重危害养鹅业的重要传染病。

【病原特征】GPV属细小病毒科细小病毒亚科细小病毒属成员，病毒粒子呈圆形，直径为25纳米，病毒基因组为单链RNA，无囊膜。病毒能凝集黄牛的精子，并可用抗血清进行凝集抑制试验以鉴定病毒。GPV只有一个血清型，能在鹅胚、番鸭胚及其原代细胞中增殖，致胚胎死亡或致细胞病变。

【流行特征】自然条件下，GPV主要感染1月龄内的雏鹅，发病年龄越小，死亡率越高，10日龄内的雏鹅病死率可达95%以上，15日龄以上雏鹅病死率明显降低，40日龄以上幼鹅感染仅出现零星死亡。病鹅粪便中携带大量病毒，可通过直接接触和间接接触传播，较大日龄的鹅虽然不发病，但作为病原携带者，可经种蛋传给雏鸭，是造成雏鹅严重暴发的主要原因。

【临床特征】最急性型常发于1周龄以内的雏鹅，往往不见任何症状，突然倒地死亡；或发现小鹅精神委顿、厌食，很快双腿麻痹、倒地抽搐而死。急性型常发生于1～2周龄的鹅，病初精神沉郁，食欲减少或废绝，饮水量增加，逐渐出现腹泻，拉白色或淡黄绿色粪便。食道膨大，积有多量的液体和气体，体重显著减轻。最后两腿麻痹，抽搐而死。亚急性型通常出现在流行末期或20日龄以上雏鹅，表现为精神沉郁，食欲减退，腹泻，排黄色水样或混有泡沫的稀便，病程稍长可见病鹅消瘦和生长发育不良，有时可见神经症状，病鹅站立不稳，摇头扭颈，抽搐，甚至出现角弓反张。

【大体病变】最急性型仅见肠道有急性卡他性炎症，其他器官无明显变化。急性和亚急性病例表现为全身败血症变化，并出现特征性的病理变化，即急性卡他性-纤维素性坏死性炎症，空肠和回肠肿胀，黏膜坏死脱落，与纤维素性渗出物混合凝结成栓子堵塞肠道，病程较长时，在卵黄蒂与回盲部的肠段，外观极度肿胀，质地坚实，状如腊肠，剖开后可见淡灰色或淡黄色的栓子塞满肠腔，严重时波及整个肠道，肠管前段内容物呈黄绿色，后段呈红色。此外，还可见肝脏肿胀呈棕黄色、质脆易碎，胆囊充盈；心脏变圆，心房扩张，心壁松弛，心肌苍白、晦暗无光；脾脏稍肿大，质脆易碎，呈土黄色、暗紫色或橙黄色。

【实验室诊断】病毒分离鉴定是诊断本病的经典方法，病料接种鹅胚绒毛尿囊腔或原代细胞，GPV可致胚胎死亡和细胞病变；免疫荧光抗体技术、琼脂扩散试验及微量中和试验等血清学方法可用于病毒鉴定或抗体检测；已经建立的PCR可直接从病鹅组织中检出GPV的特异核酸片段，是常用的特异、快速诊断方法，也可用于与番鸭细小病毒的鉴别。

【防治要点】不从疫区引进雏鹅和种蛋，对环境和用具定期严格消毒，严防疫病传入。目前有可用于种鹅的弱毒疫苗，开产前免疫接种，母源抗体能为新生雏鹅提供有效的被动免疫保护，可使种鹅整个产蛋期所产种蛋孵出雏鹅获得坚强免疫力。对无母源抗体雏鹅，应在出壳后立即接种疫苗，但因免疫功能尚不完善，早期免疫效果差。用抗GPV高免血清或高免卵黄给雏鹅注射，预防效果确切。病鹅群早期用高免血清或高免卵黄注射，同时投服广谱抗菌药物，防止细菌继发感染，有较好的疗效。

图5-389 病鹅精神不振，腹泻

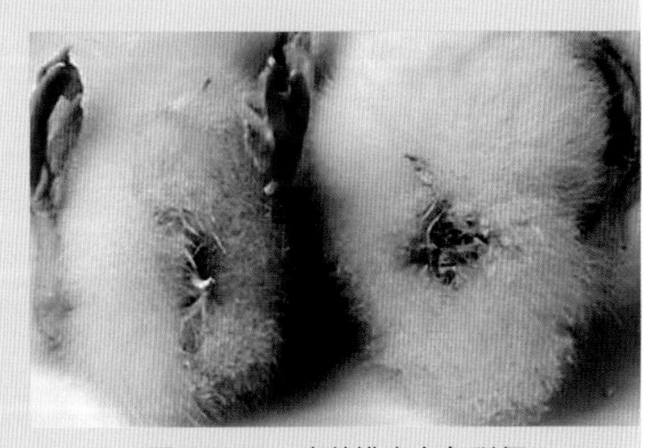
图5-390 病鹅排出白色稀便

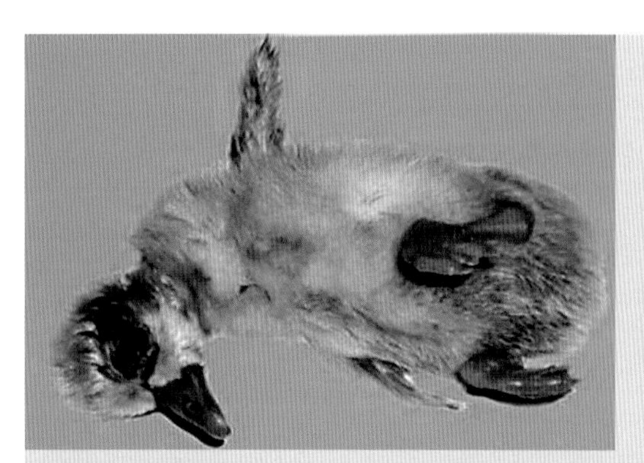
图5-391　小鹅倒地抽搐

图5-392　病鹅头颈扭曲

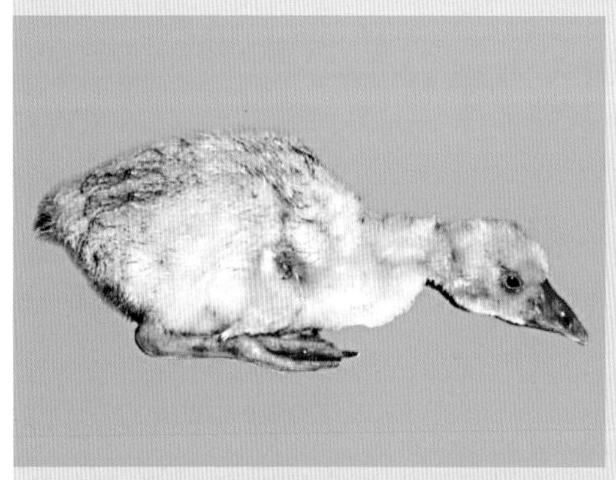
图5-393　病鹅神经症状，头颈前伸

图5-394　最急性型，雏鹅突然倒地死亡

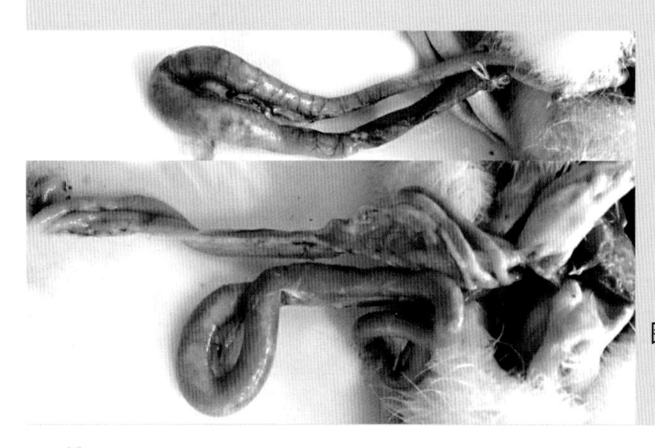
图5-395　病鹅肠管膨胀、粗细不均或呈腊肠状

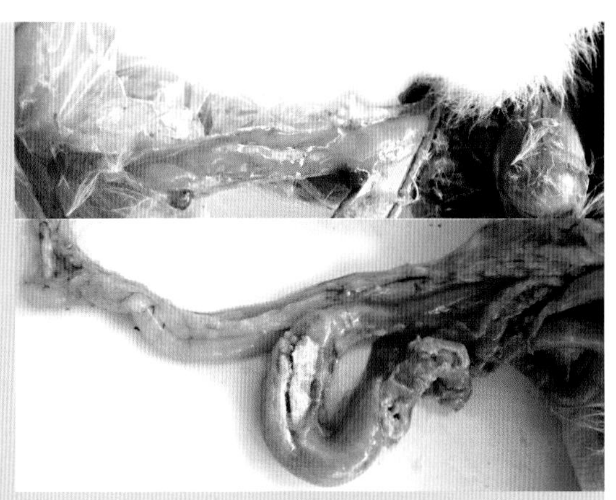

图5-396 病鹅发病早期肠黏膜有淡黄色黏液样内容物（上），后期可见灰白色干酪样栓子（下）

图5-397 病鹅肠管膨胀内容物多为黏液样，部分小肠段肠黏膜脱落形成栓子

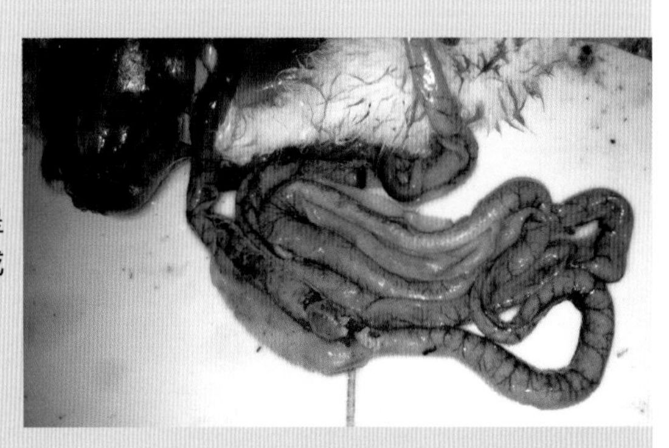

图5-398 病鹅肠管粗细不均，部分肠管增粗呈腊肠样，肠黏膜脱落，肠内容物形成呈干酪样栓子

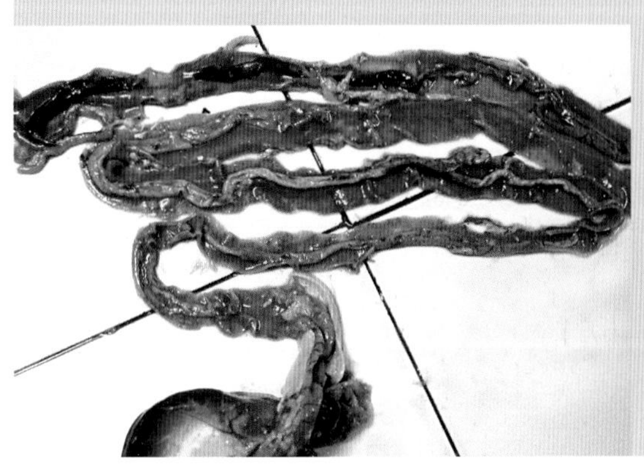

图5-399 严重发病鹅整个肠道黏膜脱落，形成干酪样内容物，肠管后段内容物呈血性，肠黏膜下层严重出血，肠壁呈深红色

二十二、番鸭细小病毒病

（Muscovery Duck Parvovirus Disease，MDPD）

番鸭细小病毒病是由番鸭细小病毒（Muscovery Duck Parvovirus，MDPV）感染引起雏番鸭以腹泻、喘气和软脚为主要特征的疫病。该病传播快，发病率和死亡率均较高，痊愈番鸭生长发育受阻而多成为僵鸭，已成为严重危害番鸭的重要传染病。

【病原特征】番鸭细小病毒属于细小病毒科，细小病毒属的一个新成员。形态结构及理化特性等与鹅细小病毒相似，尽管两者的抗原性密切相关，有共同的抗原成分，但两者的基因组和抗原结构有显著差异，其共同抗原主要存在于VP3蛋白上，而差异抗原主要存在于VP1和VP2蛋白上。

【流行特征】番鸭是本病唯一自然感染发病的宿主，有明显的年龄特征，3周龄以内的雏番鸭多发，发病率26%～62%，病死率22%～43%，7～18日龄最易感，30日龄以上雏番鸭发病率和死亡率较低，但生长发育严重受阻，病鸭往往成为僵鸭。本病一年四季均可发生，但冬春季节发病率明显升高。本病既可水平传播，也可垂直传播。

【临床特征】MDPV自然感染潜伏期为4～16天，最短为2天。根据病程长短，可分为最急性型、急性型和亚急性型。

最急性型多见于6日龄以内的雏番鸭，病势凶猛，病程很短，多数病例不表现前驱症状即衰竭，倒地死亡。此型的病雏喙短，偶见羽毛直立、蓬松。临死时两脚呈游泳状，头颈向一侧扭曲，该型占病鸭数的4%～6%。

急性型主要见于7～14日龄雏番鸭，主要表现为精神委顿，羽毛蓬松，两翅下垂，尾端向下弯曲，两脚无力，懒于走动，厌食，离群；有不同程度腹泻，排出灰白或淡绿色稀粪，并黏附于肛门周围；呼吸困难，喙端发绀，后期常蹲伏，张口呼吸。病程一般为2～4天，濒死前两肢麻痹，倒地抽搐，衰竭死亡。

亚急性型多见于发病日龄较大的番鸭，主要表现为精神委顿，喜蹲伏，两脚无力，行走缓慢，排黄绿色或灰白色稀粪，并黏附于肛门周围。病程5～7天，病死率低，大部分病愈鸭颈部、尾部脱毛，嘴变短，生长发育受阻，成为僵鸭。

【大体病变】最急性型因病程短，大体病变不明显，有时仅见肠道黏膜淤血、轻度出血。急性型和亚急性型病变较为明显，病鸭胰脏肿大、充血或局灶性出血，表面散布有针尖大灰白色坏死灶；肝稍肿大，呈紫褐色或土黄色，胆囊充盈，可见纤维性肝周炎；肠道呈卡他性炎症，黏膜有不同程度的充血和点状出血，尤以十二指肠、空肠和直肠后段黏膜为甚，少数病例盲肠黏膜也有出血；部分雏鸭空肠中、后段和回肠前段的黏膜有不同程度脱落，回肠后段可见大量炎性渗出物，或内混有脱落的肠黏膜，偶见形成假性栓子；大部分病死雏鸭肛门周围有稀粪黏附，泄殖腔扩张、外翻；心脏变圆，心壁松弛，尤以左心室病变明显；肺脏多呈单侧性淤血；肾脏充血，表面有灰白色条纹。

【实验室诊断】

1. 病毒分离鉴定

无菌采取病死鸭的肝脏、脾脏等病料，接种 10 ～ 14 日龄非免疫番鸭胚，80%胚接种后 3 ～ 7 天死亡，胚体呈弥漫性充血、出血。病料接种番鸭胚成纤维原代细胞 72 小时可见细胞圆缩、聚团等变化。雏番鸭人工感染病毒后出现与临床发病病例相似的症状，并可回收到病毒。

2. 血清学诊断方法

检测MDPV时常用的血清学诊断方法包括琼脂扩散试验（AGP）、胶乳凝集试验（LPA）、中和试验（NT）、免疫荧光抗体试验（FA）和酶联免疫吸附试验（ELISA）。

3. 分子诊断技术

检测MDPV 核酸的PCR 方法，能从自然感染病例和人工感染病例的组织中检出 MDPV 的DNA，是本病快速诊断的首选方法。

【防治要点】做好平时的预防工作，加强饲养管理，严格消毒制度，对种蛋、孵房和育雏室严格消毒。弱毒疫苗接种种番鸭能为雏番鸭提供有效的被动免疫保护，卵黄抗体对雏番鸭有良好的预防和治疗作用。

图5-400　病雏常卧地不起

图5-401　病雏呼吸困难，张口呼吸（1）

图5-402　病雏呼吸困难，张口呼吸（2）

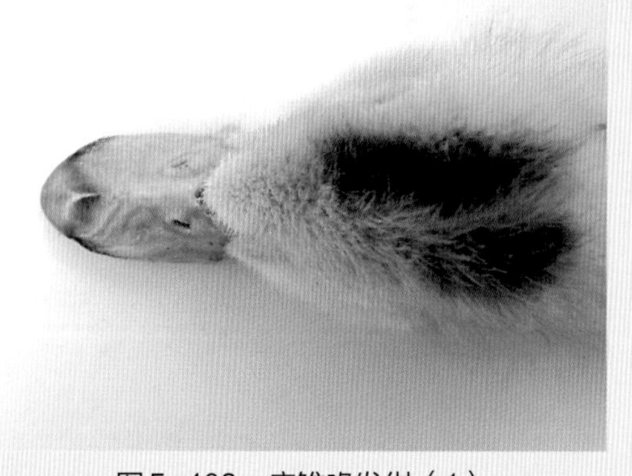
图5-403　病雏喙发绀（1）

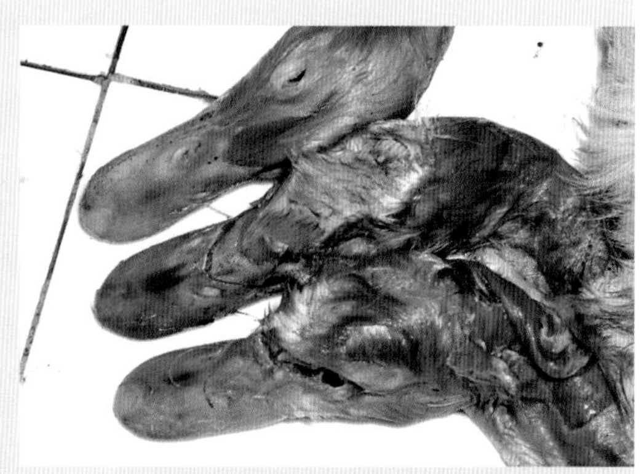
图5-404　病雏喙发绀（2）

图5-405　病雏排出黄绿色稀便

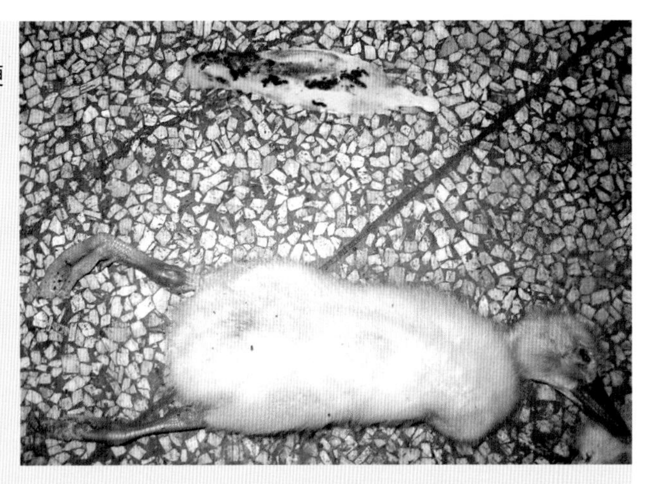

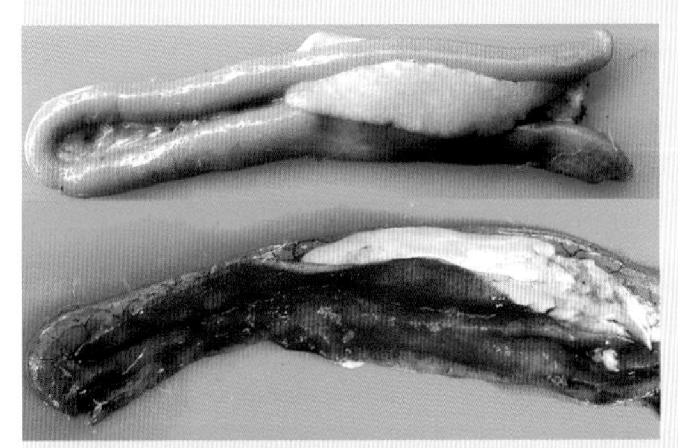

图5-406　病雏胰腺白色坏死点（上），十二指肠黏膜严重出血（下）

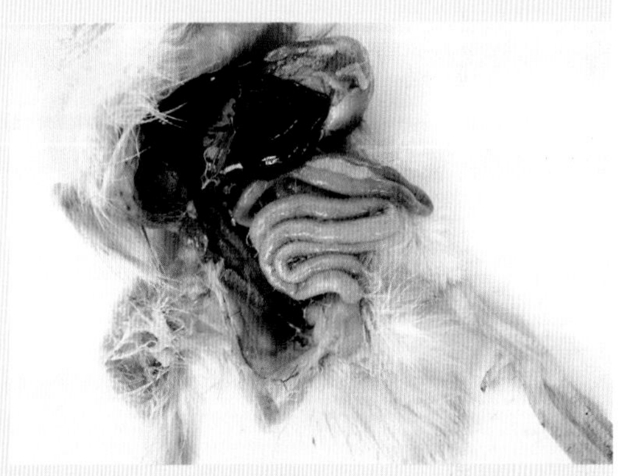

图5-407　病雏部分肠段膨大增粗，肝脏呈紫褐色，肾脏肿胀出血

图5-408　病雏肠道粗细不均，有卡他性炎症，肝脏黄染、出血，胰腺出血、坏死

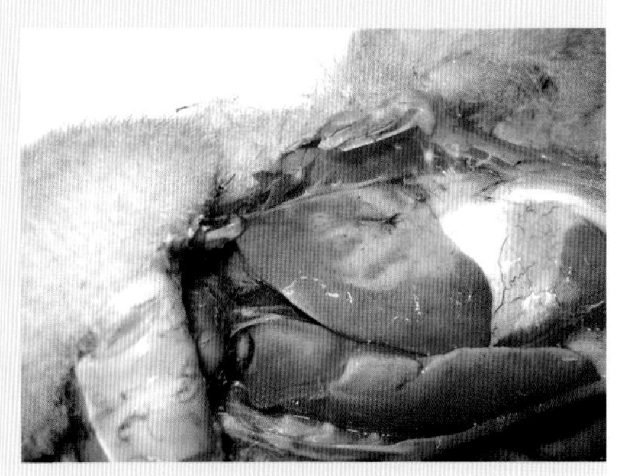

图5-409　病雏肝脏肿胀黄染、轻度出血

二十三、鸭鹅呼肠孤病毒病

(Duck and Goose Reovirus Disease)

雏番鸭呼肠孤病毒病又称雏番鸭花肝病、鸭坏死性肝炎（肝白点病），是由呼肠孤病毒引起的雏番鸭烈性、高发病率和死亡率的传染病。新型鸭呼肠孤病毒病是我国近年来新出现的，以肝脏不规则坏死、出血和心肌、法氏囊出血为主要特征的新疫病，俗称“鸭新肝病”“鸭坏死性肝炎病”等。鹅呼肠孤病毒病是以雏鹅瘫痪、不能行动为主要特征的传染病，发病率为10%～50%，死亡率一般为10%～40%。

【病原特征】禽呼肠孤病毒（ARV）属于呼肠孤病毒科、正呼肠孤病毒属。而新型鸭呼肠孤病毒病病原初步判定为呼肠孤病毒科正呼肠孤病毒属新型鸭呼肠孤病毒。ARV呈二十面体对称、球形、无囊膜、双层衣壳，病毒粒子呈圆形，直径60～80纳米，基因组为双股RNA，分为10个节段，在感染细胞内，ARV晶格状排列。ARV没有血凝活性，但是可以造成感染细胞的融合，从而形成合胞体。鸡胚、鸭胚及其原代细胞是分离本病毒的最佳培养系统。

【流行特征】ARV可感染多个品种的鸭和鹅，其中以雏番鸭、半番鸭最易感，主要发生于7～45日龄，5～10日龄居多，发病率60%～90%，死亡率50%～80%，发病日龄越小，发病率、死亡率越高。樱桃谷鸭主要发生于1月龄以内，若无继发感染，病死率较低。耐过鸭生长发育迟缓，易继发细菌感染。雏鹅主要发生于1～10周龄，其中2～4周龄病死率最高，发病率10%～70%，死亡率2%～60%。本病既可水平传播，也可垂直传播。本病无明显季节性，但天气骤变、饲养管理不当（如卫生条件差、密度过大等）是本病的诱因。

【临床特征】患病番鸭表现为精神沉郁，拥挤，嘶叫，少食或不食，少饮，羽毛蓬松、直立且无光泽，全身乏力，脚软，呼吸急促，排白痢、绿痢，喜蹲伏，跛行，头颈无力、下垂，死前以头部触地，部分鸭头向后扭转，死亡鸭喙呈紫黑色。鹅的临床症状与番鸭类似。患新型呼肠孤病毒病的病鸭精神沉郁，食欲减退或废绝，无脚软症状，但死亡快，多在发病后24小时内死亡。

【大体病变】番鸭和半番鸭的特征性病变主要出现在肝脏和脾脏，表面及实质密布大小不一的灰白色坏死点，并逐渐融合形成3～5毫米大小、中央凹陷的淡黄绿色坏死灶。肾脏肿大，色泽变淡，出血，表面可见针尖大小的白色坏死点。胰腺有白色细小的坏死点，有时可见周边坏死点连成一片。法氏囊有不同程度的炎性变化，囊腔内有胶样或干酪样物。肠黏膜出血，可见数量不等的白色坏死点。部分病例伴有纤维素性肝炎、心包炎和气囊炎等症状。樱桃谷鸭以脾脏坏死为特征。鹅的病变与番鸭类似，有时可出现关节炎和心包炎。

【实验室诊断】采集肝脏、脾脏等病料，接种10 ~ 12日龄番鸭胚或鹅胚绒毛尿囊腔能成功分离出病毒，也可接种番鸭或鹅胚成纤维细胞分离病毒。目前已有RT-PCR、中和试验、ELISA、荧光抗体检测等多种方法用于病毒的鉴定或快速诊断。

【防治要点】加强饲养管理和卫生消毒工作，对本病高发区水禽，可在3日龄内接种灭活疫苗，或在易感年龄段使用高免卵黄进行预防，能有效控制本病的流行。发病禽群应及早使用高免卵黄能取得良好的疗效。

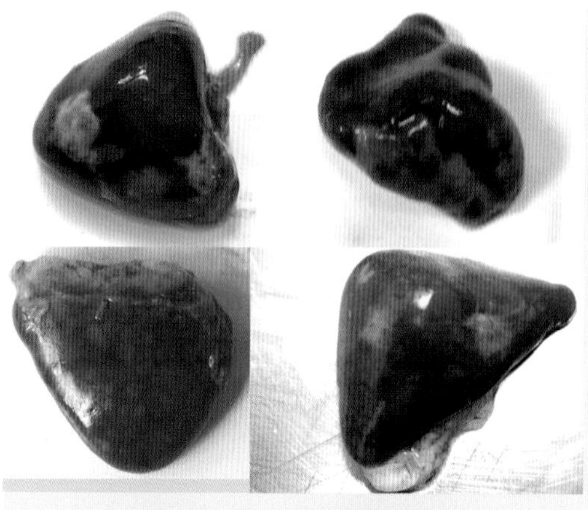

图5-410　雏鸭脾脏坏死

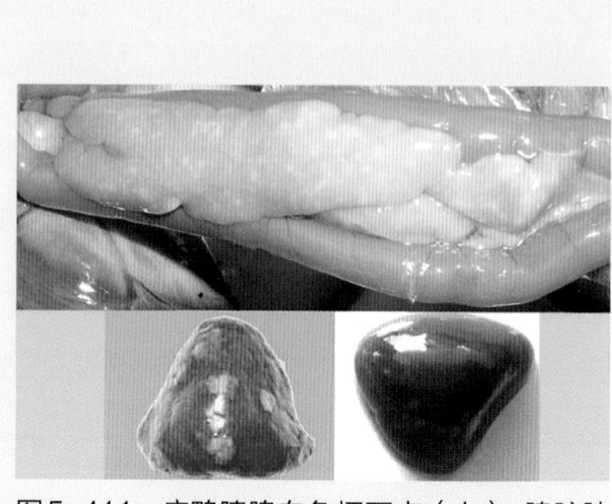

图5-411　病鸭胰腺白色坏死点（上），脾脏肿胀，坏死

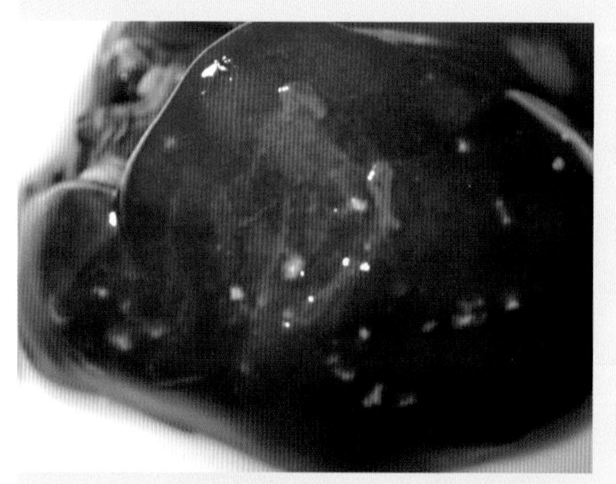

图5-412　病鸭肝脏肿胀并有出血性坏死斑

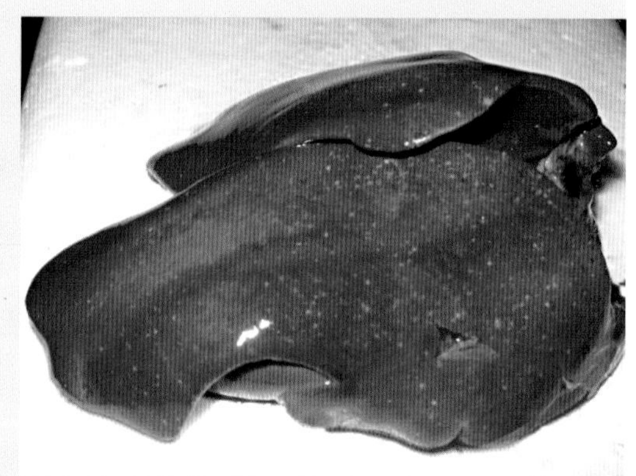

图5-413　雏鹅肝脏表面大小不一的坏死点

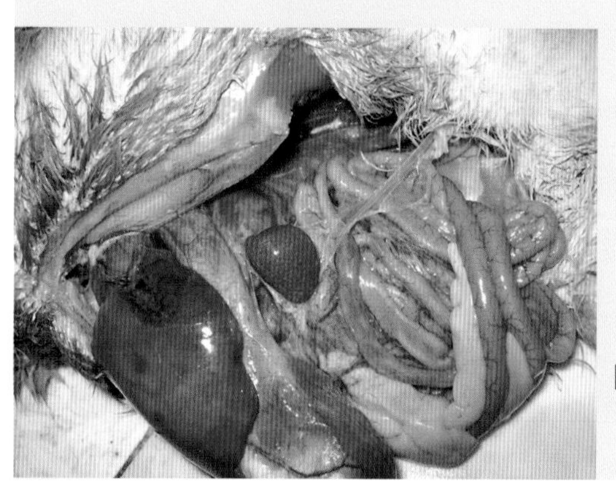

图5-414　病鸭脾脏肿大坏死，肝脏肿胀出血，胰腺充血

二十四、鸽 瘟

(Pigeon Plague)

鸽瘟又称鸽新城疫或鸽Ⅰ型副黏病毒病，是由Ⅰ型副黏病毒感染鸽引起的一种以下痢和神经症状为主要特征的急性、败血性、高度接触性传染病。鸽瘟是鸽病中发病频率最高、危害最大的传染病。

【病原特征】副黏病毒只有一个血清型，但不同毒株的毒力以及对不同宿主的致病力均有很大差异。我国的鸽源副黏病毒为基因Ⅵ型，且在致病性、免疫原性及血凝抑制抗体的效价等方面与鸡新城疫病毒有显著差异。

【流行特征】本病一年四季均可发生。不同年龄、品种的鸽对本病均易感，幼鸽比成鸽更易感。整群鸽断断续续发病，零星死亡，致死率为100%。本病可通过消化道、呼吸道、泌尿生殖道和眼结膜感染。

【临床特征】人工感染的潜伏期一般为3 ～ 7天。早期病鸽排白色稀便，继而呈草绿色，肛周羽毛被污染；精神沉郁，食欲减少或废绝，闭目缩颈，垂翅，体温升高。随着病情发展，病鸽出现神经症状，表现为双翅麻痹、下垂，飞翔困难或不能飞翔；头颈震颤、扭曲或歪斜，共济失调、旋转，进食障碍；双腿麻痹，行走困难，常卧地不起。

【大体病变】腺胃黏膜充血、出血，与肌胃交界处出血、溃疡，腺胃内容物呈绿色，肌胃角质下层出血，小肠及泄殖腔黏膜充血、出血；其他器官轻度充血及出血；脑膜充血、出血。

【实验室诊断】参见鸡新城疫。

【防治要点】平时应加强卫生消毒，鸽笼、器具、鸽舍等要定期彻底消毒；放飞鸽、展出鸽、交易鸽在回鸽舍前要隔离饲养1周，无任何症状才能进入鸽舍。免疫接种疫苗是预防鸽瘟的有效方法，对鸽场每年应进行两次接种，断乳鸽和育成鸽都要进行接种，采用鸽源毒株制备的疫苗免疫的效果显著优于鸡新城疫弱毒疫苗La Sota株。鸽瘟无有效治疗方法，一旦发病，最好扑杀全群。有报道显示，剔除有神经症状病鸽，感染群肌内注射干扰素、使用抗生素控制继发感染，同时接种鸽瘟灭活疫苗，能收到较好的效果。

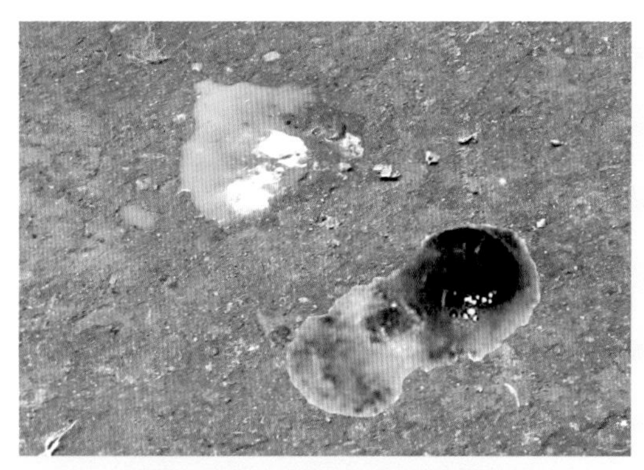

图5-415　病鸽排出绿色粪便

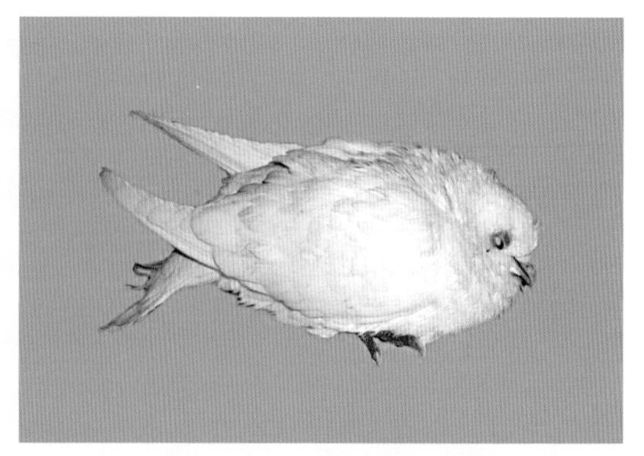

图5-416　病鸽精神沉郁

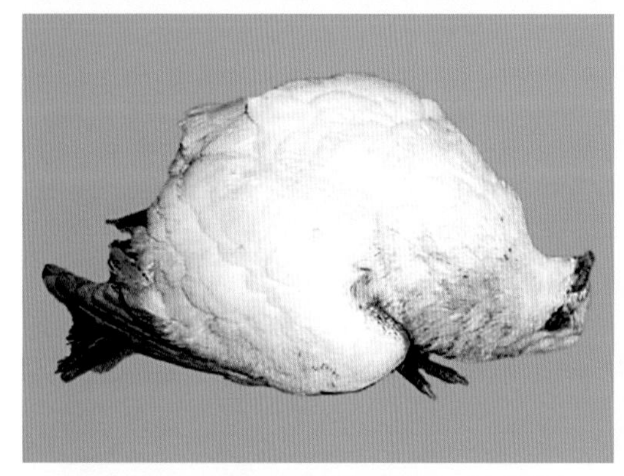

图5-417　病鸽出现神经症状，头颈扭转

图5-418　病鸽出现神经症状，头颈歪斜、震颤

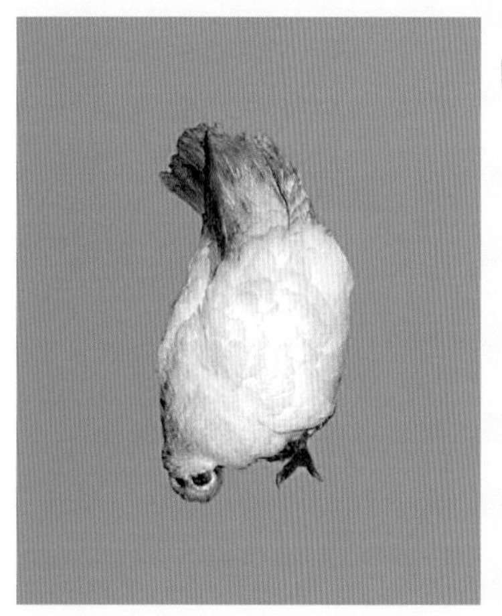

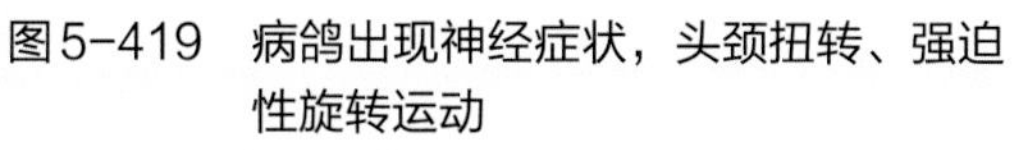

图5-419　病鸽出现神经症状，头颈扭转、强迫性旋转运动

图5-420　病鸽腿麻痹，不能站立

图5-421 病鸽腿麻痹，卧地不起

图5-422 病鸽出现神经症状，头颈扭转，平衡失调

图5-423 病鸽腺胃黏膜出血，两胃交界处溃疡

图5-424 病鸽肌胃角质下层出血

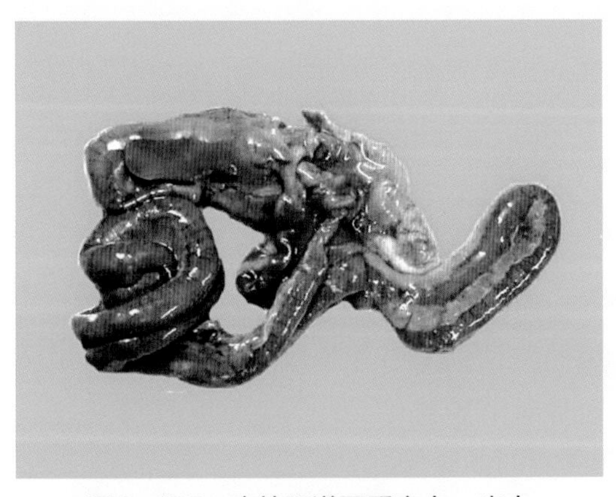

图5-425 病鸽肠道严重充血、出血

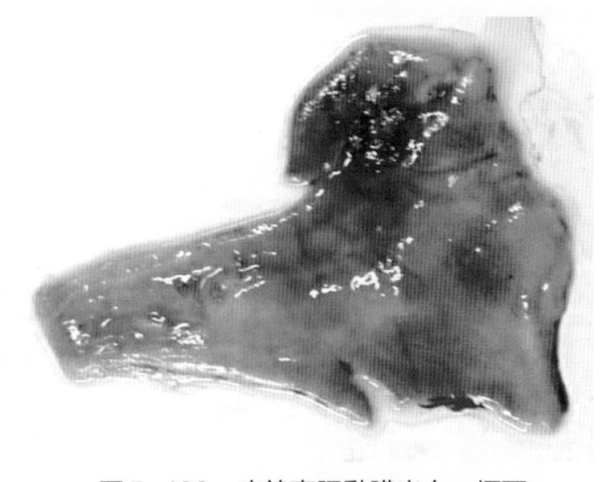

图5-426 病鸽直肠黏膜出血、坏死

【第六章】细菌病

一、鸡白痢
(Pullorum Disease)

鸡白痢是由鸡白痢沙门氏菌（*Salmonella pullorum*）引起鸡的一种常见病和多发病。主要侵害雏鸡，以雏鸡排白色糊状稀粪为特征，死亡率高，是影响雏鸡成活率的主要因素之一。成年鸡多为慢性经过或呈隐性感染。

【病原特征】鸡白痢沙门氏菌为革兰氏阴性、无鞭毛、不形成芽孢、兼性厌氧的细长杆菌，营养要求较高，在增菌培养基（亮绿四硫磺酸盐或亚硒酸盐）及肠道菌鉴别培养基（麦康凯、SS培养基等）上生长良好。该菌对寒冷、日光、干燥均有抵抗力，对多种抗菌药物敏感，但易产生耐药性。常用消毒药均可达到消毒目的。

【流行特征】2周龄内的雏鸡主要表现为急性败血症；20 ～ 45日龄雏鸡多呈亚急性感染，发病率为20%～ 40%，死亡率为40%～ 70%。成年鸡多为慢性或隐性感染。育雏室内温度过高或过低、通风不良、密度过大、采食饮水不足、长途运输是本病的诱发因素。本病不仅可水平传播，还可通过种蛋垂直传播，是造成雏鸡早期感染发病的重要原因。

【临床特征】胚胎期感染者，可致胚胎死亡，或孵出大量弱雏，在1 ～ 3日龄内出现大量死亡。部分外表健康雏鸡也多在出壳后7 ～ 10天发病并出现死亡，20日龄后发病鸡迅速减少，病程5 ～ 7天，病雏初期精神萎靡，缩颈闭目，怕冷扎堆，双翅下垂，多数病鸡呼吸急促，时而尖叫，排出白色糊状稀粪，污染肛门周围的绒毛，甚至堵塞肛门。有些病鸡还会出现关节肿胀、跛行等症状。成年鸡感染常无临床症状，母鸡的产蛋量和受精率会有不同程度的降低。

【大体病变】病雏肝脏肿大呈土黄色，表面有大小不一的白色坏死点或坏死灶，胆囊扩张，脾脏肿大并有白色坏死点，卵黄吸收不良，内容物多为黄绿色糊状或干酪样，肾小管扩张呈花斑状；部分病鸡心脏、肌胃和肠管有灰白色稍隆起的坏死结节；盲肠内有干酪样物充盈，形成“盲肠芯”；成年母鸡卵泡变形、变色，甚至破裂，出现卵黄性腹膜炎。成年公鸡睾丸萎缩、变性、坏死。

【实验室诊断】

1. 血清学诊断

根据不同的目的和要求可选择使用全血平板凝集试验，血清或卵黄试管凝集试验，全血、血清或卵黄琼脂扩散试验，以及ELISA检测感染抗体。其中全血平板凝集试验因操作简便、快速而最为常用，主要用于阳性鸡的筛查及鸡白痢的净化。

2. 细菌分离鉴定

从病死鸡的肝脏、脾脏，以及未吸收的卵黄、病变的卵泡和睾丸等处分离细菌。可直接在SS琼脂或麦康凯琼脂平板上划线分离；或首先接种于亮绿四硫磺酸盐或亚硒酸盐增菌液中，37℃培养24小时，再取培养物在琼脂平板上划线培养。可疑分离物可进一步做生化和血清学鉴定。多种PCR可用于鸡白痢沙门氏菌的快速鉴定，针对其inv A基因的PCR方法特异性和普适性好，不易漏检。

【防治要点】种鸡场应重点开展鸡白痢的净化，培育无鸡白痢种鸡群：①对育雏阶段出现鸡白痢症状的雏鸡均应淘汰。②对鸡舍和用具经常消毒；种蛋入孵前应进行消毒；及时清理出孵器内的死胚、破碎蛋壳并严格消毒。③育雏室温度要均衡，饮水要卫生，空气应流通等。④购买鸡苗时，不要从有鸡白痢的种鸡场引进鸡苗。

在出壳雏饮水中及时添加敏感抗菌药物，连续使用3 ~ 5天，能有效预防本病的发生；患病时最好根据药敏试验结果选择敏感药物全群饮水，同时使用电解多维，有助于病鸡康复。

图6-1　病鸡精神沉郁

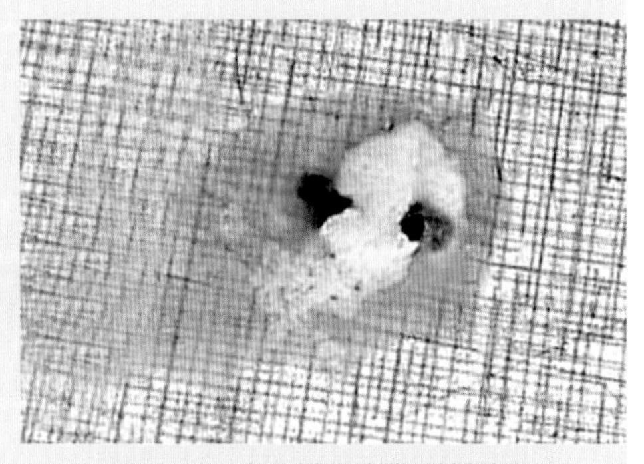

图6-2　病鸡排出白色黏性粪便

图6-3 鸡白痢病鸡肛门外翻，肛周被粪便污染

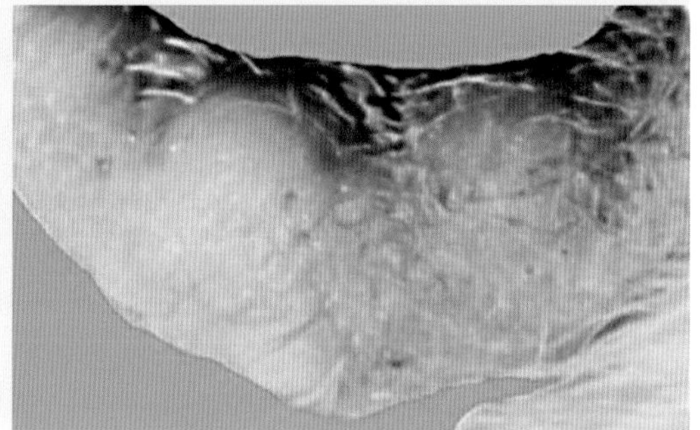

图6-4 病鸡跗关节肿胀

图6-5 病鸡关节肿胀，不愿意站立

图6-6 病鸡角膜混浊呈云雾状

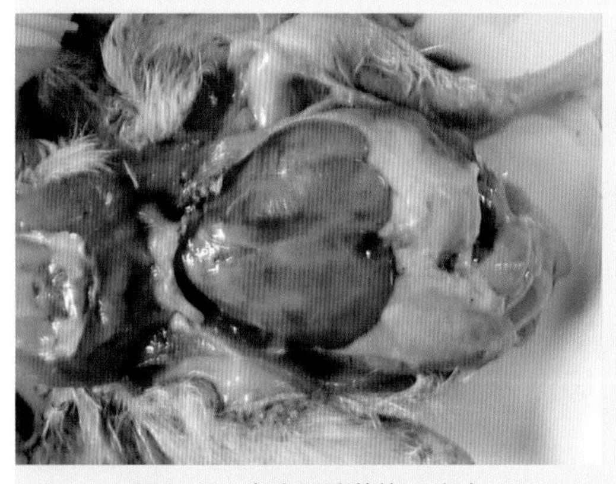

图6-7 病鸡肝脏黄染、出血

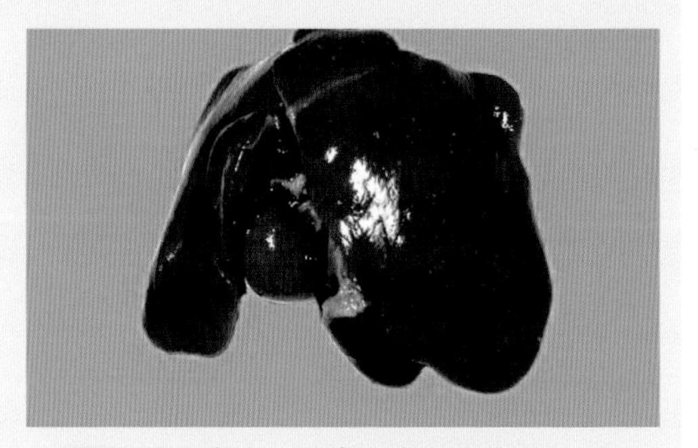

图6-8 病鸡肝脏表面有灰白色坏死点

图6-9 病鸡肝脏有灰白色坏死灶，脾脏肿胀

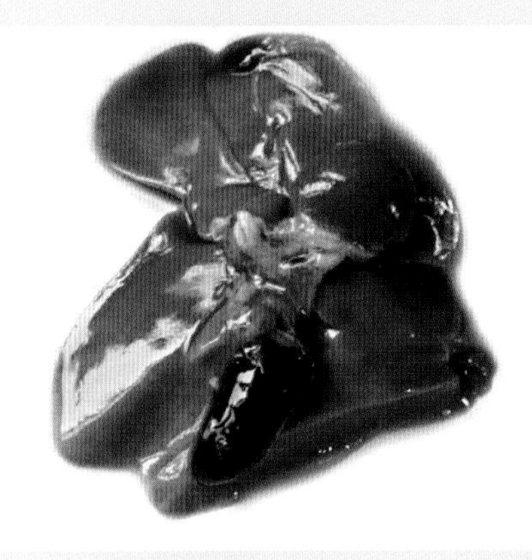
图6-10 病鸡肝脏黄染，脾脏肿胀、胆囊扩张

图6-11 病鸡肝脏肿胀、充血，有灰白色坏死点，胆囊扩张

图6-12 病鸡肝脾肿大、出血、坏死，胆囊扩张

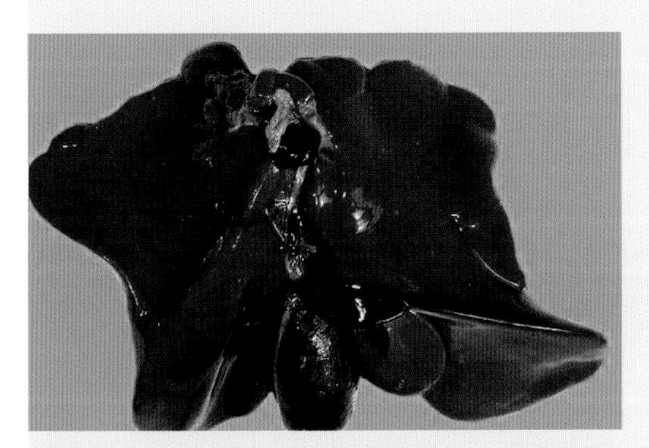
图6-13 病鸡肝脏有灰白色坏死点，胆囊扩张

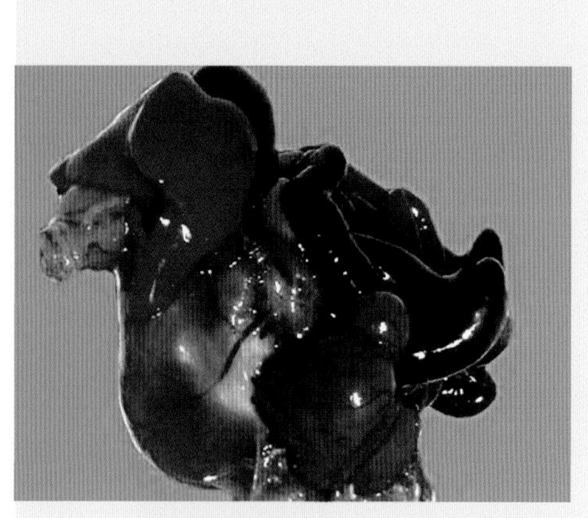

图6-14　病鸡卵黄吸收不良，内容物呈灰绿色，肝脏黄染

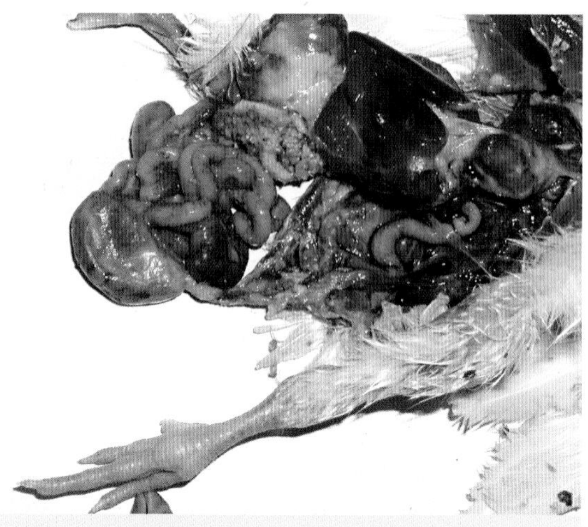

图6-15　病鸡卵黄吸收不良，肝脏出血、坏死

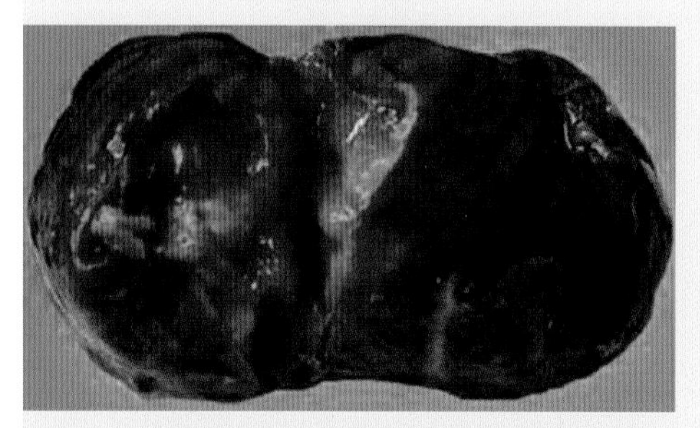

图6-16　病鸡卵黄吸收不良，卵黄囊壁出血，内容物呈奶油状

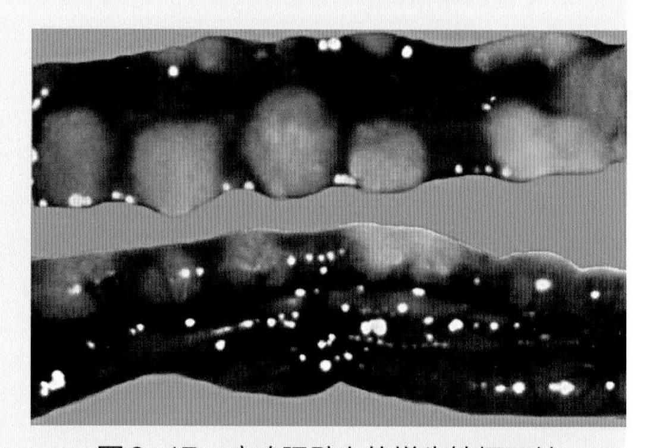

图6-17　病鸡肠壁上的增生性坏死灶

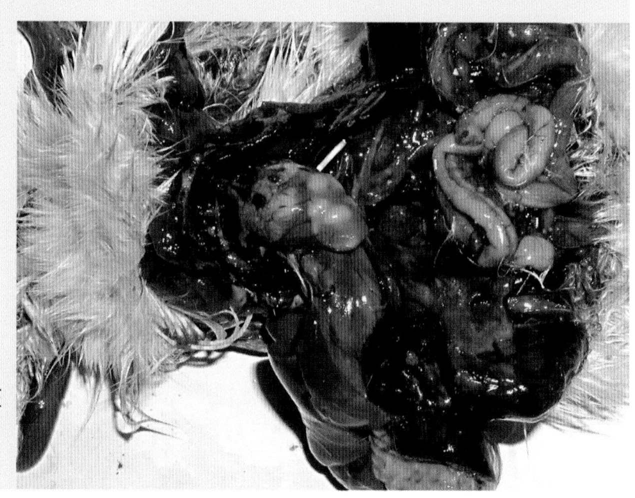

图6-18　13日龄乌骨鸡心脏表面增生性坏死灶

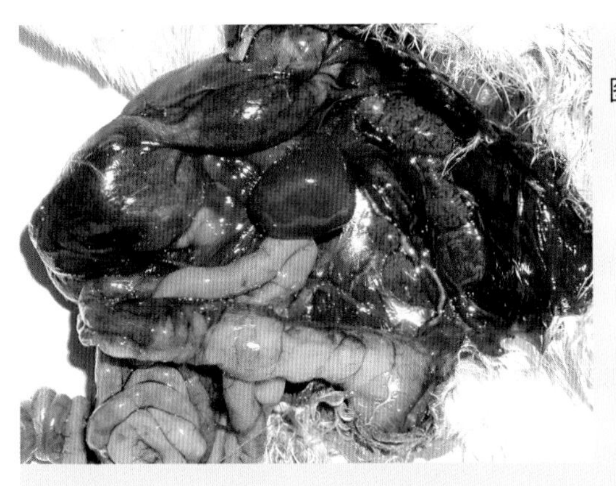

图6-19　13日龄乌骨鸡脾脏肿胀，有白色坏死点、肾脏肿胀，有尿酸盐沉积

图6-20　病鸡盲肠、直肠增粗

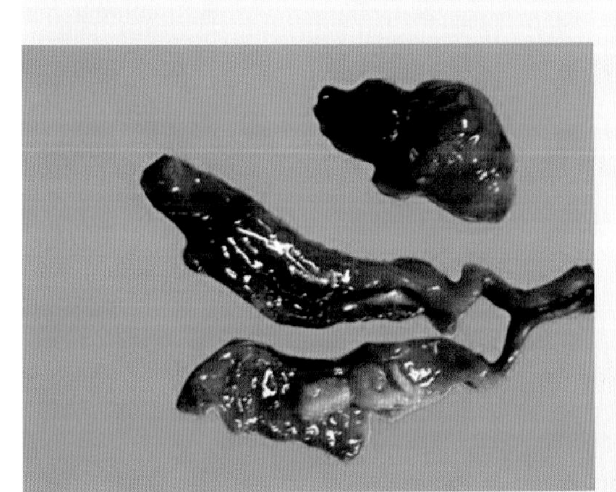

图6-21　病鸡盲肠内有干酪样栓子，心肌增生性坏死

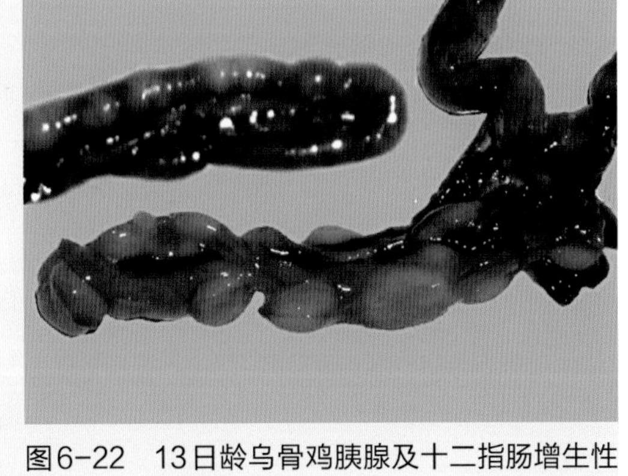

图6-22　13日龄乌骨鸡胰腺及十二指肠增生性坏死灶

图6-23　产蛋鸡卵巢变性、坏死

图6-24　产蛋鸡卵泡出血、变性、变形、变色

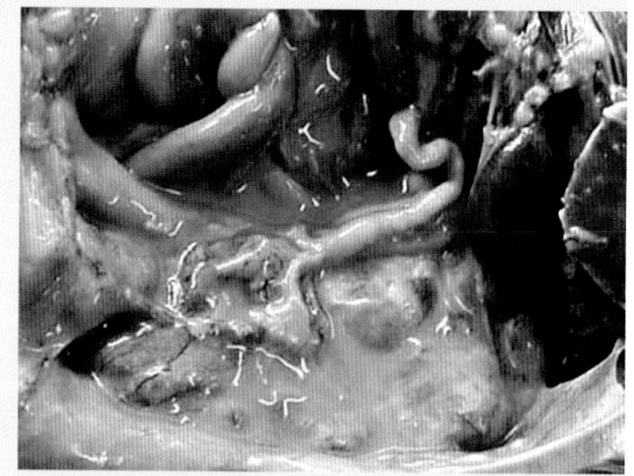

图6-25　产蛋鸡卵泡破裂，腹腔内有卵黄液

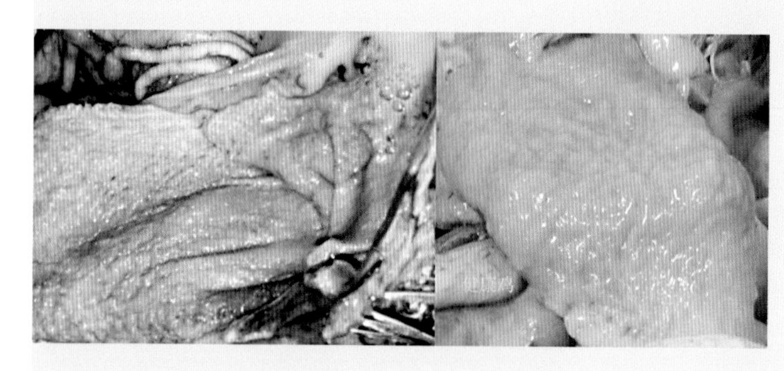

图6-26　产蛋鸡输卵管膨大部黏膜充血、变性、有灰白色分泌物（左），右为健康鸡的输卵管膨大部

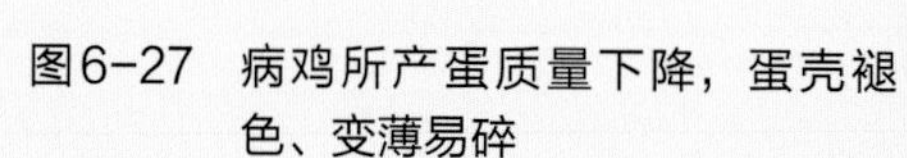

图6-27　病鸡所产蛋质量下降，蛋壳褪色、变薄易碎

二、禽伤寒

（**Fowl Typhoid**）

禽伤寒是由禽伤寒沙门氏菌感染家禽引起的一种急性或慢性败血性传染病。主要表现肠炎和败血症。

【病原特征】病原为鸡伤寒沙门氏菌（*Salmonella gallinarum*），又称鸡沙门氏菌。其形态和培养特征与鸡白痢沙门氏菌相似，但血清型、生化特性及致病性不同。

【流行特征】鸡和火鸡对本菌最易感。雉、珠鸡、鹌鹑、孔雀、松鸡等也有自然感染的报道。鸽、鸭和鹅有抵抗力。本病主要发生于成年鸡和3周龄以上的青年鸡。病鸡和带菌鸡是本病的主要传染源，通过粪便污染的饲料和饮水经消化道传播。带菌母鸡可垂直传播。本病一般呈散发或地方流行性。

【临床特征】病鸡体温升高，精神委顿，羽毛蓬乱，食欲减退，排黄绿色稀粪，鸡冠萎缩，失去光泽，苍白或呈暗红色，慢性病程超过10天，病鸡极度消瘦，病死率为10%～15%，某些严重发病鸡群的死亡率可达10%～50%。

【大体病变】本病的主要病变为肝肿大、淤血，呈青铜色，表面有灰白色粟米状的坏死点，严重者可见巨大的坏死灶；胆囊扩张；脾脏与肾脏显著充血肿大，表面有细小的坏死点；小肠黏膜增厚，呈出血性卡他性炎症。产蛋鸡卵巢充血、出血，可见卵泡变形、变色或坏死，并有卵黄性腹膜炎，输卵管内有干酪样渗出物。有些病例可见纤维素性心包炎、肝周炎和腹膜炎。公鸡睾丸可见白色的坏死灶或结节。

【实验室诊断】参考鸡白痢。

【防治要点】加强饲养管理，搞好环境卫生；通过一系列净化措施，建立起健康种鸡群，从根本上切断本病传播的途径；合理使用药物进行预防和治疗。本病发生时，应隔离病禽，焚烧或深埋尸体，严格消毒鸡舍与用具。在本病的易感年龄段，连续使用敏感抗菌药物3～5天，可取得满意的预防效果。对发病鸡群的治疗，应在药敏试验的基础上，选择高敏药物，并注意穿梭用药，以避免耐药性的产生。

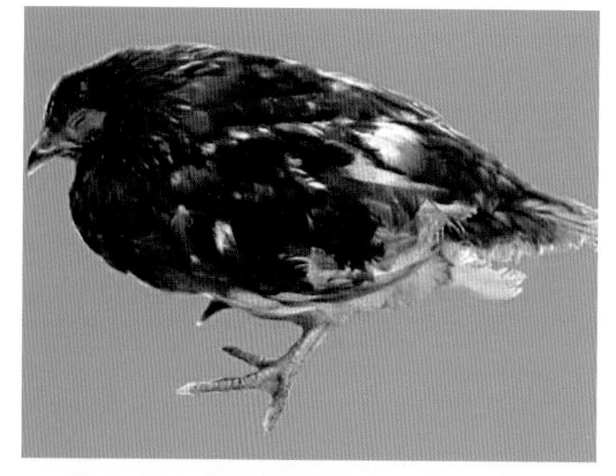
图6-28　病鸡消瘦精神沉郁，闭目缩颈

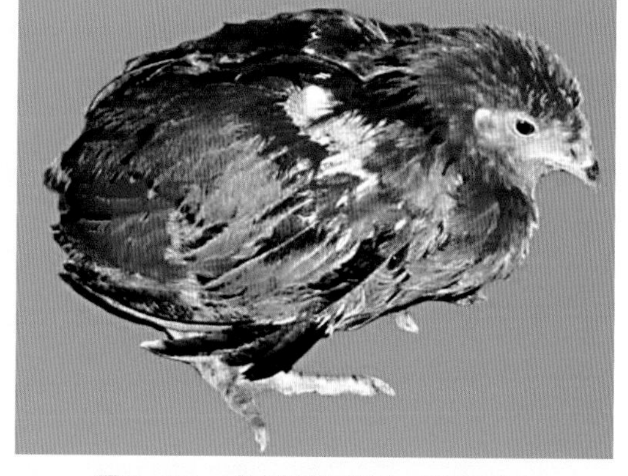
图6-29　病鸡精神沉郁，羽毛松乱

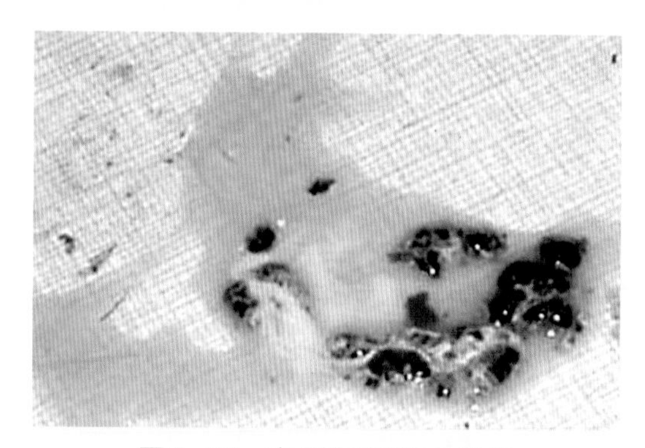
图6-30　病鸡排出黄绿色粪便

图6-31　鸡冠苍白皱缩，眼结膜苍白

图6-32　鸡冠苍白干缩

图6-33　鸡冠暗淡无光，萎缩、发绀

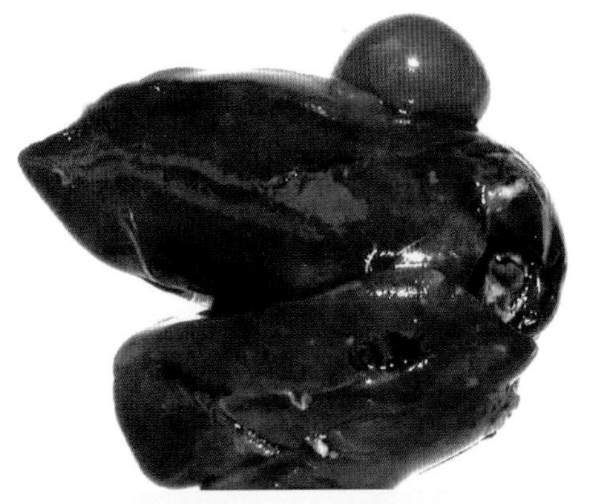

图6-34 病鸡肝脏肿胀，呈铜绿色，表面有灰白色坏死灶，脾脏肿大

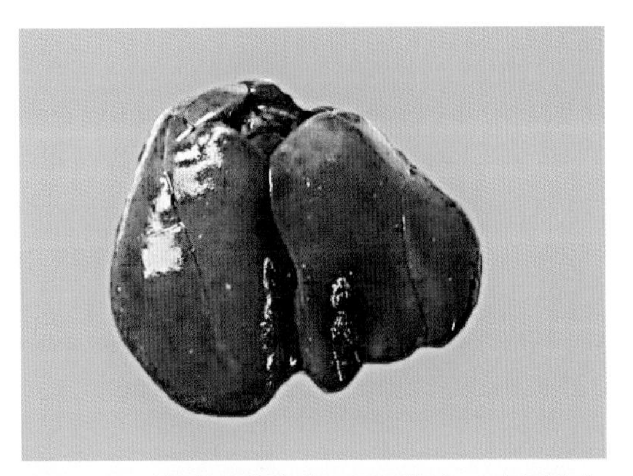

图6-35 病鸡肝脏肿胀，呈深褐色，表面有灰白色坏死点

图6-36 病鸡肝脏呈铜绿色，表面散布灰白色坏死点

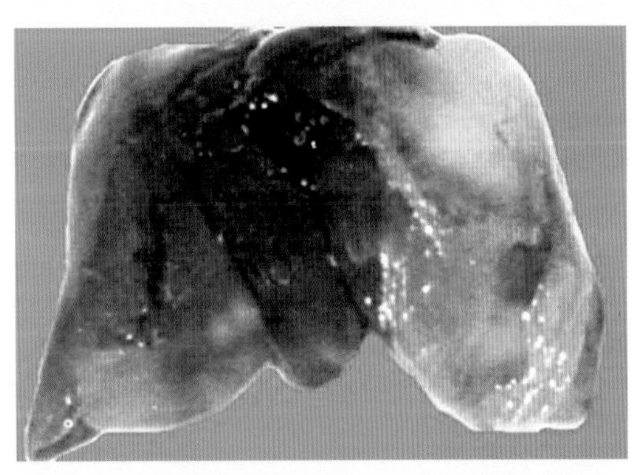

图6-37 病鸡肝脏呈污绿色，右侧肝脏有巨大的灰白色坏死灶，肝表面有纤维素性包膜

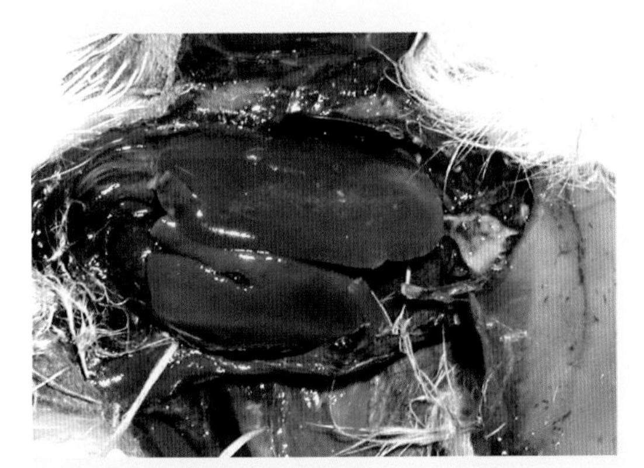

图6-38 病鸡肝脏呈污绿色，边缘有出血性坏死灶

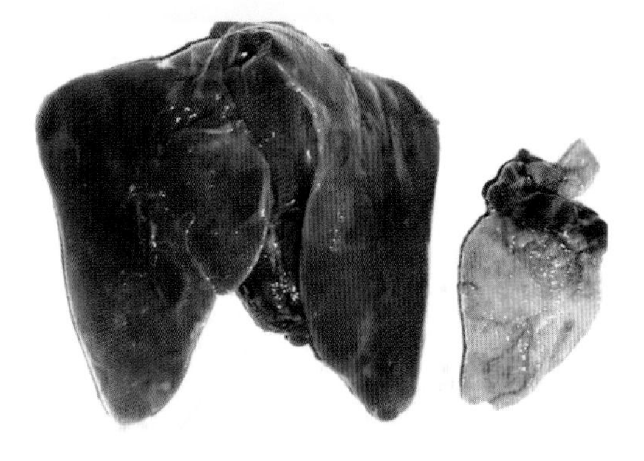

图6-39 病鸡肝脏局部呈浅铜色，心脏和肝脏表面有纤维素性渗出物

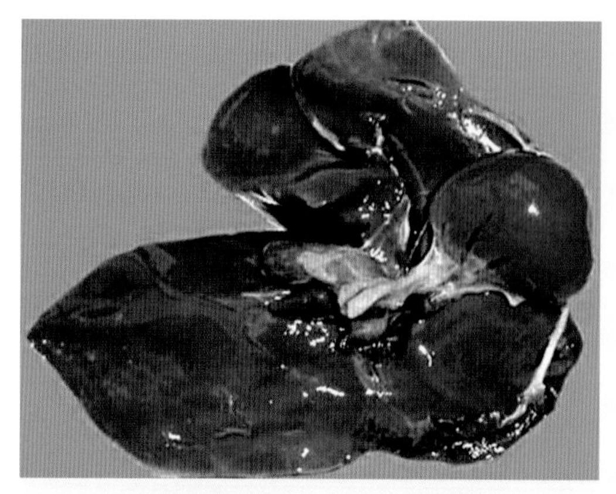

图6-40　病鸡肝脏肿胀，局部呈铜绿色，脾脏严重肿胀

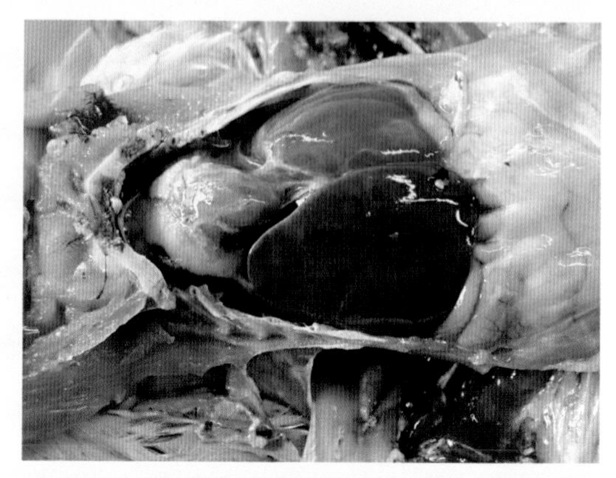

图6-41　病鸡心包内有混浊的积液，纤维素性肝周炎、心包炎

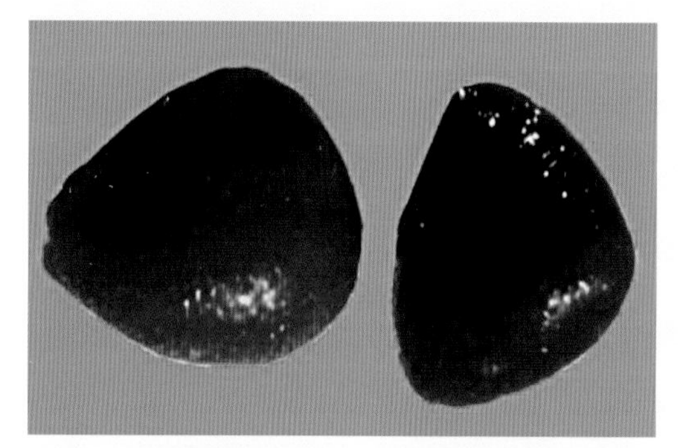

图6-42　病鸡脾脏肿胀，表面密布细小的灰白色坏死点

图6-43　病鸡卵巢变形、萎缩

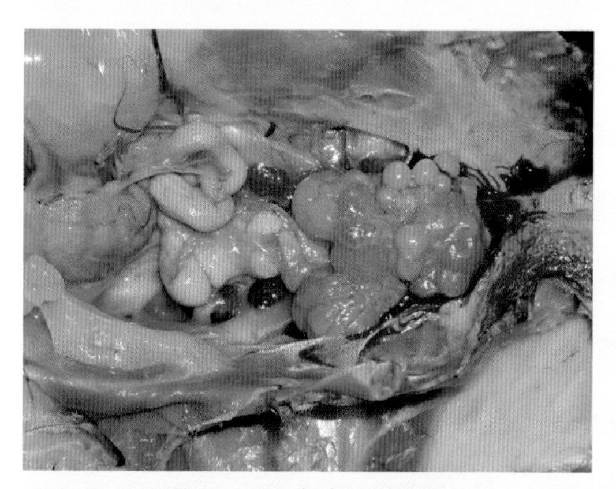

图6-44　病鸡卵巢萎缩

图6-45　病鸡卵泡变形，外观呈污绿色

图6-46 病鸡卵泡出血变色

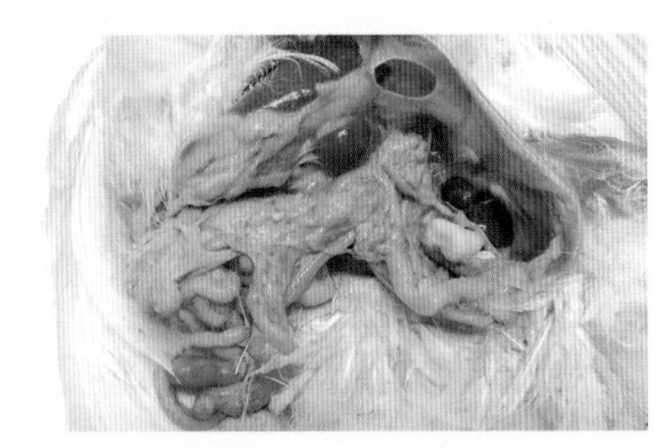

图6-47 病鸡脾脏肿大，输卵管内有白色干酪样内容物

图6-48 病鸡肠黏膜淤血、出血

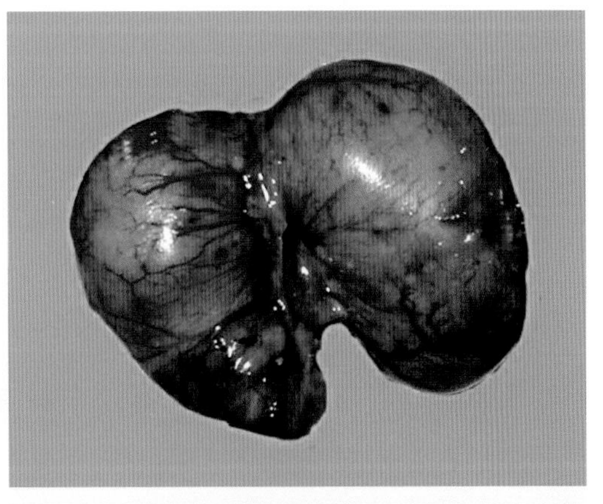

图6-49 成年公鸡睾丸充血，并有大片出血性坏死灶，一端萎缩变形

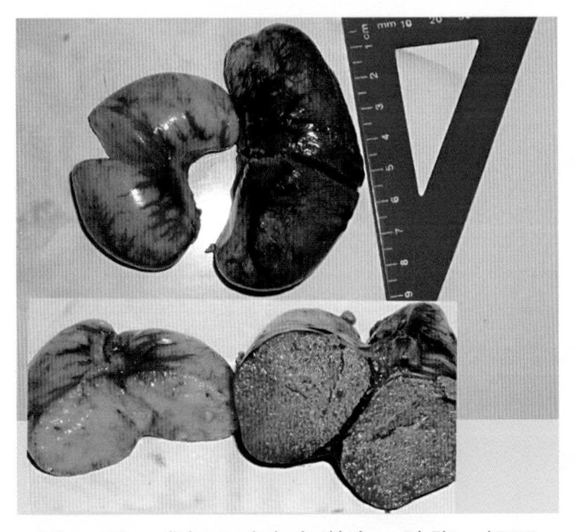

图6-50 成年公鸡睾丸淤血、肿胀、坏死（右），左侧为正常对照

三、禽副伤寒

（Avian Paratyphoid）

禽副伤寒是由副伤寒沙门氏菌感染引起家禽疾病的总称。本病遍及全球，主要危害幼禽，感染禽生长受阻、体质虚弱，易并发其他疾病，幼禽发病后死亡严重，对养禽业危害巨大。此外，副伤寒沙门氏菌还是人类重要的食源性病原菌，人类因食用被副伤寒沙门氏菌污染的禽肉和禽蛋而感染，美国约80%副伤寒沙门氏菌感染病人与食用家禽及其制品有关，因而本病具有重要的公共卫生学意义。

【病原特征】引起本病的沙门氏菌约有60多种150多个血清型，其中最常见的为鼠伤寒沙门氏菌（*S.typhimurium*）、肠炎沙门氏菌（*S.enteritidis*）等。本菌为革兰氏阴性的细长杆菌，有周鞭毛、能运动，不形成荚膜和芽孢。本菌不耐热，蛋内温度达到60℃ 维持3分钟 即可将其灭活。

【流行特征】各种家禽和野禽均易感，鸡和火鸡最常见，鹅、鸭次之，幼禽最易感，常在2 ~ 5周龄内感染发病，胚胎期或出孵器内感染多于4 ~ 5日龄发病，死亡率为20%~ 100%。1月龄以上的家禽有较强的抵抗力，一般不引起死亡，往往也不表现临床症状。产蛋禽感染后会影响产蛋率、受精率和孵化率。病鸡和带菌鸡是本病的主要传染源，通过粪便污染的饲料和饮水经消化道传播，也可通过呼吸道或损伤的皮肤传播。带菌母鸡可垂直传播。

【临床特征】幼禽发病多呈急性或亚急性经过，成年禽一般为慢性经过。临床上家禽的发病严重程度与年龄、环境条件、感染程度及有无其他感染有关。可见精神沉郁，缩颈闭目，食欲明显减退，水样腹泻，消瘦，常因衰竭死亡。有时可见关节炎，跗关节和趾关节红肿。鸽沙门氏菌感染还可见神经症状，病鸽表现为头颈扭转，腿、翅麻痹，平衡失调，失去飞翔能力，易与鸽瘟混淆，应注意加以鉴别。

【大体病变】刚出壳雏禽多因急性败血症死亡，死亡急，病理变化不明显。病程稍长者肝脏、脾脏肿大、淤血、出血，表面有大小不一的坏死灶，肠黏膜出血，慢性病例可见肠壁增厚，盲肠内有干酪样栓子。有时可见纤维素性心包炎和肝周炎。

【实验室诊断】参考鸡白痢。

【防治要点】参考鸡白痢。

图6-51　6日龄肉鸡急性死亡，跗关节和趾关节红肿

图6-52　雏鹅精神沉郁

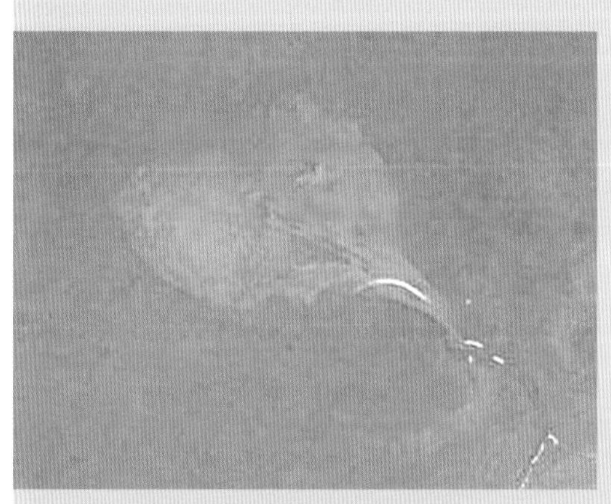

图6-53　雏鹅排出白色稀便

图6-54　病鹅排出白色稀便，肛周羽毛被污染

图6-55　病鸡卵黄吸收不良，内容物腐败呈灰绿色

图6-56　7日龄鸡肝脏黄染、出血、坏死

图6-57　雏天鹅肝脏黄染，卵黄吸收不良

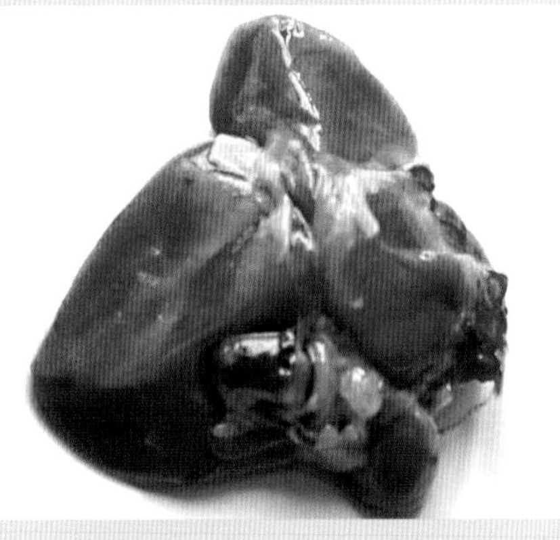
图6-58　病鸡肝脏肿胀，黄染，有坏死点，胆囊扩张

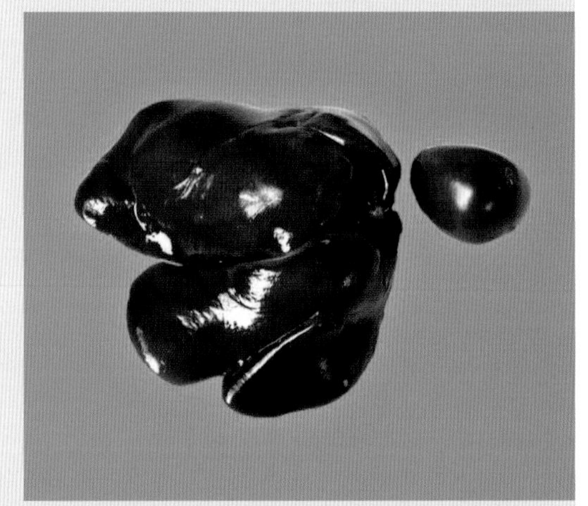
图6-59　病鸡肝脏、脾脏肿胀，坏死

图6-60　病鸡肝脏肿胀，胆囊扩张

图6-61　雏鹅纤维素性肝周炎、心包炎

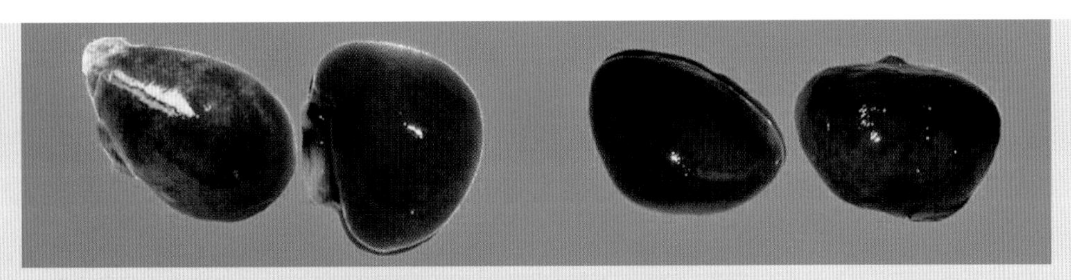

图6-62 雏鸡脾脏肿胀、出血、坏死

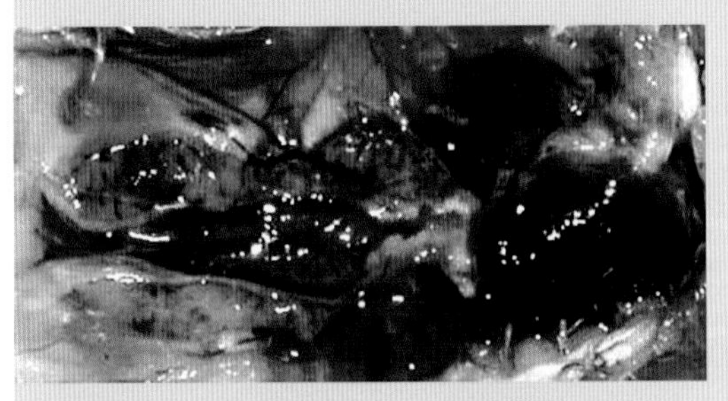

图6-63 雏鸡肺脏出血，肾脏肿胀、出血

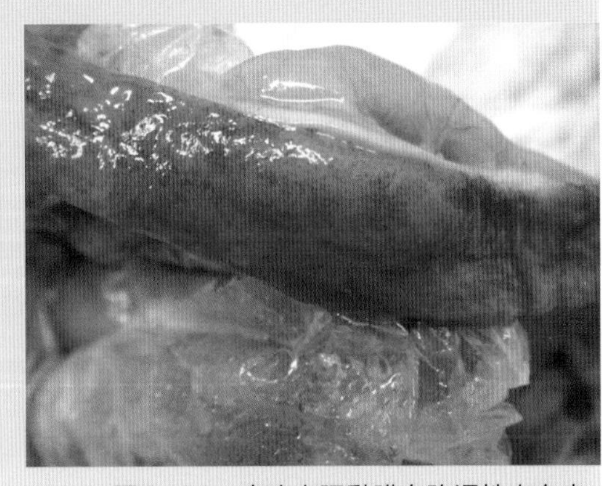

图6-64 病鸡小肠黏膜有弥漫性出血点，小肠壁增厚

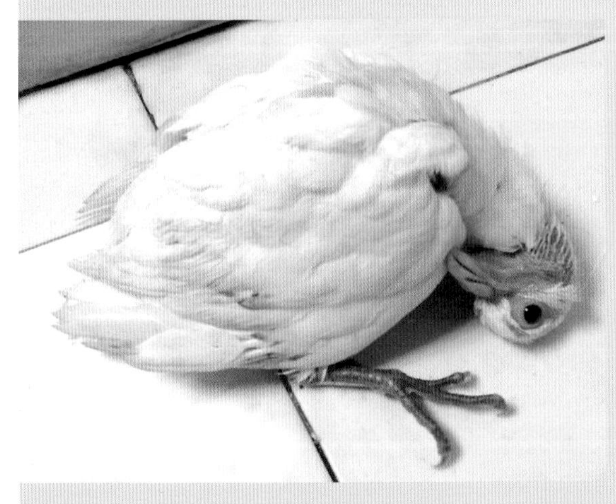

图6-65 乳鸽出现神经症状，头颈扭转

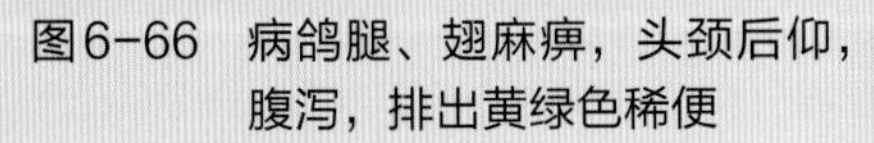

图6-66 病鸽腿、翅麻痹，头颈后仰，腹泻，排出黄绿色稀便

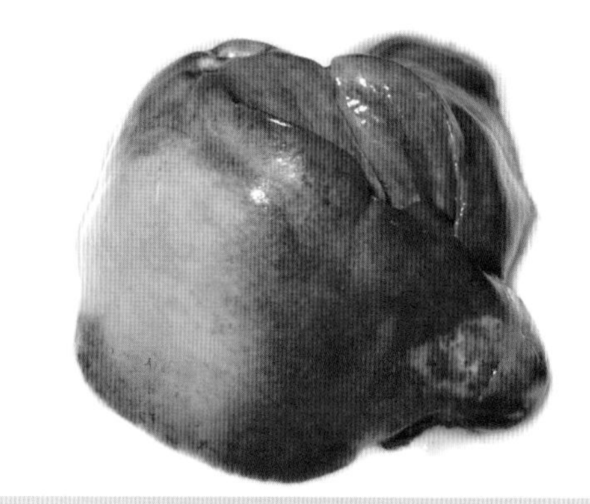

图6-67 乳鸽肝脏黄染、肿胀、出血，并有坏死灶

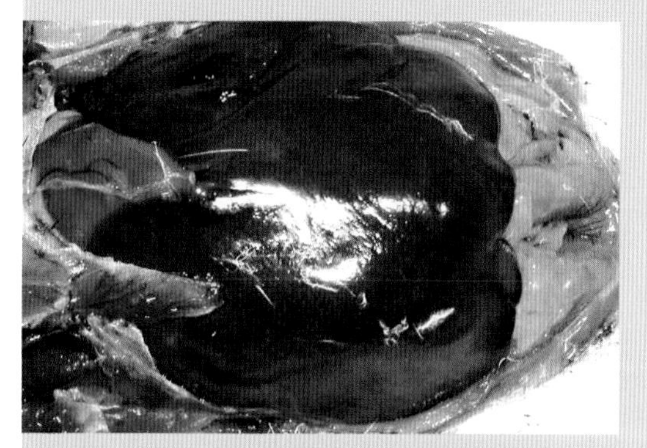

图6-68 病鸽肝脏黄染，出血、坏死

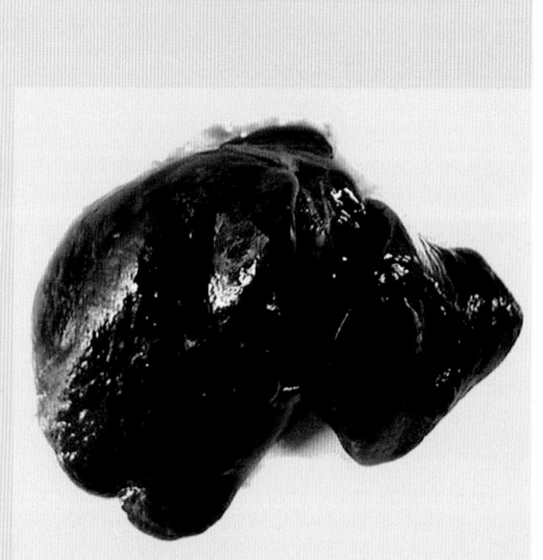

图6-69 病鸽肝脏肿脏呈棕褐色，边缘有大坏死灶

图6-70 病鸽肝脏肿胀，表面有灰白色坏死点，脾脏肿胀、出血

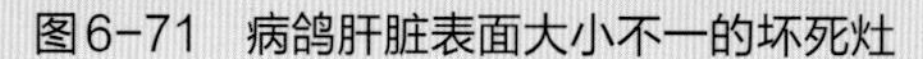

图6-71 病鸽肝脏表面大小不一的坏死灶

四、禽霍乱

（Fowl Cholera）

禽霍乱又称禽巴氏杆菌病、禽出血性败血症，是由多杀性巴氏杆菌（*Pasteurella multocida*）引起的多种家禽的急性败血性传染病，以全身出血性变化和肝脏多发性坏死为特征。

【病原特征】多杀性巴氏杆菌为革兰氏阴性、无芽孢、无鞭毛的小杆菌，在动物体内和新分离菌株可见肥厚的荚膜，并有两极浓染的特点。该菌有多种血清型，我国的禽源多杀性巴氏杆菌血清型主要为A型（5 ： A、8 ： A和9 ： A），少数为D型。该菌营养要求高，在血清或血液培养基上37℃培养24小时，可见无色透明的露滴状菌落。其对外环境的抵抗力不强，对常用消毒剂和常用抗菌药物均敏感。

【流行特征】本病呈世界性流行，多种家禽和野禽均可感染发病，鸭、鹅、火鸡、鹌鹑和鸡最易感。以3 ~ 4月龄育成禽和产蛋禽多见。放牧禽或野禽比笼养禽更易感染发病，四季均可发病流行，以潮湿多雨的夏季发病率最高。本病可经消化道、呼吸道感染，也可经破损的皮肤黏膜感染，病禽和带菌禽是主要传染源。多杀性巴氏杆菌也是家禽呼吸道的常在菌，应激因素如气候突变、运输、换料、免疫接种、惊吓等常诱发内源性感染而无需外来传染。用抗菌药物能迅速控制死亡，但停药后易复发，是本病的特点。

【临床特征】

1. 最急性型

病禽常无前驱症状，突然倒地、拍翅、抽搐、挣扎、迅速死亡，通常在夜间死亡，多见于流行初期营养状况良好的高产蛋禽。

2. 急性型

急性型病例最常见，病禽主要表现为突然发病，精神沉郁、离群独处、闭目呆立，厌食或停食，口鼻内有黏液，严重时转为血性黏液，体温升高，饮水量增加。病禽多出现剧烈腹泻，排出黄白色或黄绿色稀便。急性鸡霍乱还可见鸡冠发绀呈紫黑色，肉髯水肿；水禽急性霍乱还可见病禽不愿下水，卧地不起，甚至瘫痪。

3. 慢性型

慢性型多由急性型转化而来，也可由低毒力毒株感染所致，临床主要表现为局部感染，病禽表现为精神沉郁，呼吸困难，消瘦，肉髯、鼻窦及腿、翅关节肿胀。

【大体病变】

1. 最急性型

最急性型发病禽病程短，病变通常不明显，有时产蛋母禽输卵管内有尚未产出的完整的蛋。

2. 急性型

急性型病禽病变最为典型，可见心包积液，心包液多为淡黄色或黄红色清亮的液体，心脏出血，冠状脂肪乃至整个心脏表面有弥漫性出血点或融合成大小不一的出血斑；肝脏肿胀、淤血、出血，呈深褐色或黄染，表面密布灰白色针尖大小的多发性坏死点；肠管膨胀，浆膜面充血、出血，肠黏膜充血、出血，肠腔内充满灰白色或灰黄色粥样或血性内容物；腺胃黏膜和肠黏膜脱落，黏膜下层出血；脾脏肿胀、充血、出血；肺脏高度淤血、出血和水肿；腹腔内可见多少不等的淡黄色或血性腹水，其他脏器及气囊壁、肠系膜、腹膜等有弥漫性出血点；产蛋母禽卵巢充血、出血。

3. 慢性型

病鸡肉髯切面可见胶冻样或灰白色干酪样坏死物，跗关节等肿大的关节囊内可见干酪样坏死物。

【实验室诊断】

1. 涂片镜检

由于多杀性巴氏杆菌具有在动物体内能形成肥厚荚膜及两极浓染的特点，故涂片镜检对本病具有非常高的诊断价值。取病死禽心血、肝脏、脾脏等制作抹片，用美蓝或瑞氏染色法染色，显微镜下有两极浓染的卵圆形短杆菌，菌体周围有无色的荚膜，结合临床症状及病理变化即可诊断。

2. 细菌分离鉴定

如果抹片未见典型菌体，则可采集心血、肝脏和脾脏等病料接种鲜血琼脂培养基或血清培养基，37℃培养24小时，根据菌落特征可做出初步判断，必要时可进行生化鉴定、血清学鉴定或PCR鉴定。

【防治要点】禽场内不随便引进成禽，同一禽场内不饲养不同种类家禽。加强饲养管理，保持禽场卫生，定期消毒，及时避免或减少应激的发生，如保持圈舍的干燥、合理的密度，饲喂全价饲料，在应激（如运输、免疫接种、节假日燃放爆竹等）发生时及时使用具有抗应激作用的药物，如电解多维、黄芪多糖和抗菌药物等，可大大减低发生本病的风险。弱毒疫苗和灭活疫苗均有预防作用，在本病危害严重的养殖场可以使用，但免疫期一般只有3个月，免疫保护率不太理想。对发病的禽群，可选用敏感药物进行治疗，能迅速控制死亡。

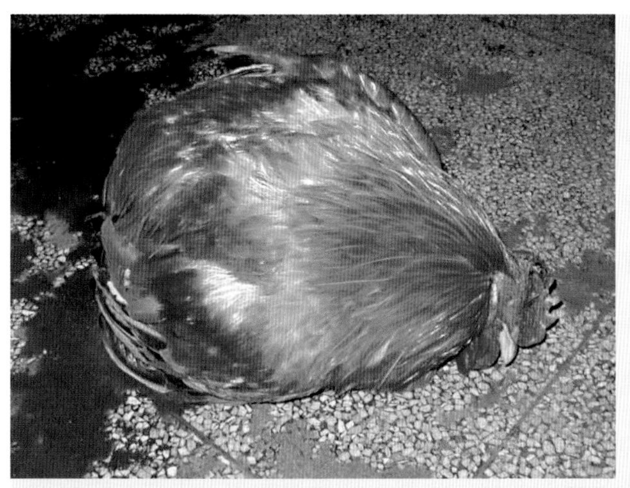
图6-72 最急性型病鸡突然倒毙，体况良好

图6-73 鸡冠发绀

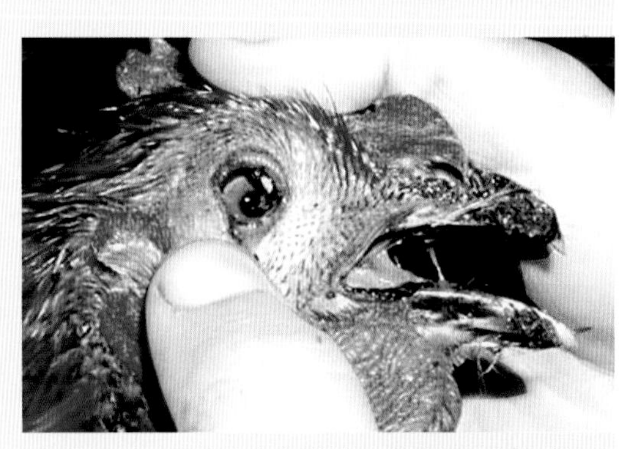
图6-74 口腔内有黏液，口鼻周围被污染

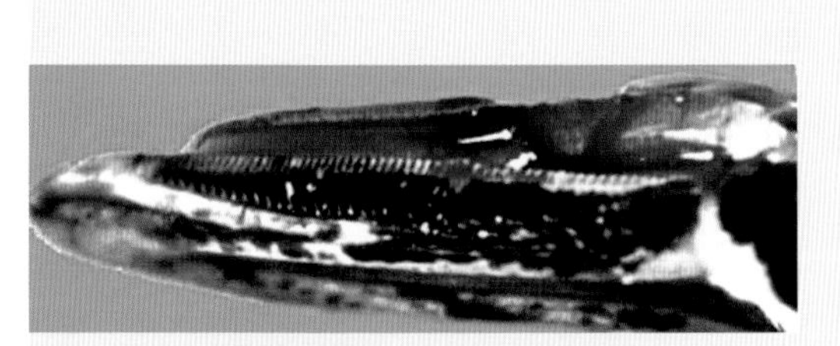
图6-75 急性禽霍乱，病鸭口腔流出血性分泌物（上喙已除去）

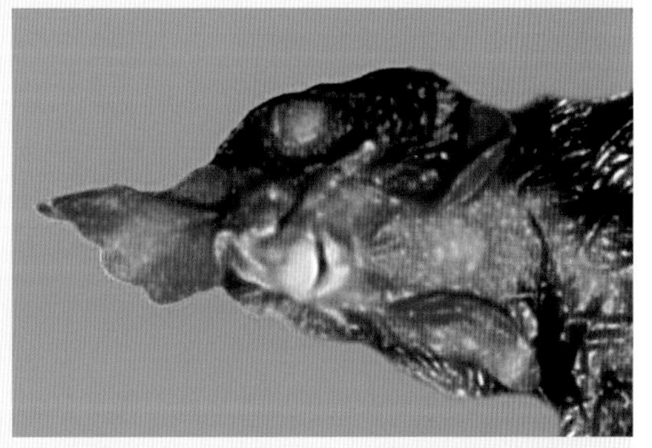
图6-76 慢性霍乱，病鸡肉髯水肿增厚

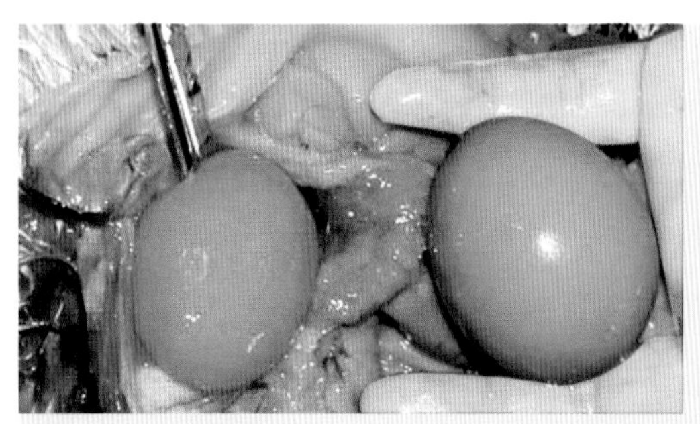
图6-77　最急性死亡蛋鸡输卵管内有完整的蛋

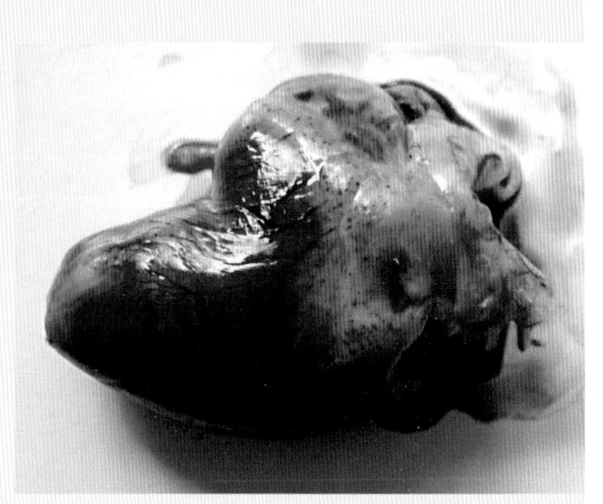
图6-78　蛋鸭心脏冠状脂肪弥漫性出血点

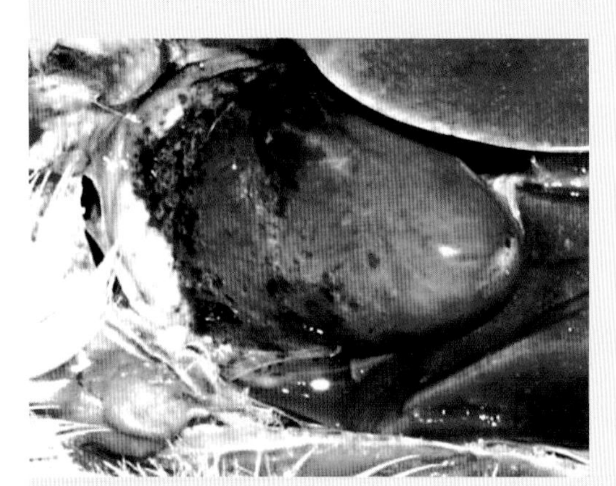
图6-79　病鸭心肌严重出血，心包积液

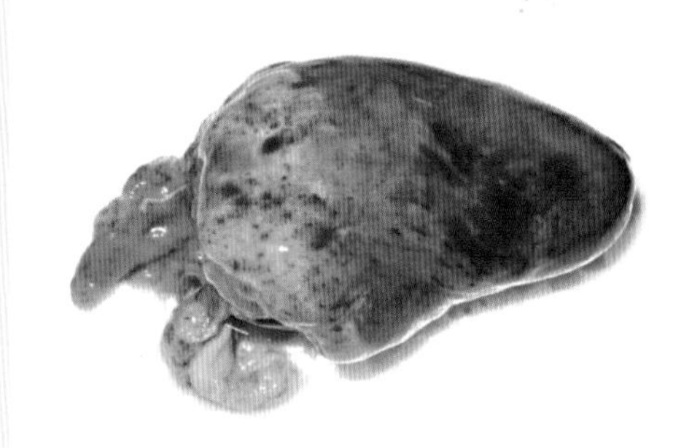
图6-80　病鸭心脏弥漫性、斑片状出血

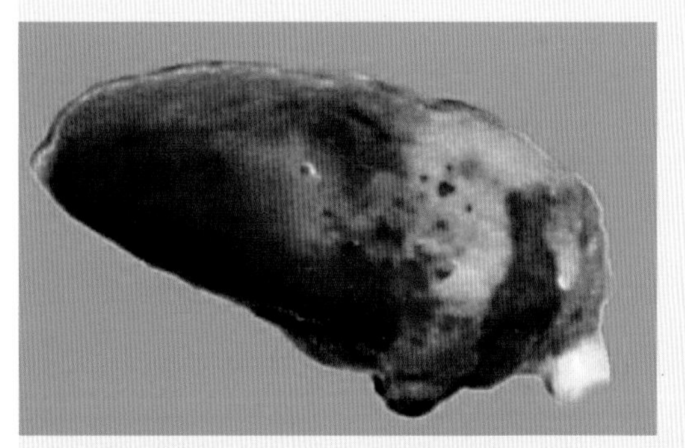
图6-81　病鸡心脏冠状脂肪出血

图6-82　病鸭心脏和气囊壁出血

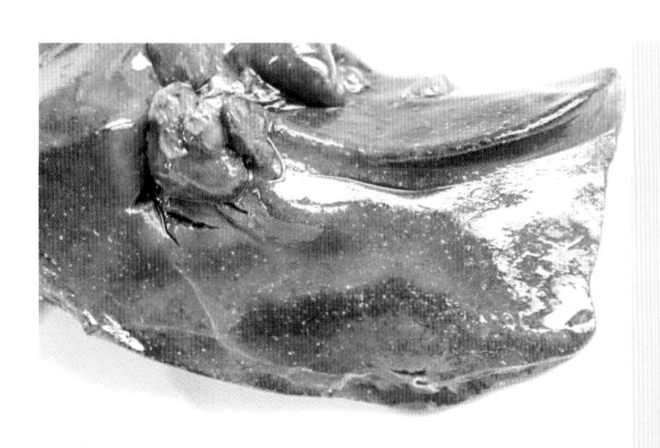

图6-83　病鸭肝脏肿胀、黄染，表面有大量弥漫性多发性坏死点

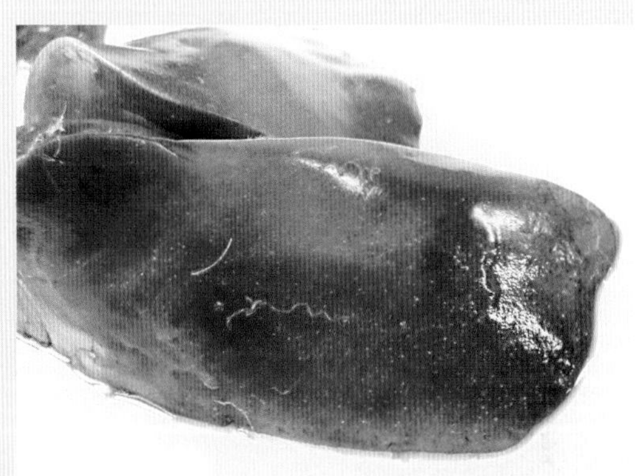

图6-84　病鸭肝脏黄染、出血，表面密布针尖大小坏死点

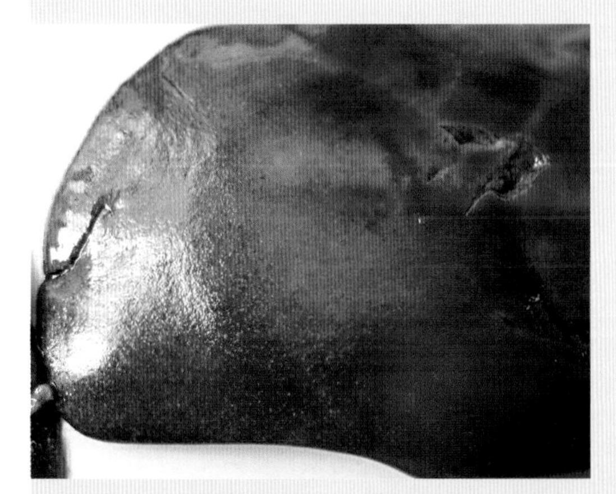

图6-85　病鸭肝脏黄染，密布多发性坏死点

图6-86　病鸭肝脏肿大，褪色，有大量白色坏死点，心脏出血

图6-87　病鹅肝脏肿胀淤血呈深褐色，表面有大量针尖大小的坏死点

图6-88　病鸡肠管浆膜面充血、出血，血管呈树枝状，肠管膨胀

图6-89　病鹅肠管膨胀，肠壁充血呈红色，血管怒张呈树枝状

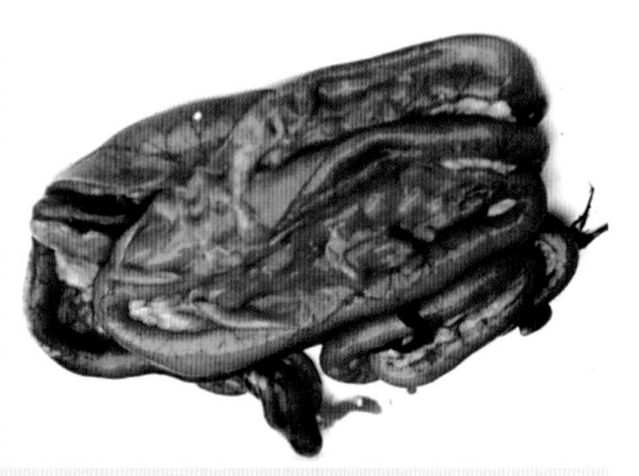

图6-90　病鸭肠管膨胀、浆膜面充血、出血，黏膜脱落，内容物呈灰黄色带血性粥样

图6-91　病鹅肠黏膜脱落、黏膜下层弥漫性出血，肠管内有血性粥样内容物

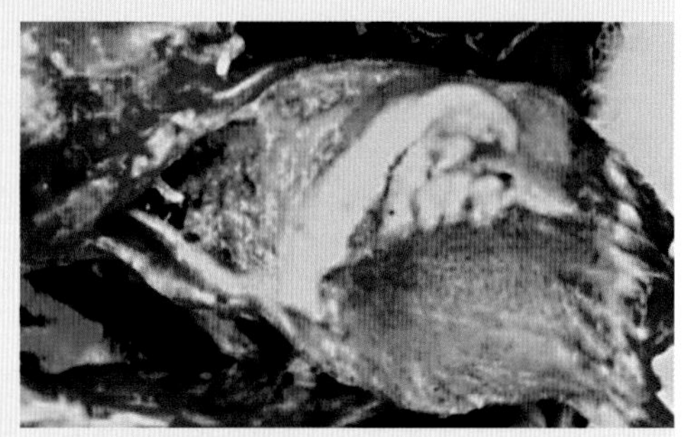

图6-92　病鸭腺胃黏膜脱落、固有层出血

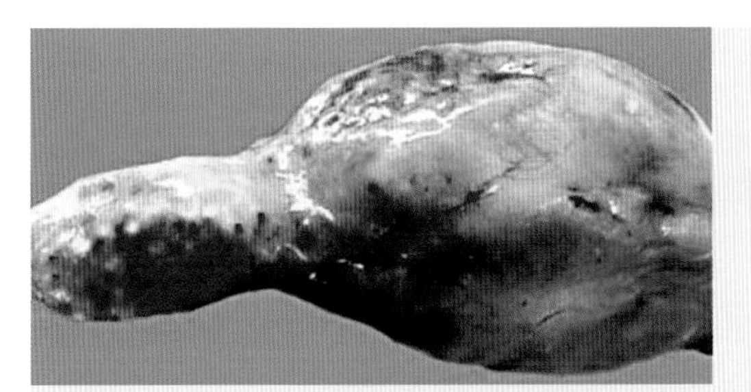
图6-93　病鸡肌胃脂肪囊表面弥漫性出血点

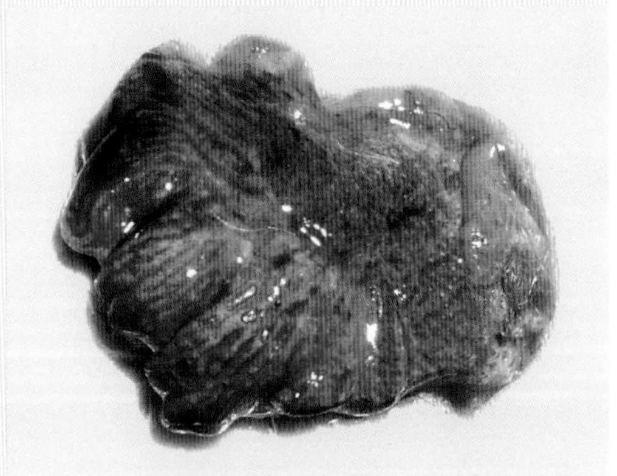
图6-94　病鸭肺脏严重淤血、出血，水肿

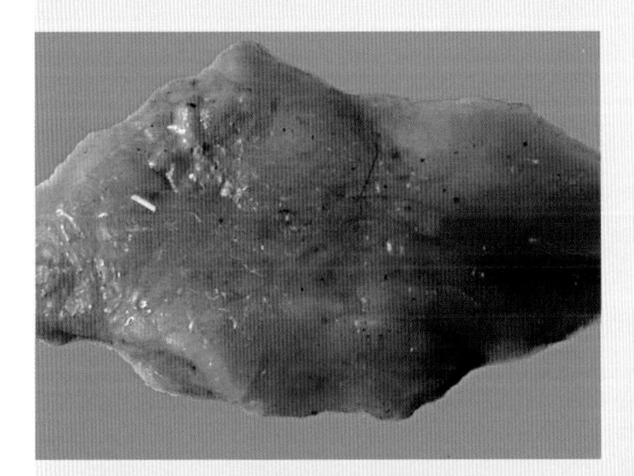
图6-95　病鸡腹部脂肪弥漫性出血点

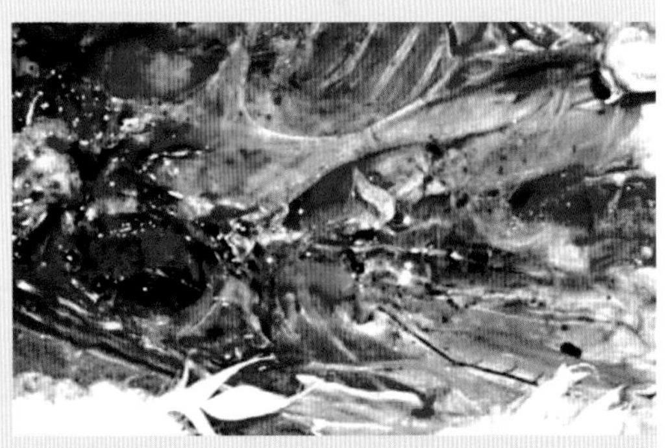
图6-96　病鸭腹腔浆膜弥漫性出血

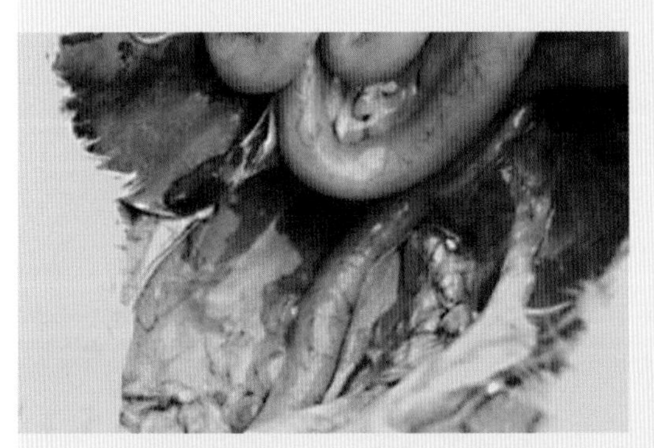
图6-97　病鸭肠管膨胀，腹腔内有多量淡黄色腹水

五、禽大肠杆菌病

（Colibacillosis）

禽大肠杆菌病是由禽致病性大肠杆菌（APEC）引起禽类不同疾病的总称，包括大肠杆菌性败血症、大肠杆菌性肉芽肿、气囊炎、肝周炎、腹膜炎、输卵管炎、关节炎、全眼球炎及脐炎等一系列疾病。本病呈全球性分布，是家禽中常见的细菌病，给养禽业造成了严重的经济损失。

【病原特征】APEC是肠杆菌科埃希氏菌属的代表种，为革兰氏阴性、不形成芽孢的直杆菌，多数菌株有周生鞭毛。本菌为兼性厌氧菌，能分解乳糖，在麦康凯琼脂平板上形成黑色带有金属光泽的菌落，在SS琼脂上形成红色的菌落。大肠杆菌血清型众多，目前已经发现有180多个血清型，常见血清型有O1、O2、O4、O7、O8、O11、O18、O26、O78、O88、O414等，不同地区的优势血清型不同，即使同一地区，不同疫群的优势血清型也不同。大肠杆菌对外界的抵抗力中等，对常用消毒剂和抗菌药物敏感，但易产生耐药性。

【流行特征】大多数禽类对APEC易感，但以鸡、鸭最易感，幼禽和胚胎感染最为严重。成年家禽尤其是产蛋高峰期，则主要发生生殖器官感染，出现卵巢炎、卵黄性腹膜炎及睾丸炎。APEC经蛋传播是最常见的传播方式，可以导致出壳雏高死亡率，但也可通过呼吸道、消化道水平传播。恶劣的外界环境条件和各种应激因素都能促使本病的发生和流行。

【临床特征】禽大肠杆菌病病症多样，表现复杂。

1. 鸡大肠杆菌病

（1）败血症　呼吸源性大肠杆菌败血症是肉鸡大肠杆菌病的主要特征之一，多见于6～10日龄的肉鸡，病死率5%～20%。病鸡精神沉郁，食欲下降，羽毛粗乱，呼吸困难或未出现明显症状突然死亡。

（2）肠炎　病鸡主要表现为严重下痢，排出黄白色或绿色稀便。

（3）雏鸡脐炎/卵黄囊炎　发生在出壳初期，病鸡脐孔红肿，后腹部胀大，呈红色或青紫色，粪便黄白色、稀薄、腥臭，病雏精神委顿、废食，出壳最初几天死亡较多。

（4）卵黄性腹膜炎　以成年母鸡多见，病鸡产蛋停止，鸡冠发绀、萎缩，腹部膨大下垂，可很快死亡或久掩后衰竭死亡。

（5）皮下蜂窝织炎　是肉鸡的一种慢性腹部皮肤病，病变见于腹中线和大腿之间，皮肤发红、破损、增厚、变硬。

（6）全眼球炎 常与大肠杆菌性败血症同时发生，部分鸡眼睑肿胀，流泪，角膜混浊，眼球萎缩，失明。

2. 鸭大肠杆菌病

又称鸭疫症候群。2～6周龄小鸭或中鸭多发。死亡率较高。临床表现与小鸭传染性浆膜炎相似，精神沉郁、不喜动，食欲减退或不食，眼和鼻常有分泌物；时有灰白色或绿色下痢。

生殖器官病，以侵害种鸭生殖器官为特征，可降低种用和产蛋性能。主要发生于成年公鸭和产蛋鸭。产蛋鸭突然停止产蛋，精神委顿，不愿走动，羽毛松乱，食欲减退或废绝，排灰白或黄绿稀粪，泄殖腔常有滞留硬壳蛋。

雏鸭腹泻，排白色稀粪，患鸭消瘦、生长发育不良，死亡率较高，5日龄后常伴有眼炎。

3. 鹅大肠杆菌病

俗称“蛋子瘟”。主要侵害鹅的生殖器官，多在产蛋中期发生，致鹅群产蛋下降30%以上，粪便中常含有蛋清、凝固的蛋白、蛋黄，使粪便呈蛋花汤样。患病公鹅阴茎肿大，露出体外，表面常有出血点和坏死点。本病致使种蛋受精率及出孵率显著降低。

4. 鸽大肠杆菌病

又称“鸽胃肠炎”，多见于饲料匹配频繁变动或环境卫生不良等条件下，病鸽精神沉郁，食欲不振，羽毛蓬松，亲鸽停喂乳鸽。严重者下痢，肛门周围羽毛沾污有灰白、灰绿粪便。

5. 鹌鹑大肠杆菌病

病鹌鹑无典型临床症状，主要表现为精神沉郁，食欲减退；雏鹑可出现败血症而引起死亡率升高；产蛋鹌鹑表现为产蛋率下降，蛋品质下降。

【大体病变】

1. 多发性浆膜炎

大肠杆菌引起多种家禽的败血症，最典型的病变是心包炎、肝周炎、气囊炎，心脏、肝脏和气囊壁增厚，其上有纤维素渗出物或干酪样渗出物附着或堆积。

2. 生殖器官病

成年母禽出现输卵管炎、卵巢炎和卵黄性腹膜炎。可见输卵管膨大，内有干酪样坏死物，有时可见坏死物呈同心圆状；卵泡充血、出血、变性、变色，甚至破裂，腹腔内有卵黄液，有的可见凝卵样物质或游离的卵黄，肝脏、心脏、肌胃、肠管、肠袢和腹膜广泛性粘连。成年公水禽的大肠杆菌性生殖器官病较为少见，主要出现睾丸肿胀、变硬、变形，有时可见阴茎脱出，黏膜红肿糜烂。大肠杆菌也可致幼龄家禽输卵管炎症，可见一侧输卵管增粗，内有黄白色干酪样渗出物。

3. 脐带炎/卵黄囊炎

多见于新生雏禽，腹部膨大，脐孔红肿、闭合不全，严重时脐孔周围腹壁溶解；卵黄吸收不良，卵黄囊内充满腐败变性的内容物，呈黄绿色、灰黑色甚至出现干酪化。

4. 皮下蜂窝织炎

仅见腹部皮肤发红、增厚、变硬，皮下可见干酪样坏死，胴体无异常，同时可见纤维素性肝周炎、心包炎和气囊炎。

5. 肠炎

肠管膨胀，内容物多为黏液样或血性液体，间或有脱落的肠黏膜碎片，肠黏膜充血、出血甚至脱落，慢性病例肠壁增厚，盲肠增粗，内有干酪样炎性内容物。

6. 肉芽肿

大肠杆菌性肉芽肿常出现在心脏、肺脏、肠系膜、胰脏、肝脏、肠道、肌肉或皮下，可见数量不等、粟粒大小至花生米大小不规则的黄白色结节。

【实验室诊断】从患病禽实质器官分离和鉴定出APEC即可确诊。采集新死亡或处死的病禽实质器官或心血，接种伊红-美蓝或麦康凯培养基，典型菌落纯化后用肠道菌生化编码鉴定管进行鉴定或按照大肠杆菌常规生化鉴定程序进行鉴定。必要时接种易感家禽确定其致病性。鸡胚致死率是区分APEC与非致病性大肠杆菌最好的方法：鸡胚尿囊腔接种11个12日龄的鸡胚，待检菌的接种量为每只鸡胚100CFU，2天后致死率小于10%为无毒菌株，致死率介于10%～29%之间属于中等毒力菌株，致死率大于29%为高毒力菌株。

【防治要点】禽舍应保持空气流通，降低氨气等有害气体的浓度和尘埃，定期消毒。致病性大肠杆菌可垂直传播，因此需注意种鸡的健康和种蛋的消毒。

若禽群经常发生大肠杆菌病，首先应考虑改善饲养管理，搞好环境卫生，及时进行隔离治疗或淘汰病禽，同时全群投服抗菌药物进行防治，由于APEC多具有耐药性，用药时，最好根据药敏试验结果选择高度敏感的药物，避免同一药物连续使用，多采取“交替”用药方案，且用药物剂量、疗程应规范。发病禽群可用敏感抗菌药物进行治疗。

图6-98　肉雏鸡精神沉郁

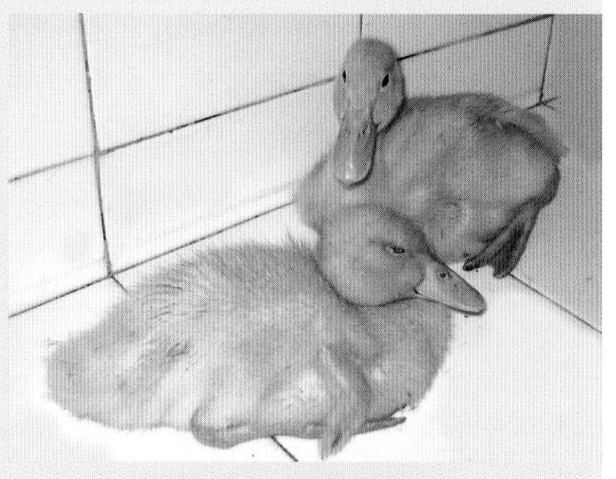

图6-99　雏鸭精神沉郁

图6-100　病鸽腹泻，肛周羽毛呈黄绿色

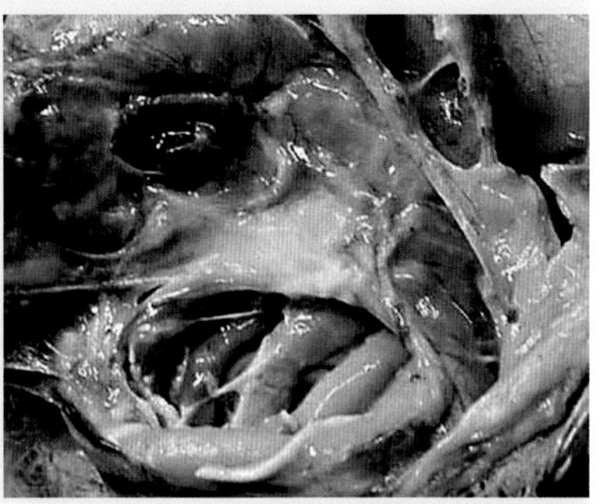

图6-101　病鸡纤维素性气囊炎，肠管粘连

图6-102　雏鹅腹气囊壁增厚

图6-103　病鸽肝脏肿胀、坏死，胸气囊内有干酪样渗出物，心肌出血

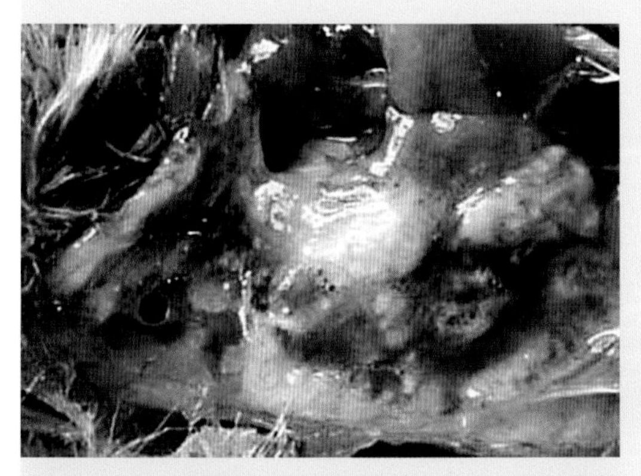

图6-104　病鹌鹑腹气囊内有灰白色干酪样渗出物

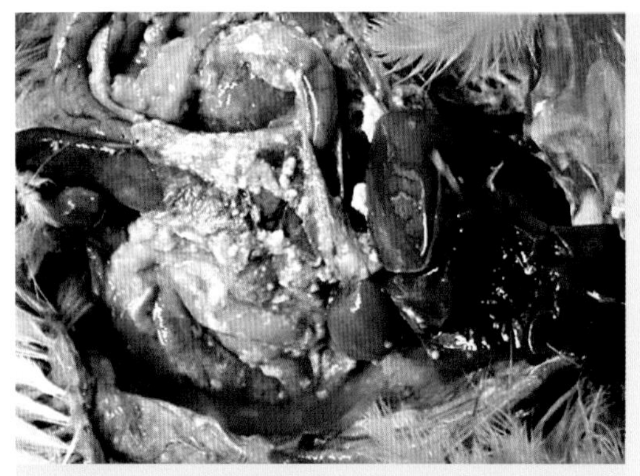

图6-105　腹腔内有白色干酪样渗出物和黄白色混浊的腹水

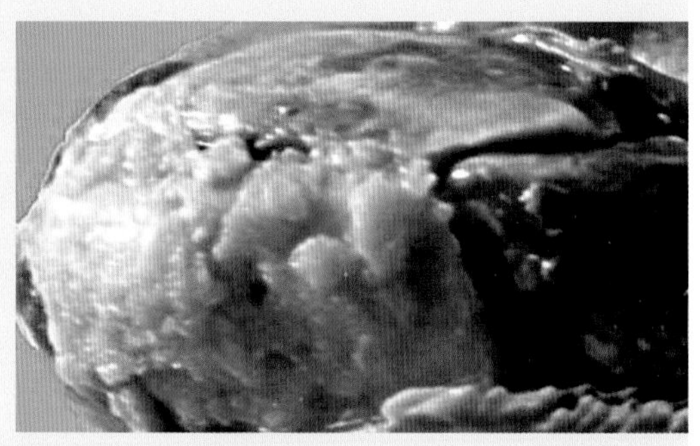

图6-106　病鸡腹腔内有黄白色干酪样坏死物，肝脏和心脏有肥厚的纤维素性渗出物包裹

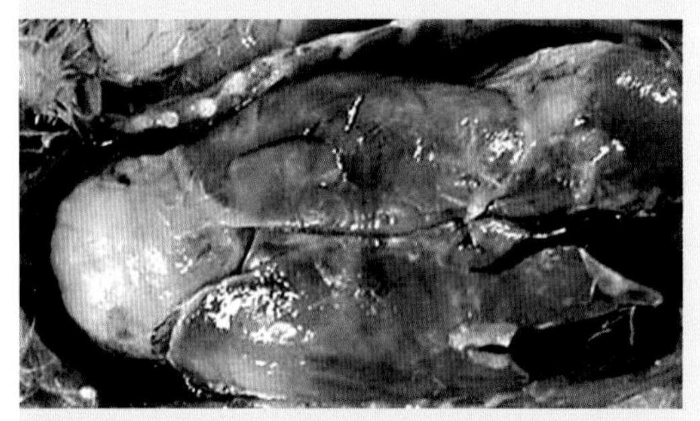

图6-107　乌骨鸡肝脏和心脏有厚厚的纤维素性渗出物包裹

图6-108　肉雏鸡纤维素性肝周炎、心包炎

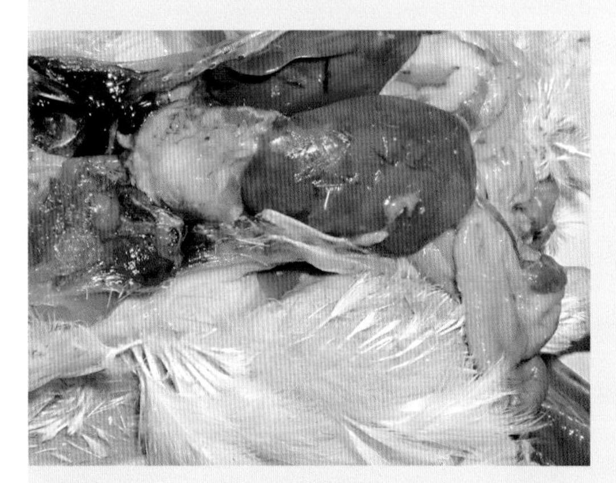

图6-109　肉雏鸡纤维素性心包炎、肝周炎

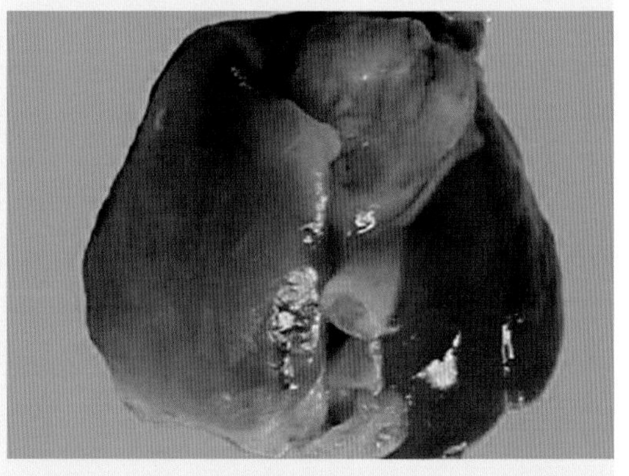

图6-110　肉鸡纤维素性肝周炎、心包炎

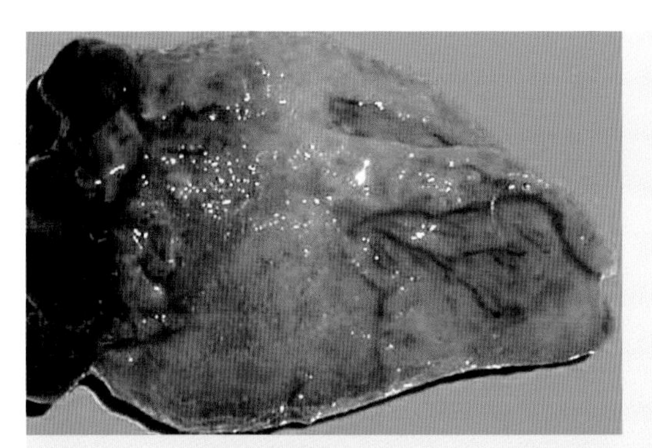

图6-111 乌骨鸡心脏表面有肥厚的纤维素性包膜，心肌充血

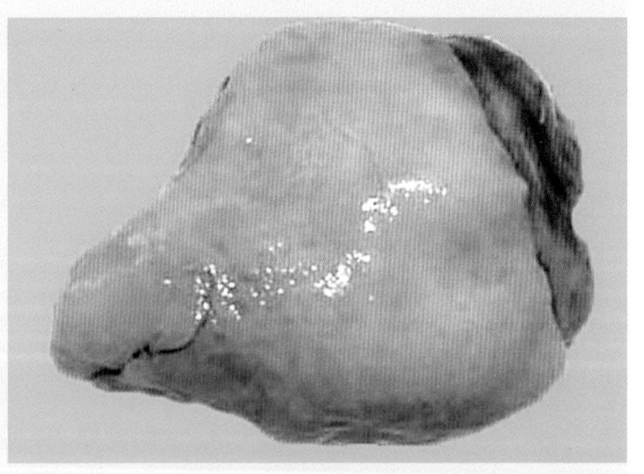

图6-112 病鸭心脏有肥厚的纤维素性渗出物包裹

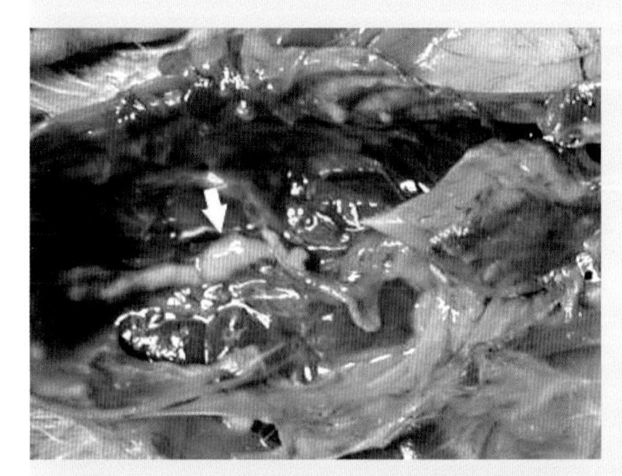

图6-113 病雏鸡输卵管内有干酪样物质

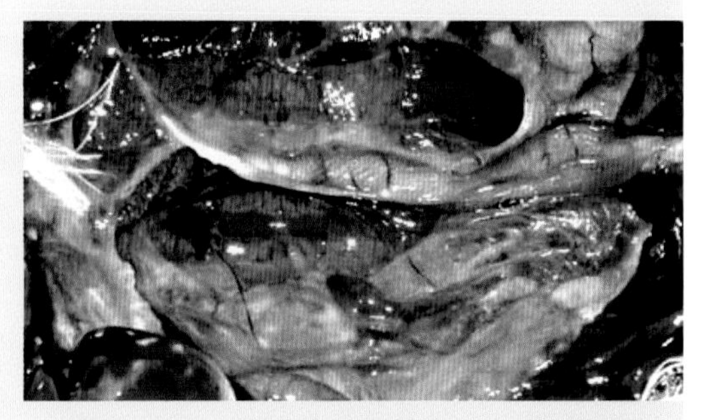

图6-114 病雏鸡输卵管内有干酪样物质

图6-115 雏鸡严重的纤维素性心包炎、肝周炎和气囊炎，一侧输卵管增粗

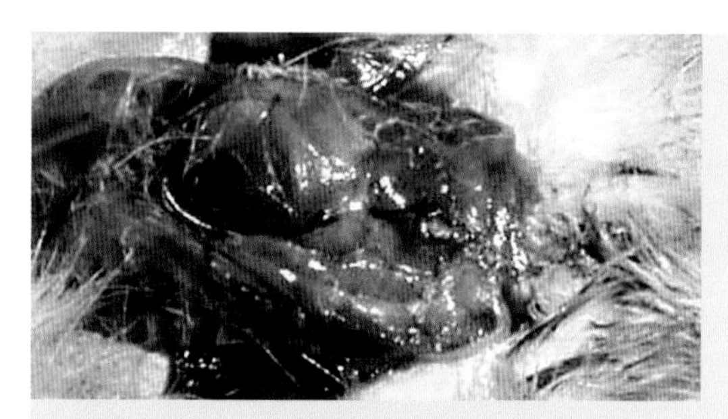

图6-116　雏鹅脐带炎，脐孔闭合不全

图6-117　雏鸭脐带炎，腹部膨大、脐孔闭合不全，周围皮肤红肿

图6-118　母鸭卵巢炎，卵巢变形、褪色

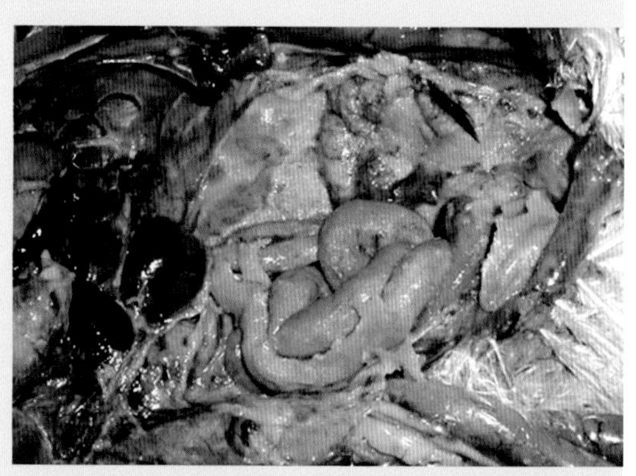

图6-119　卵泡破裂，腹腔内有凝卵样物质，肠管粘连

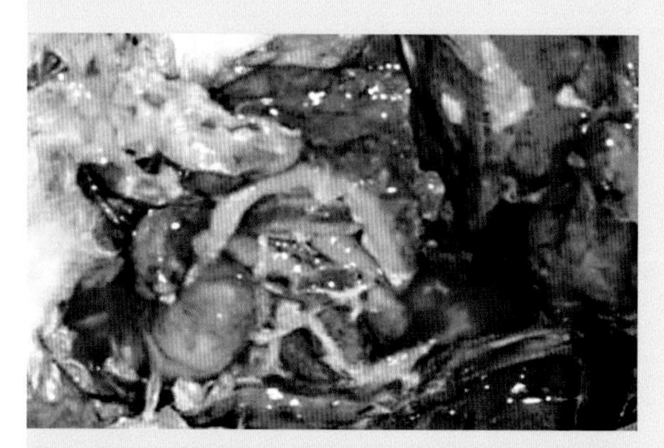

图6-120　腹腔内有干酪样渗出物和乌绿色腹水

图6-121 纤维素性肝周炎，肝深褐色，腹腔内有凝卵样物

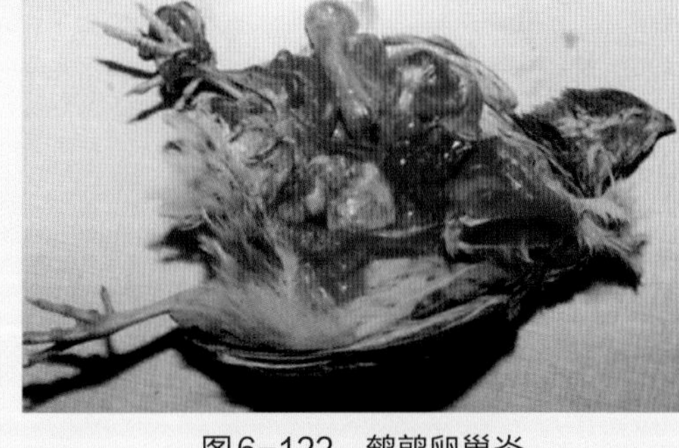

图6-122 鹌鹑卵巢炎

图6-123 鹌鹑卵巢炎，渗出物呈凝卵样

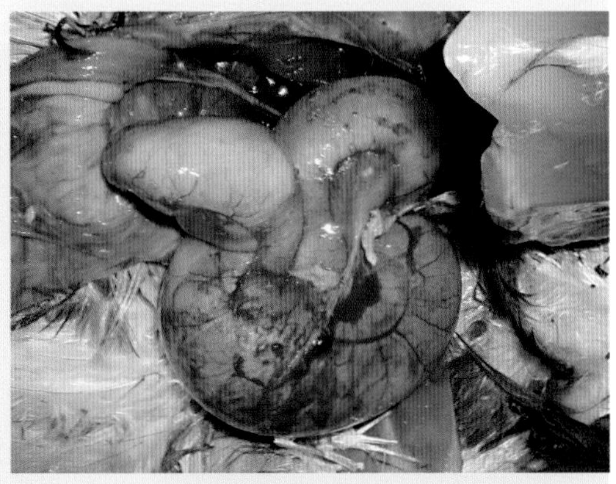

图6-124 病鸡输卵管异常膨胀，管壁变薄，浆膜充血

图6-125 病鸡输卵管内有白色干酪样栓子

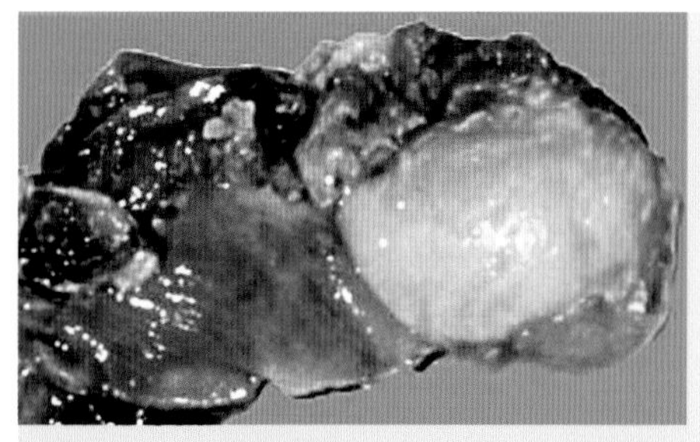

图6-126　病鸡输卵管内卵圆形干酪样内容物

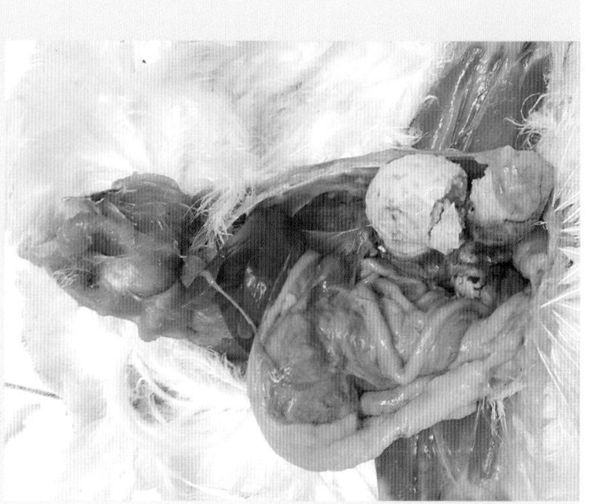

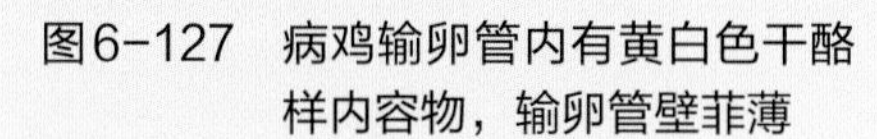

图6-127　病鸡输卵管内有黄白色干酪样内容物，输卵管壁菲薄

图6-128　病鸡输卵管黏膜脱落

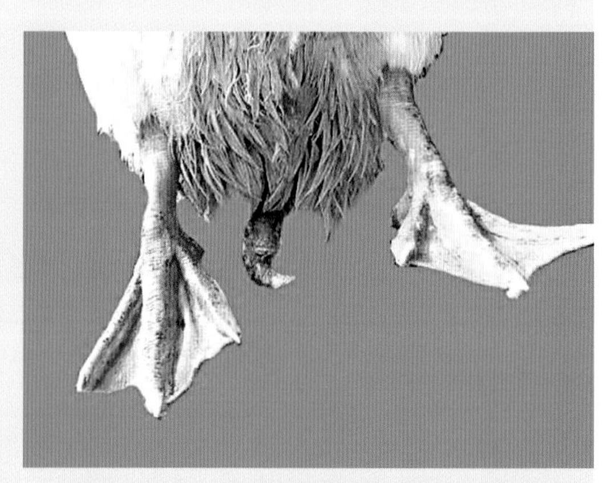

图6-129　公禽阴茎脱出，红肿、发炎

图6-130　鹌鹑肺部肉芽肿，肝脏灰白色坏死点

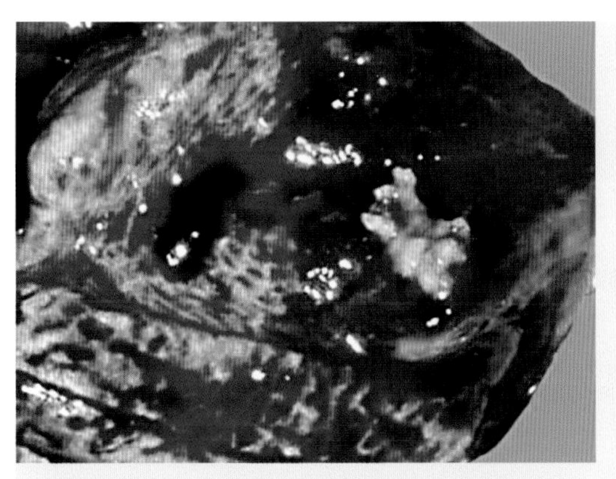
图6-131 鸽右肺切面有黄白色肉芽增生

图6-132 病鸡头部皮下结缔组织肉芽肿

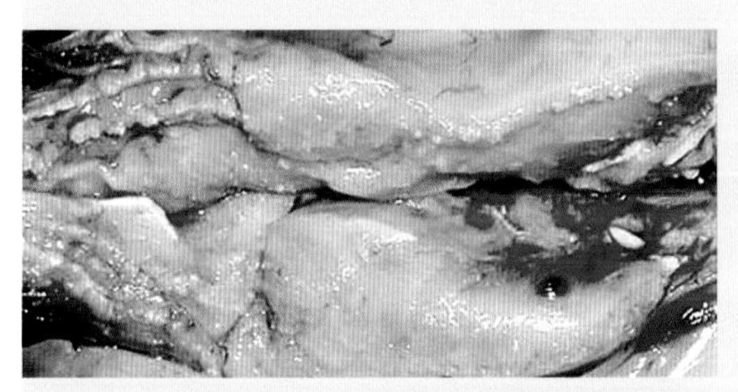
图6-133 病鸡腿肌肉芽肿

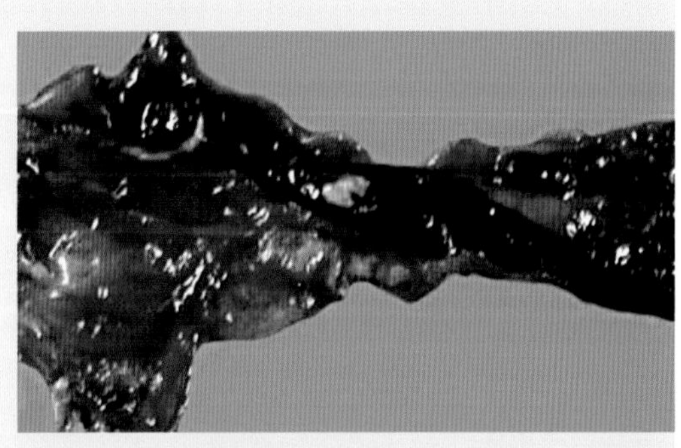
图6-134 病鸽直肠黏膜出血、坏死，内有绿色粪便

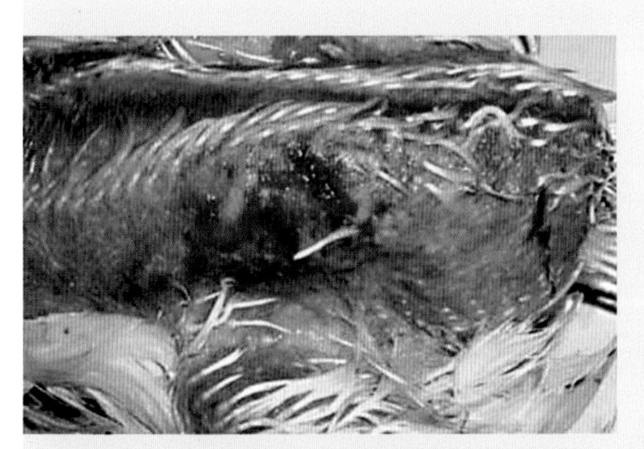
图6-135 病变部位皮肤发红、破损

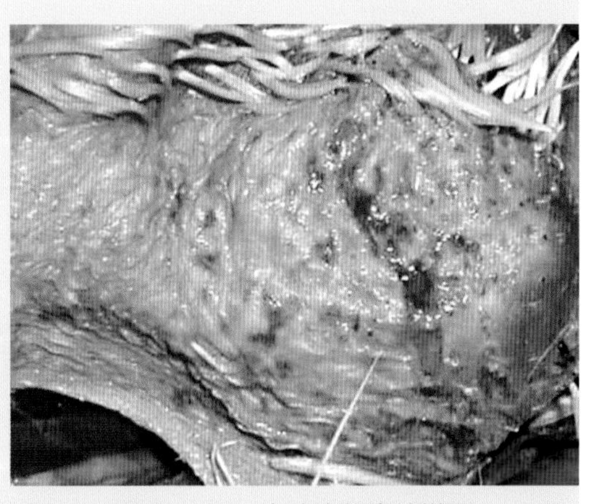
图6-136 肉鸡腹部皮肤增厚

图6-137　肉鸡腹部皮肤变硬

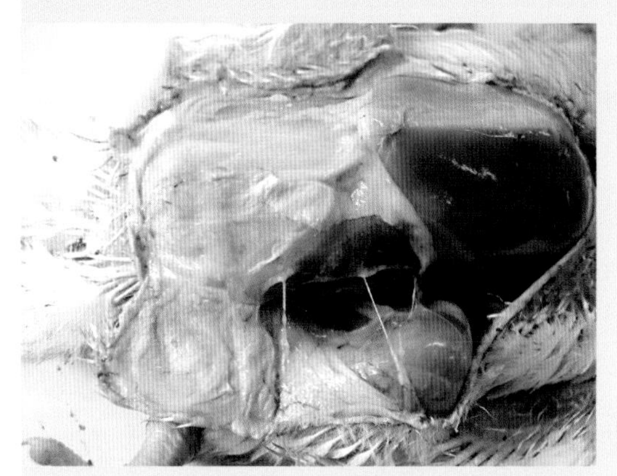

图6-138　大肠杆菌性皮下蜂窝织炎，肉鸡腹部皮下有白色干酪样坏死

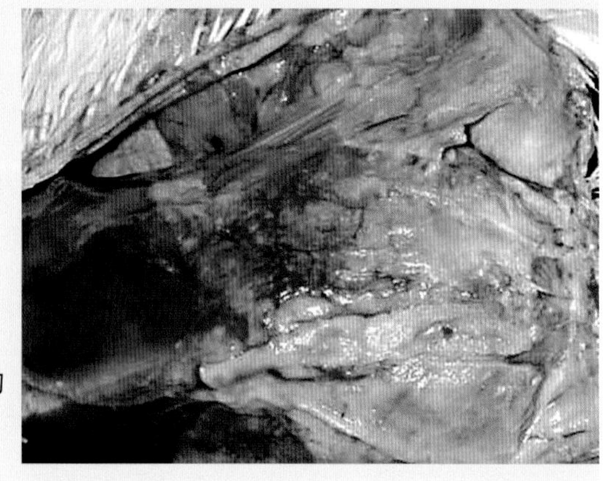

图6-139　肉鸡皮下有黄白色干酪样坏死物

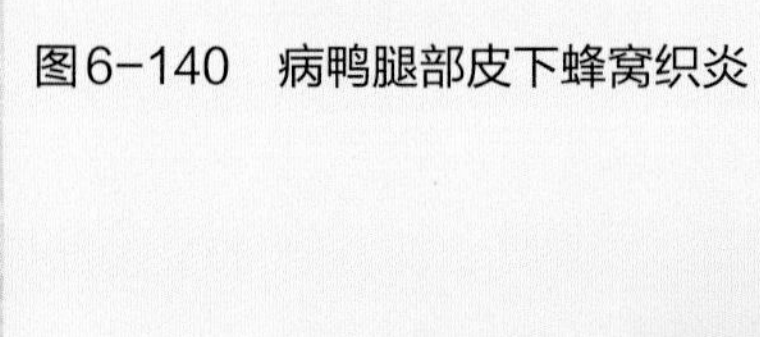

图6-140　病鸭腿部皮下蜂窝织炎

图6-141　病鸡颈部皮下坏死水肿

六、鸡传染性鼻炎

（Infectious Coryza）

鸡传染性鼻炎是由副鸡嗜血杆菌引起的鸡的一种急性呼吸道传染病，以颜面肿胀、流鼻液、甩鼻、流泪为特征，产蛋鸡产蛋量严重下降，是严重危害养鸡业的细菌性疾病。

【病原特征】副鸡嗜血杆菌为革兰氏阴性多形性小杆菌，幼龄培养物有两极着色的特性。不形成芽孢，无鞭毛，不能运动。有毒力菌株可能带有荚膜。本菌兼性厌氧，对营养要求高，常用的培养基为巧克力琼脂培养基，在5% CO_2条件下生长良好。本菌的抵抗力很弱，在宿主体外很快被灭活。副鸡嗜血杆菌有A、B、C 3个血清型，目前我国鸡群中流行的优势菌株为A型。

【流行特征】传染性鼻炎可发生于各种年龄的鸡，但随着年龄的增加，其易感性增强，4周龄以上鸡多发。发病鸡、慢性带菌鸡和康复带菌鸡是主要传染源，病原主要经呼吸道传播，也能经消化道传播。本病传播迅速，一旦发生，很快波及全群。死亡率多数情况下较低，尤其是在流行的早、中期鸡群很少有死亡出现。一年四季均可发生，但寒冷季节发病率明显升高。

传染性鼻炎发生及严重程度与环境应激、混合感染等因素密切相关，鸡群密度过大、鸡舍通风不良、氨气浓度过高、寒冷潮湿、不同年龄的鸡混群饲养、营养缺乏等都易诱发本病。当有其他病原混合感染或继发感染时，将会明显加重病情，并导致较高的死亡率。

【临床特征】本病潜伏期1 ~ 3天，病程2 ~ 3周。病初发热，食欲减退，精神不振，打喷嚏，流出浆液性、黏液性或脓性鼻涕，结膜发炎，颜面部水肿，一侧或两侧眼睛肿胀闭合，呼吸困难，有啰音，病鸡频频甩头。多数病鸡排绿色稀便。雏鸡和育成鸡生长发育停止，产蛋鸡产蛋量急剧下降10% ~ 40%，但蛋的品质变化不大，少有死亡。种蛋受精率和孵化率下降，孵出的弱雏增多。

【大体病变】处于不同病程病鸡黏膜充血、出血、水肿，鼻窦内蓄积有水样、灰白色黏液样或干酪样渗出物。颌下及颜面部皮下组织水肿，呈胶冻样，病程稍长者，呈白色干酪样。产蛋鸡卵泡变形、破裂，有时可见卵黄性腹膜炎。

【实验室诊断】用无菌棉拭子从病鸡鼻窦深部或气管采样，直接划线于血琼脂平板，然后再用葡萄球菌在平板上划线，置厌氧培养箱，37℃培养24 ~ 48小时，葡萄球菌周边可长出细小的“卫星菌落”，即可确诊。针对副鸡嗜血杆菌的PCR可直接从病料中检出病原，检出率优于细菌分离培养，已经成为替代病原分离培养的快速诊断方法。

【防治要点】实施“全进全出”的生产模式，禁止不同日龄的鸡群混养；严禁从疫区购入种蛋、种苗及其家禽产品。搞好环境卫生，加强饲养管理是本病的重要措施。鸡舍应保持良好的通风，做好舍内外的卫生消毒工作，避免过分拥挤，饲料中适当补充维生素A。常发鸡场可采用灭活疫苗预防本病，但由于不同血清型之间无交叉保护作用，鉴于我国也有B、C血清型菌株的感染，在流行菌株血清型不明确的鸡场，使用多价灭活疫苗效果显然更好。通常4～5周龄首免，4月龄二免。

对发病鸡群可用敏感抗菌药物等进行治疗，可迅速控制病情，但不能消除带菌状态，治疗时间一般为5～7天，在鸡发病期间，每天应对圈舍、用具及环境消毒1～2次，以免反复感染。

图6-142　病鸡精神沉郁、呼吸困难

图6-143　病鸡流浆液性鼻涕，肉髯及下颌肿胀

图6-144　病鸡流出黏液性鼻涕

图6-145 病鸡流出白色脓性鼻涕

图6-146 病鸡眶下窦肿胀，流出黏液血性鼻涕

图6-147 病鸡一侧颜面部水肿

图6-148 病鸡颜面部肿胀，呼吸困难，流鼻涕

图6-149 病鸡排出绿色稀便

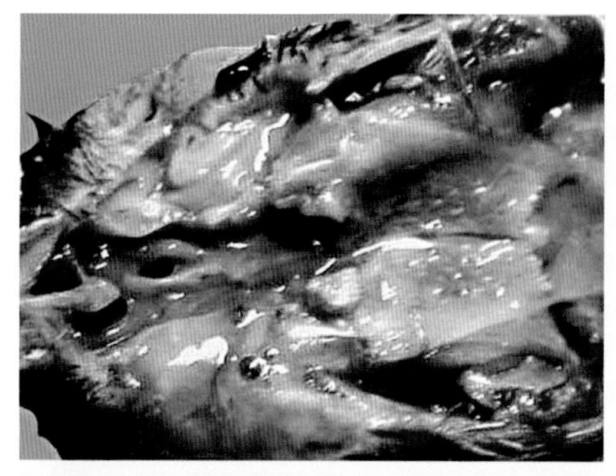

图6-150 病鸡鼻窦内有白色黏液性分泌物

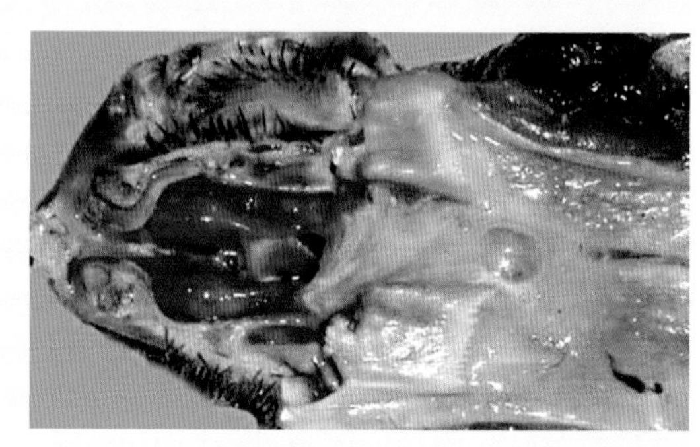

图6-151 病鸡鼻黏膜充血水肿，鼻窦内有大量黏液

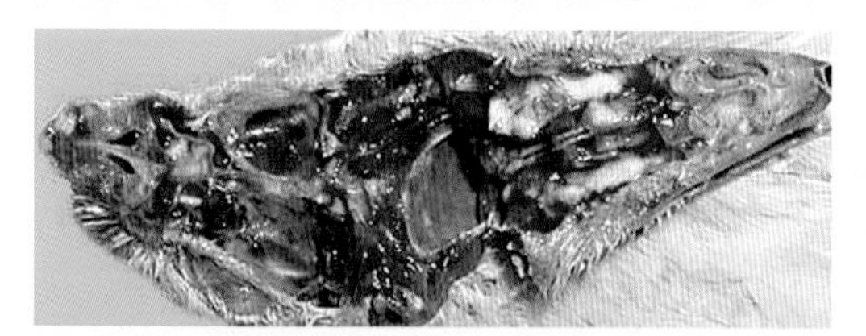

图6-152 病鸡鼻黏膜出血，鼻窦内有干酪样渗出物

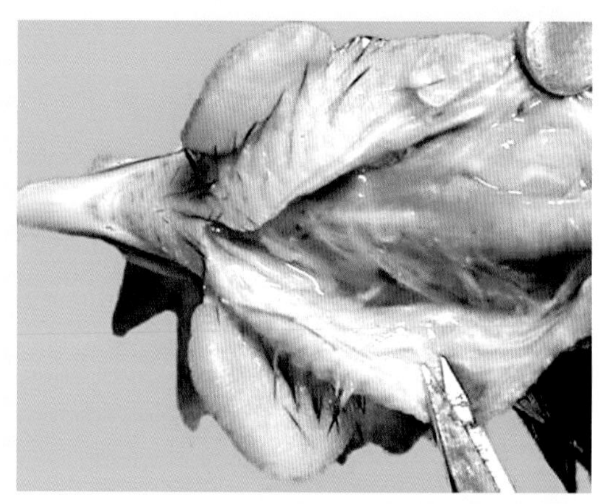

图6-153 病鸡颌下皮下胶样水肿

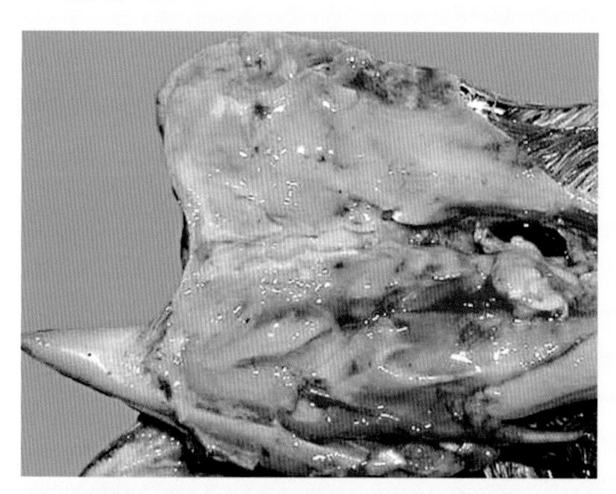

图6-154 病鸡颈部皮下干酪样坏死

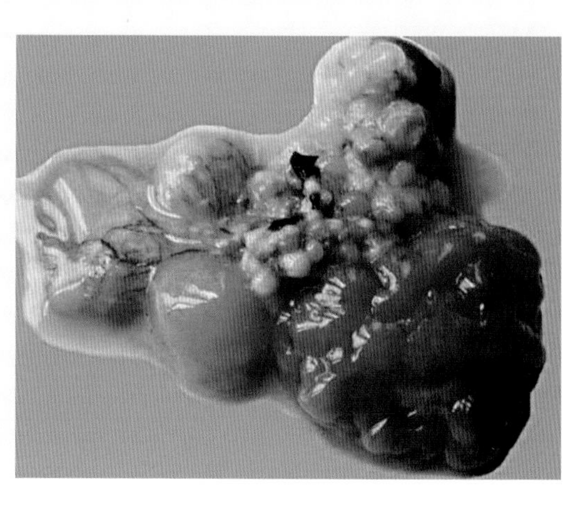

图6-155 病鸡卵泡出血、变形

七、禽葡萄球菌病

（Staphylococcosis）

禽葡萄球菌病主要是由金黄色葡萄球菌引起的家禽各种疾病的总称，是家禽常见的细菌性传染病。病的表现有多种形式，主要包括葡萄球菌性败血症、关节炎、腱鞘炎、脚垫肿、胸骨囊肿、坏死性心肌炎、化脓性全眼球炎、心内膜炎等。此外，本菌能产生肠毒素，常常在家禽屠宰加工过程中污染胴体而引起人类食物中毒，因而具有重要的公共卫生学意义。

【病原特征】金黄色葡萄球菌是革兰氏染色阳性球菌，老龄培养物超过24小时或耐青霉素菌株可呈革兰氏染色阴性。本菌无鞭毛，无荚膜，不产生芽孢。固体培养物涂片，呈典型的葡萄状排列，在脓汁或液体培养物中呈短链状排列。在鲜血平板上培养24小时能形成中等大小的金黄色菌落，出现溶血环。本菌对热、消毒剂等理化因素的抵抗力较强。

【流行特征】各种年龄的家禽均易感，雏禽敏感性高。30～70日龄鸡多发，以地面平养、网上平养鸡多见。孵化后期鸡胚、鸭胚也可因感染死亡。不同禽场的发病率、死亡率差异较大，鸡死亡率最高可达75%以上。另外，应激或造成机体抵抗力下降的一切因素，如长途运输、室温或气候骤变、饲养方式改变、饲料改变、通风不良、群体质衰弱，以及其他疫病的继发，皆可诱发本病。

【临床特征】

1. 鸡葡萄球菌感染

临床症状复杂，常表现出以下几种症状：

（1）急性败血症　多见于1月龄左右的肉用鸡，体温升高，精神沉郁，食欲下降，羽毛蓬乱，腹泻，翼下、下腹部等处有局部炎症，病死率较高。

（2）皮炎　葡萄球菌病常继发于鸡传染性贫血，可引起坏疽性皮炎，主要症状是胸腹部、翅、大腿内侧等病变处有浆液性的渗出液，呈现紫黑色的浮肿，轻抹羽毛脱落，有时有破溃。葡萄球菌也可引起鸡体表外伤化脓，如种母鸡本交时头皮被公鸡啄伤部位易出现化脓性感染，伤口红肿或结痂，内有白色脓汁。

（3）脚垫肿和关节炎　多见于年龄较大的青年鸡，散发病例脚垫肿见于足趾间及足底形成较大的脓肿；关节炎见于跗关节和趾关节肿胀、热痛、化脓，病鸡不愿行走或跛行。

（4）鸡胚葡萄球菌病　鸡胚一般在孵化后期（17～20日龄）死亡，已出壳雏鸡腹部膨大，脐部红肿，个别病雏跗关节肿大，多在出壳后24 ~ 48小时死亡。

2. 鸭葡萄球菌感染

（1）关节炎型　中鸭或种鸭多见。趾关节和跗关节及其邻近腱鞘红、肿、痛，跛行，不愿走动，后期肿胀部位变硬。

（2）内脏型　成年鸭多见。临床多无明显变化，有时可见精神、食欲改变或腹部下垂等。

（3）脐炎型　1 ~ 3日龄雏鸭多见，病鸭弱小，怕冷，半闭目；腹部膨大，脐部红肿，甚至坏死。多因继发败血症或因衰弱被挤压死亡。

（4）皮肤型　多见于3 ~ 10周龄鸭。皮肤损伤局部的继发感染，皮肤坏死、皮下有脓液。母鸭多因交配时被公鸭趾尖划破皮肤感染。

3. 鹅葡萄球菌感染

鹅一般因蹼或趾划破感染。急性病例常表现病变关节局部肿胀、热痛。也可见结膜炎和腹泻。病程6 ~ 7天。慢性病例主要表现关节肿胀，跛行，不愿走动，久之肿胀处发硬。常在2 ~ 3周后死亡。

【大体病变】

1. 急性败血型

心脏、肝脏、脾脏等实质器官肿胀、出血，肺脏出血呈深紫色，肠黏膜弥漫性出血。

2. 皮炎型

坏疽性皮炎病鸡翅膀、颈部、腹部等局部羽毛脱落，皮肤水肿、坏死、破溃，流出红棕色液体，与周围羽毛粘连，病变部皮下充血、出血、溶血，有紫黑色液体，有时可见感染部位皮肤充血、出血，局部形成暗红色的干燥结痂；肌肉点状或条纹状出血。皮肤化脓性感染，可见局部皮肤破损，伤口红肿或结痂，痂皮下可见黄白色脓汁或干酪样坏死物。

3. 内脏型

内脏型病禽肝脏、脾脏等实质器官可见大小不一、数量不等的化脓病灶。

4. 关节型

跗关节及趾关节肿胀，皮肤充血、出血，关节滑膜囊肿大，关节囊积液或有黄白色脓性、干酪样渗出物。

【实验室诊断】根据临床症状及病理变化不难诊断，结合细菌分离鉴定可以确诊。无菌采集病死禽的皮下、关节腔渗出液或内脏器官、鸡胚卵黄囊液等病料，抹片镜检，可见典型的葡萄球菌。将上述非污染病料接种血琼脂平板，37℃培养24 ~ 48小时，观察菌落特征；污染病料可接种甘露醇-高盐培养基。可疑菌落抹片染色镜检，纯化后通过菌落色素、溶血性、凝固酶和D-甘露醇发酵试验进行鉴定。

【防治要点】防治本病的关键是做好平时的预防工作。加强饲养管理，消除易导致家禽外伤的因素，保持笼、网、圈舍地面的光滑平整，垫料宜松软；合理调整饲养密度，注意控制圈舍温度、湿度和通风；搞好环境卫生，定期消毒。对发病禽群，可选用敏感抗菌药物进行治疗。由于金黄色葡萄球菌对药物极易产生耐药性，因此，治疗本病时最好事先进行药敏试验。

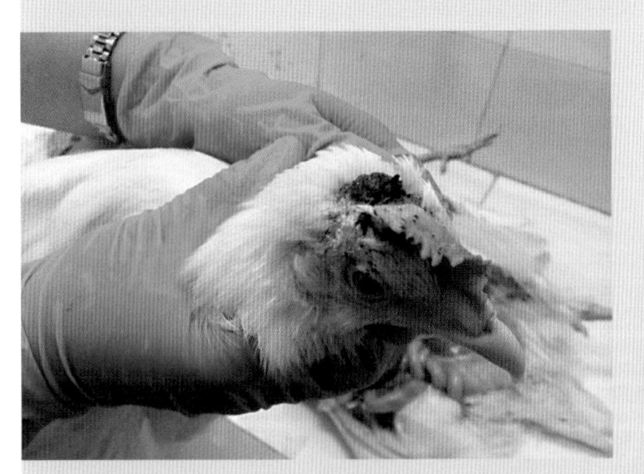

图6-156 病鸡头部皮肤损伤，结痂

图6-157 病鸡头部皮肤化脓创

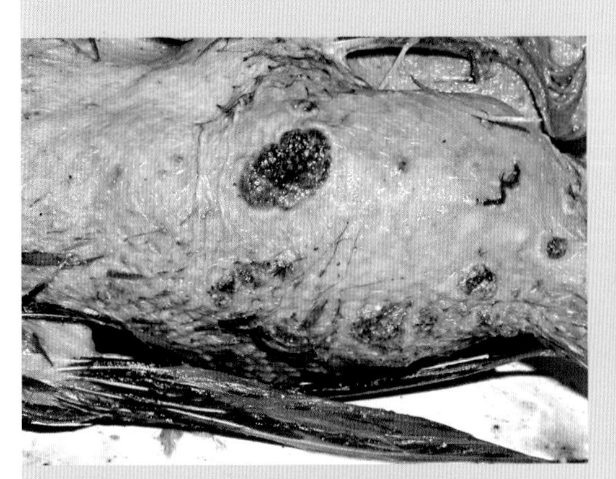

图6-158 病鸡皮肤局部感染，结痂

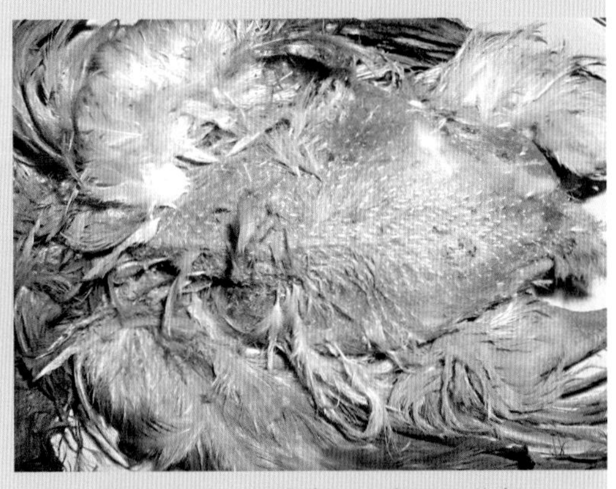

图6-159 病鸡皮下出血呈深紫色

图6-160 病鸡背部皮肤损伤、结痂、羽毛脱落

图6-161 病鸡翅部皮肤坏死，羽毛脱落

图6-162　病鸡颅骨骨膜出血，皮肤坏死、皮下有脓汁和胶冻样渗出物

图6-163　病鸡腿部和爪部皮肤出血、坏死

图6-164　病鸡趾掌部皮肤破损、关节红肿

图6-165　病鸡趾掌部皮肤破损、关节红肿

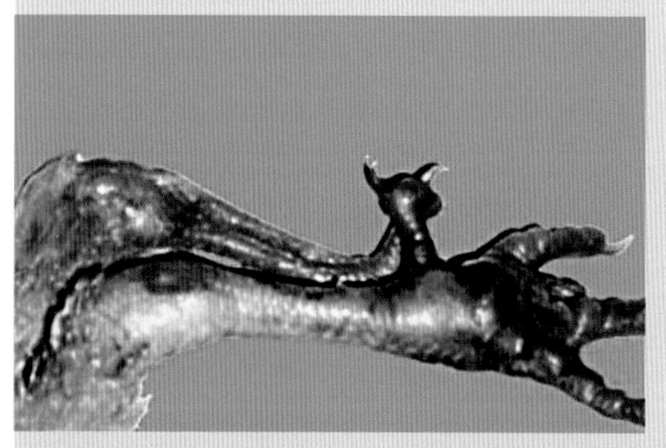

图6-166　病鸡跗关节及趾掌关节肿胀

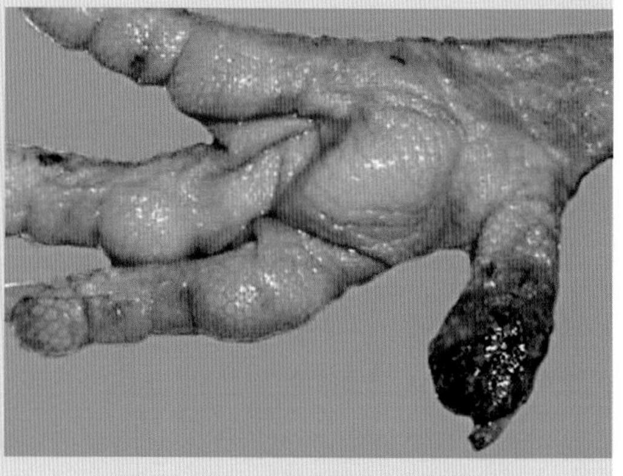

图6-167　病鸡趾尖干性坏死

图6-168 病鸡腿部皮下和肌肉出血

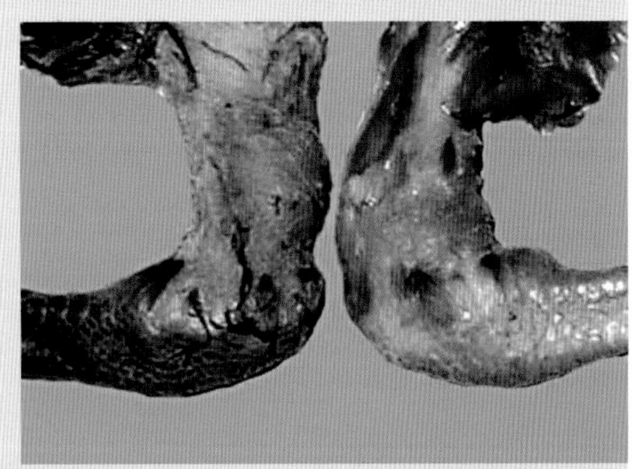
图6-169 病鸡跗关节肿胀

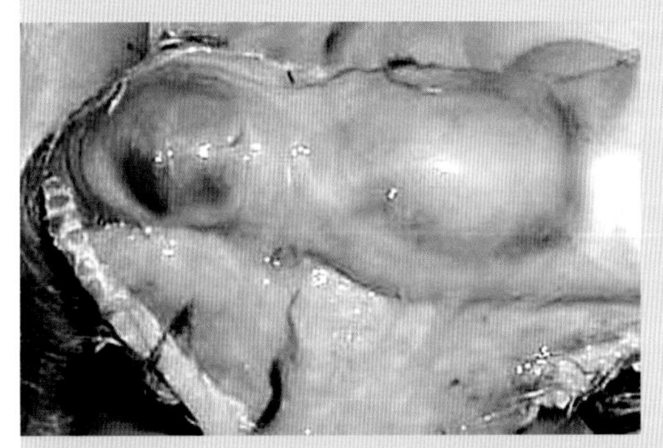
图6-170 病鸡跗关节滑液囊肿大

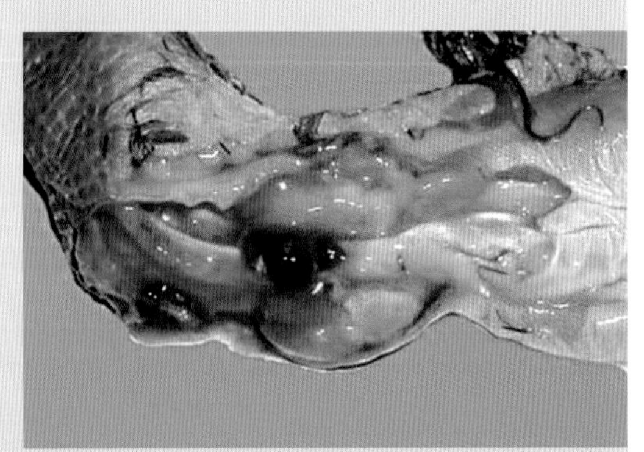
图6-171 病鸡跗关节囊内有血凝块和血性分泌物

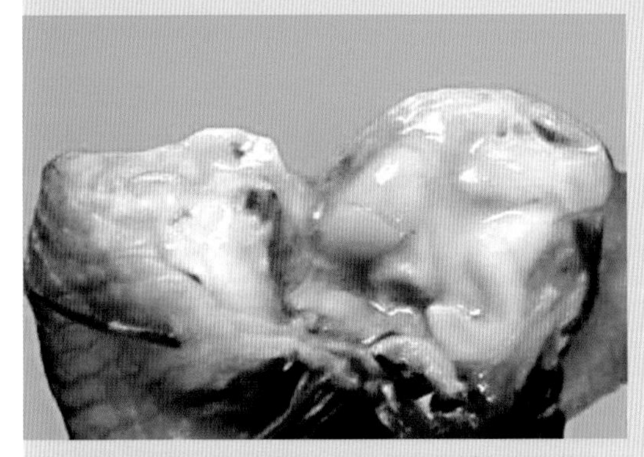
图6-172 病鸡跗关节腔内有脓性分泌物

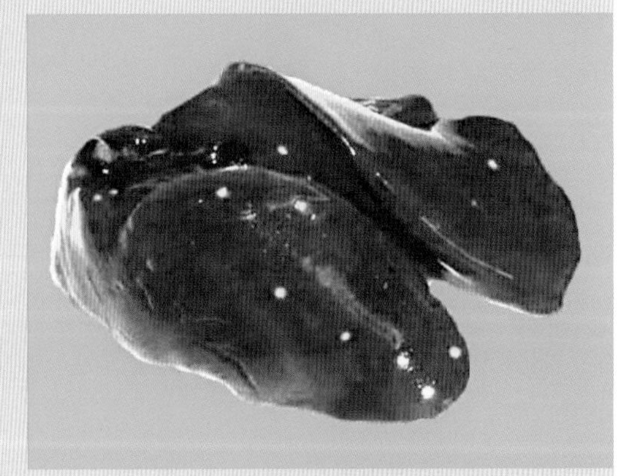
图6-173 病鸡肝脏多发性化脓灶

图6-174　病鸡肝脏的多发性坏死灶

图6-175　病鸡肝脏灰白色坏死病灶

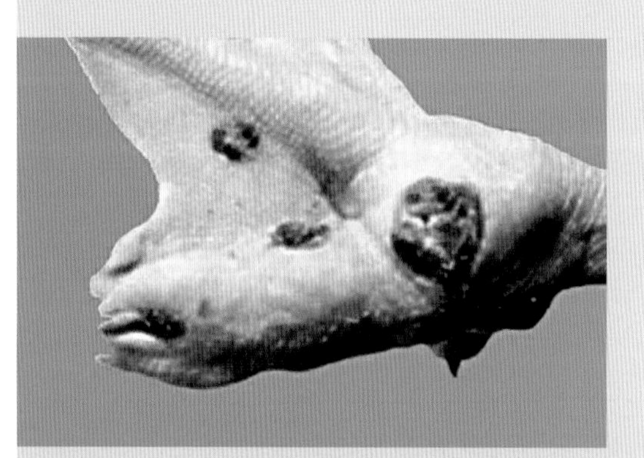

图6-176　病鸭趾掌关节肿胀、坏死

图6-177　病鸭趾关节多发性肿胀，脚鳞皮肤干燥、破损

图6-178　病鸭趾掌关节肿胀、坏死

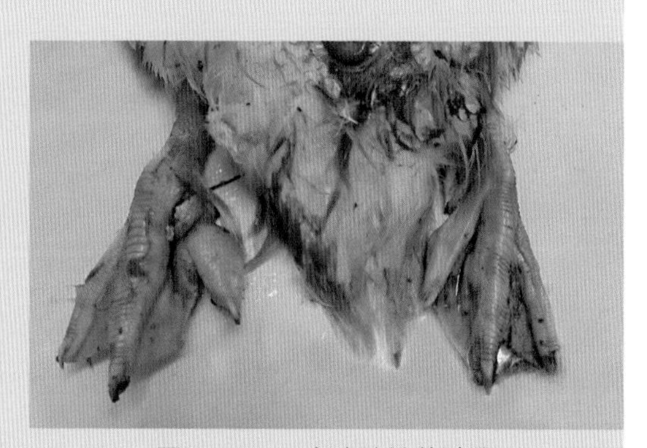

图6-179　病鸭趾关节肿胀

图6-180 病鸭趾关节多发性脓肿

图6-181 病鸭趾掌关节和跗关节多发性脓肿

图6-182 病鸭化脓性关节炎，站立困难

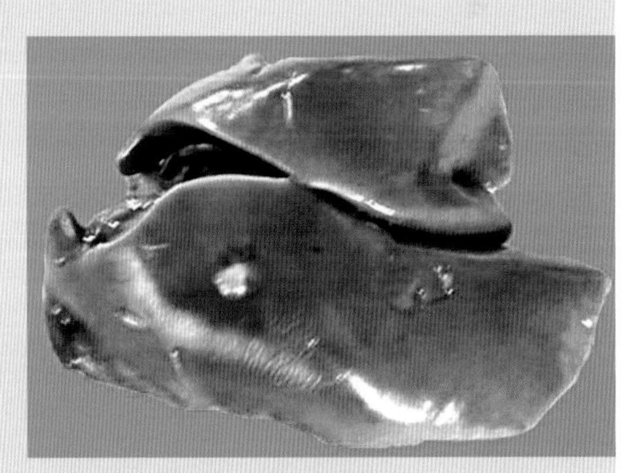

图6-183 病鸭肝脏黄染，有化脓灶

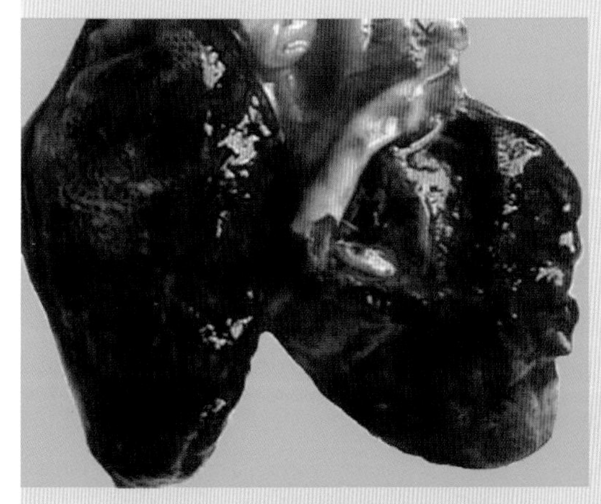

图6-184 病鸭肺脏出血、液化

图6-185 病鹅趾掌关节红肿，不愿站立

八、鸡弧菌性肝炎

（Avian Campylobacter Hepatitis）

鸡弧菌性肝炎又称鸡弯曲杆菌病，是由空肠弯曲杆菌引起的细菌性传染病。以肝脏肿大、坏死、高发病率、低死亡率及慢性经过为特征。

【病原特征】病原为革兰氏阴性菌，呈逗点状、S形或ε形等，老年培养物成球状，具多形性。无芽孢，一端或两端单鞭毛。微需氧，在含2.5%～5%的氧气、5%～10%的CO_2和85%～92.5%的N_2等混合气体的培养环境中生长好，最适生长温度42～43℃。

【流行特征】自然发病仅见于鸡，一般为散发，多见于开产前后的鸡，雏鸡也可感染并带菌。饲养管理不善、应激、滥用抗菌药物导致肠道菌群失调等是本病诱因。病鸡或带菌鸡是主要的传染源，病原经消化道传播。

【临床特征】本病无特征性症状。本病发病较慢，病程较长，病鸡精神不振，进行性消瘦，鸡冠苍白、萎缩、干燥无光，病死率2%～15%。患病鸡群开产推迟，初产母鸡产沙壳蛋、软壳蛋增多，不易达到产蛋高峰，高峰期蛋鸡产蛋下降25%～35%。

【大体病变】本病的特征性病变主要在肝脏。肝脏肿大出血或被膜下出血，血肿界限清楚，大小不等，肝脏硬化、黄染，10%的病鸡肝脏有特征性的局灶性坏死灶——黄白色星状坏死灶或菜花样坏死区，有时出血和坏死同时存在；心包积液，心肌黄染或苍白，有坏死点；脾脏肿大，有黄白色梗死；肠扩张，积有水样液；肾脏苍白、肿大、出血；其他组织器官苍白，腹腔内有血性腹水，胆囊肿胀，胆汁稀薄；蛋鸡卵泡萎缩，输卵管浆膜严重出血，内有完整的蛋，腹腔内常因肝脾破裂而积有大量乌黑色血性腹水。

【实验室诊断】根据临床症状及病理变化可作出初步诊断，确诊需进行病原分离鉴定。

取病禽的肝脏、脾脏触片，革兰氏染色，镜检可见革兰氏阴性弯曲的小杆菌；细菌分离培养则需采取病禽肝胆汁、肝脏或心包液，制成1：10的悬液，加入杆菌肽锌，注入6～8日龄鸡胚卵黄囊内，继续孵化3～5天，鸡胚死亡后，用卵黄液涂片，革兰氏染色镜检，可见典型的菌体；PCR可用于细菌分离株的鉴定，也可直接用于病料的检测。

【防治要点】本菌是条件性致病菌，应激或其他疾病存在是本病暴发的诱因。

加强饲养管理，控制好寄生虫病、细菌病，定期添加益生菌维持鸡群肠道菌群的平衡，减少应激，增强机体抵抗力，有利于本病的预防。定期对圈舍、用具和环境进行消毒，切断传播途径对本病的预防具有重要意义。发病鸡群用敏感抗菌药物治疗迅速控制病情。由于本菌在加工过程中污染鸡肉制品引起人类的食物中毒，因此，应加强对本病的检疫，在屠宰检验中发现病鸡应及时拣出并进行无害化处理。

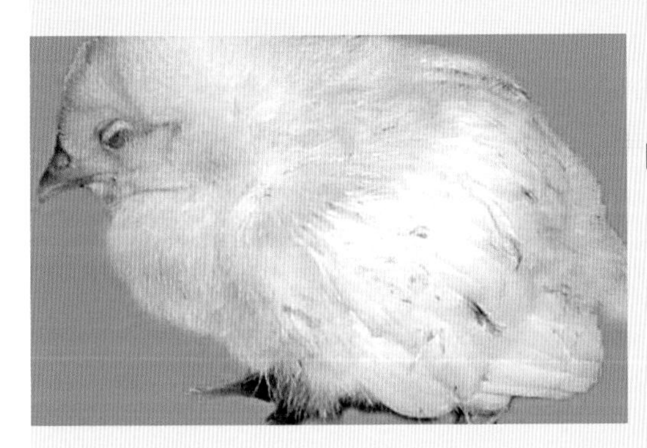

图6-186 病鸡精神沉郁

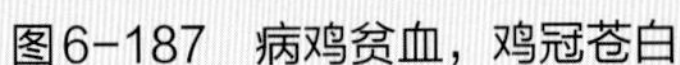

图6-187 病鸡贫血，鸡冠苍白

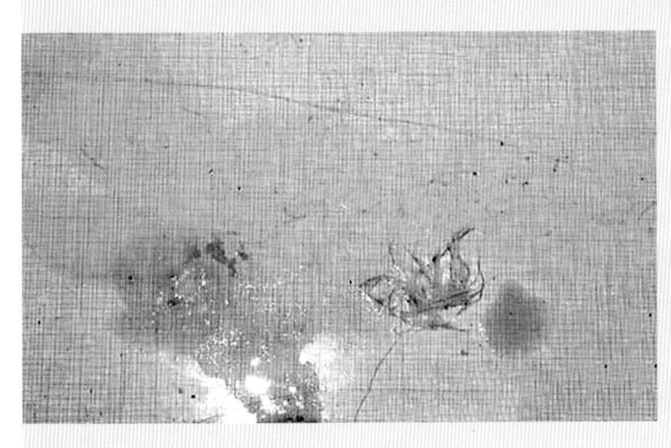

图6-188 黄白色水样稀便

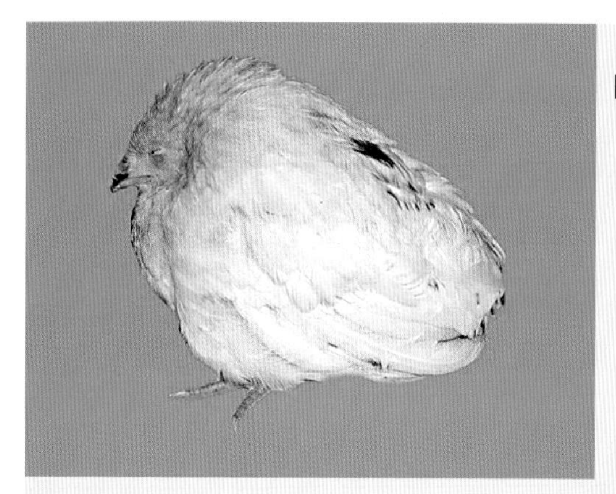
图6-189 病鸡腿软无力，不能站立

图6-190 病鸡肝肿胀、黄染、出血，血性腹水

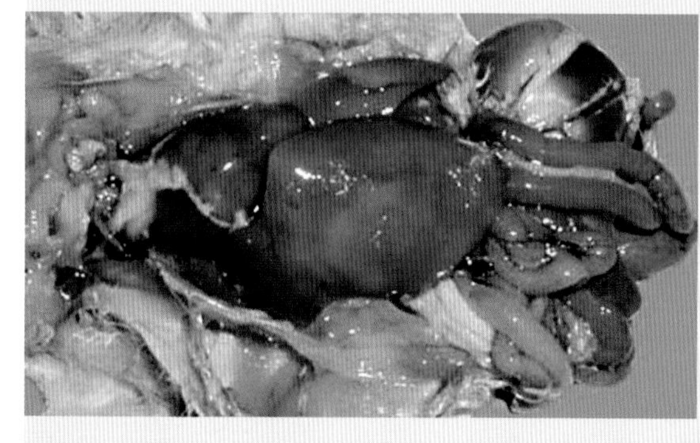
图6-191 病鸡肝脏黄染，腹腔内有血性腹水

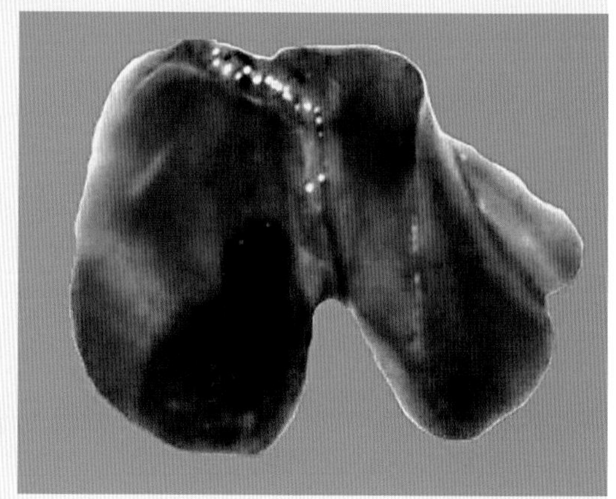
图6-192 病鸡肝脏肿胀、黄染，被膜下血肿

图6-193　病鸡肝脏黄染，肝脏被膜下出血

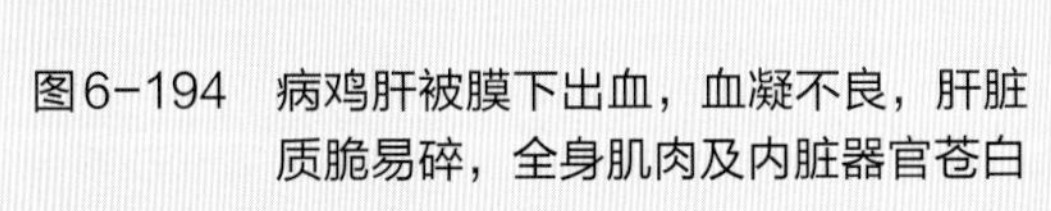

图6-194　病鸡肝被膜下出血，血凝不良，肝脏质脆易碎，全身肌肉及内脏器官苍白

图6-195　病鸡肝脏被膜下多发性血肿，腹腔内有不凝血

图6-196　病鸡肝脏褪色、质脆，被膜下出血

图6-197　病鸡肝脏表面特征性坏死灶

图6-198　病鸡肝脏星状坏死和出血斑同时存在

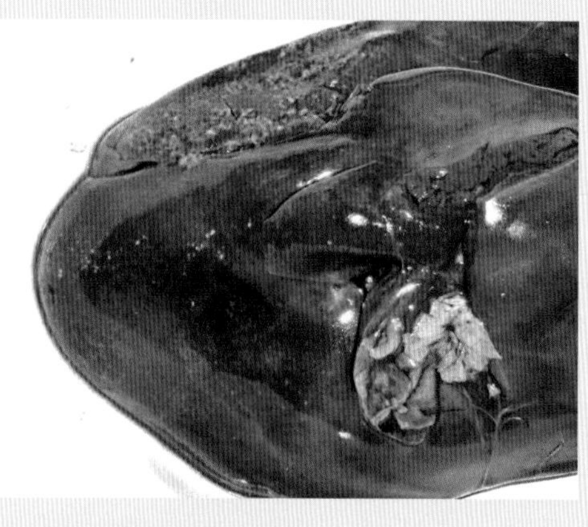

图6-199　病鸡肝脏肿胀，边缘钝圆，腹面有坏死和出血灶

图6-200　病鸡肝脏肿胀、坏死和出血灶

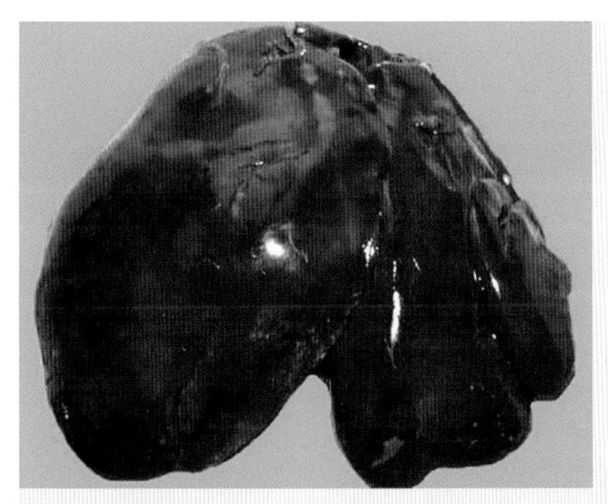

图6-201　病鸡肝脏肿胀出血，表面有黄白色坏死灶

图6-202　病鸡肝脏出血、坏死

图6-203　病鸡肝脏特征性出血坏死病变

图6-204　病鸡子宫内有完整的蛋，子宫浆膜严重出血

九、小鸭传染性浆膜炎

(Infectious Serositis in Duckling)

小鸭传染性浆膜炎是由鸭疫里默氏菌感染引起家鸭、鹅、火鸡及其他家禽和野禽的一种急性或慢性败血性传染病，以纤维素性心包炎、肝周炎、气囊炎和干酪性输卵管炎为特征，是严重危害养鸭业的重要细菌性传染病之一。

【病原特征】鸭疫里默氏菌为里默氏菌属成员，是革兰氏阴性、无运动性、不形成芽孢的小杆菌，有荚膜，瑞氏染色可见两极着色。本菌的分离菌株至少存在21个血清型，我国目前至少存在13个血清型（即1～8、10～11、13～15型），不同血清型之间没有交叉免疫保护。本菌对理化因素的抵抗力不强，对多数抗菌药物及常用消毒剂敏感。

【流行特征】本病呈全球性分布，在我国家鸭中发病频率高，主要侵害1～8周龄鸭，以2～3周龄雏鸭最严重，多在症状出现后1～2天死亡，成年鸭和1周龄以内的鸭不发病。本病主要经消化道、呼吸道和破损的皮肤、黏膜感染。发病率、死亡率与感染雏鸭的年龄、毒株的毒力、饲养管理水平和应激因素等有密切联系，一般为5%～75%。本病一年四季均可发生，秋冬季节尤甚。

【临床特征】病初患鸭精神沉郁，缩颈，腿发软，不愿意走动或步态不稳，眼、鼻流出浆液性或黏液性分泌物，眼周羽毛被污染形成"黑眼圈"，排黄白色、绿色或黄绿色稀粪；病程稍长可见神经症状，头颈扭曲或仰卧，双腿划动呈游泳状，粪便稀薄呈黄绿色。耐过鸭生长发育不良，丧失饲养价值。

【大体病变】特征的病变是浆膜表面纤维素性渗出，以纤维素性心包炎、肝周炎和气囊炎最为常见，心脏、肝脏、气囊表面均覆盖有大量白色或黄白色的纤维素性渗出物，脾脏肿大呈花斑状。有神经症状的病例，脑膜水肿、充血。关节肿胀病例，跗关节内有多量乳白黏稠状的液体。少数病例有输卵管炎。

【实验室诊断】根据临床症状、病理变化可做出初步诊断，确诊仍需进行病原分离鉴定。采集病鸭心血、脑组织及肝脏，接种于血液琼脂或加有0.05%酵母浸出物的胰酶大豆琼脂平板，置5%～10% CO_2培养箱中37℃培养24～72小时，鸭疫里默氏菌可形成灰白色、不透明的中等大小的黏性菌落，取培养物涂片染色，进行形态学鉴定，进而进行生化鉴定。平板凝集试验或琼脂扩散试验可用于分离菌株的血清型鉴定。PCR可直接从临床病料中检出本菌，也可用于分离菌株的鉴定。

【防治要点】有效的预防措施是加强饲养管理，搞好环境卫生，减少各种应激因素。受本病污染的鸭场，可在鸭易感年龄段投服敏感药物进行预防。我国已有血清1型单价和血清1、2型双价灭活疫苗，于雏鸭于出壳后3 ~ 7日龄接种，7 ~ 10天能产生有效的免疫保护，在一次免疫后间隔2周加强免疫1次，效果更好。对发病鸭群可用抗菌药物进行治疗，但因为鸭疫里默氏菌易产生耐药性，因此，流行地区最好分离细菌进行药敏试验，选择敏感药物进行治疗。

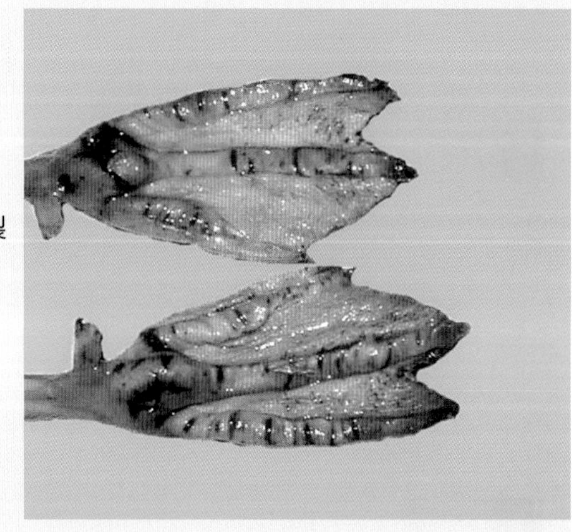
图6-205　小鸭蹼底皮肤皲裂

图6-206　病鸭精神沉郁，腿无力，不愿意走动

图6-207　病鸭精神委顿、流眼泪、流鼻液

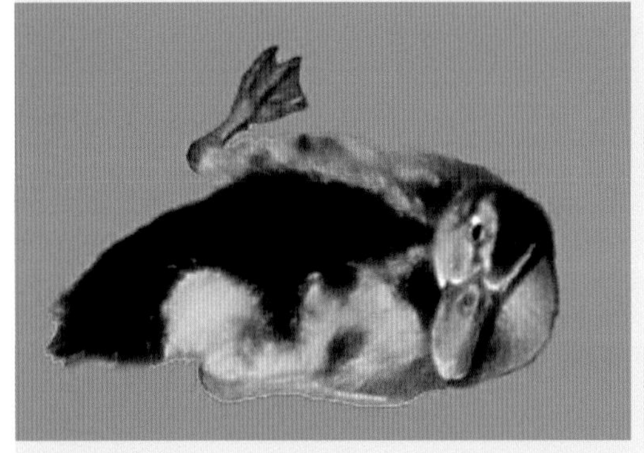
图6-208　病鸭神经症状，站立不稳，头颈弯曲摇摆

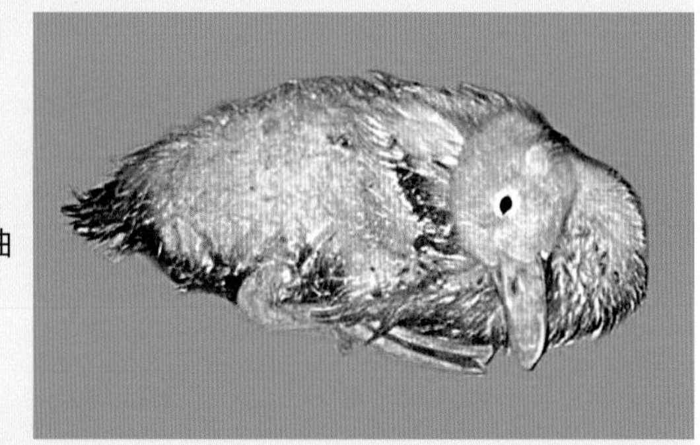
图6-209　病鸭神经症状，头颈弯曲

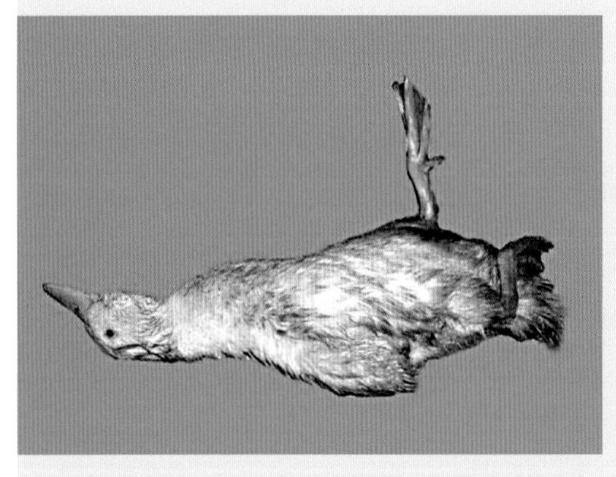
图6-210　病鸭仰卧，两腿乱蹬，呈游泳状

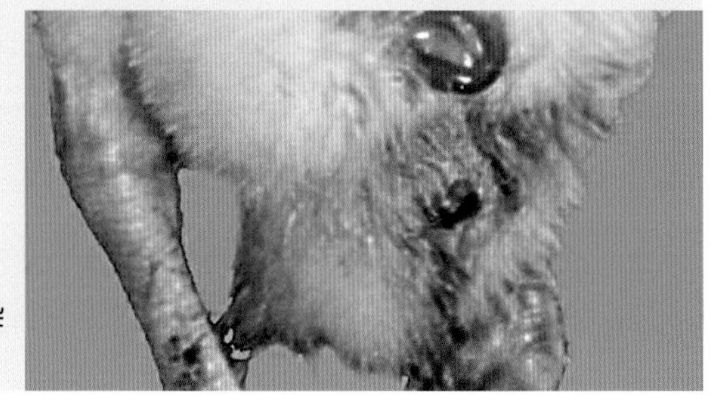
图6-211　病鸭腹泻，粪便呈黄绿色，污染肛周羽毛

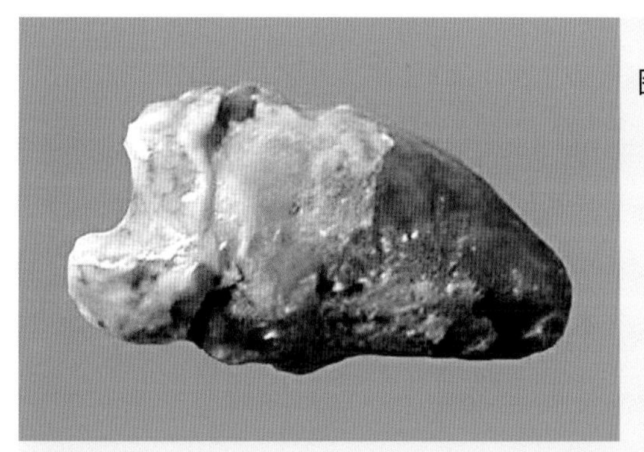

图6-212 病鸭纤维素性心包炎

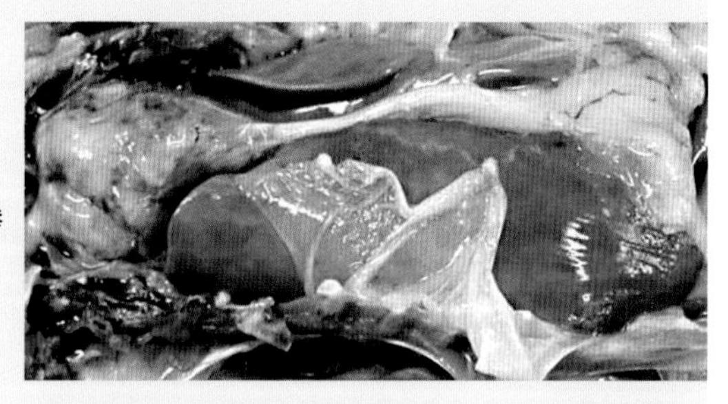

图6-213 病鸭心包、肝周有厚厚的纤维素性渗出物包围

图6-214 病鸭肝周炎、心包炎

图6-215 病鸭纤维素性肝周炎、心包炎

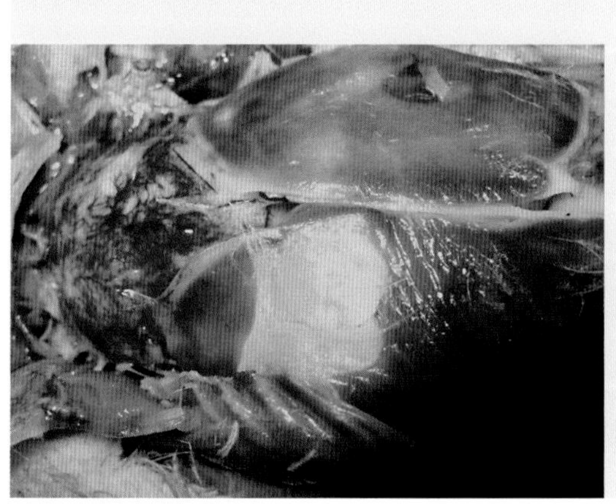

图6-216 病鸭严重的纤维素性肝周炎、心包炎

图6-217　病鸭纤维素性心包炎、肝周炎

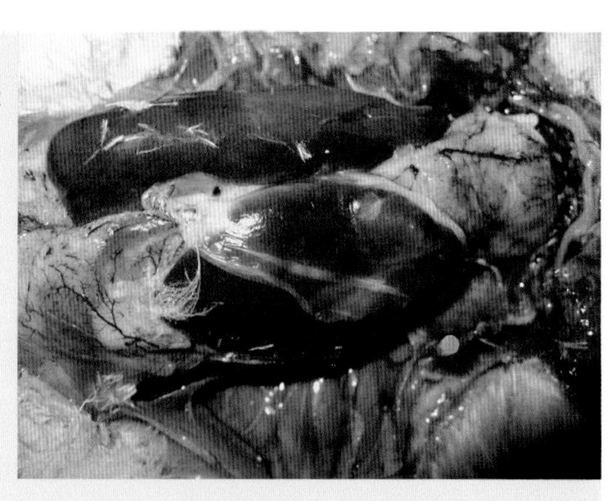

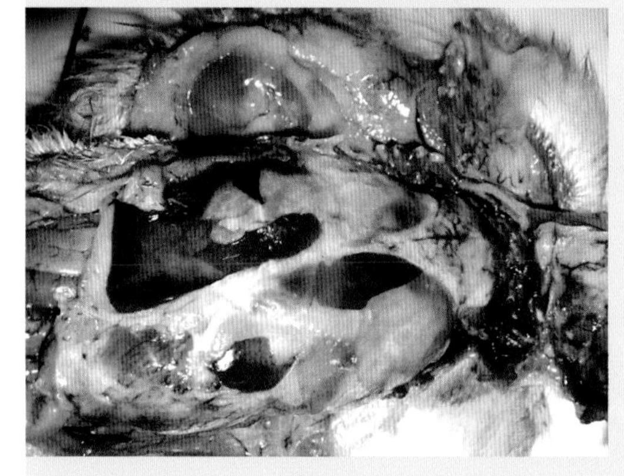

图6-218　病鸭纤维素性肝周炎、心包炎

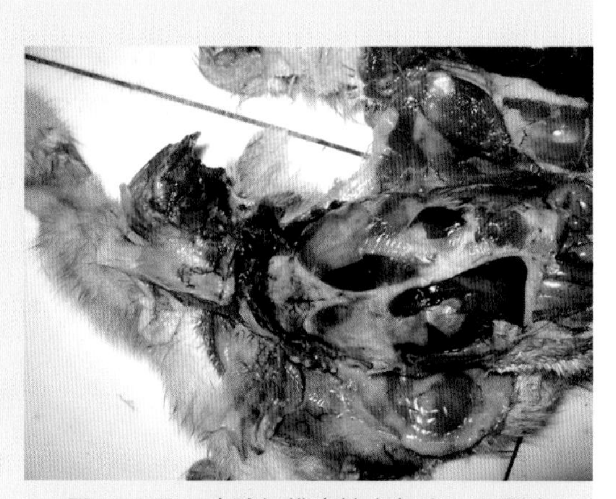

图6-219　病鸭纤维素性心包炎、肝周炎

图6-220　病鸭纤维素性肝周炎、心包炎

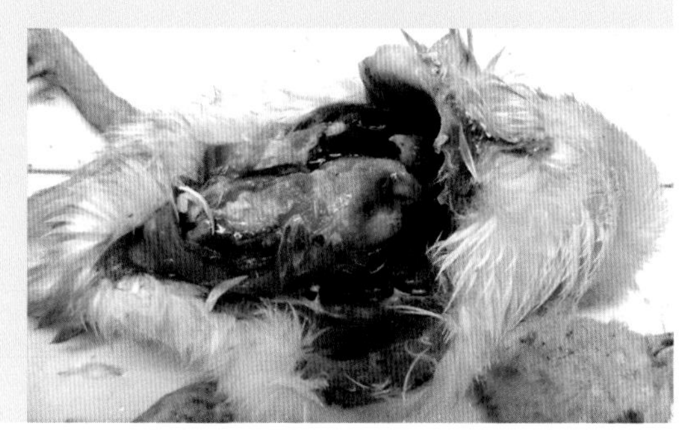

图6-221　病鸭严重肝周炎

十、鸡绿脓杆菌病

（Infection of Pseudomonas Aeruginosa in Chicken）

鸡绿脓杆菌病是由绿脓杆菌引起的新生雏鸡的一种急性、败血性传染病。近年来本病在我国时有发生，已成为威胁养鸡业发展的重要疾病之一。

【病原特征】绿脓杆菌（*Pseudomonas aeruginosa*）又称铜绿假单胞菌，是假单胞菌属的成员，革兰氏染色阴性，菌体细长且长短不一，菌体有一端单鞭毛，能运动。有菌毛，有时有荚膜，不形成芽孢。该菌主要产生绿脓素和蓝绿色色素两种色素，其生长使培养基或脓汁呈绿色，故此得名。

【流行特征】本病一年四季均可发生，以春季多见。雏鸡最易感，多见于1～35日龄，发病率和死亡率高低不一，有时可高达50%，随着日龄增加，抵抗力增强。感染主要发生在集约化养鸡场，通常由于外伤所致，以注射马立克氏病疫苗不当引起的感染最为常见。

【临床特征】病鸡精神极度沉郁，不食，震颤，角膜或眼前房混浊。病程1～3天，很快死亡。病程稍长可见病鸡腹泻，粪便稀薄，呈淡绿色水样。

【大体病变】通常在病鸡头颈部或胸腹部皮下出现淡绿色胶冻样浸润。肝脏轻度肿大，有出血点和小坏死灶。卵黄吸收不良，内容物呈干酪样。

【实验室诊断】根据流行病征、临床症状及病理变化等仅能对本病做出初步诊断，确诊需进行病原分离鉴定。取病变部位组织、水肿液或内脏器官，接种于普通培养基，再根据菌落形态、特殊芳香气味及色泽，结合显微镜检查、生化试验等确诊。

【防治要点】切实做好种蛋收集、贮存、入孵、孵化中期和出雏中的消毒工作。接种疫苗时，应注意对器械严格消毒，尽量避免接种感染。也可在接种前后2～3天用药物进行预防。对病鸡应及时淘汰，全群口服强力霉素、氟苯尼考等，有一定疗效。

图6-222　病鸡精神沉郁

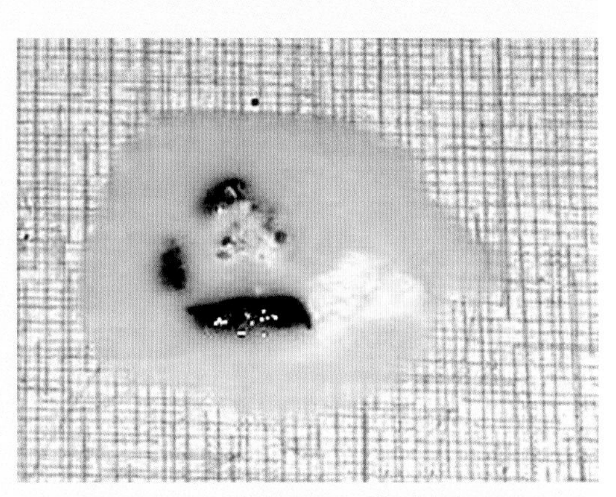

图6-223　病鸡腹泻，排出白色稀便

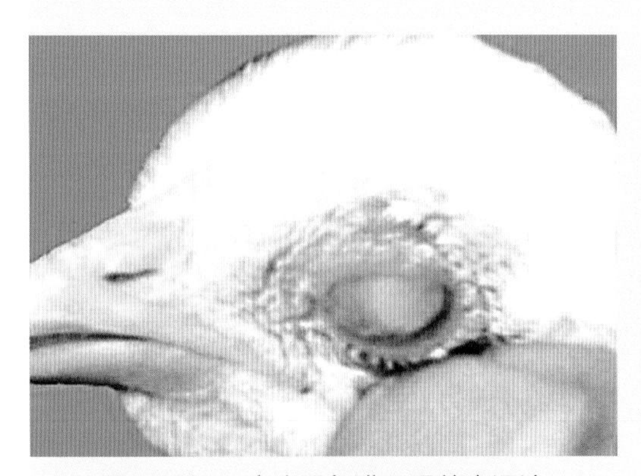

图6-224　病鸡眼角膜及眼前房混浊

图6-225　乌骨鸡颈部皮下胶冻样浸润

图6-226　病鸡头部皮下胶冻样浸润

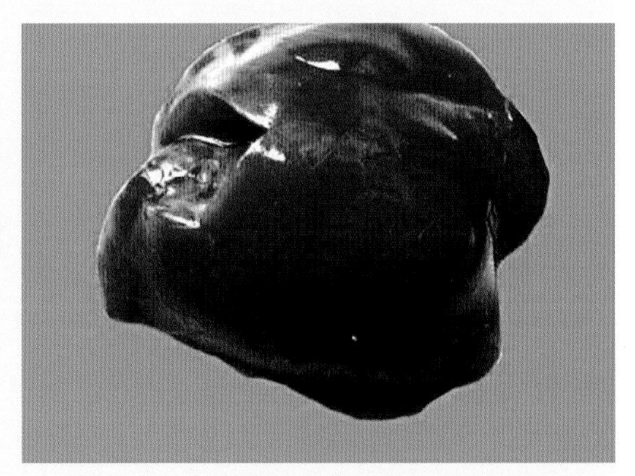

图6-227　病鸡肝脏黄染出血，有小坏死灶

十一、禽结核

（Tuberculosis）

本病是由禽结核分支杆菌引起的多种家禽和野禽的慢性接触性传染病。以内脏出现结核结节及体重明显减轻为特征。

【病原特征】引起家禽结核的结核分支杆菌是禽分支杆菌禽亚种。该菌菌体呈多形性，呈杆状、球状或链球状，在陈旧的培养物或干酪样病变组织中菌体可见分支现象，不形成芽孢和荚膜，无运动性。本菌为专性需氧菌，对营养要求严格。对外界环境的抵抗力强，对干燥的抵抗力尤为强大，但对热、紫外线较敏感，对化学消毒剂抵抗力较强。

【流行特征】所有鸟类都可感染，家禽中以鸡最敏感，不同品种、不同年龄的家禽都易感染，以老龄家禽特别是在淘汰、屠宰家禽中多见。本病主要是经呼吸道和消化道传染，污染的受精蛋也可造成传染，还可发生皮肤伤口传染。鸡群饲养管理不当、密闭式鸡舍、气候骤变、运输工具污染等可促进本病的发生。

【临床特征】病情发展缓慢，早期多无明显的症状，发病后期可见病鸡精神沉郁，进行消瘦，鸡冠、肉髯苍白，严重贫血。若有肠结核，可见明显下痢，最后衰竭而死。关节结核病例，可呈跛行。

【大体病变】特征性病变为：在肺脏、脾脏、肝脏、肠壁及系膜等组织器官见有多个黄白、灰黄色的大小不等的结核结节，一般为圆形，粟粒大至黄豆粒大，多个病灶可融合形成集结，切面为黄白色干酪样物质。

【实验室诊断】取疑似病死禽的病料抹片，抗酸染色，检出红色有分支趋势的杆菌，即可确诊；也可于一侧肉髯接种结核菌素0.1毫升（2 500国际单位），24 ~ 48小时后判定结果。若肉髯肿胀超过对侧肉髯厚度的3 ~ 5倍，也可确诊。此法多用于禽结核检疫。

【防治要点】病禽无治疗价值，发现病禽应及时淘汰。目前尚无商用疫苗。严格执行卫生消毒措施，加强饲养管理，对预防本病的发生有作用。

图6-228　病鸡精神沉郁，卧地不起

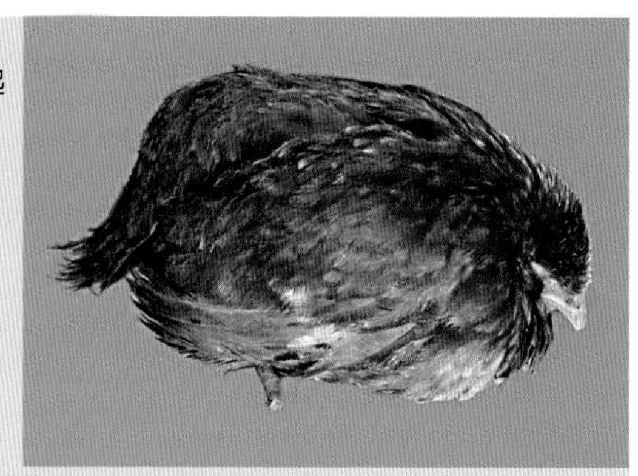

图6-229　病鸡消瘦，胸骨弯曲变形

图6-230　病鸡肝脏结核结节

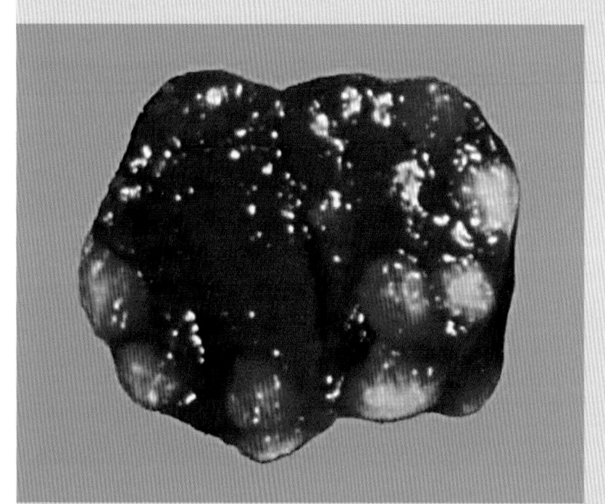

图6-231　病鸡脾脏结核结节

图6-232　病鸡肺脏散布大量黄白色结核结节

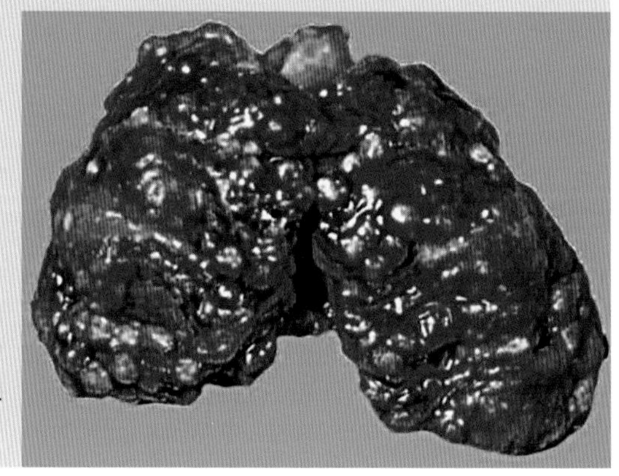

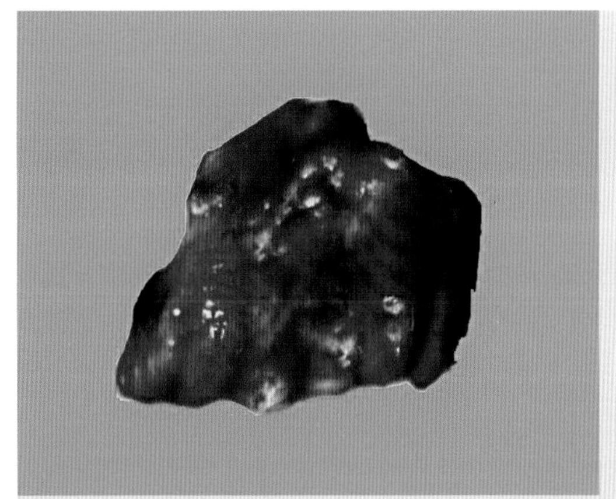
图6-233 病鸡肺脏有结核结节

图6-234 病鸽肾脏结核结节

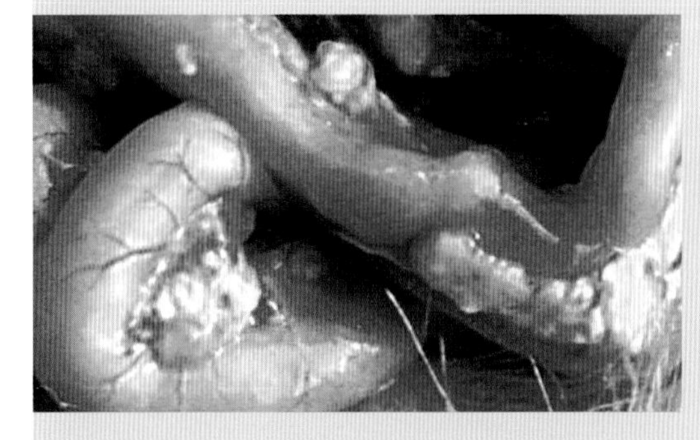
图6-235 病鸡肠道结核结节

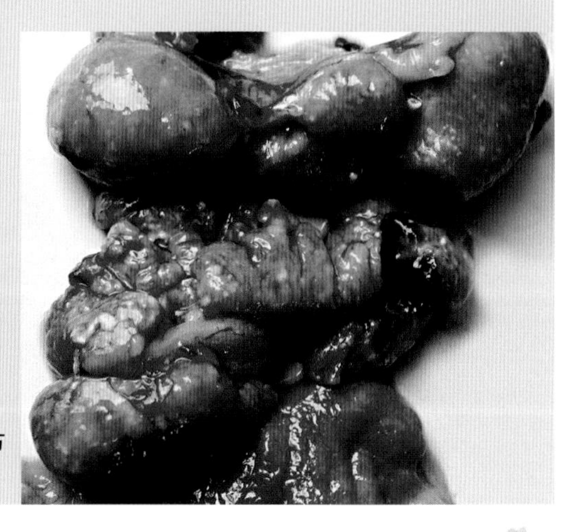
图6-236 病鸡肾脏黄白色结核结节

十二、禽坏死性肠炎

（Necrotic Enteritis）

禽坏死性肠炎是由产气荚膜梭菌引起家禽的一种急性散发性传染病。以小肠黏膜坏死为特征。

【病原特征】坏死性肠炎的病原为A型或C型产气荚膜梭菌。革兰氏染色阳性，两端钝圆的粗大杆菌，单个或成双排列，在机体内可形成荚膜，无鞭毛，芽孢呈卵圆形，位于菌体中央或近端，芽孢直径小于菌体宽度，芽孢的形成不引起菌体变形，但一般情况下鲜有芽孢形成。A型产气荚膜梭菌产生的α毒素、C型产气荚膜梭菌产生的α、β毒素是引起感染禽肠黏膜坏死的直接原因。

【流行特征】主要危害2～5周龄雏鸡、雏鸭。3～6月龄蛋鸭也可感染发病；肉仔鸡的发病率为1.3%～37.3%。本病以消化道传播为主，污染的饲料、土壤、水、灰尘、垫草等是主要的传染来源，球虫病、组织滴虫病、饲料中蛋白质含量过高、肠黏膜损伤及污染环境中产气荚膜梭菌增多等因素存在，都可促进本病的发生。

【临床特征】多数病禽病程较短，呈急性死亡，常无明显的临床症状。病程稍缓者可见精神高度沉郁，羽毛蓬乱，食欲减退，不愿走动，常卧地不起，腹泻，粪便呈黑褐色或煤焦油样，有时粪便中可见脱落的肠黏膜。病禽肛周甚至整个体表被粪便和污物污染。慢性病例，病禽生长受阻，体重减轻，贫血，最终衰竭死亡。

【大体病变】多数病鸡腹腔内脏器官发黑并散发出腐臭气味，严重病例腹腔内有红褐色或黑色混浊而黏稠的渗出物。特征性病变主要在小肠，尤其是后端肠管，肠浆膜面有红色或黄白色坏死灶，肠管扩张，充满气体，内有黑褐色肠内容物，有时可见血凝块或豆腐渣样内容物，肠壁增厚，表面有厚厚的一层灰黄色或污绿色的假膜，剥离假膜，可见肠黏膜脱落，有的可见深达肌层的溃疡灶；肝脏充血肿大，有不规则的坏死灶。鸭坏死性肠炎除有上述病变外，种鸭卵巢严重充血、出血，输卵管伞及卵泡呈紫黑色，输卵管黏膜严重淤血、出血、坏死，内有灰白色干酪样坏死物。

【实验室诊断】取病鸡肠内容物、坏死部位肠黏膜刮取物接种于血琼脂平板，37℃厌氧培养24小时，出现双层溶血环，再通过观察形态及检测染色特征、生化特征进行鉴定。由于本菌是家禽肠道中的常在菌，分离菌株需经动物试验证实其对动物的致病性。

【防治要点】加强饲养管理和环境卫生工作，强化消毒和通风换气，避免饲养密度过大和垫料堆积，合理贮藏饲料，防止有害细菌的大量繁殖，减少应激，天气剧变时及时投服抗菌药物和抗应激药物等措施，能有效预防本病的发生。对病禽用敏感抗菌药物治疗。

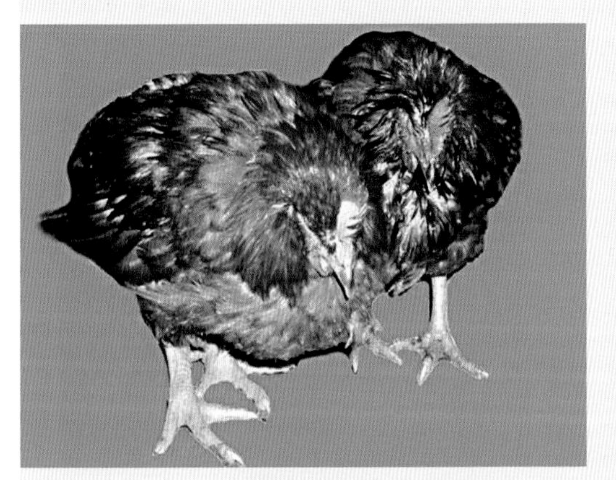

图6-237　病鸡精神沉郁，不愿意走动

图6-238　患病蛋鸭虚弱，站立困难，常卧地不起

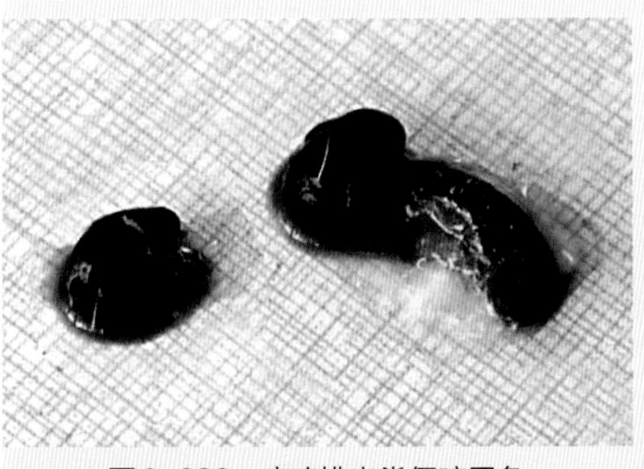

图6-239　病鸡排出粪便暗黑色

图6-240　病鸡肠道臌气、极度膨胀、坏死，内有黑褐色肠内容物，脾脏淤血、肿胀

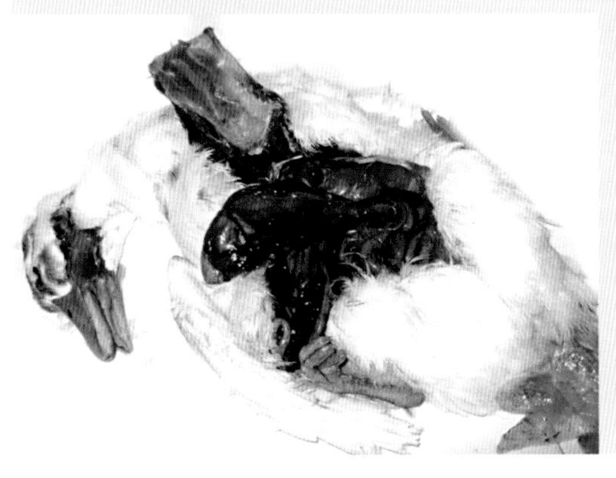

图6-241　病鸭整个肠道变黑

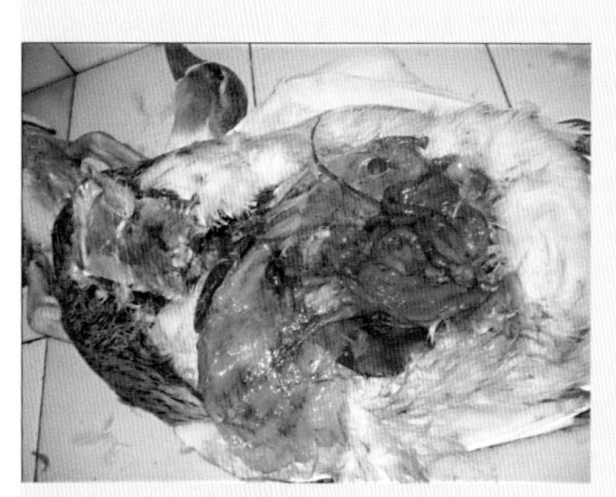

图6-242 种鸭坏死性肠炎，肠管壁出血、坏死

图6-243 产蛋鸭肠管和腹腔变黑并散发出腐臭气味，卵泡充血、出血、变性

图6-244 病鸡卵泡充血出血，输卵管伞出血性坏死；腹气囊呈污绿色，腹腔内有血性腹水

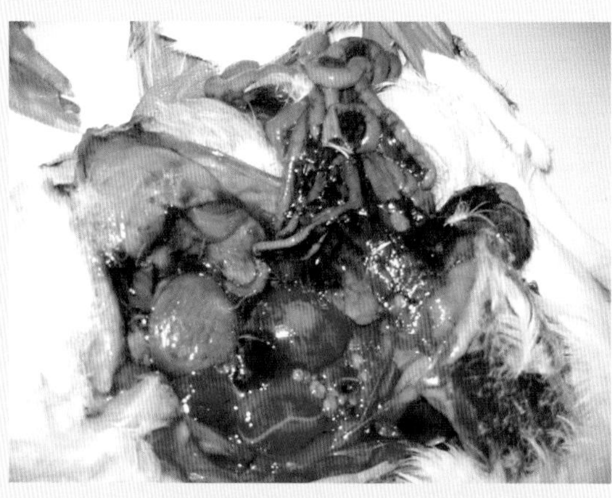

图6-245 产蛋鸭卵巢出血、卵泡破裂，腹腔内有卵黄液，肠管变黑

图6-246 病鸡肠管膨胀、变黑，肠壁坏死

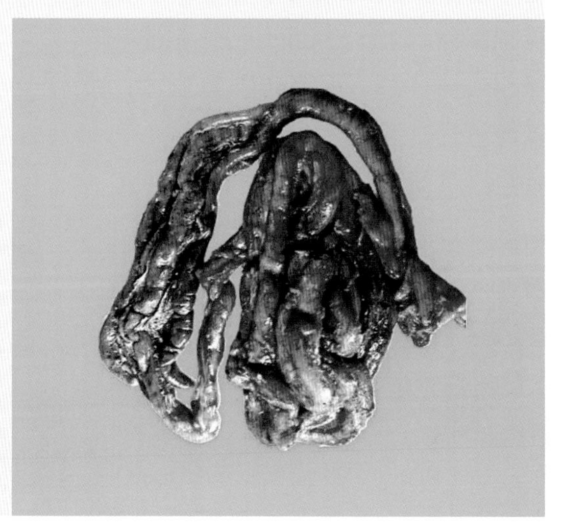

图6-247 病鸭肠粘连，盲肠和回肠变黑

图6-248 病鸡十二指肠黑色内容物，胰腺出血、坏死

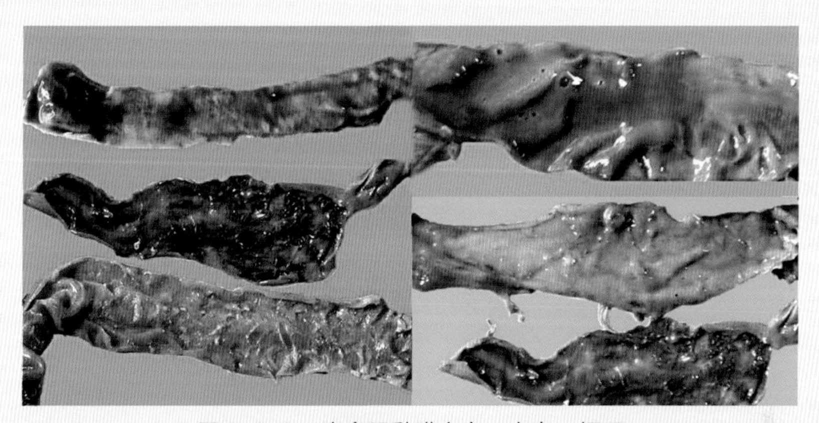

图6-249 病禽肠黏膜充血、出血、坏死

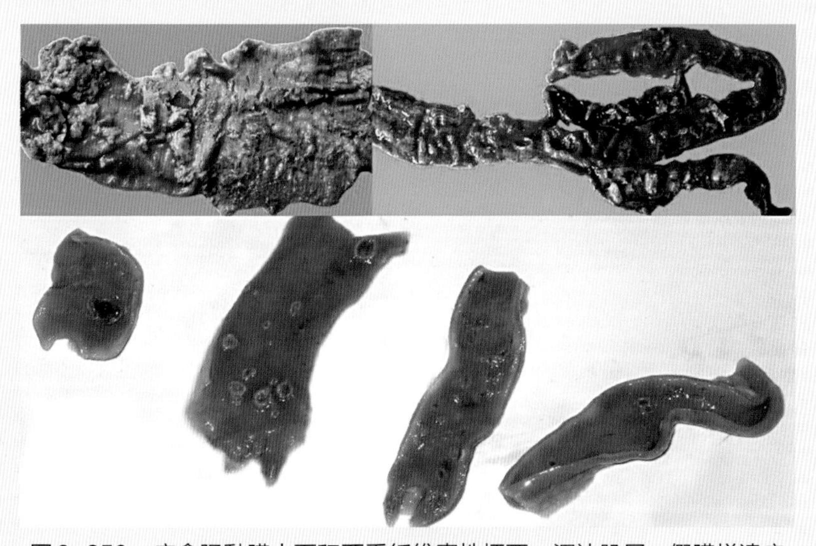

图6-250 病禽肠黏膜大面积严重纤维素性坏死，深达肌层，假膜样溃疡

图6-251　病鸭输卵管内有干酪样物，子宫出血性坏死

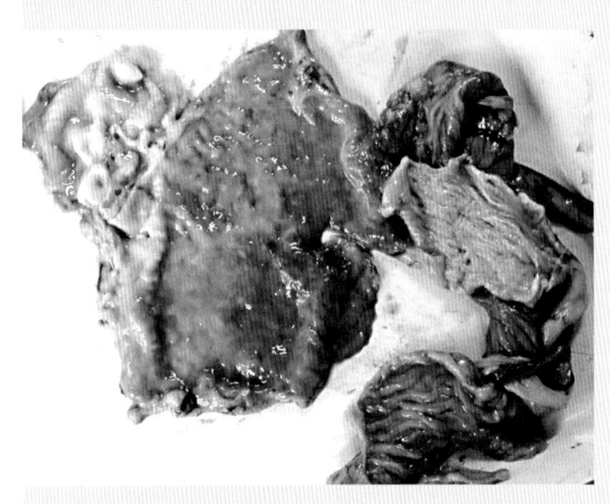

图6-252　种鸭输卵管黏膜坏死、出血

图6-253　病鸭输卵管和肠黏膜严重出血、坏死，管腔内有大量干酪样坏死物

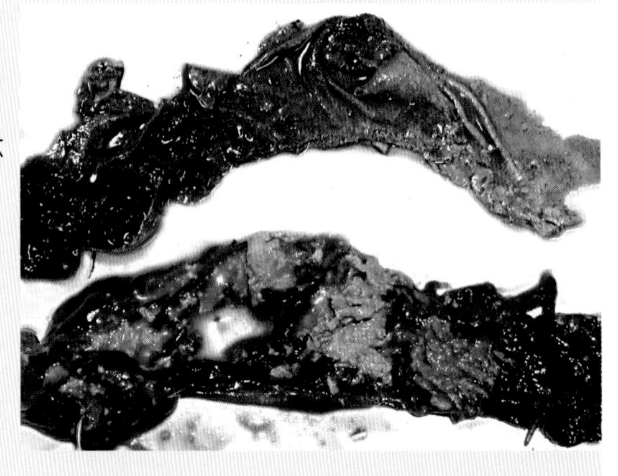

十三、慢性呼吸道病

（**Chronic Respiratory Disease of Chicken**）

慢性呼吸道病是由鸡毒支原体（*Mycoplasma gallisepticum*，MG）感染引起多种禽类的一种慢性接触性传染病，以呼吸困难、眶下窦肿胀为特征。

【病原特征】鸡毒支原体为柔膜体纲支原体属成员，无细胞壁，革兰氏染色阴性，姬姆萨染色效果好，光镜下呈球形、球杆状及多形性，个体微小，直径0.25～0.5微米，能通过细菌滤器。该菌营养要求高，用FM-4培养基加上10%～20%灭活的禽、猪或马血清，可缓慢生长，通常需要4～5天才能长出直径0.2～0.3毫米的微小菌落，光镜下可见菌落呈“煎蛋样”。本菌抵抗力较差，对常用化学消毒剂敏感。但对青霉素和低浓度的醋酸铊有耐受，通常加入培养基中用于本菌的分离培养。

【流行特征】本病主要感染鸡和火鸡，鹌鹑、孔雀、雉鸡、鹦鹉等也可感染发病。本病一年四季均可发生，以寒冷季节多发。各种年龄都可感染，1～2月龄鸡最易感，感染率为20%～70%，若无其他病原继发感染，多呈慢性经过，死亡率低，有并发感染时，死亡率可达30%。本病主要经卵垂直传播，也可通过消化道、呼吸道传播。密度过大、通风不良、气雾免疫不当等是本病的诱因。

【临床特征】幼鸡症状明显，病初流鼻液，打喷嚏，甩头，张口喘气，呼吸道有啰音，眼分泌物中可见泡沫，随后出现严重的窦炎，两侧眶下窦肿胀，导致病禽眼睑粘连和眼部突出，病程较长者生长发育不良。成年鸡主要表现为呼吸时有啰音，流鼻涕，咳嗽，食欲减退，体重减轻，产蛋鸡产蛋量下降，病程漫长。

【大体病变】患病早期眶下窦有浆液性或黏液性分泌物，以后变为黄白色干酪样，喉头、气管内有多量灰白色、红褐色黏液或干酪样物质。患病早期病禽气囊壁轻度混浊，气囊内有黄白色气泡，病程长者，特别是并发大肠杆菌病时，可见严重的纤维素性肝周炎、心包炎、气囊炎，气囊内有白色或黄白色干酪样渗出物。肺胸膜增厚、充血、出血，肺实质肉样变。

【实验室诊断】根据临床特征和病理变化可作出初步诊断。因为支原体分离培养困难且耗时长，因此，采集病禽的血分离血清，采用平板凝集试验测定抗体，是本病诊断常用的诊断手段。PCR能直接从病料中检出鸡毒支原体，也可用于本病的快速诊断。

【防治要点】种鸡场应建立净化种鸡群，避免垂直传播，商品鸡场避免从阳性种鸡场引进商品鸡苗。加强饲养管理，保持适宜密度和圈舍干爽，定期消毒，不在同一鸡舍饲养不同日龄的鸡，最好实行全进全出。目前已有弱毒疫苗和灭活疫苗用于鸡慢性呼吸道病的预防，可显著降低本病发病率。对发病鸡群，可用敏感抗菌药物治疗。

图6-254　病鸡呼吸困难，张口呼吸

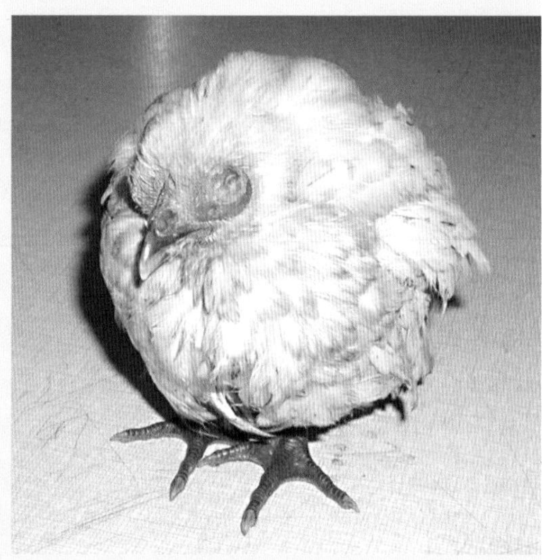

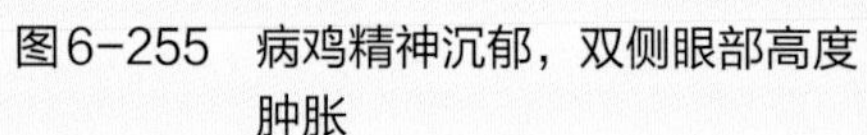

图6-255　病鸡精神沉郁，双侧眼部高度肿胀

图6-256　锦鸡精神沉郁，头面部肿胀

图6-257 雉鸡呼吸困难

图6-258 鹌鹑双侧颜面部肿胀，呼吸困难

图6-259 锦鸡颜面部严重肿胀

图6-260 病鸡眼部高度肿胀

图6-261 病鸡眼内有黄白色干酪样坏死物

图6-262 鹌鹑眶下窦内有黏液样、干酪样物

图6-263 乌骨鸡眼内干酪样物，鼻孔周围有分泌物

图6-264 锦鸡眶下窦有黄色干酪样物质

图6-265 病鸡眶下窦内有黄色干酪样分泌物

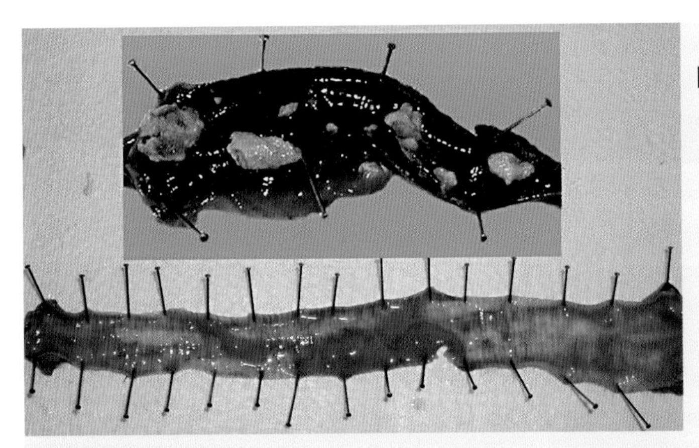

图6-266 病鸡气管黏膜出血，有土黄色黏稠分泌物

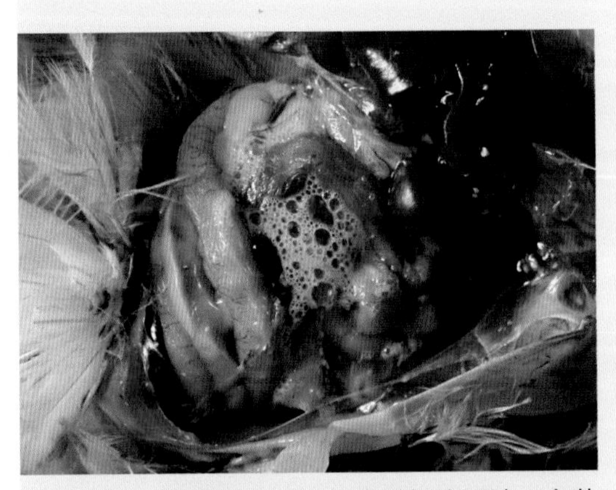

图6-267 病鸡患病初期气囊壁轻度混浊，有黄白色泡沫

图6-268 雏鹅胸气囊壁内有黄色纤维素性渗出物

图6-269 病鸡胸气囊内有干酪样物质

图6-270 鹌鹑腹气囊内有白色干酪样渗出物

图6-271　鸽气囊壁混浊

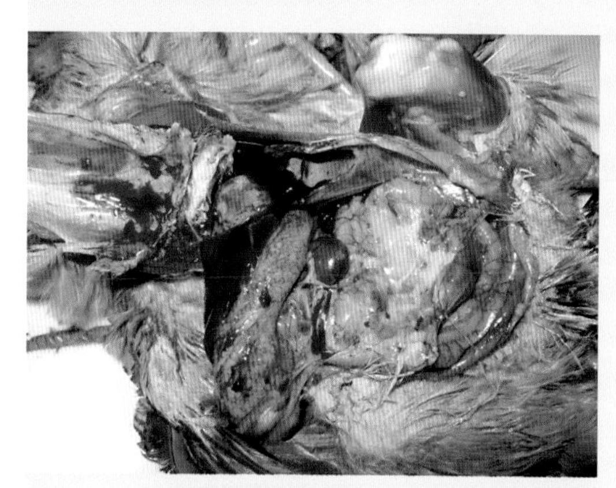
图6-272　病鸡腹气囊有厚厚的纤维素性渗出物

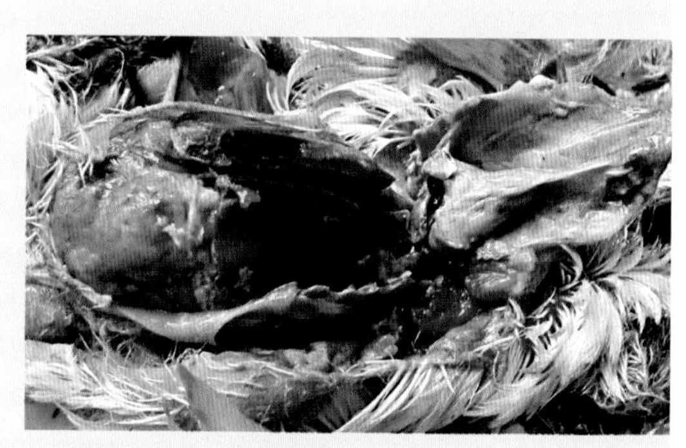
图6-273　病鸡纤维素性心包炎、肝周炎

图6-274　病鸡纤维素性肝周炎，肝脏肿胀、出血

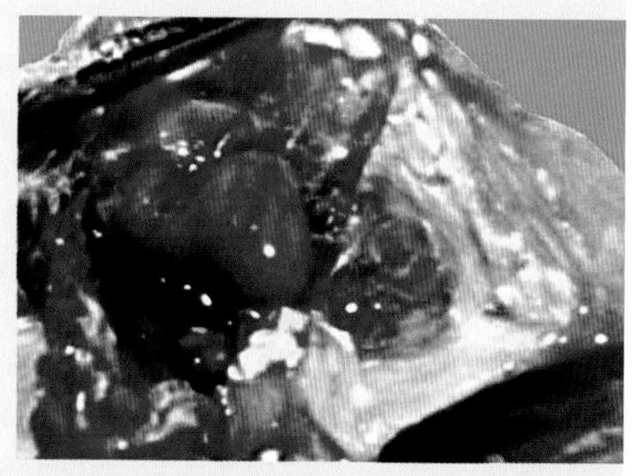
图6-275　病鸭胸气囊内积聚黄白色干酪样渗出物

图6-276 病鸡肺脏充血、出血、肉样变

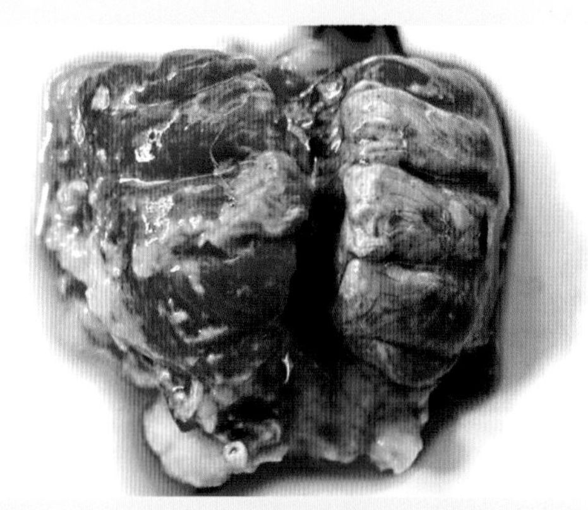

图6-277 病鸡肺脏水肿、淤血、出血，表面有黄色纤维素性渗出物

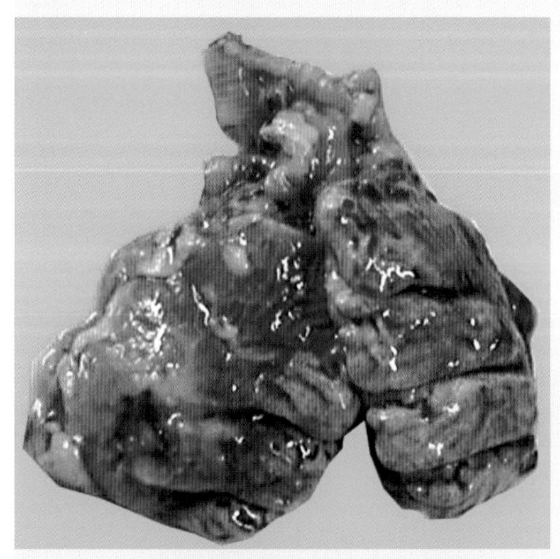

图6-278 病蛋鸡左肺胸膜增厚，肺充血、出血、坏死

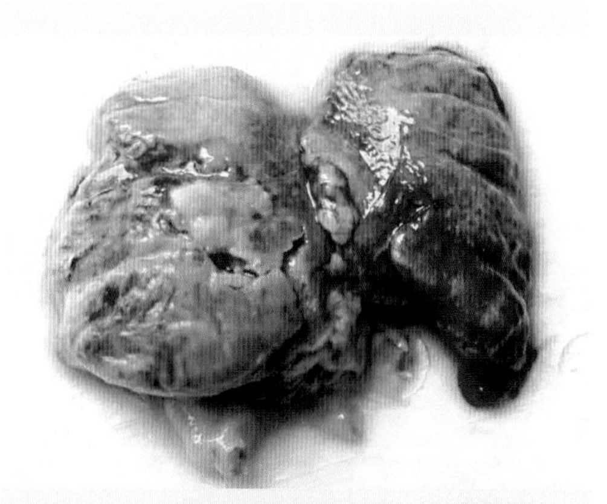

图6-279 病鸡右侧肺脏实变，干酪样坏死

图6-280 病鸡右侧肺脏干酪样坏死

十四、鸡传染性滑液囊炎

（Chicken Infectious Bursitis）

鸡传染性滑液囊炎是由滑液支原体（*Mycoplasma synoviae*，MS）引起的鸡和火鸡的一种急性或慢性传染病，以渗出性关节滑膜炎、腱鞘滑膜炎和黏液囊炎为特征。

【病原特征】MS用姬姆萨染色效果好，菌体呈多形态的球状体，直径为0.2微米。该菌生长需要烟酰胺腺嘌呤二核苷酸（NAD），在固体培养基上培养3 ~ 7天，可形成直径0.1 ~ 0.3毫米的“煎荷包蛋”样菌落。目前本菌的分离株只有一个血清型。

【流行特征】自然情况下，本病主要见于鸡和火鸡，急性型多见于4 ~ 16周龄鸡和10 ~ 24周龄火鸡，慢性型可发生于任何年龄，有时可持续终生。鸡发病率通常为5% ~ 15%，死亡率通常为1% ~ 10%，火鸡的发病率通常低于10%。本病可垂直传播，也可水平传播。新城疫病毒和传染型支气管炎病毒（包括疫苗毒株）感染是本病诱因。本病在冬季更为常见。

【临床特征】典型病例首先表现急性症状，然后转为慢性。病鸡精神不振，鸡冠苍白，羽毛粗乱，跛行或卧地不起，迅速消瘦，腿肌和胸肌严重萎缩，排出带大量尿酸盐的稀便，多见跗关节、趾关节肿大，胸骨滑液囊肿胀，有波动感；慢性型多不见全身症状，仅关节轻度肿胀。产蛋鸡群产蛋量通常不受影响，或影响甚小。病鸡通常无呼吸道症状或仅有轻微的呼吸道症状。

【大体病变】关节滑液囊内有白色或黄白色油脂状黏液，有时可见腱鞘肿胀，滑液囊明显肿大，腱鞘内有白色炎性渗出物；胸骨滑液囊壁增厚，内有黄白色干酪样物质和黄白色混浊液体。急性病例可见肝、胆、脾肿胀，偶尔可见纤维素性气囊炎。

【实验室诊断】参见鸡慢性呼吸道病。

【防治要点】参见鸡慢性呼吸道病。

图6-281　病鸡精神沉郁，跛行，常卧地不愿走动

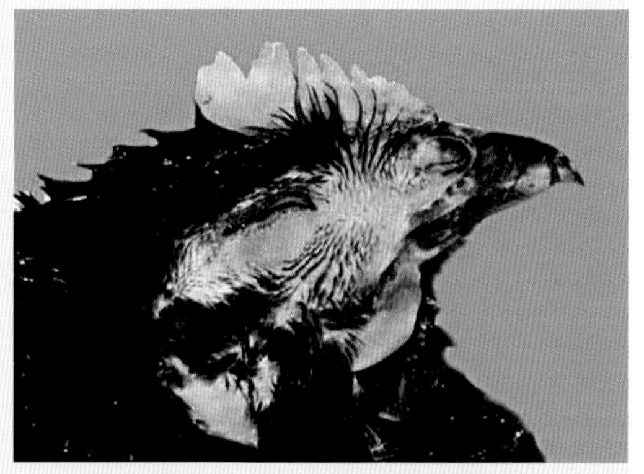

图6-282　病鸡鸡冠苍白

图6-283　病鸡趾掌关节肿胀

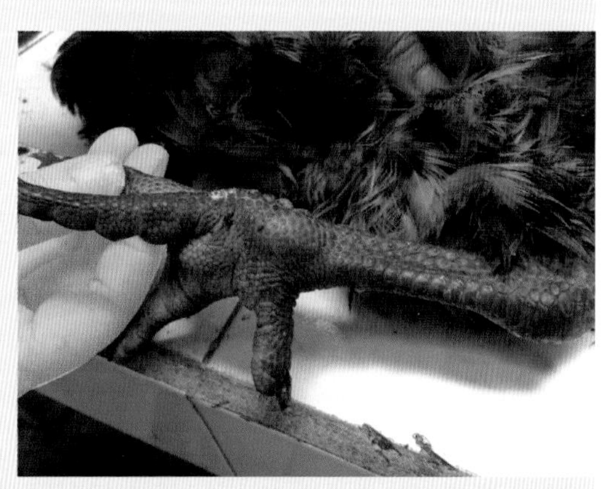

图6-284　病鸡趾掌关节肿胀

图6-285　病鸡发育不良，羽毛粗乱

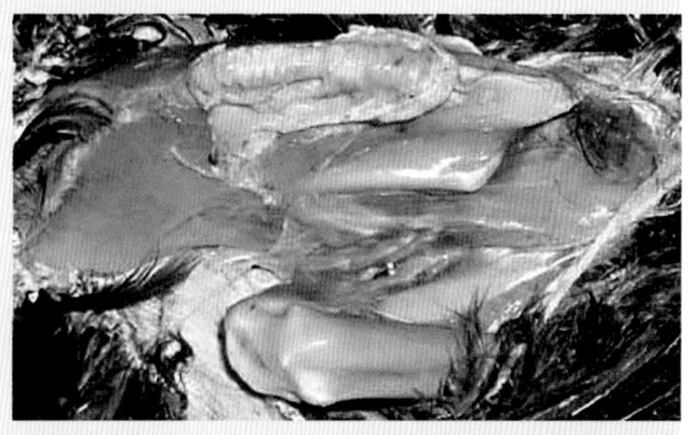

图6-286　病鸡消瘦，腿肌和胸肌严重萎缩，胸骨滑液囊壁增生

图6-287　病鸡趾掌关节肿胀

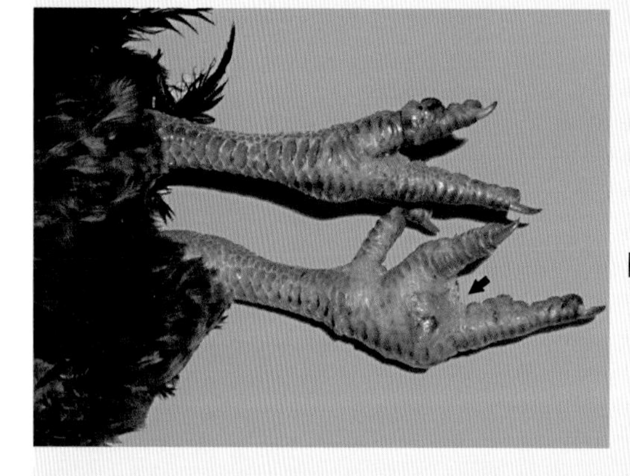
图6-288　病鸡趾掌关节肿胀

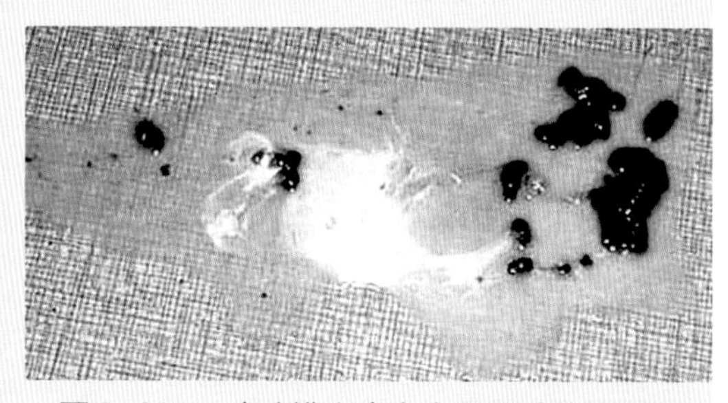
图6-289　病鸡排出含有大量尿酸盐的稀便

图6-290　病鸡翅、腿部关节肿胀

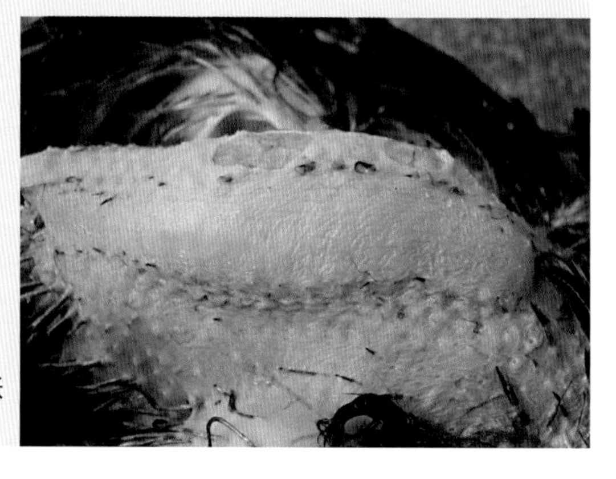
图6-291　病鸡胸骨滑液囊肿胀

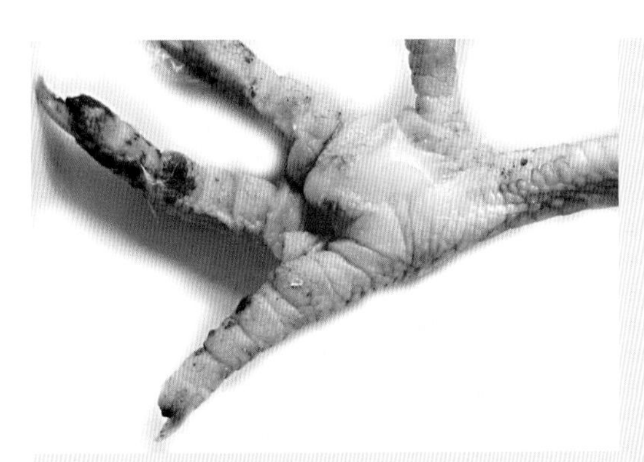
图6-292 病鸡趾关节囊内有黄白色油脂样渗出物

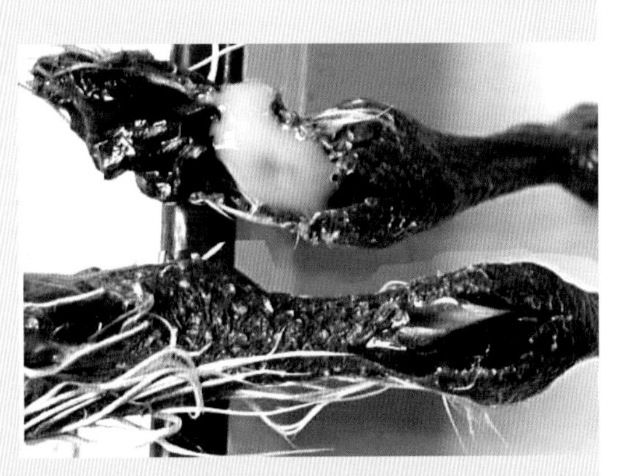
图6-293 病鸡跗关节滑液囊内有白色脓性或浆液性分泌物

图6-294 病鸡跗关节和趾掌关节滑液囊肿胀，内有黄白色脓性分泌物

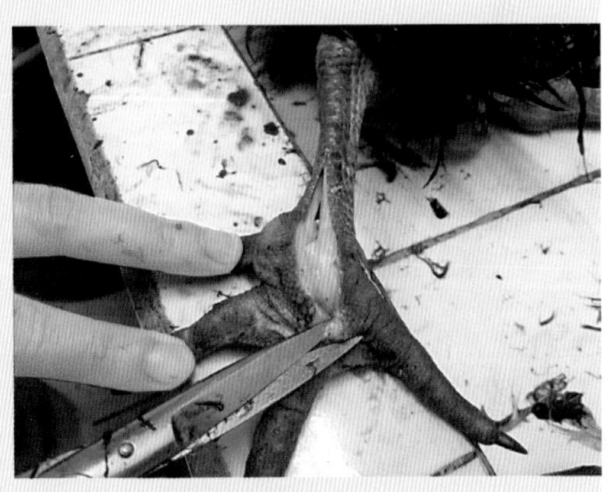
图6-295 病鸡趾掌关节滑液囊内有油脂样渗出物

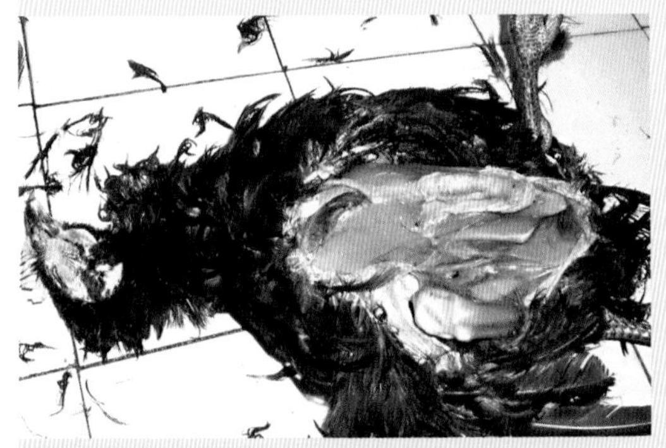
图6-296 病鸡消瘦，胸骨滑液囊出血性炎症，滑膜增厚

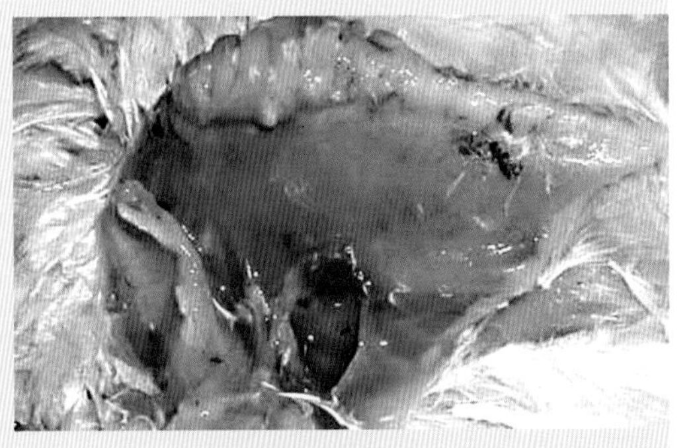
图6-297 病鸡胸骨滑液囊内有淡黄色混浊的渗出物

图6-298　病鸡胸骨滑液囊内有黄色干酪样物，滑膜增厚

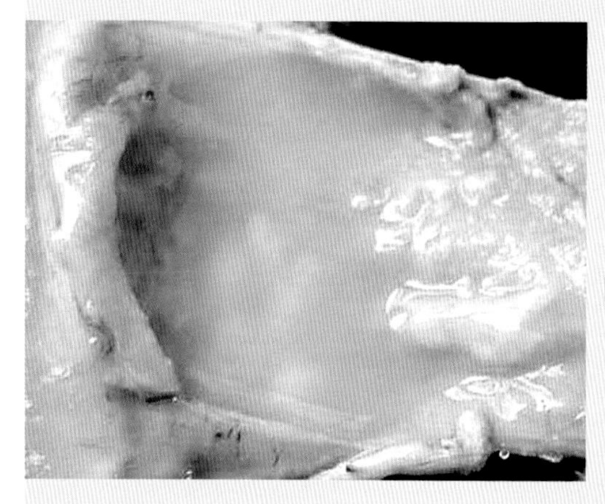

图6-299　病鸡胸骨滑液囊内有黄白色混浊液体

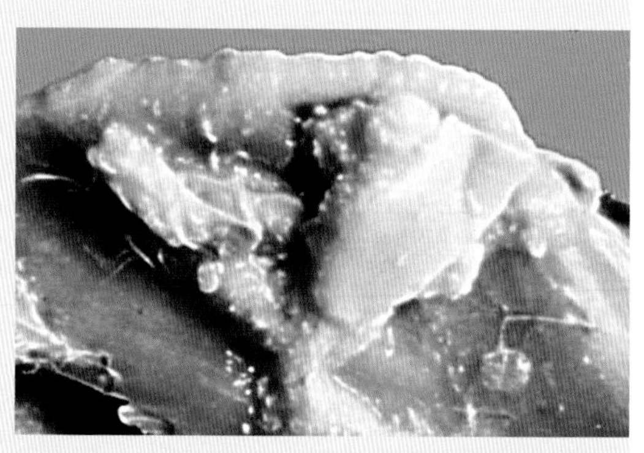

图6-300　病鸡胸骨滑液囊内有黄色干酪样坏死物

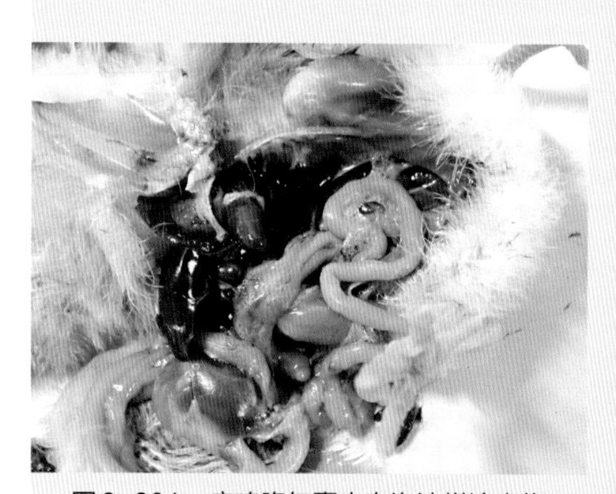

图6-301　病鸡腹气囊内有泡沫样渗出物

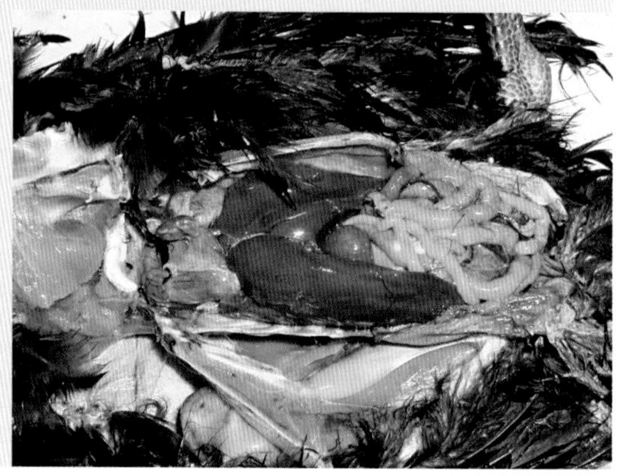

图6-302　病鸡肝脏、脾脏肿胀、出血

十五、鸭传染性窦炎
（Duck Infectious Sinusitis）

鸭传染性窦炎是由鸭支原体（*Mycoplasma anatis*）引起雏鸭的一种慢性或急性呼吸道传染病。特征是眶下窦肿胀，充满浆液、黏液或干酪样物。

【病原特征】鸭支原体是禽支原体属的成员，菌体较小，具有多形性、可塑性及可过滤性，革兰氏染色阴性，通常着色不良，姬姆萨或瑞氏染色效果良好。

【流行特征】鸭支原体为条件性致病菌，在应激、抵抗力下降等情况下可引起鸭感染发病。本病一年四季均可发生，以春季和冬季多发。7 ~ 15日龄的雏鸭最易感，发病率最高达80%，30日龄以上鸭发病较少。本病发病率高，死亡率低，对鸭生长发育有显著影响。本病主要通过呼吸道传播，也可垂直传播。饲养管理不当、营养不良、阴雨潮湿季节或气温突变及通风不良等均可诱发本病。

【临床特征】病初病鸭打喷嚏，从鼻孔中流出浆液性渗出物，以后变成黏液性，在鼻孔周围形成结痂，病程长者则呈干酪样。部分病鸭呼吸困难，频频摇头，患病后期，眶下窦一侧或两侧肿胀，按压无痛感，可保持10 ~ 20天不散。严重病例，结膜潮红，流泪或有脓性分泌物，眼周羽毛被污染，有的甚至眼睛失明。

【大体病变】本病的病理变化因病情、病程而异。常见呼吸道黏膜出血，眶下窦内积有大量浆液－黏液性渗出物，以后变为干酪样凝块。喉头、气管黏膜充血、水肿，并有浆液性或黏液性分泌物附着。严重病例，气管出血，肺水肿、出血。其他器官无明显病变。

【实验室诊断】参见鸡慢性呼吸道病。

【防治要点】参见鸡慢性呼吸道病。

图6-303 病鸭双侧眶下窦肿胀，触之如橡皮，病鸭无痛感

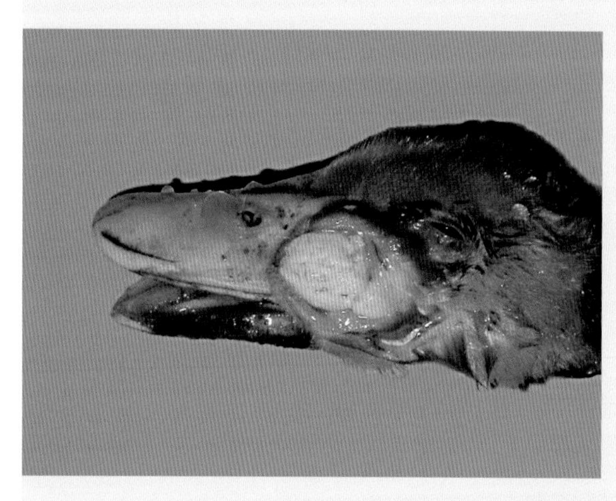

图6-304 病鸭眶下窦内充满干酪样物

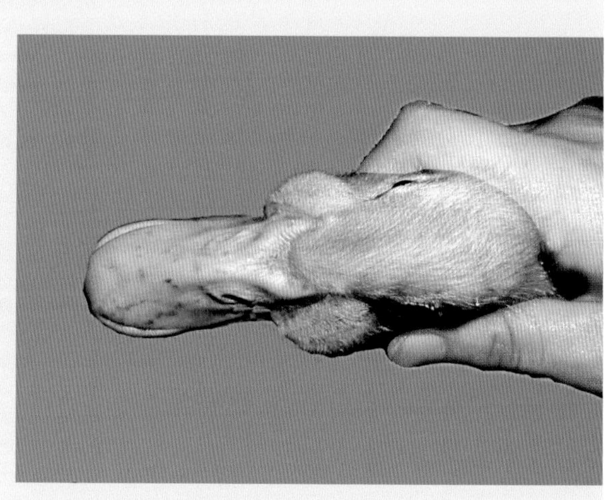

图6-305 鸭传染性窦炎合并鸭光过敏综合征，眶下窦高度肿胀，喙上皮可见红色丘疹

十六、坏疽性皮炎

（Gangrenous Dermatitis）

坏疽性皮炎是由腐败梭菌、A型产气荚膜梭菌、金黄色葡萄球菌等单独或混合感染引起的鸡和火鸡的散发性传染病，以皮肤、皮下组织和肌肉的出血性坏死为特征。

【病原特征】腐败梭菌为革兰氏阳性大杆菌，具有明显的多形性，大小为3.1 ~ 14.1微米 × 1.1 ~ 1.6微米，有周鞭毛，无荚膜，在体内外均可形成芽孢，芽孢呈卵圆形，位于菌体的中央或偏端，芽孢直径较菌体宽。本菌为专性厌氧菌，营养要求不高，普通培养基即可生长。A型产气荚膜梭菌及金黄色葡萄球菌的病原特征分别见鸡坏死性肠炎及禽葡萄球菌病。

【流行特征】自然感染多见于鸡，6 ~ 20周龄蛋鸡、4 ~ 8周龄肉鸡、20周龄肉种鸡多发。

【临床特征】病鸡精神沉郁，食欲减退，贫血，鸡冠苍白，体表多处脱毛，死亡率1% ~ 60%不等，多病原混合感染时，病情严重，死亡率高。

【大体病变】特征性病变是皮肤出血性坏死，病变多出现在翅膀、背部，有时出现在头颈部和腹部，发病初期皮肤出现数量不一的出血点，以后病变部位逐渐扩大，皮肤发红、增厚，随着病程进展，病变部位羽毛脱落，皮肤水肿呈紫红色，表面湿润甚至破溃，有污红色血性渗出物，周围羽毛被污染。病变部位皮下可见大量猩红色水肿液。多数病鸡内脏无明显病变，有时可见骨髓褪色，呈脂肪样变，胸腺、法氏囊萎缩，这可能是继发于传染性贫血、传染性法氏囊病的后果。

【实验室诊断】取病变部位渗出物涂片、染色、镜检，可作出初步诊断，结合病原分离可确诊。

【防治要点】皮肤损伤、免疫抑制和应激等是本病的诱发因素。加强饲养管理，供给全价饲料，防止打斗和圈舍对鸡群造成的皮肤损伤可有效预防本病的发生，对免疫功能低下的鸡群使用黄芪多糖等免疫增强剂能收到较为理想的预防效果。发病鸡群及时投服磺胺类、喹诺酮类药物，配合使用免疫增强剂，有一定疗效。1日龄接种梭菌多价灭活疫苗，可减少本病造成的损失。

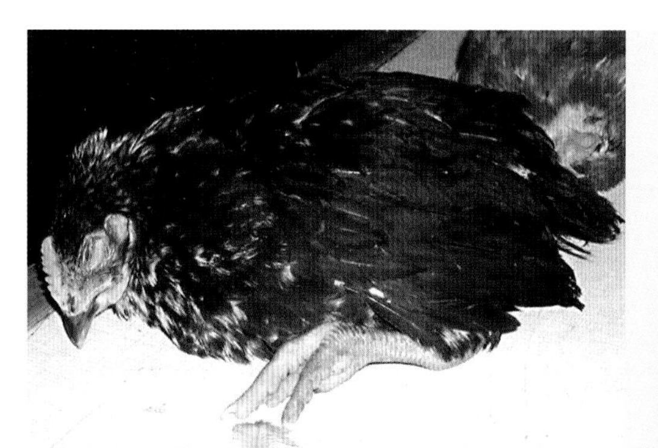
图6-306　病鸡精神沉郁，鸡冠苍白

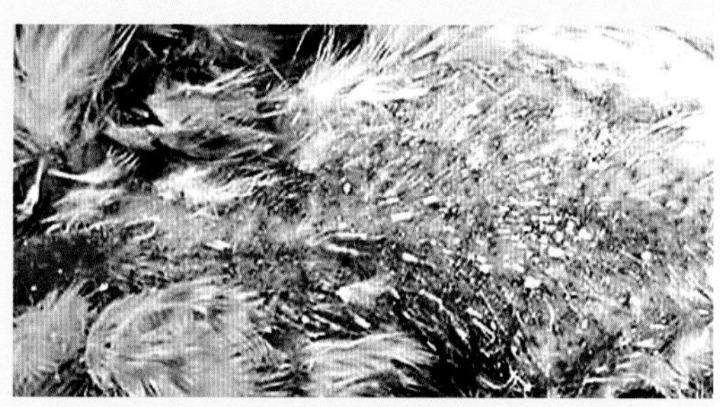
图6-307　发病早期病鸡皮肤出血、发红

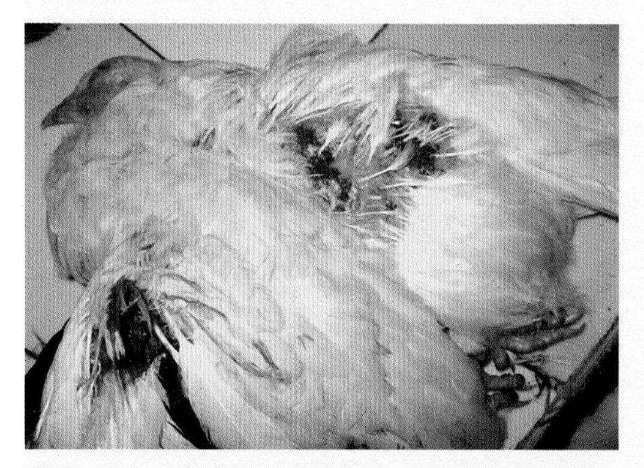
图6-308　病鸡翅膀皮肤坏疽、表面有污红色渗出物流出，病灶部位羽毛脱落

图6-309　病鸡翅膀羽毛脱落，表皮坏死、脱落

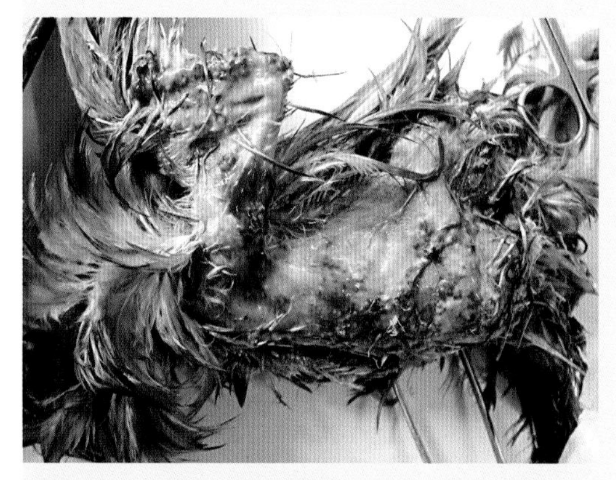
图6-310　病鸡翅膀和体侧羽毛大面积脱落，表皮坏死脱落、出血

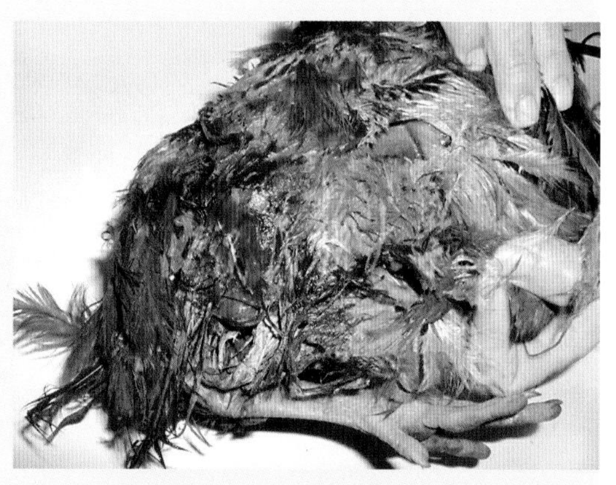
图6-311　病鸡后躯体表羽毛脱落，皮肤坏死、出血

图6-312 病鸡翅膀皮肤水肿、湿润，羽毛脱落

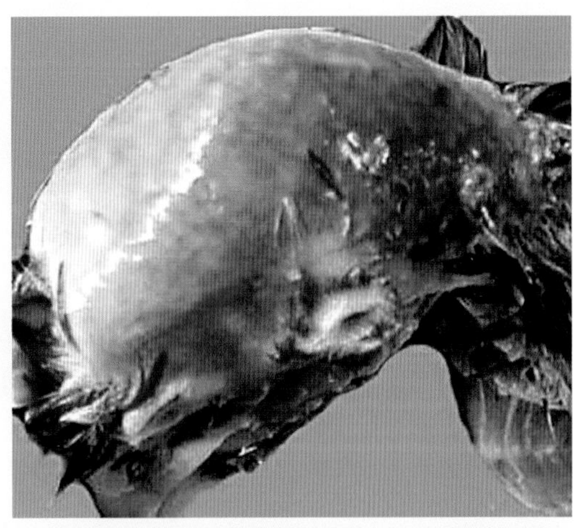
图6-313 病鸡头部脱毛，皮肤水肿

图6-314 乌骨鸡颈胸部皮下出血

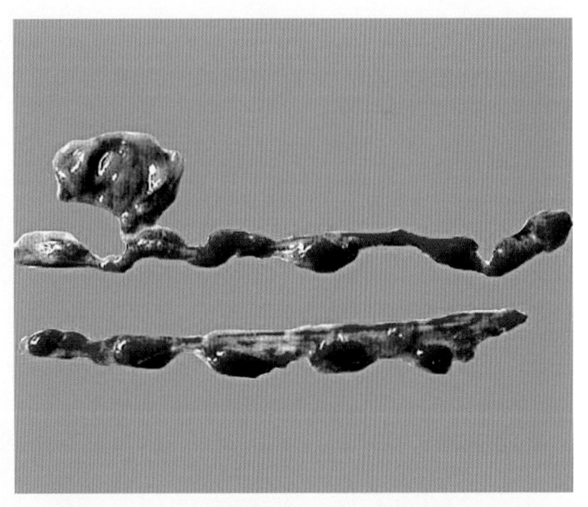
图6-316 病鸡胸腺、法氏囊萎缩，出血

图6-315 病鸡头部皮下有大量血性渗出物

十七、禽曲霉菌病

（Avian Aspergillosis）

禽曲霉菌病是由曲霉菌引起的多种禽类的传染病，主要侵害呼吸器官。以肺及气囊发生炎症和肉芽肿为特征。本病呈全球性分布，因感染死亡或胴体废弃造成的损失十分严重。

【病原特征】曲霉菌属约有600种，引起曲霉菌病的病原主要是烟曲霉。本菌在沙堡培养基上生长良好，培养7天，可形成直径3～4毫米的绒毛样菌落，菌落初期为白色，后期呈蓝绿色。本菌的菌丝为有隔菌丝，分生孢子梗远端膨大形成烧瓶状顶囊，其独有的特征是在顶囊上形成分生孢子链柱状团块，呈蓝绿色。

【流行特征】禽曲霉菌病主要侵害鸡、鸭、鹅、火鸡、鹌鹑、鸽和其他多种鸟类。各种年龄均易感，以幼禽最易感，20日龄以内的雏禽呈急性暴发，成年家禽多散发。以发霉的垫草和饲料为传播媒介，主要通过呼吸道感染，饲养管理不善和卫生条件差是本病的主要诱因。

【临床特征】雏禽呈急性经过，初期精神沉郁，翅下垂，闭目呆立一隅，随后出现呼吸困难、喘气，头颈伸直，张口呼吸，有时可见甩头，有啰音，后期可见下痢症状，部分病禽出现头向后弯曲、斜颈和平衡失调等特征症状，死亡率为50%～80%。成年禽多呈慢性经过，主要表现为生长缓慢，发育不良，羽毛松乱无光，呆立，消瘦、贫血，严重时呼吸困难，最后衰竭死亡。产蛋禽产蛋下降，甚至停产，病程数周或数月。

【大体病变】其特征性病变主要见于肺和气囊。肺脏可见典型的霉菌结节，从粟粒到绿豆大小不等，结节呈灰白色、黄白色或淡黄色，均匀散布在整个肺脏，肺脏弹性消失，质地变硬。有时多个霉菌病灶融合成稍大的团块，肺脏其他部分正常，病程较长者，可形成钙化灶。气囊壁、腹膜和腹腔内脏浆膜面有与肺脏相似的霉菌结节。有时可在气囊内见到大小不等、颜色各异的霉斑，表面呈绒毛状，或上述两种病变同时存在。曲霉菌还可从蛋壳孔进入蛋内，导致胚胎感染，受感染的蛋壳膜有霉斑，蛋内容物有蓝绿色斑点，胚胎出现水肿，有时有出血，内脏器官有浅灰色结节。

【实验室诊断】本病通常根据剖检变化即可确诊，无需实验室诊断。

【防治要点】采取措施防止环境及用具污染霉菌是防止本病发生的关键，如避免饲料和垫料霉变，不使用霉变饲料和垫料等。因此，应保持圈舍干燥，加强通风换气，保持料槽和水 槽等用具的清洁卫生，定期消毒等。对发病禽群用制霉菌素或克霉唑治疗，有一定效果。同时，立即更换垫草或霉变饲料，对圈舍进行消毒，可在短时间内降低发病率和死亡率。

图6-317 精神沉郁，呆立一隅

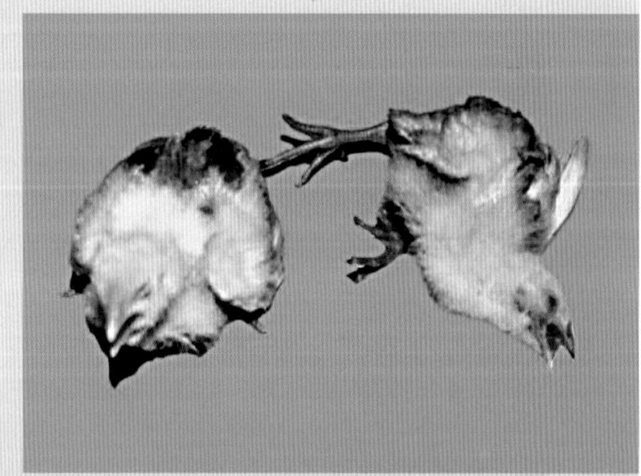

图6-318 病鸡呼吸困难

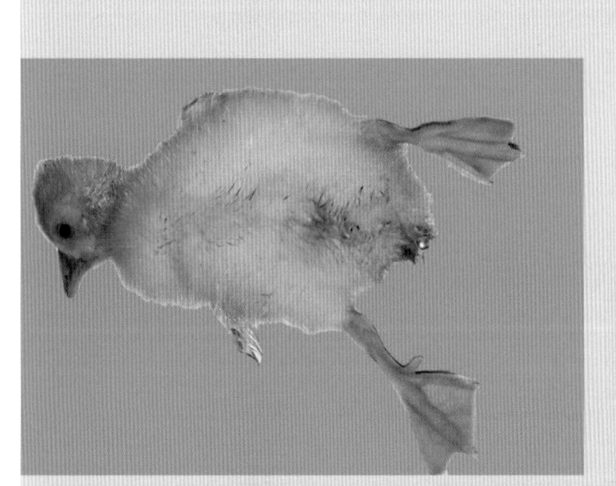

图6-319 病鹅腹泻，排出黄绿色粪便

图6-320 病鸡患病后期衰弱，头颈向后弯曲

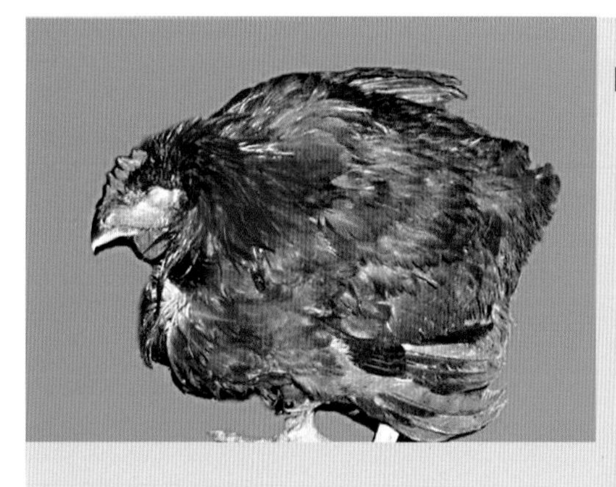

图6-321　成年病鸡消瘦、精神沉郁

图6-322　病鸡衰竭头颈无力

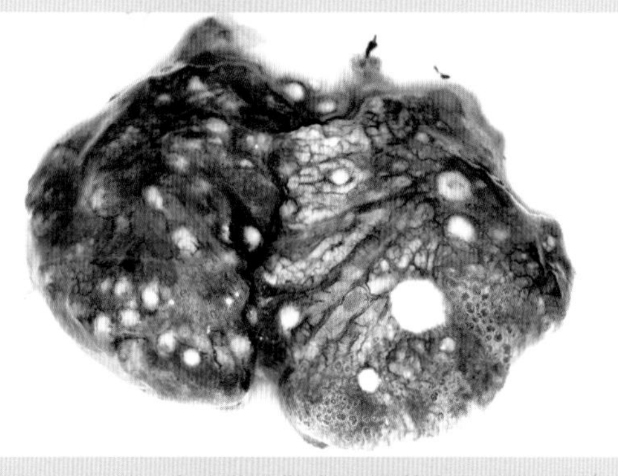

图6-323　病鸡肺脏散布大量黄白色霉菌结节

图6-324　病鸡肠管、胰腺上散布黄色霉菌结节

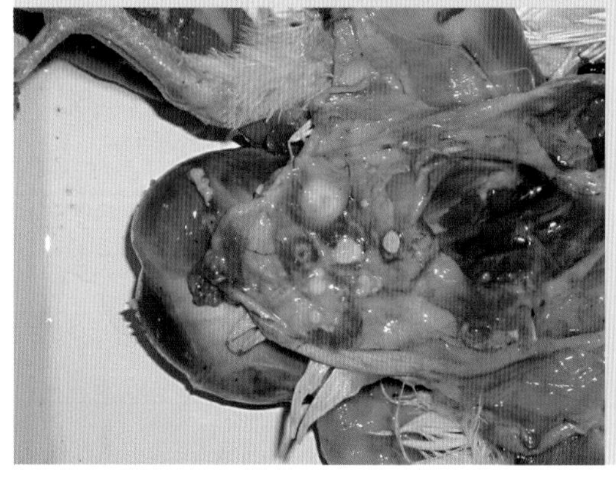

图6-325　病鸡腹膜上的特征性霉菌结节——圆盘样病灶

图6-326 病鸡肺脏霉菌结节

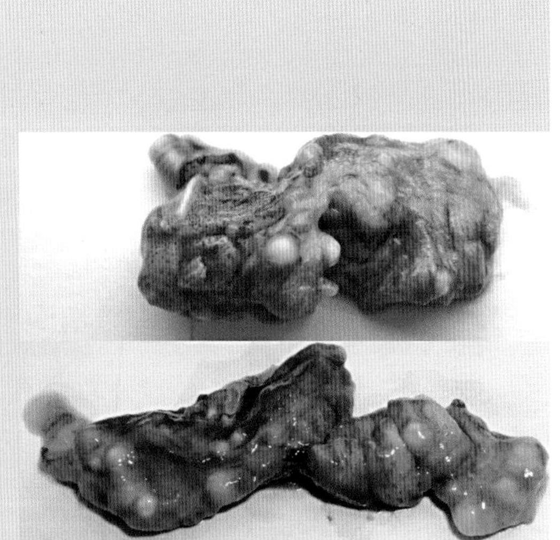
图6-327 病鸡肺脏霉菌结节

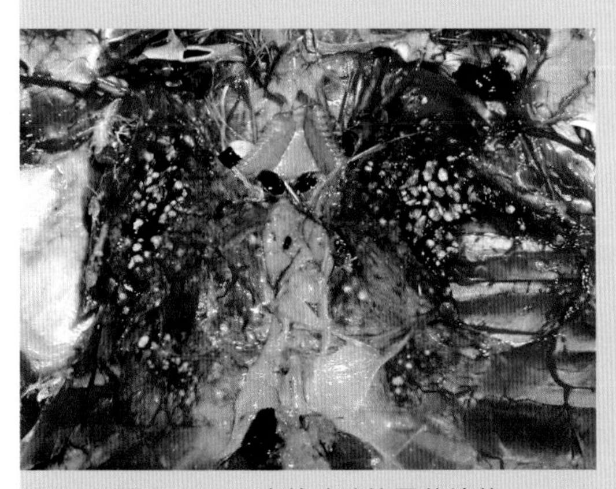
图6-328 病鹅肺脏的霉菌结节

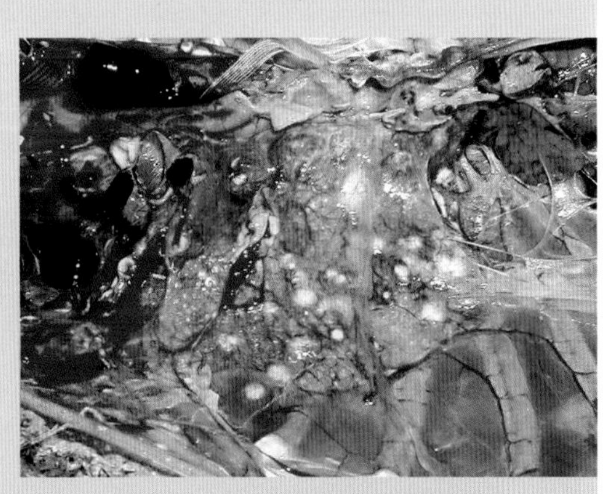
图6-329 病鹅肺脏的霉菌结节

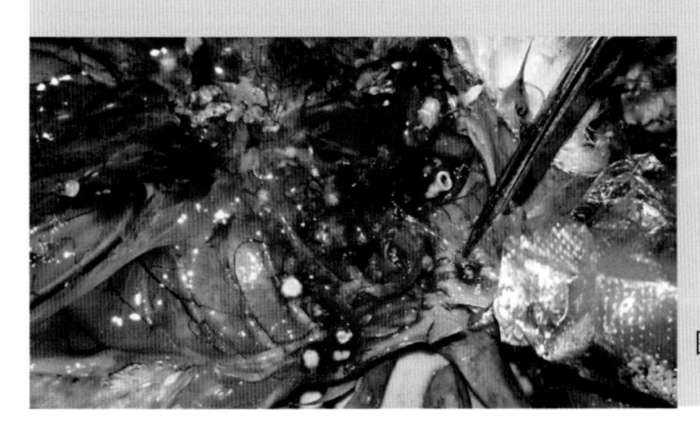
图6-330 病鹅胸气囊霉菌结节

图6-331　病鹅肺脏大部分被霉菌结节占据

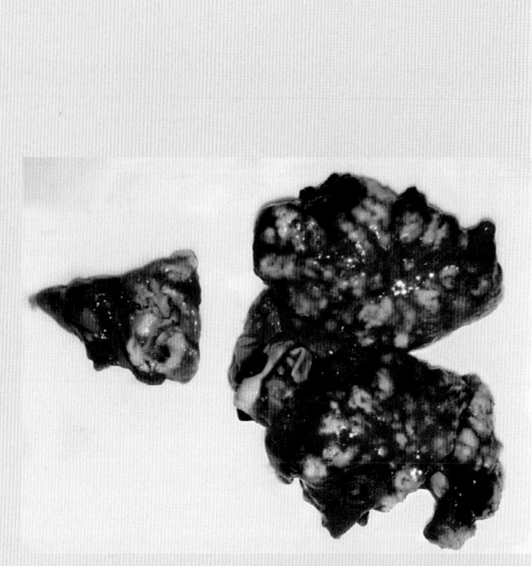

图6-332　病鹅肺脏霉菌结节

图6-333　病鹅肺脏密布的霉菌结节

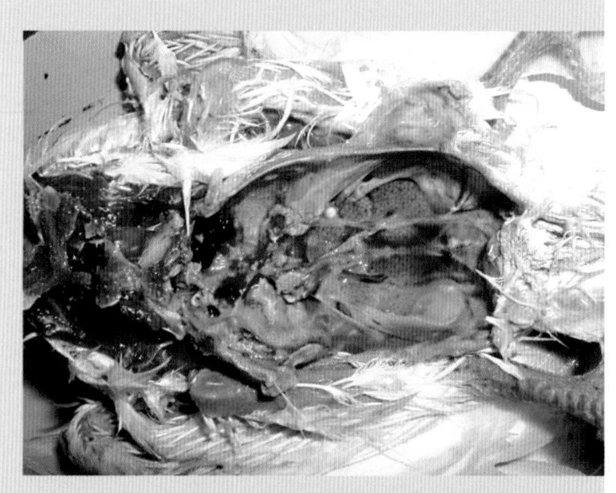

图6-334　鸽胸气囊灰色霉菌斑

图6-335　病鹅肺脏出血，密布大量黄白色干酪样霉菌结节，腹气囊内有霉菌斑

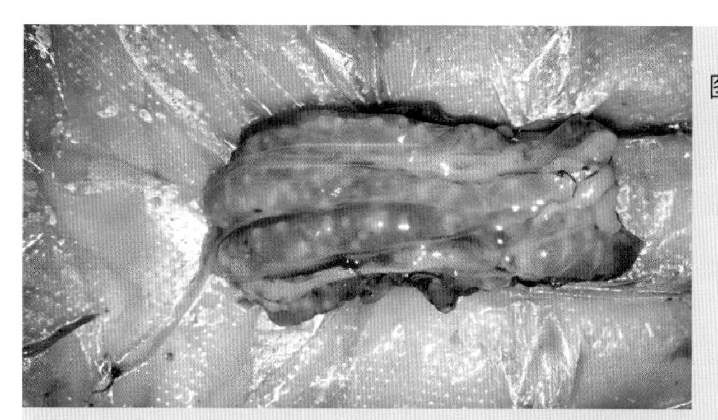
图6-336 病鹅肾脏上有大量霉菌结节

图6-337 病鹅肺脏和肾脏上有大量霉菌结节，肺脏严重出血

图6-338 鸭胚灰色霉菌斑

图6-339 鸭胚绒毛尿囊膜上的霉菌斑，鸭胚严重淤血，皮肤呈深紫色

十八、禽念珠菌病

（Avian Candidiasis）

禽念珠菌病是由白色念珠菌（*Candida albicans*）感染引起禽类的一种上消化道真菌病，其特征是上消化道黏膜出现白色假膜和溃疡。本病是一种内源性条件性真菌病，当菌群失调或宿主抵抗力下降时易发生本病。免疫抑制及长期使用抗生素导致菌群失调等是本病的主要诱因。

【病原特征】白色念珠菌为念珠菌属成员，是假丝酵母菌，在病变组织和葡萄糖培养基上产生孢子和假菌丝，菌体呈卵圆形，直径为2～4微米，革兰氏染色阳性。该菌在沙堡培养基上形成灰白色奶油状光滑的菌落。本菌抵抗力不强，对常用消毒剂敏感。

【流行特征】念珠菌可感染鸡、火鸡、鸽、鸭等禽类，幼禽多发，发病率和死亡率在鸽和火鸡均很高，人工饲养乳鸽发病尤为常见，成年禽也可发病。本病一年四季均有发生，炎热多雨季节尤甚。病禽和带菌禽是主要传染源，主要经污染饲料和饮水感染，人工饲喂是造成乳鸽发病和传播的最常见原因。圈舍卫生条件差，通风不良，饲料单一，长期使用抗生素等是本病的诱因。

【临床特征】病禽表现为生长不良，羽毛松乱，精神沉郁，食欲废绝，排出绿色或混有大量尿酸盐的稀便，有时可见眼睑、口角出现痂皮样病变。

【大体病变】病禽口腔、食道或嗉囊黏膜增厚，表面有白色圆形微隆起的溃疡灶或易剥离的灰白色坏死物，严重者，腺胃壁穿孔，导致皮肤破溃，肌胃内可见白色干酪样坏死物，腺胃、肌胃黏膜及内容物胆染变绿。

【实验室诊断】根据特征性病变，结合病料抹片检出椭圆形酵母样细胞及细长的假菌丝即可确诊。

【防治要点】平时的预防措施参见禽曲霉菌病。对人工饲喂的乳鸽的预防，应加强饲养人员的手及饲喂用具的消毒工作，饲喂时饲养员最好使用一次性手套，且在饲喂过程中勤更换手套。2%甲醛、1%氢氧化钠对本菌有较好的杀灭效果，制霉菌素对本病有良好的预防及治疗效果。

图6-340　病鸽精神萎靡

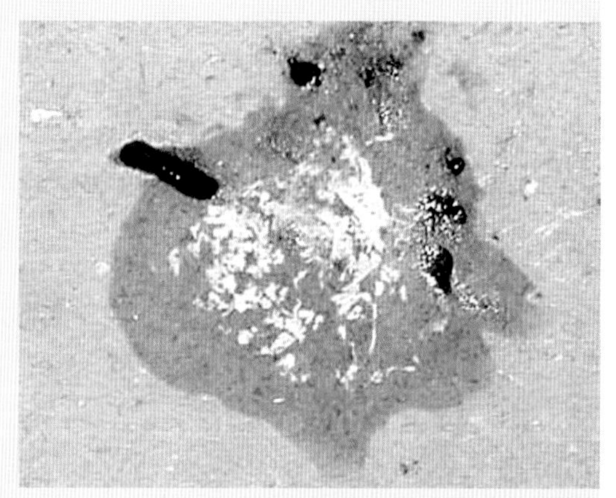

图6-341　病鸽排出混有大量尿酸盐的绿色稀便

图6-342　病鸡口腔内有白色坏死物

图6-343　病鸡口腔内的痂皮易剥离，上腭黏膜坏死、结痂

图6-344　病鸽食道及嗉囊黏膜被覆有黄白色坏死物

图6-345　病鸽嗉囊黏膜灰白色坏死，黏膜充血出血

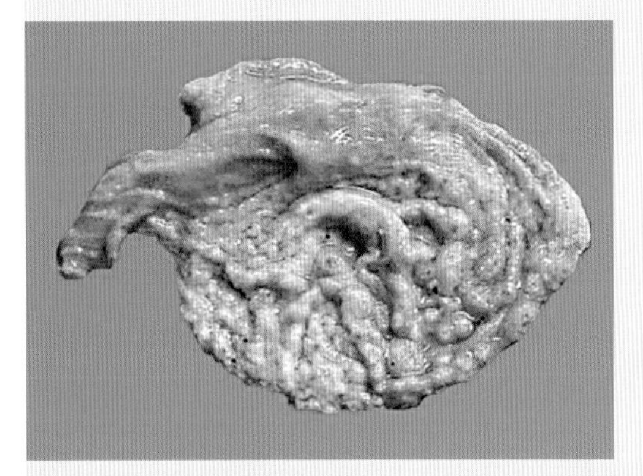

图6-346　病鸡嗉囊黏膜增厚，密布白色假膜样坏死灶

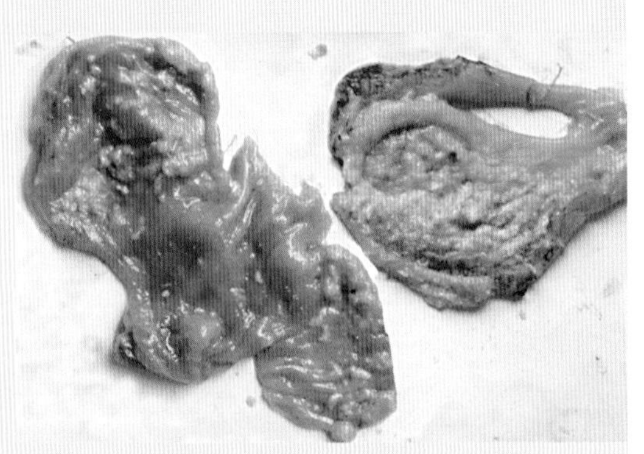

图6-347　病鸡嗉囊黏膜表面有假膜性坏死物

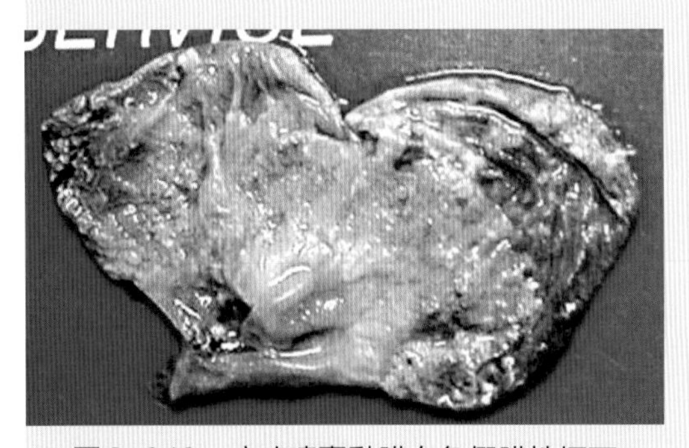

图6-348　病鸡嗉囊黏膜白色假膜性坏死

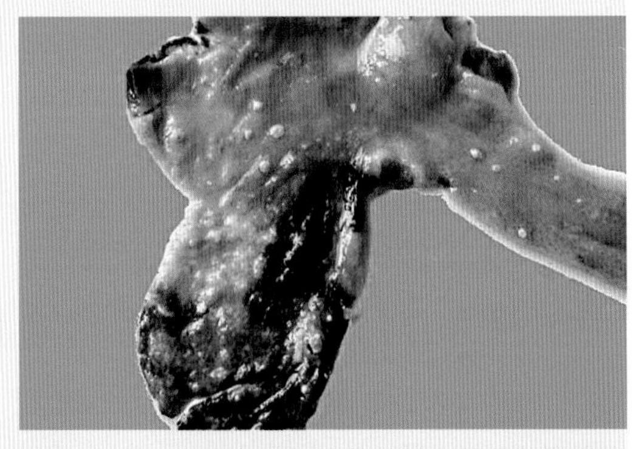

图6-349　病鸡食道和嗉囊黏膜有黄白色假膜样坏死灶

图6-350　病鸡嗉囊黏膜增厚，白色干酪样坏死

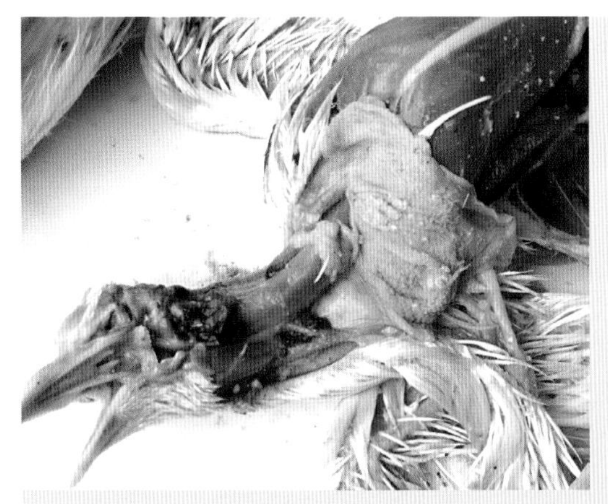

图6-351　乳鸽嗉囊黏膜的假膜样坏死

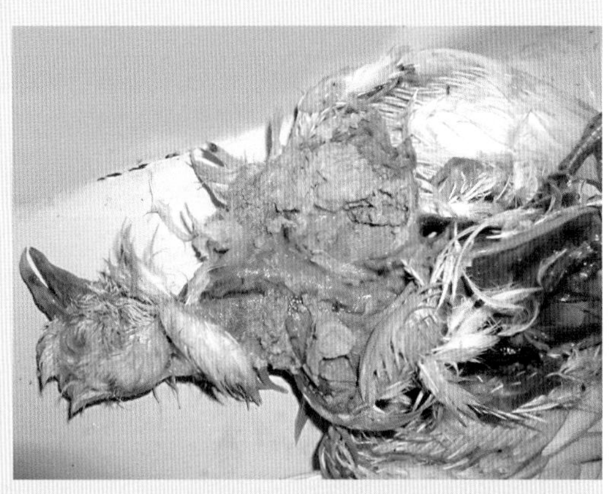

图6-352　乳鸽嗉囊和食道有厚厚的灰白色假膜样坏死

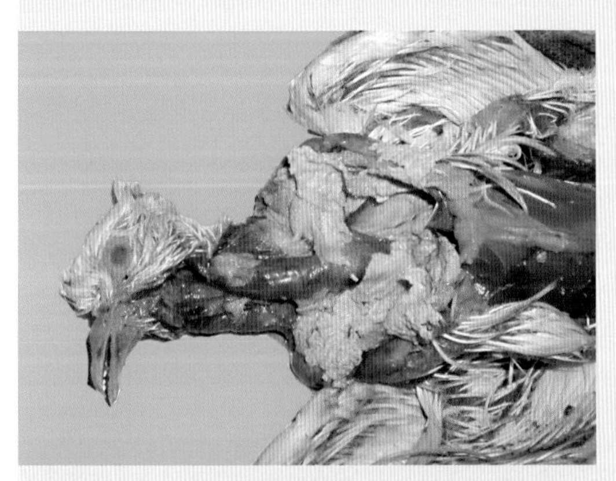

图6-353　乳鸽嗉囊内有肥厚的白色坏死物

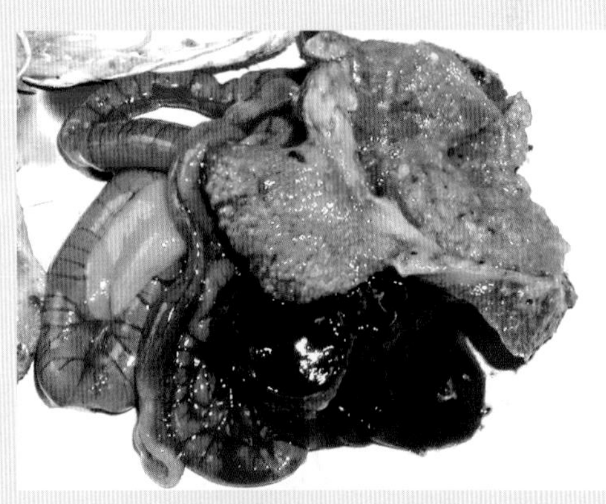

图6-354　乳鸽肠管膨胀，肝脏深褐色，腺胃黏膜胆染

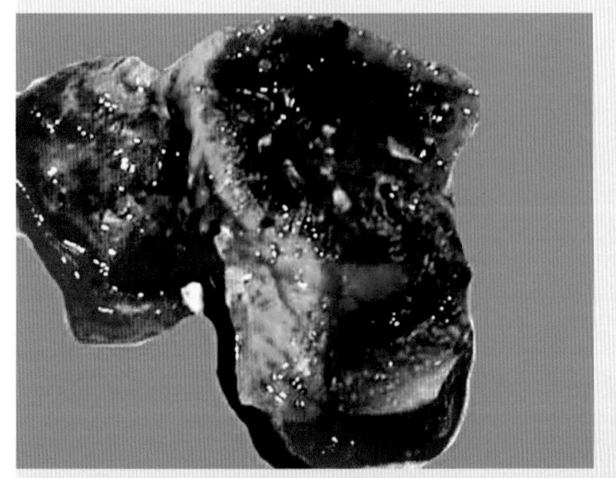

图6-355　乳鸽腺胃黏膜和肌胃内有白色干酪样坏死物，肌胃内容变绿

图6-356　乳鸽嗉囊壁和皮肤穿孔

【第七章】寄生虫病

一、禽球虫病（Avian Coccidiosis）

禽球虫病是严重危害家禽养殖业的常见寄生虫病，鸡、鸭、鹅、鹌鹑、火鸡等家禽均有特定种类的球虫寄生。鸡球虫病已被美国农业部列为对禽类危害最严重的五大疾病之一。我国每年因鸡球虫病造成的直接和间接经济损失在30亿元以上，其中抗球虫药物费用每年在6亿元左右，鸭球虫病也是北京鸭常见的疾病。

【病原特征】鸡球虫病由孢子虫纲（Sporozoa）、艾美耳科（Eimeriidae）、艾美耳属（*Eimeria*）的多种球虫寄生于鸡肠道引起。鸡球虫是宿主特异性和寄生部位特异性都很强的原虫，全世界报道的有13个种，其中9个种在我国均存在。各种球虫的致病性不同，生产中多为混合感染，以柔嫩艾美耳球虫（*E. Tenella*）、毒害艾美耳球虫（*E. Necatrix*）致病性最强，临床最常见。柔嫩艾美耳球虫卵囊多为宽卵圆形，少数为椭圆形。原生质呈淡褐色，卵囊壁为淡黄绿色，主要寄生于盲肠及其附近区域，是致病力最强的一种鸡球虫（又称盲肠球虫）；毒害艾美耳球虫主要寄生于小肠中1/3段，严重时可扩展到整个小肠，其致病性仅次于柔嫩艾美耳球虫。寄生于鸭的球虫包括艾美耳属（*Eimeria*）、泰泽属（*Tyzzeria*）、温扬属（*Wenyonella*）和等孢属（*Isospora*）的多种球虫，目前已报道的有18种，其中16种寄生于肠道上皮细胞，2种寄生于肾小管上皮细胞。

【流行特征】球虫卵囊随粪便排出体外，家禽因摄入有活力的孢子化卵囊遭受感染。所有日龄和品种的鸡、鸭都有易感性，2周龄以内的鸡、鸭很少发病，多于3～6周龄暴发，发病率20%～100%，致死率50%～100%。本病在潮湿多雨的夏季最为严重，而在温暖、潮湿的育雏室内，任何季节都可发生，放养和平地饲养家禽多发。病禽和带虫禽是主要传染源，人是重要的卵囊携带者，野鸟、家禽和昆虫都能机械性传播本病。禽舍潮湿、饲养密度过大、维生素缺乏等是本病的诱因，可加重病情，导致死亡率升高。

【临床特征】病禽食欲下降，翅下垂，羽毛松乱，冠苍白，下痢，不同种类球虫感染的不同阶段，病禽排出淡粉色、咖啡色或深褐色稀便，急性盲肠球虫，则病禽便中带有鲜血。急性病例迅速死亡。

【大体病变】柔嫩艾美耳球虫感染可见盲肠肿胀变粗，浆膜面可见出血点和出血斑，肠腔中充满血液、血凝块和脱落的黏膜碎片，盲肠中的血液和坏死脱落黏膜逐渐变干硬，形成红色或红、白相间的“肠芯”。毒害艾美耳球虫感染可见小肠中部高度肿胀，黏膜弥漫性出血或坏死，肠内容物中含有多量的血液、血凝块和坏死脱落的上皮组织。

【实验室诊断】根据粪便检查（饱和盐水漂浮法和直接涂片法检查粪便中的卵囊）结果，结合临床症状、流行病学调查和病理变化即可确诊。

【防治要点】若不晚于感染后96小时给药，可降低病鸡的死亡率。常用的治疗药物有磺胺氯吡嗪（三字球虫粉）、磺胺-6-甲氧嘧啶、球痢灵（硝基甲苯酰胺）、尼卡巴嗪（球净）、百球清（托曲珠利）、地克珠利等。预防用的抗球虫药有氯苯胍、氯羟吡啶（克球粉）、马杜拉霉素、拉沙里菌素、莫能菌素、盐霉素、常山酮等。如果长期重复使用药物，球虫对抗球虫药会产生耐药性，因此，应穿梭用药或联合用药，以防止球虫耐药性的产生。在采取药物预防的同时，加强饲养管理，及时清理粪便，使用能杀灭卵囊的消毒药定期消毒，打断球虫的发育史，能有效降低本病的发病率。注意，多数抗球虫药物不能用于产蛋期家禽的预防和治疗，必要时采用国家允许的药物治疗。

图7-1　病鸡精神沉郁，双翅下垂

图7-2　病鸡贫血，鸡冠苍白

图7-3　病鸡濒死前神经麻痹，瘫痪

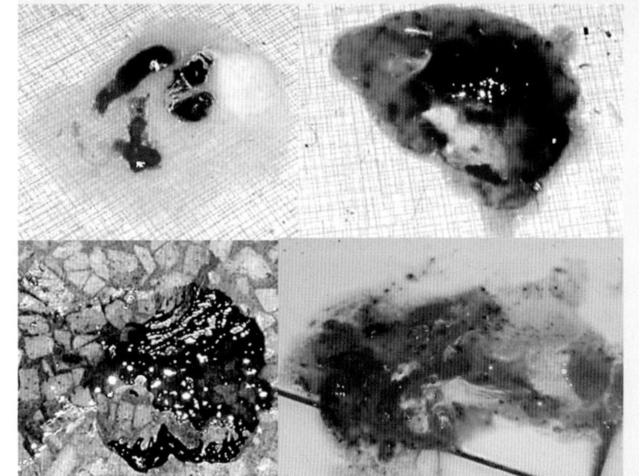

图7-4　病鸡腹泻，排出不同颜色的粪便

图7-5　病鸡盲肠扩张，浆膜面出血、坏死

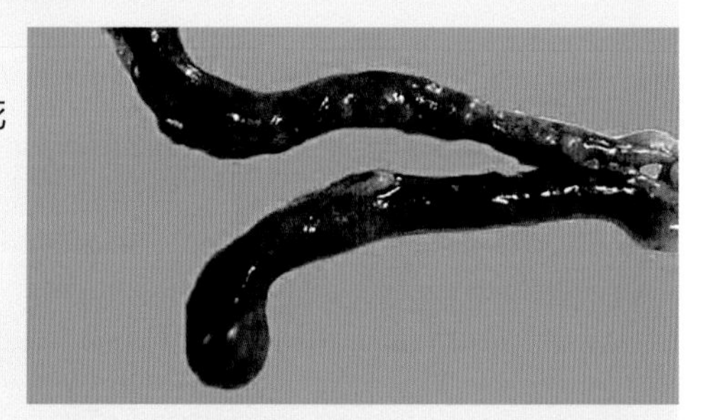

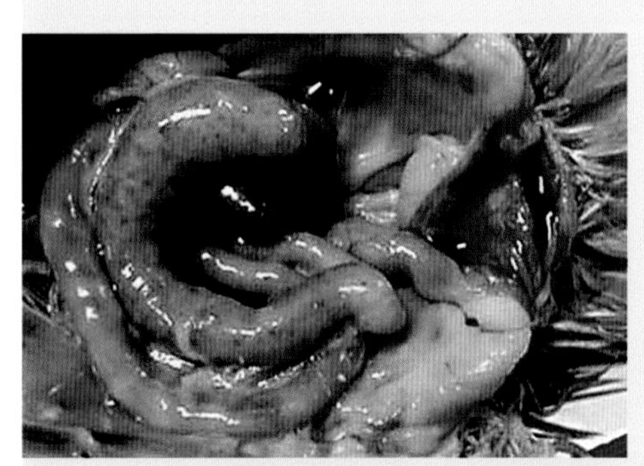

图7-6　43日龄三黄鸡盲肠扩张，浆膜面出血，泄殖腔内有大量血性粪便

图7-7　病鸡盲肠膨胀，脾脏肿胀

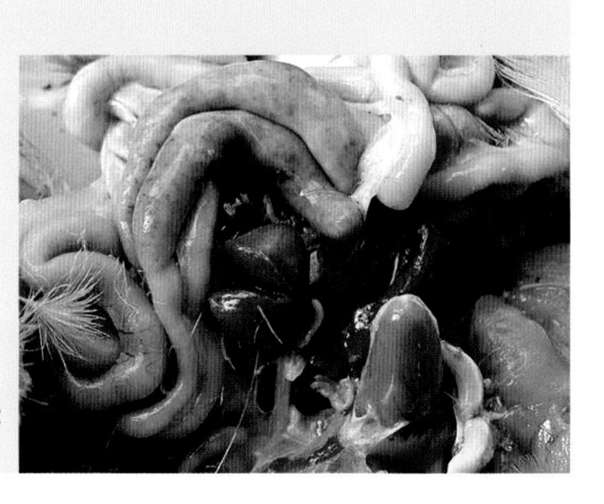

图7-8　病鸡盲肠扩张，肠壁可见出血性坏死病灶

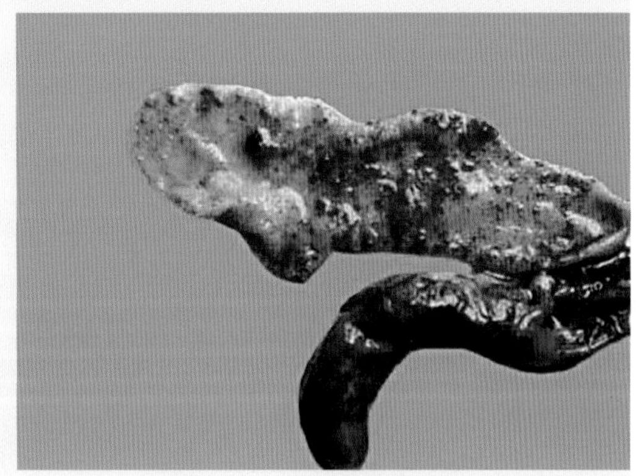

图7-9　病鸡盲肠黏膜出血

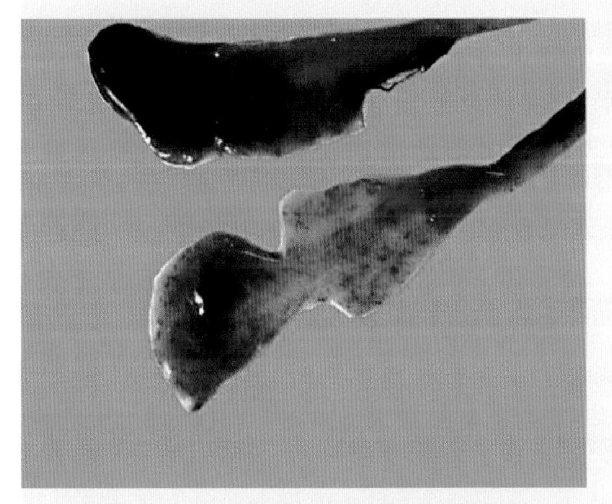

图7-10　13日龄乌骨鸡盲肠黏膜出血

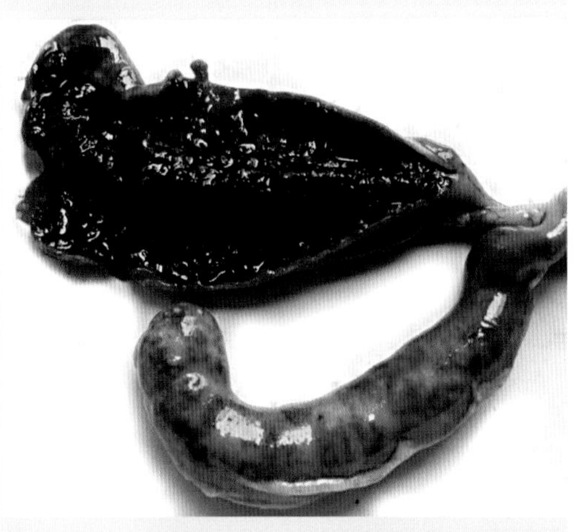

图7-11　43日龄三黄鸡盲肠壁坏死，肠管内有血凝块

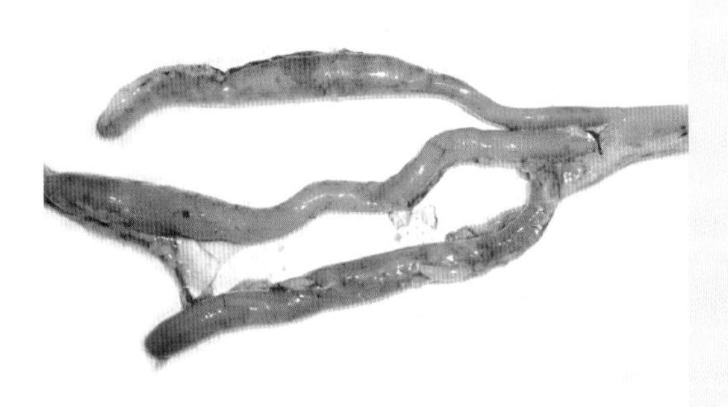

图7-12　病鸡盲肠扩张

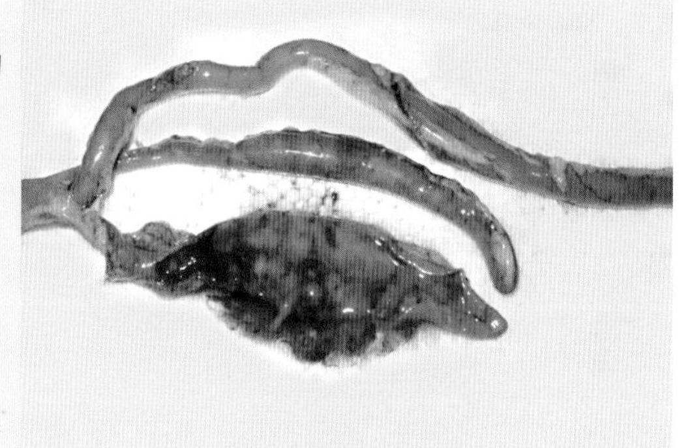
图7-13 病鸡盲肠内充满血性内容物

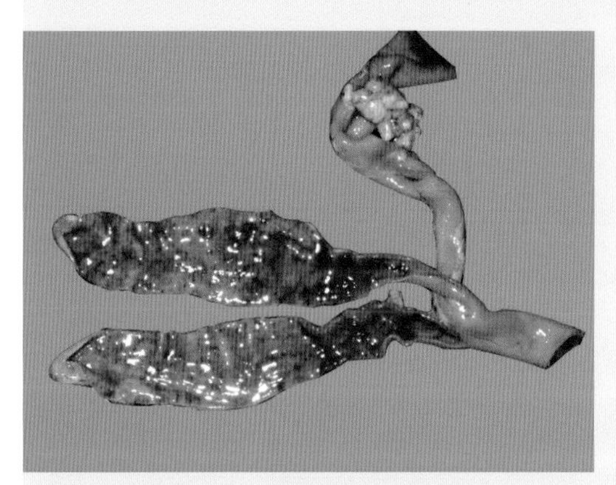
图7-14 病鸡盲肠黏膜出血

图7-15 32日龄蛋鸡小肠球虫，肠腔扩张，浆膜、黏膜出血，肠腔积血

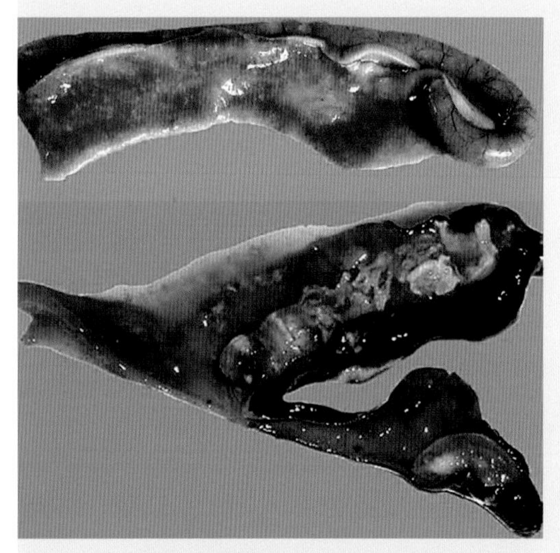
图7-16 慢性球虫病鸡十二指肠黏膜出血和弥漫性白色坏死点（上），盲肠内有干酪样血性栓子（下）

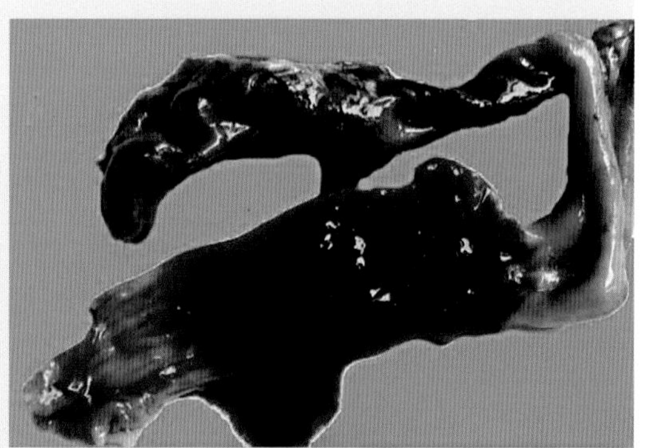

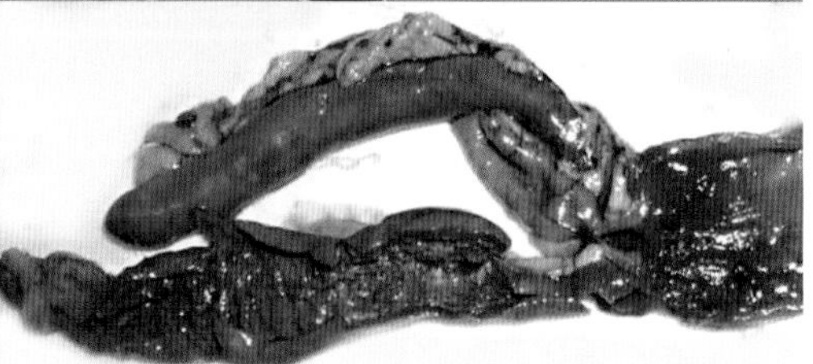
图7-17 盲肠和直肠内有血性内容物

图7-18　鸭球虫病，整个肠道内有血凝块，肠黏膜出血

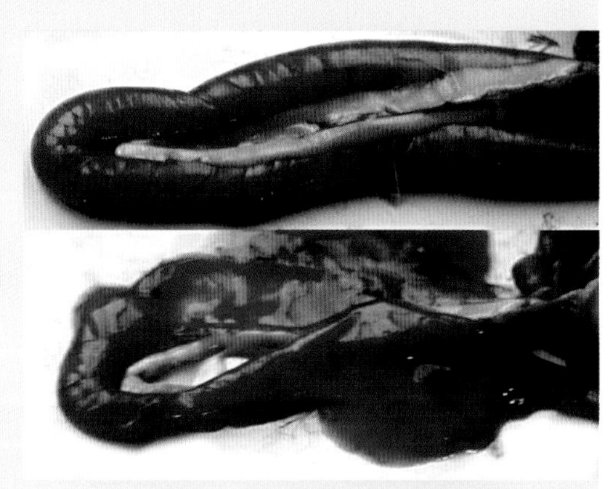

图7-19　鹌鹑十二指肠充血、血管怒张，呈树枝状，肠腔内有血性内容物

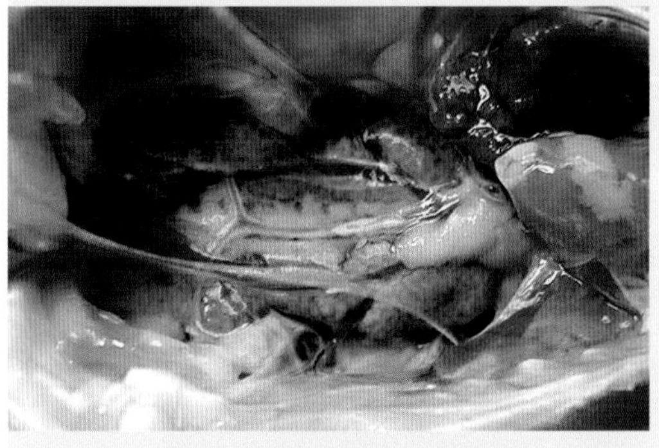

图7-20　急性球虫病鸡内脏、肌肉因失血过多而苍白

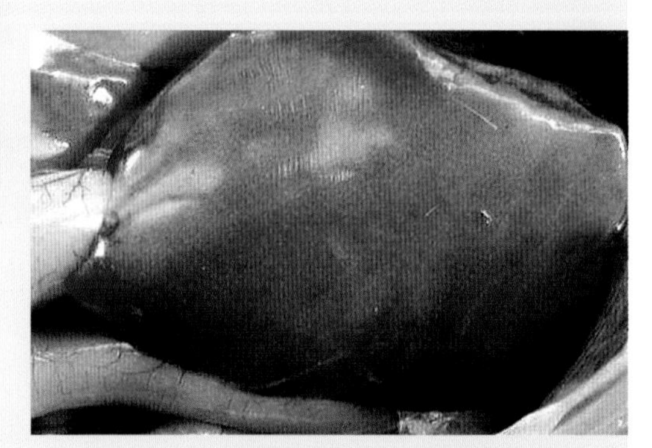

图7-21　急性球虫病鸡肝脏黄染、肿胀

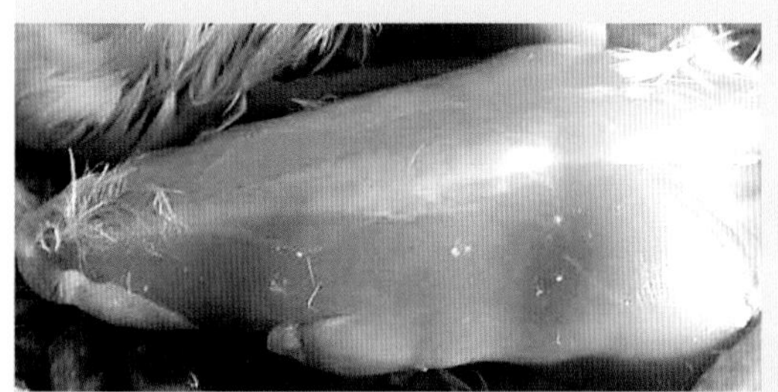

图7-22　急性球虫病鸡胸肌苍白

二、鸡住白细胞虫病

（Leucocytozoonosis）

住白细胞虫病是由住白细胞虫科（Leucocytozoidae）、住白细胞虫属（*Leucocytozon*）的原虫寄生于鸡血液细胞和内脏器官组织细胞所引起的一种原虫病。在我国广泛流行。

【病原特征】在我国，已发现鸡有2种住白细胞虫：卡氏住白细胞虫（*L. caulleryi*）和沙氏住白细胞虫（*L. sabrazesi*），前者致病力较强。住白细胞虫的发育过程包括裂殖生殖、配子生殖及孢子生殖3个阶段。裂殖生殖主要在鸡的组织内完成，配子生殖的最初阶段在鸡红细胞、成红细胞或白细胞内完成，配子生殖的后阶段发育及孢子生殖在蠓或蚋体内完成。

当昆虫吸血时，将其唾液中住白细胞虫的孢子注入鸡体内。孢子首先在血管内皮细胞繁殖，形成10多个裂殖体，于感染后9～10天，宿主细胞破裂，裂殖体随血液转至机体各个部位寄生，裂殖体在这些组织内继续发育，至第10～15天裂殖体破裂，释放出成熟的球形裂殖子，有些裂殖子可被巨噬细胞吞噬而后发育成为巨型裂殖体，大小约110微米×400微米，分布于内脏器官、浆膜、黏膜或皮肤，肉眼可见为白色球状体，如致局部血管破裂则在裂殖体存在部位呈红色出血斑。部分裂殖子进入血细胞进行配子生殖。

卡氏住白细胞虫在鸡体内的配子生殖阶段分为5个时期：Ⅰ期：在血液抹片或组织印片中，虫体游离于血浆中，呈紫红色圆点状或似巴氏杆菌两极着色状，亦有3～7个或更多成堆排列者，大小为0.89～1.45微米。Ⅱ期：其大小、形态和颜色与Ⅰ期相似，不同之处是虫体已侵入宿主血细胞内，多位于宿主血细胞核一端的细胞质内，每个血细胞内多为1～2个虫体。Ⅲ期：常见于组织印片中，虫体明显增大，其大小为10.87微米×9.43微米，呈深蓝色，近圆形，充满宿主细胞的整个细胞质，把细胞核挤向一边，虫体的核大小为7.97微米×6.53微米，中间有一深红色的核仁，偶有2～4个核仁者。Ⅳ期：可区分出大、小配子体，大配子体呈圆形或椭圆形，大小为13.05微米×11.6微米，细胞质较丰富，呈深蓝色，核居中较透明，红色，呈肾形、菱形、梨形或椭圆形，大小为5.8微米×2.9微米，核仁多为圆点状；小配子体呈不规则圆形，大小为10.9微米×9.42微米，细胞质少，呈浅蓝色，核几乎占虫体的全部体积，大小为8.9微米×9.35微米，浅红色，呈哑铃状或梨状，核仁紫红色，呈杆状或圆点状。被寄生的细胞也增大

(17.1微米×20.9微米)呈圆形，细胞核被挤压成扁平状。Ⅴ期：其大小及染色情况与Ⅳ期相似，不同点为宿主细胞核与细胞质均消失。此期虫体在末梢血液涂片中容易找到。

沙氏住白细胞虫的成熟配子体为长形，宿主细胞呈纺锤形，细胞核呈深色狭长的带状，围绕于虫体一侧。大配子体22微米×6.5微米，着色深蓝，色素颗粒密集，褐红色的核仁明显；小配子体20微米×6微米，着色淡蓝，色素颗粒稀疏，核仁不明显。

【流行特征】本病发生有一定的季节性，这与住白细胞虫的传播媒介蠓和蚋的活动季节性一致。当气温在20℃以上时，库蠓和蚋繁殖快、活力强，住白细胞虫感染的发生和流行也就日益严重，热带和亚热带地区全年都可发生该病。鸡的年龄与住白细胞虫的感染率成正比，而和发病率成反比。一般童鸡（2～4月龄）和中鸡（5～7月龄）的感染率和发病率都比较高，而8～12月龄成鸡或一年以上的种鸡，感染率高，但发病率不高，大多数为带虫者。本地土种鸡对住白细胞虫病有较强的抵抗力。

【临床特征】雏鸡和仔鸡的临床症状明显，死亡率高。感染12～14天后，突然因咯血、呼吸困难而死亡，有的呈现鸡冠苍白，食欲不振，羽毛松乱，伏地不动，1～2天后因咯血或内出血而迅速死亡。轻症病鸡，发热，卧地不动，食欲下降，下痢，精神不振，1～2天内死亡或康复。中鸡和大鸡感染后一般死亡率不高，病鸡冠苍白，消瘦，排出绿色粪便，成鸡产蛋下降，甚至停止。本病的特征症状是鸡死前口流鲜血，血液稀薄如水，冠和肉垂苍白，排出绿色粪便等。

【大体病变】全身皮下出血，肌肉尤其是胸肌、腿肌、心肌有大小不等的出血点，各内脏器官肿大、出血，肾脏、肺脏、肝脏出血最严重，严重时可见腹腔内有血凝块。胸肌、腿肌、心肌及肝脏、脾脏等组织、器官上有灰白色或稍带黄色的、针尖至粟粒大、与周围组织有明显分界的小结节。将这些小结节挑出涂片、染色，可见许多裂殖子或裂殖体。

【实验室诊断】根据流行病学、临床症状和剖检病变可作出初步诊断。实验室诊断常进行病原检查，制备发病鸡血液涂片或脏器触片或取疑似虫体结节进行姬姆萨染色，在显微镜下发现虫体，即可确诊。

【防治要点】预防可采取如下综合措施：消灭蠓、蚋，防止其进入鸡舍，淘汰病鸡和药物预防等。目前认为较有效的防治药物：泰灭净（磺胺间甲氧嘧啶）、磺胺二甲氧嘧啶（制菌磺）、乙胺嘧啶等。

图7-23　病鸡精神沉郁，腿软无力，鸡冠苍白

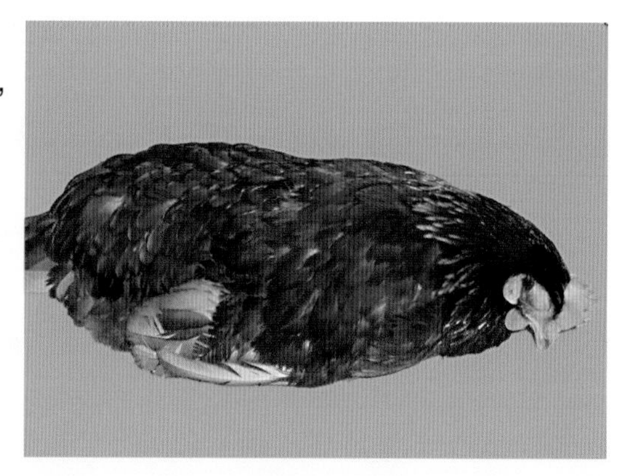

图7-24　病鸡精神沉郁，腿软无力

图7-25　病鸡冠上可见被蠓等叮咬的痕迹

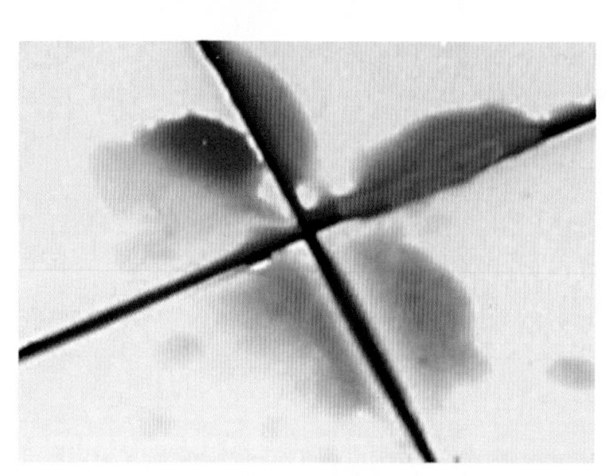

图7-26　病鸡贫血，血液稀薄如水，凝固不良

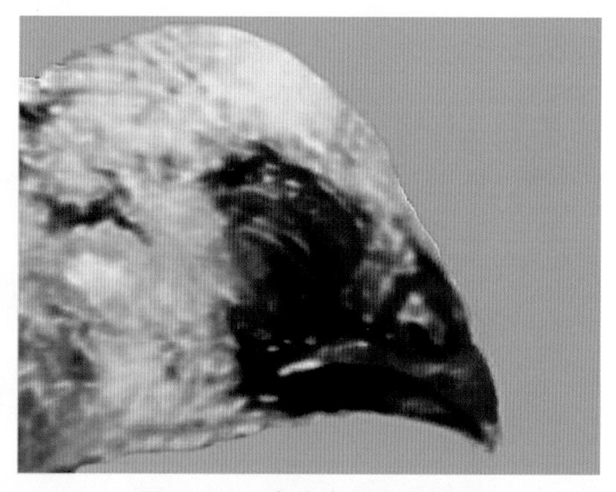

图7-27　病鸡咯出大量鲜血

图7-28　病鸡因严重内出血而致鸡冠苍白如纸

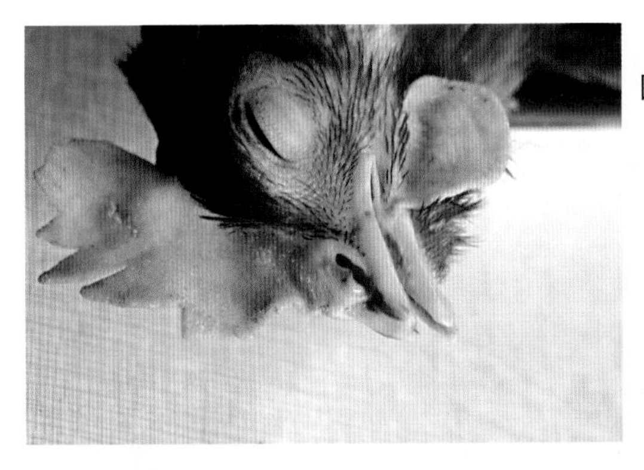

图7-29　病鸡鸡冠苍白，鼻孔腔内有血性分泌物

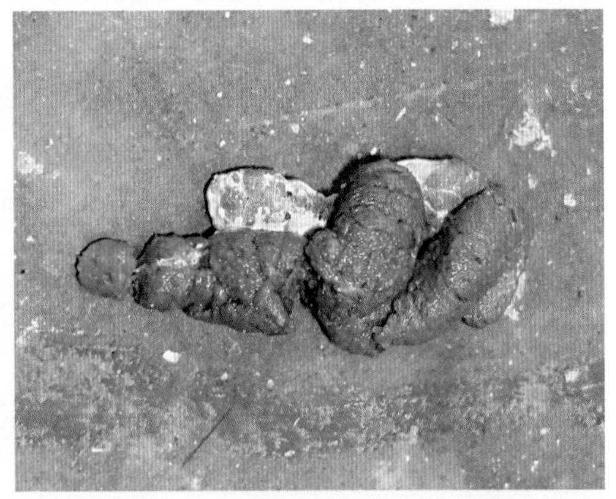

图7-30　病鸡粪便呈典型的蔬菜绿色

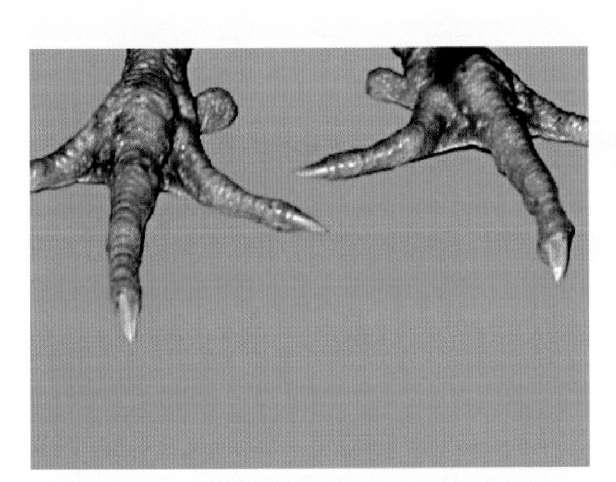

图7-31　病鸡爪部皮肤出血及白色小结节

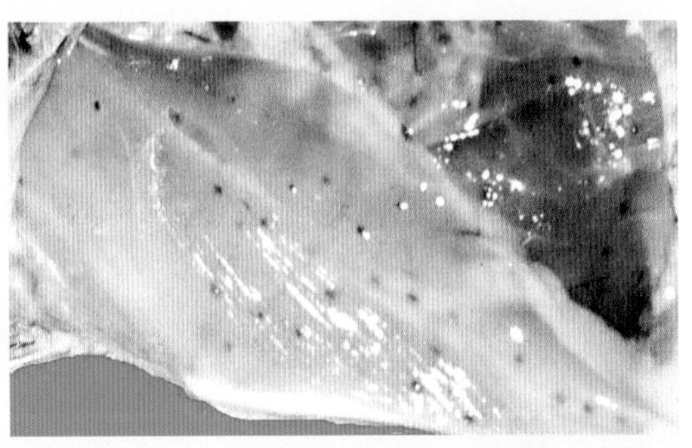

图7-32　病鸡胸肌内有出血点和裂殖体

图7-33　病鸡胸肌苍白，内有出血灶，中间包围有白色裂殖体

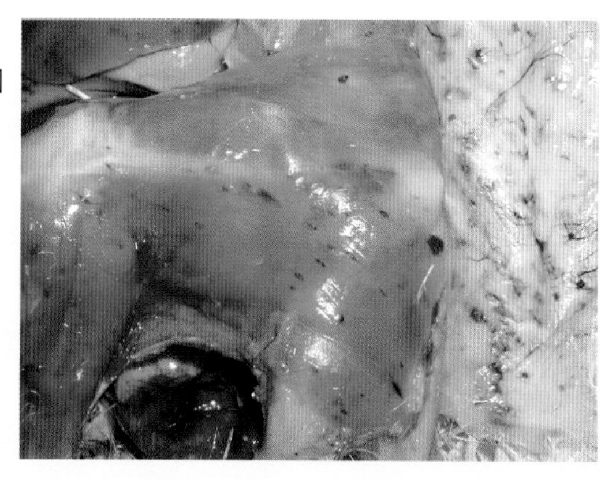

图7-34 病鸡腿肌内有白色裂殖体，周围出血

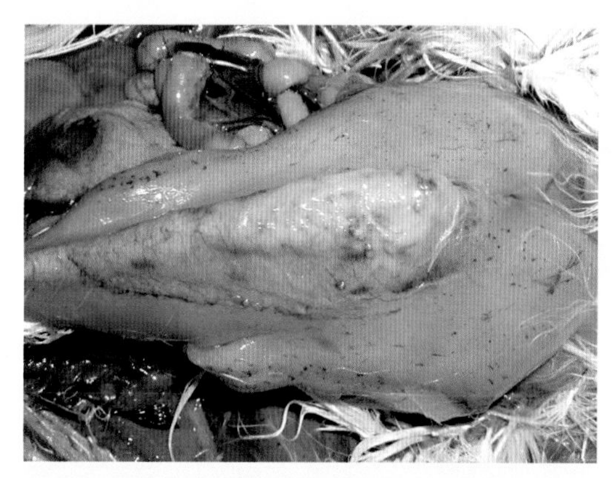

图7-35 病鸡胸骨滑液囊内有白色裂殖体

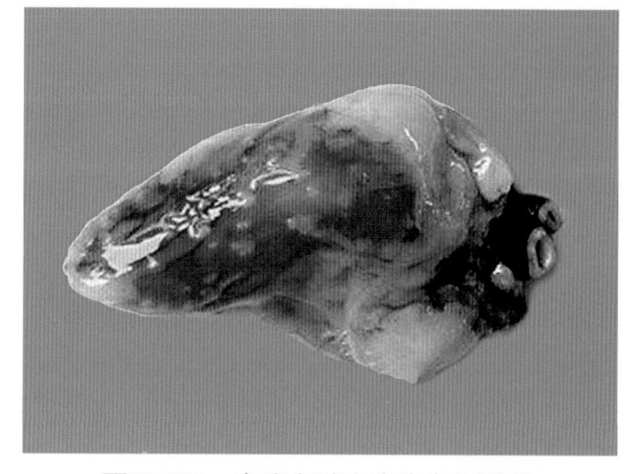

图7-36 病鸡心脏上有白色裂殖体

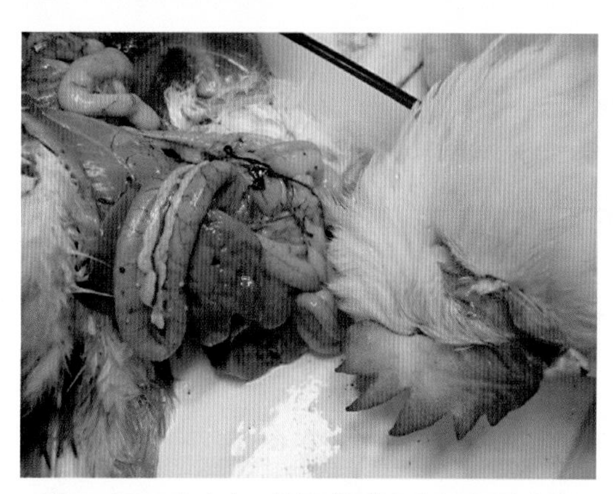

图7-37 病鸡十二指肠浆膜面有红色裂殖体

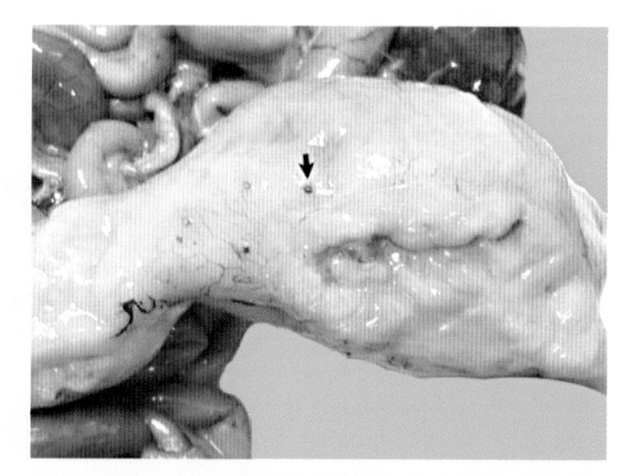

图7-38 病鸡肌胃外周脂肪内有红色裂殖体

图7-39 病鸡内出血，腹腔内有血凝块，心脏及腿部肌肉有出血及裂殖体

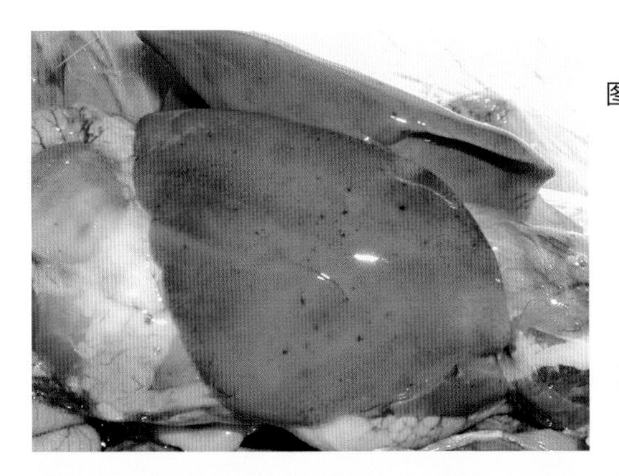

图7-40　病鸡肝脏肿胀、散布有裂殖体和出血点

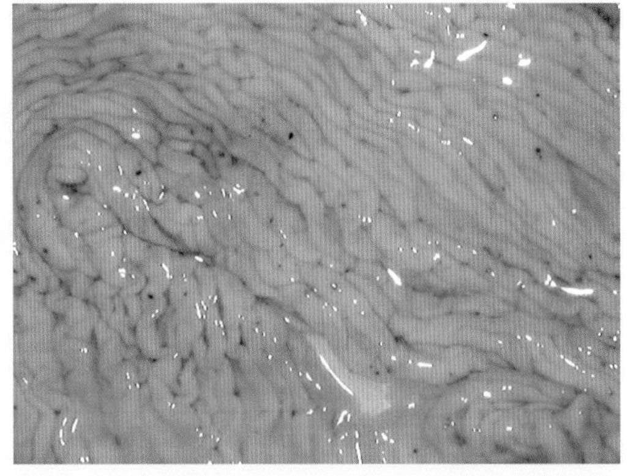

图7-41　病鸡输卵管黏膜上散布有大量红色结节

图7-42　病鸡肾脏肿胀，尿酸盐沉积，腹腔内有大量血液

图7-43　病鸡卵泡破裂，腹腔内有卵黄液和软壳蛋，脾脏肿胀

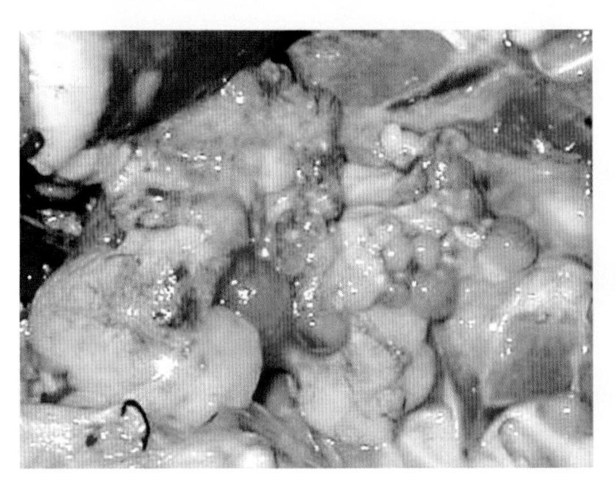

图7-44　产蛋鸡卵巢萎缩，卵泡变形、破裂

三、禽组织滴虫病

（Avian Histomoniasis）

禽组织滴虫病是由组织滴虫属的火鸡组织滴虫（*Histomonas meleagridis*）寄生于禽类盲肠和肝脏引起的一种急性原虫病，又称盲肠肝炎或黑头病。以肝脏和盲肠出现独特的坏死灶为特征。

【病原特征】火鸡组织滴虫属单毛滴虫科（Monocercomonadidae）组织滴虫属（*Histomonas*），以二分裂法繁殖。多形性虫体，近圆形或变形虫，大小不一。盲肠腔中虫体的直径为5～16微米，常见一根鞭毛，虫体内有一个小盾和一个短的轴柱。在肠和肝脏组织中的虫体无鞭毛，初侵入者8～17微米，生长后可达12～21微米。寄生于盲肠的火鸡组织滴虫被鸡异刺线虫吞食，进入异刺线虫卵内，当异刺线虫卵排出时，组织滴虫存在其中，能在虫卵及其幼虫中存活很长时间。当鸡感染异刺线虫时，同时感染组织滴虫。

【流行特征】多发于火鸡和雏鸡，野鸡、鹌鹑、孔雀、珍珠鸡、锦鸡、家鸭、鸵鸟、鹧鸪等均可感染。鸡在4～6周龄易感性最强，火鸡3～12周龄易感性最强。死亡率常在感染后第17天达高峰，第4周末下降，火鸡的发病率和死亡率一般分别为35.7%和23.6%，人工感染的死亡率可达90%。鸡组织滴虫病死亡率较低，也有死亡率超过30%的报道。该病主要感染放养的草鸡，以雏鸡和青年鸡最易感，发病率为22.56%；1～30日龄鸡发病数占总病例数的32.04%，31～60日龄病例占总数的45.63%，成年鸡很少发病，46日龄地面散养的蛋鸡的死亡率可达20%。86日龄蛋鹌鹑死亡率达8%；孔雀组织滴虫病多发于3周龄至2月龄之间。

【临床特征】本病的潜伏期7～12天。病初病禽呆立，翅下垂，步态蹒跚，眼半闭，头下垂，畏寒，下痢，食欲缺乏。疾病末期，有些病禽因血液循环障碍，冠、肉髯发绀，呈暗黑色，因而有“黑头病”之称。病程1～3周，病愈鸡带虫可长达数周或数月。成年鸡很少出现症状。

【大体病变】病变主要在盲肠和肝脏。一侧或两侧盲肠肿胀，肠壁肥厚，内腔充满浆液性或出血性渗出物，渗出物常发生干酪化，形成干酪状的盲肠肠芯，间或盲肠穿孔，引起腹膜炎。肝脏肿大，紫褐色，表面出现黄绿色圆形、下陷的坏死灶，直径可达1厘米，单独存在或融合成片状。

【实验室诊断】根据流行病学资料、症状和典型病变，可作出初步诊断。刮取盲肠黏膜或取肝脏等病料进行组织学检查，发现虫体即可确诊。

【防治要点】鸡异刺线虫在组织滴虫传播中起重要作用，因此驱除和杀灭异刺线虫（卵）是有效措施。鸡和火鸡隔离饲养，成年禽和幼禽单独饲养。对病禽可选用洛硝哒唑或吩噻嗪等药物进行防治。

图7-45　病鸡精神沉郁，翅下垂

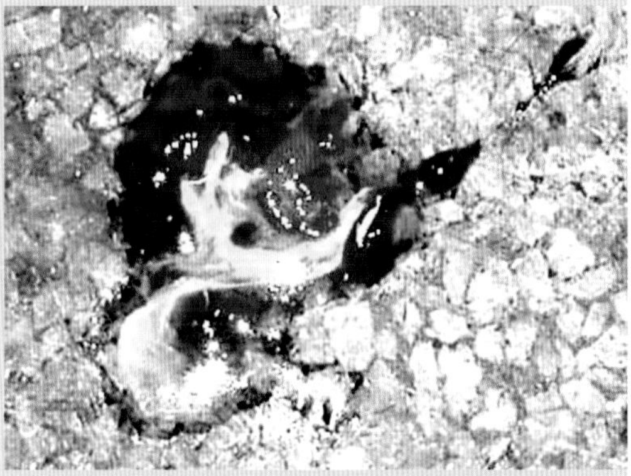

图7-46　病鸡排出血性稀便

图7-47　病鸡冠发绀呈黑紫色

图7-48　病鸡肝脏铜钱样坏死

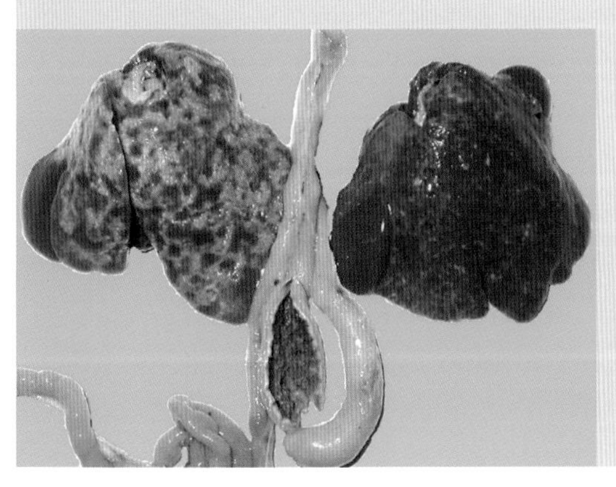
图7-49　病鸡肝脏和盲肠典型病变

四、禽毛滴虫病

（Trichomoniasis）

禽毛滴虫病是由禽毛滴虫（*Trichomonas gallinae*）引起的一种以禽上消化道溃疡和下痢为特征的原虫病。禽毛滴虫病主要感染幼鸽、鹌鹑、火鸡、鸡、鸭、鹅等禽类。

【病原特征】禽毛滴虫属毛滴虫科（Trichomonadidae）、毛滴虫属（*Trichomonas*），寄生于消化道。虫体呈梨形，移动迅速，长5 ~ 9微米，宽2 ~ 9微米，具有4根典型的游离鞭毛，1根细长的轴刺常延伸至虫体后缘之外。

【流行特征】毛滴虫主要通过污染的饲料和饮水传播，鸽、火鸡、鸡、鸭、鹅等禽类均易感，幼禽发病严重。鸽最易感，鸽的总带虫率约为65%，其中乳鸽的带虫率可达75%以上，产蛋鸽的带虫率也高，呈正相关。

【临床特征】上消化道感染病禽主要表现为食欲废绝，精神委顿，常伸颈做吞咽动作，口腔中流出浅绿色或淡黄色黏液，并散发出恶臭味，幼鸽嘴部肿大。下消化道感染病禽主要表现为精神沉郁，食欲下降或废绝，羽毛松乱，步态不稳，排出淡黄色水样稀便，体重下降，呈现昏睡直至衰竭死亡。

【大体病变】口腔、咽、食道或腺胃与食道交界处黏膜早期发红、粗糙，进而坏死，形成菜花状突起，个别病例的嗉囊、喙角和鼻后孔处黏膜增厚、坏死。肝脏肿胀、淤血，表面有干酪样坏死灶。鸽和鹌鹑毛滴虫性肠炎可见肠黏膜严重的卡他性炎症，黏膜表面有大量浆液和黏液，肠内容物为多量淡黄色半透明液体。

【实验室诊断】临床症状和大体病变有很大诊断价值，口腔或嗉囊直接涂片、镜检，发现虫体即可确诊。在新鲜涂片上找不到虫体时，可进行病理组织学检查或人工培养，有助于做出诊断。另外，由于本病的症状和病变与念珠菌病、禽痘和维生素A缺乏症相似，需仔细鉴别。

【防治要点】参见组织滴虫病。

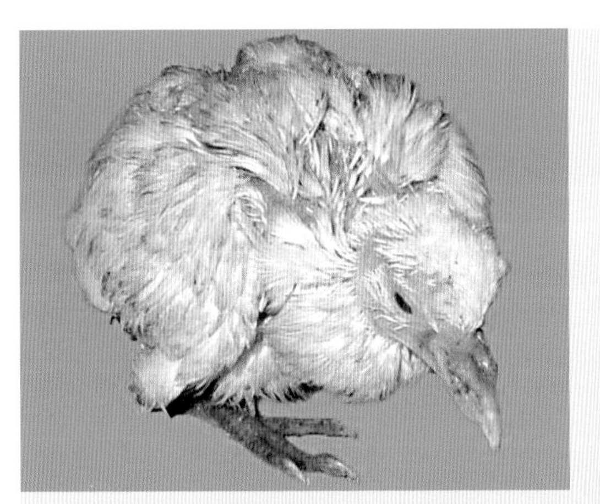
图7-50　病鸽精神沉郁，步态不稳

图7-51　病鸽口角溃疡

图7-52　病鹌鹑精神沉郁

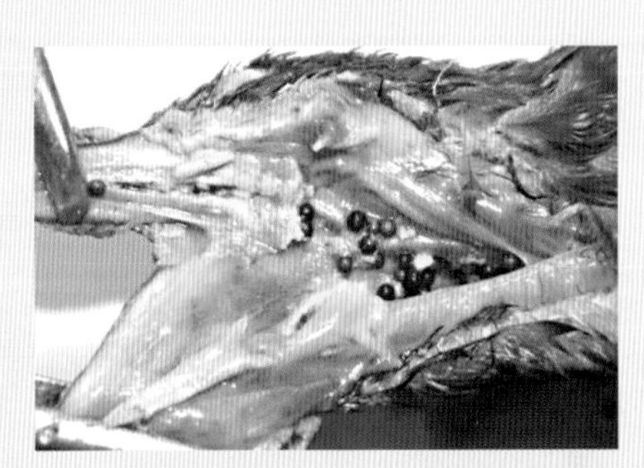
图7-53　病鹌鹑口腔、食道黏膜上有黄白色坏死物

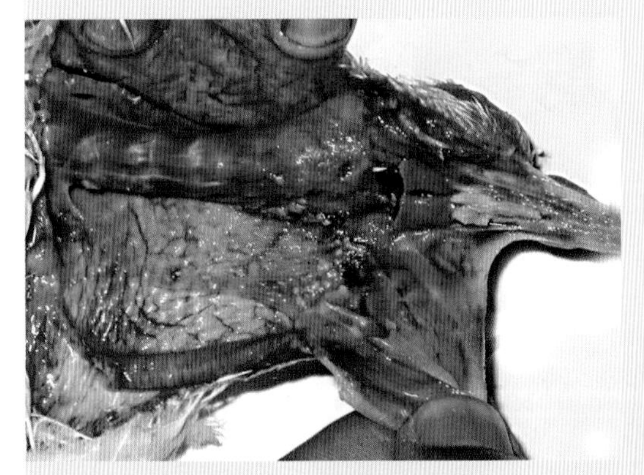
图7-54　病鸽口腔内有黄色干酪样坏死物，喉腔周围有出血病灶

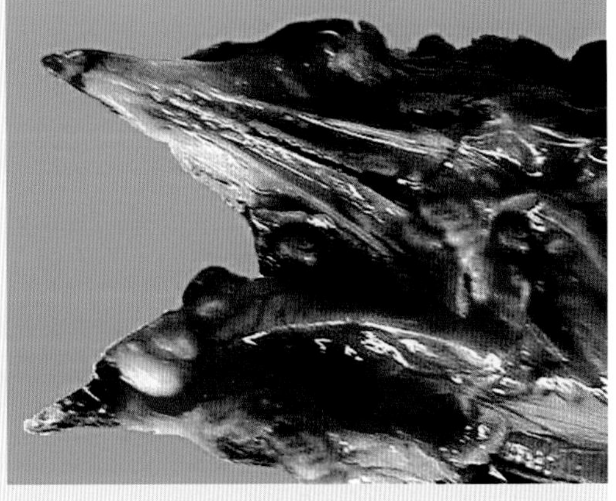
图7-55　病鸽喙角和鼻后孔黏膜增生，有干酪样坏死

图7-56　病鸽肝脏表面散布干酪样坏死灶

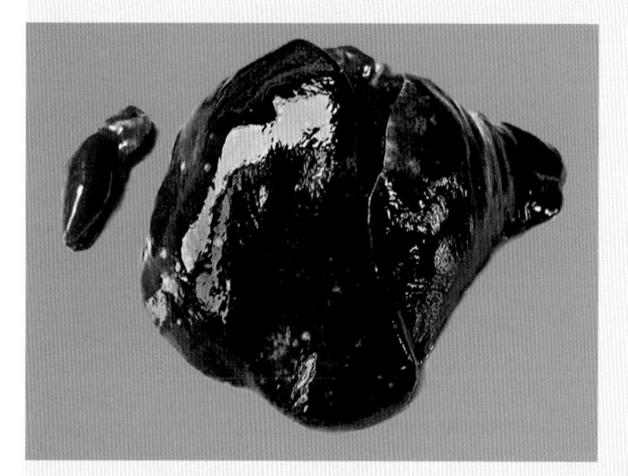

图7-57　病鸽肝脏呈棕黑色，散布有灰黄色坏死灶

图7-58　病鹌鹑肠扩张，内积大量淡黄色半透明液

图7-59　病鹌鹑肠道内有水样内容物

图7-60　病鸽肠管膨胀，内有水样内容物

图7-61　病鸽排出淡黄色水样粪便

五、禽绦虫病

（Cestodiasis）

本病是由白色、扁平、带状分节的绦虫感染引起的多种禽类内寄生虫病。绦虫种类多，形态各异，大小悬殊，小的仅几毫米，大的可达几十毫米。鸡、鸭、鹅、鸽、鹌鹑、孔雀、野鸭、大雁等多种禽类均可发病。

【病原特征】家禽绦虫以戴文绦虫、膜壳绦虫最为常见。

1. 戴文绦虫

（1）四角赖利绦虫（*R. tetragona*） 虫体最长达25厘米，头节较小，顶突上有1 ~ 3圈小钩，数目为90 ~ 130个。吸盘椭圆形，上有8 ~ 10圈小钩。成节的生殖孔位于一侧。孕节中每个卵袋含6 ~ 12个虫卵。

（2）棘沟赖利绦虫（*R. echinobothrida*） 大小和形状颇似四角赖利绦虫，但其顶突上有2圈小钩，数目为200 ~ 240个。吸盘呈圆形，上有8 ~ 10圈小钩。生殖孔位于节片一侧的边缘，孕节内的子宫最后形成90 ~ 150个卵袋，每个卵袋含6 ~ 12个虫卵。

（3）有轮赖利绦虫（*R. cesticillus*） 虫体较小，一般不超过4厘米，偶可达15厘米。头节大，顶突宽而厚，形似轮状，突出于前端，上有两圈共400 ~ 500个小钩。吸盘上无小钩。生殖孔在体侧缘不规则交替排列。孕节中有许多卵袋，每个卵袋内仅有一个虫卵。

（4）节片戴文绦虫（*D. proglottina*） 成虫短小，仅有0.5 ~ 3.0毫米长，由4 ~ 9个节片组成。头节小，顶突和吸盘上均有小钩，但易脱落。生殖孔规则地交替开口于每个体节的侧缘前部。雄茎囊长，可达体节宽的1/2以上。睾丸12 ~ 15个，排成两列，位于体节后部。后期孕节子宫分裂为许多卵袋，每个卵袋只含一个虫卵。

2. 膜壳绦虫

（1）矛形剑带绦虫（*D. lanceolata*） 虫体呈乳白色，前窄后宽，形似矛头，虫体长6 ~ 16厘米，由20 ~ 40个节片组成，节片宽大于长。头节小，顶突上有8个小钩，颈短。睾丸3个，呈椭圆形，横列于节片中部稍偏生殖孔一侧。卵巢分左右两瓣。孕节子宫呈长囊状，横列于节片中。虫卵椭圆形，大小约为100微米 × （82 ~ 83）微米。寄生于鸭、鹅等水禽的小肠内。

（2）片形皱褶绦虫（*F. fasciolaris*） 虫体长20 ~ 40厘米，在其前部有一个扩展的皱褶状假头节。假头节长1.9 ~ 6.0毫米，宽1.5毫米，由许多无生殖器官的节片组成，为附着器官。真头节位于假头节的顶端，顶突上有10个小钩。睾丸3个，为卵圆形。雄茎上有小棘。卵巢呈网状分布，串连于全部成节。子宫亦贯穿整个链体，孕节的子宫为短管状，管内充满虫卵。虫卵为椭圆形，两端稍尖，大小为13微米 × 74微米。寄生于鸭、鹅、鸡等家禽的小肠内。

（3）鸡膜壳绦虫（*H. carioca*） 成虫长3 ~ 8厘米，细似棉线，节片多达500个。头节纤细，极易断裂，顶突无钩。睾丸3个。寄生于家鸡和火鸡的小肠内。

（4）冠状膜壳绦虫（*H. coronula*） 成虫长12 ~ 19厘米，宽2.5 ~ 3.0毫米。顶突上有20 ~ 26个小钩，排成一圈呈冠状。吸盘上无钩。睾丸3个，排列成等腰形。寄生于家鸭、鹅和其他水禽类的小肠内。

【流行特征】戴文绦虫分布广泛，其发育过程分别需要蚂蚁、甲虫、蛞蝓或陆地螺等作为中间宿主，而这些中间宿主在鸡舍内普遍存在，鸡通过啄食中间宿主而感染，2 ~ 3种绦虫混合感染的占50%。膜壳绦虫呈世界性分布，病原普遍存在。多种水禽膜壳绦虫的感染率均较高，并能引起死亡。太湖鹅、朗德鹅矛形剑带绦虫感染率分别高达10%和8%，50 ~ 53日龄的大雁感染矛形剑带绦虫后，发病率达23%，死亡率18%。

【临床特征】戴文绦虫是对幼禽致病性最强的一类绦虫。病禽粪便稀且有黏液，食欲下降，饮水增多，行动迟缓，羽毛蓬乱，头颈扭曲，蛋鸡产蛋量下降或停产，最后衰竭死亡。膜壳绦虫病临床常表现为下痢，排绿色粪便，有时带有绦虫节片。病禽食欲废绝，消瘦，行动迟缓。当出现中毒症状时，出现运动失调，常常突然倒地，甚至死亡。

【大体病变】戴文绦虫肠道黏膜增厚、出血，内容物中含有大量脱落的黏膜和虫体或黏膜上附着虫体。赖利绦虫为大型虫体，大量感染时虫体积聚成团，导致肠阻塞，甚至肠破裂引起腹膜炎；膜壳绦虫以其吸盘和小钩固着肠壁，造成肠黏膜的机械性损伤，发生炎症。大型虫体寄生时，会阻塞肠道。

【实验室诊断】根据鸡群的临床表现，粪便检查发现虫卵或节片，剖检病禽发现虫体而确诊。

【防治要点】预防着重于消灭中间宿主；对雏禽定期进行驱虫；及时清除粪便并做无害化处理。新购入的家禽应驱虫后再合群，幼禽与成禽分开饲养。丙硫咪唑、硫双二氯酚或氯硝柳胺可用于本病的治疗。

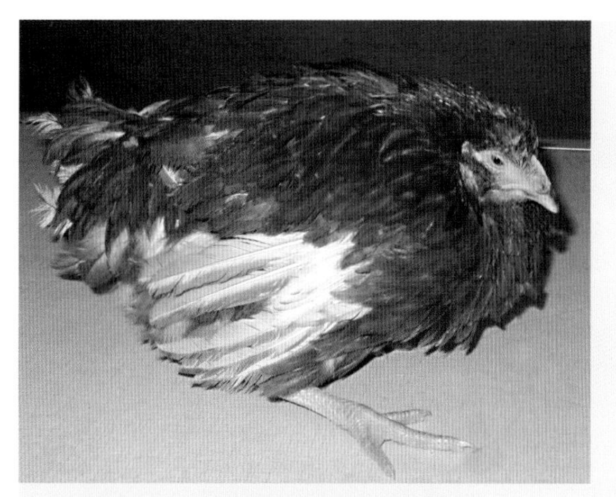
图7-62　病鸡精神沉郁，羽毛松乱

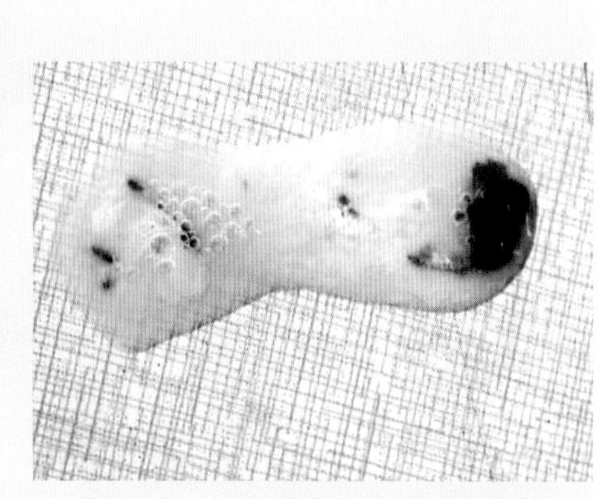
图7-63　病鸡粪便白色并带有气泡

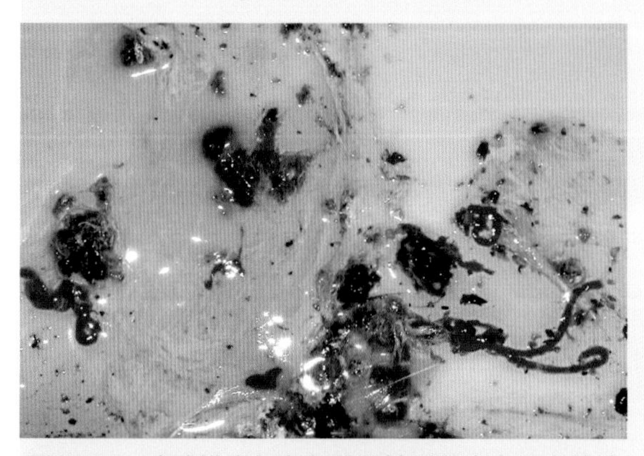
图7-64　病鸡排出灰白色黏液性稀便中有绦虫节片

图7-65　病鹅肠道内的大型绦虫

图7-66　赖利绦虫

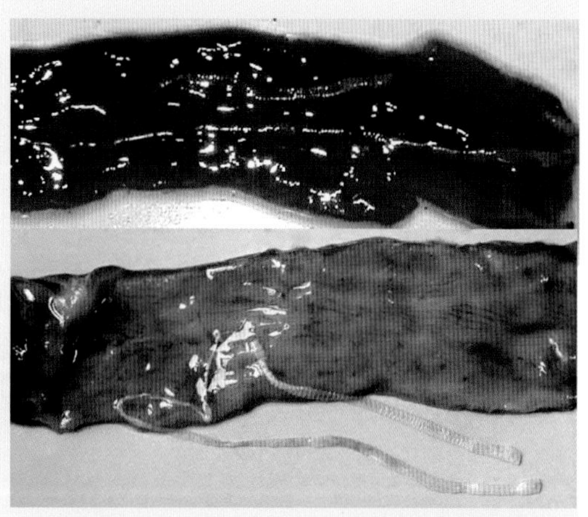
图7-67　寄生于鸡、鸭肠道内的绦虫

六、禽蛔虫病

（Ascariasis）

禽蛔虫病是由鸟蛔科的线虫寄生于家禽肠道引起的疾病。各种蛔虫具有相似的生活史，并引起相似的病理变化，但它们的寄生具有种特异性，如鸡蛔虫寄生于鸡，鸽蛔虫寄生于鸽。以鸡的蛔虫病较为严重，遍及世界各地。主要危害雏鸡，影响生长发育，甚至引起大批死亡。

【病原特征】病原属于禽蛔科（Ascaridiidae）、禽蛔属（*Ascaridia*）。

1. 鸡蛔虫（*A. galli*）

虫体黄白色，头端有3片唇。雄虫长2.6 ~ 7厘米，尾端有明显的尾翼和尾乳突，有一个具有厚的角质边缘的圆形或椭圆形泄殖孔前吸盘，交合刺近于等长。雌虫长6.5 ~ 11厘米，阴门开口于虫体中部。虫卵呈椭圆形，（70 ~ 90）微米 ×（47 ~ 51）微米，壳厚而光滑，深灰色，新排出时内含单个胚细胞。

2. 鸽蛔虫（*A. columbae*）

雄虫长5 ~ 7厘米，交合刺等长，1.2 ~ 1.9毫米。雌虫长2 ~ 9.5厘米。

【流行特征】禽蛔虫卵对消毒药具有较强的抵抗力，对干燥、直射阳光和高温（50℃以上）敏感。在阴凉潮湿的地方，可生存很长时间。各种禽蛔虫发育过程都不需要中间宿主，禽吞食感染性虫卵而感染。虫卵在肠道内孵出幼虫，直接在肠道内发育成熟。蚯蚓可作为保虫宿主传播禽蛔虫。雏鸡易遭受侵害，成年鸡多为带虫者。饲养方式与感染率密切相关，商品蛋鸡蛔虫的感染率为12%，感染强度为2 ~ 9条；散养鸡蛔虫的感染率为53%，感染强度为3 ~ 35条。蛔虫病也是鸽的常见寄生虫病，主要危害幼鸽，1 ~ 4月龄最为易感，感染率一般为10% ~ 30%，个别可达50% ~ 80%，症状也较为严重，幼鸽生长发育受阻，甚至引起大批死亡。5月龄以上鸽有一定的抵抗力。

【临床特征】病禽精神不振，食欲不佳，贫血、消瘦，有时可见严重下痢。雏禽生长发育不良，产蛋禽产蛋量下降或停产。严重感染时，可阻塞肠道造成死亡。

【大体病变】幼虫侵入肠黏膜时，破坏肠黏膜，造成出血及发炎，肠壁上常有颗粒状化脓灶或结节形成。成虫大量寄生时，相互缠结，可能导致肠阻塞，甚至引起肠破裂和腹膜炎。

【实验室诊断】粪便检查发现大量虫卵或剖检见小肠内的虫体即可确诊。

【防治要点】预防措施包括：在蛔虫病流行的禽场，每年进行2次定期驱虫，减少场地污染；雏禽和成年禽分开饲养；禽舍和运动场的粪便应经常清除、堆积发酵等，杜绝传染来源。治疗可选用左咪唑、噻苯唑、伊维菌素等药物驱虫。

图7-68　病鸽贫血

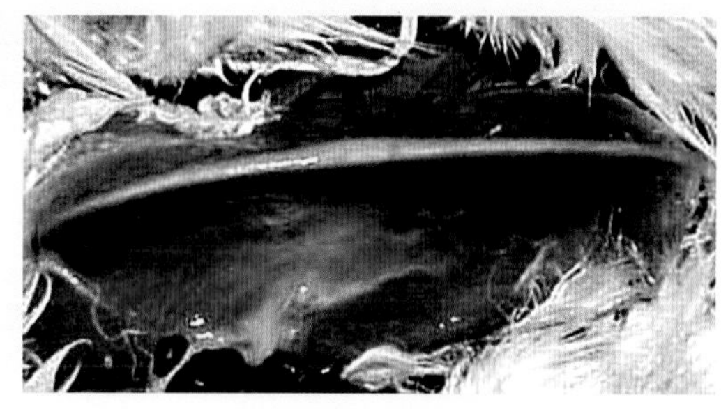

图7-69　病鸽消瘦

图7-70　病鸽消瘦，严重腹泻，肛周羽毛被污染

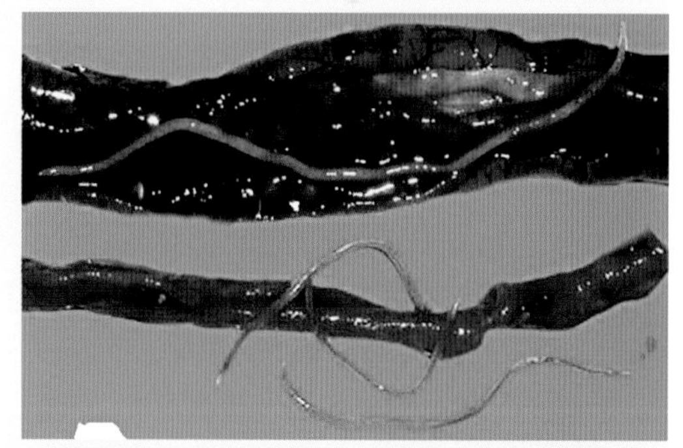

图7-71　寄生于鸡十二指肠内的大型蛔虫

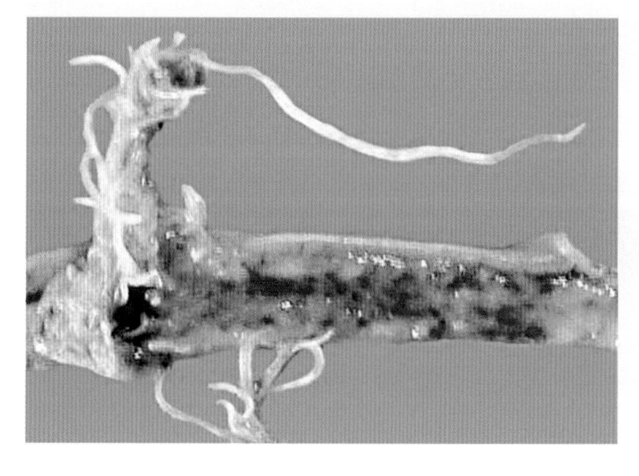

图7-72　肉种鸽小肠被绦虫阻塞，增生、出血

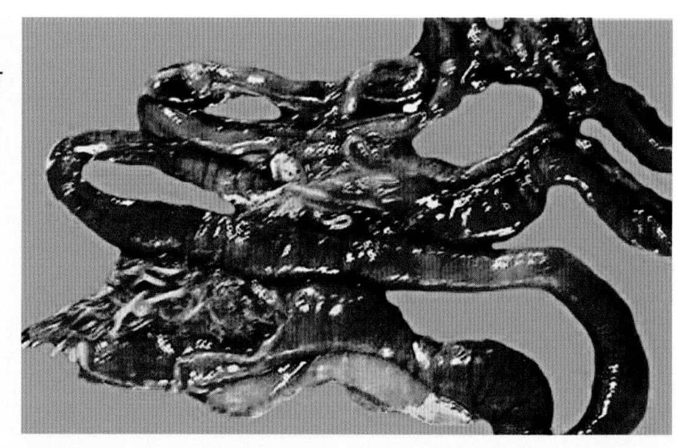

图7-73 肉种鸽十二指肠段因有大量蛔虫堵塞而膨胀，肠浆膜面充血

图7-74 肉种鸽小肠内有大型蛔虫，肠腔内有血性内容物

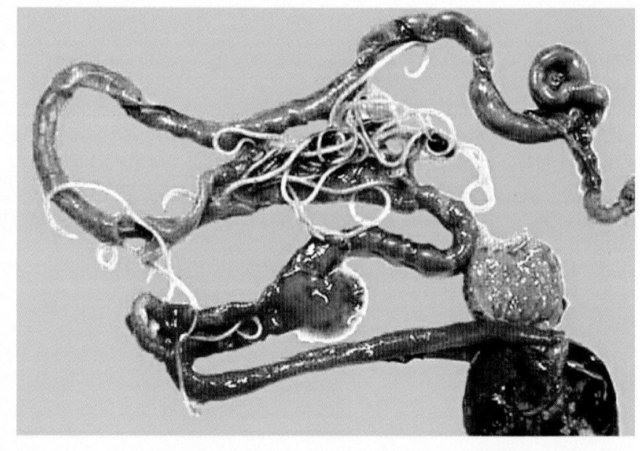

图7-75 乌骨鸡小肠前段内的大型蛔虫，肠壁增厚

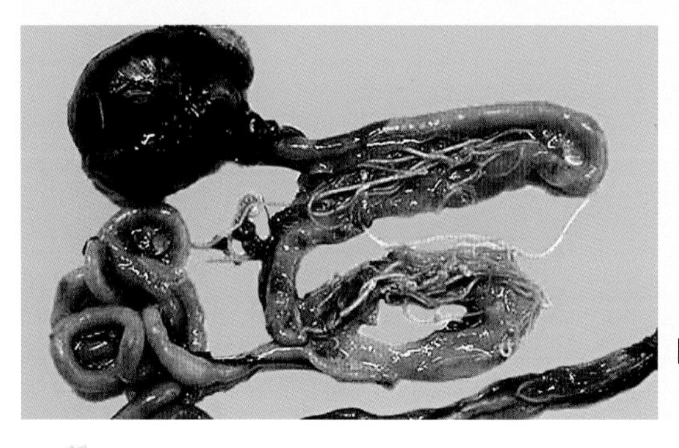

图7-76 乌骨鸡十二指肠内的大型蛔虫

七、鸡异刺线虫病

（Heterakidosis）

鸡异刺线虫病是由鸡异刺线虫（又称盲肠线虫）寄生于鸡盲肠内引起的疾病。异刺线虫是火鸡组织滴虫的传播者，当鸡体内同时寄生有这两种虫体时，组织滴虫可侵入异刺线虫的卵内，并随卵排出体外，其他鸡啄食时，可同时感染两种寄生虫。

【病原特征】鸡异刺线虫属异刺科（Heterakidae）、异刺属（*Heterakis*）。其他禽、鸟类亦有异刺线虫寄生，但病原各不相同。

鸡异刺线虫（*H. gallinarum*）虫体小，白色。头端略向背面弯曲，有侧翼，向后延伸的距离较长。食道球发达。雄虫长7～13毫米，尾直，末端尖细，交合刺2根，不等长。有一个圆形的泄殖孔前吸盘。雌虫长10～15毫米，尾细长，生殖孔位于虫体中央稍后方。卵呈椭圆形，灰褐色，壳厚，内含单个胚细胞，大小为（65～80）微米×（35～46）微米。

【流行特征】鸡异刺线虫在鸡群中普遍存在，分布于世界各地。我国部分地区商品鸡总体感染率为42.2%，平均感染强度为10.4；丘陵地区的感染率最高，感染率为70%～100%，湖区和市区的感染率依次居后，分别为36.4%和32.3%。

【临床特征】病鸡食欲减退，营养不良，发育停滞，严重者可引起死亡。

【大体病变】盲肠肿大变硬，浆膜面有灰白色粟粒大小的结节，造成疣状盲肠炎。盲肠壁增厚，肠腔内可见数量不一的虫体，有时多达数百条，甚至堵塞肠管。黏膜上有数量不等、大小不一的麦粒样结节，内有虫体。

【实验室诊断】粪便中发现虫卵，或剖检时发现虫体即可确诊。

【防治要点】参照禽蛔虫病。

图7-77　严重感染病鸡贫血，鸡冠苍白

图7-78　轻度感染病禽症状不明显

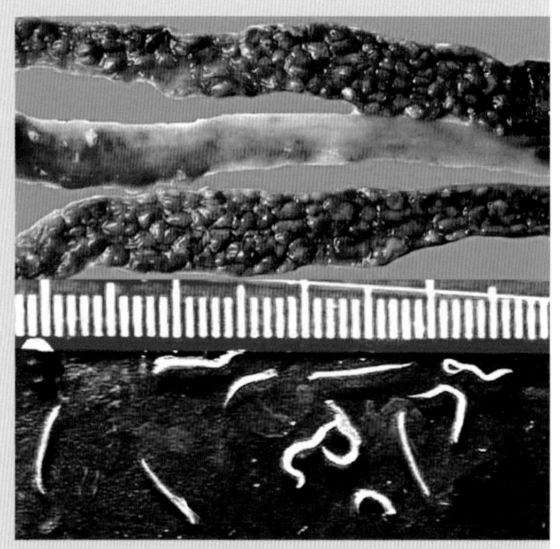

图7-79　异刺线虫寄生于盲肠黏膜，形成麦粒肿，虫体呈乳白色

图7-80　盲肠黏膜面有数量不等、大小不一的结节

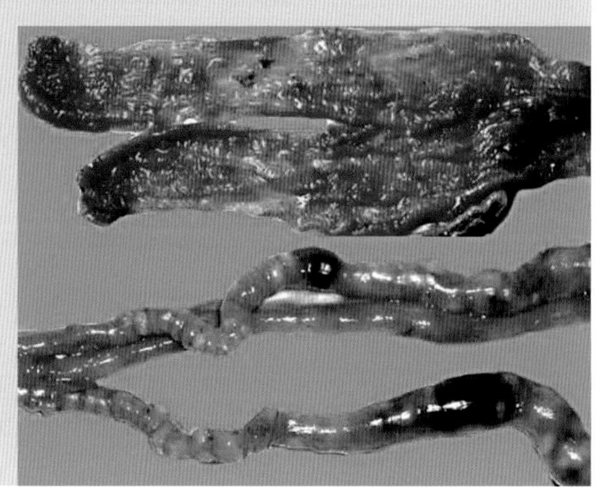

图7-81　病鸡黏膜上有结节

八、禽胃线虫病

（Poultry Stomach Worm Disease）

禽胃线虫病由多种线虫寄生于禽类的食道、腺胃、肌胃和肠道引起的寄生虫病。主要虫种有小钩锐形线虫、旋锐形线虫和美洲四棱线虫等。

【病原特征】引起禽胃线虫病的寄生虫主要是华首科（锐形科，Acuariidae）华首属（锐形属，*Acuaria*）和四棱科（Tetrameridae）四棱属（*Tetrameres*）的成员。常见的寄生虫有：

1. 小钩锐形线虫（*A. hamulosa*）

虫体前部有4条饰带，两两并列，呈不整齐的波浪形，由前向后延伸，几乎达虫体后部，但不折回，亦不相吻合。雄虫长9～14毫米，肛前乳突4对，肛后乳突6对。交合刺1对，左侧的纤细，长1.63～1.8毫米，右侧的扁平，长0.23～0.25毫米。雌虫长16～19毫米，阴门位于虫体中部的稍后方。主要寄生于鸡和火鸡的肌胃。

2. 旋锐形线虫（*A. spiralis*）

虫体前部有4条饰带，由前向后，然后折回，但不吻合。雄虫长7～8.3毫米，肛前乳突4对，肛后乳突4对。交合刺不等长，左侧的纤细，长0.4～0.52毫米，右侧的呈舟状，长0.15～0.2毫米。雌虫长9～10.2毫米，阴门位于虫体后部。主要寄生于鸡、火鸡、鸽等的前胃和食道。

3. 美洲四棱线虫（*T. americana*）

雄虫纤细，长5～5.5毫米，游离于前胃腔中。雌虫长3.5～4.5毫米，宽约3毫米，呈亚球形，并在纵线部位形成4条深沟，其前端和后端自球体部突出，看上去好像是梭子两端的附属物，主要寄生于鸡和鸭的前胃腺内。

【流行特征】禽胃线虫需要昆虫（蚱蜢、蟑螂等）作为中间宿主，虫卵在外界被中间宿主吞食，在其体内发育为第三期感染性幼虫，禽类由于吞食含有感染期幼虫的中间宿主而遭受感染。本病遍及全国各地，鸡、火鸡、鸭、鹅和多种野禽均易感，严重感染可以引起雏鸡死亡。

【临床特征】轻度感染时不显致病力。严重感染时，病禽消化不良，食欲下降，出现消瘦和贫血等症状，甚至引起死亡。

【大体病变】腺胃壁增厚，虫体有时可在寄生部位形成溃疡及出血，挤压腺胃壁可从腺窝内挤出红色雌虫。

【实验室诊断】根据尸体剖检发现虫体可确诊。

【防治要点】参照禽蛔虫病。

图7-82　野鸡前胃腺中的虫体

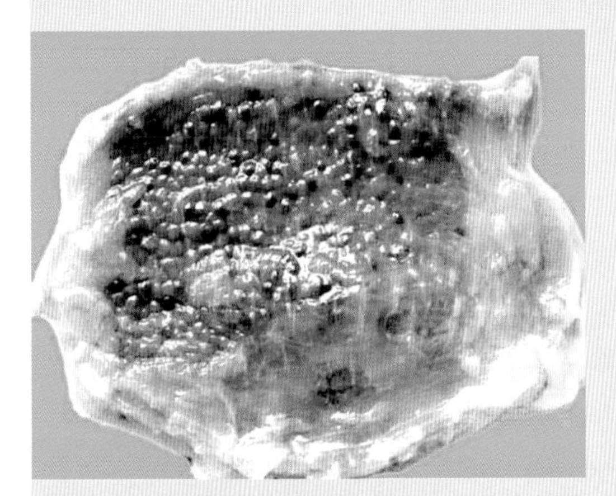

图7-83　野鸡腺胃壁内可见寄生于胃腺内的黑色虫体

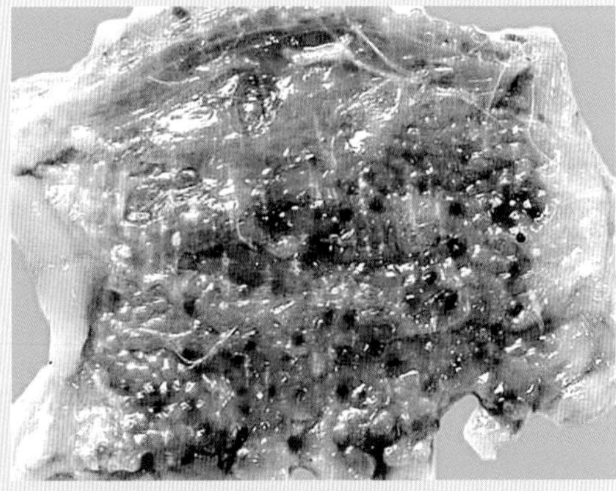

图7-84　虫体吸血，弄破虫体，有血液流出

图7-85　鸭胃线虫（1）

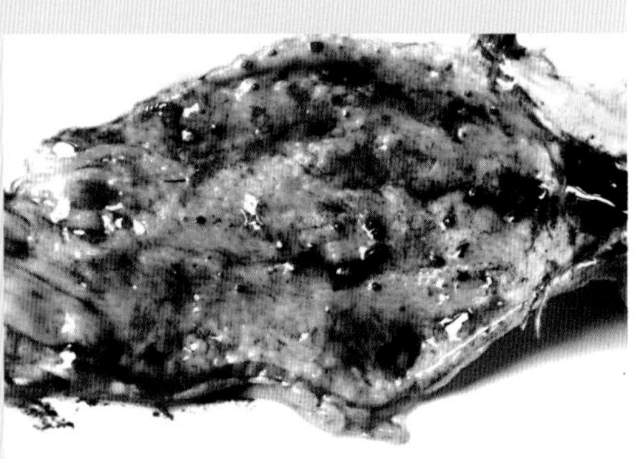

图7-86　鸭胃线虫（2）

九、鸭棘头虫病

(Acanthocephaliasis)

鸭棘头虫病由多形科(Polymorphidae)多形属(*Polymorphus*)和细颈科(Filicollidae)细颈属(*Filicollis*)的虫体寄生于鸭小肠引起，鹅、天鹅和鸡亦可感染。

【病原特征】本病的主要虫种有大多形棘头虫、小多形棘头虫、包图多形棘头虫、四川多形棘头虫和鸭细颈棘头虫。

1. 大多形棘头虫(*P. magnus*)

虫体前端大，后端狭细，呈纺锤形。吻突小，上有吻钩16～18列，吻囊呈圆柱形。雄虫长9.2～11毫米，睾丸卵圆形，斜列，位于吻囊后方。睾丸后方有4条肠状并列的黏液腺，交合伞呈钟形，内有小的阴茎。雌虫长12.4～14.7毫米。卵呈长纺锤形，大小为(113～129)微米×(17～22)微米。在胚两端有特殊的突出物。

2. 小多形棘头虫(*P. minutus*)

虫体较小，纺锤形。雌、雄虫大小相似，长均为2.79～3.94毫米，前部体表具有56～60纵列小棘。吻部卵圆形，上有吻钩16列。吻囊发达，双层构造。雄虫睾丸为球形，斜列，位于吻囊后方。黏液腺腊肠状，4条。生殖孔开口于虫体亚末端。虫卵细长，大小为(107～111)微米×18微米。

3. 包图多形棘头虫(*P. botulus*)

虫体圆柱形，吻突卵圆形，上有小钩12～16列。颈部细长，前部体表具有小棘。雄虫长13.0～14.6毫米，宽3.08～3.70毫米。吻突长0.65毫米，宽0.57毫米。睾丸椭圆形，斜列，位于中部靠前。雌虫长15.4～16.0毫米，虫卵长椭圆形，大小为(71～83)微米×30微米。

4. 四川多形棘头虫(*P. sichuanensis*)

虫体短钝圆柱形，吻突类球形，上有吻钩12列，颈短。雄虫长7～9.6毫米，宽2.5～3.2毫米。睾丸位于虫体中部稍前，斜列，椭圆形，前睾丸大小(1.12～1.20)毫米×(0.98～1.12)毫米，后睾丸大小为(0.80～0.96)毫米×(0.82～0.96)毫米。黏液腺4条，管状并列，长2.24～2.40毫米，宽0.48毫米。交合伞向尾端突出。雌虫长8.8～14.0毫米，宽1.6～3.2毫米。成熟虫卵椭圆形，大小(78～86)微米×(24～32)微米。

5. 鸭细颈棘头虫（*F. anatis*）

虫体白色或黄白色，体壁薄而呈膜状，雌、雄虫大小差异大。雄虫体小，颈短，吻突亚圆形，吻突上有小钩18列。体长68毫米，宽1.4 ~ 1.5毫米，颈圆锥形。睾丸卵圆形，斜列，位于虫体中部，大小（0.71 ~ 0.82）毫米 ×（0.38 ~ 0.45）毫米。黏液腺6个，肾形。末端具有钟形交合伞。雌虫长20 ~ 26毫米，宽44.3毫米，具有细长的颈部，吻突球形（直径23毫米），吻钩细小退化，分布于吻突顶端，放射状排列。体表棘细小。虫卵卵圆形，大小（75 ~ 84）微米 ×（27 ~ 31）微米。

【流行特征】棘头虫需要钩虾、栉水虱等作为中间宿主。不同种寄生虫的地理分布不同，多为地域性分布，于春夏季流行。

【临床特征】临床上主要表现为肠炎，当继发细菌感染时，出现化脓性肠炎。严重感染者可引起死亡，幼禽死亡率较高。

【大体病变】棘头虫以吻突附着在肠黏膜上，有时吻突深入黏膜下层，甚至穿透肠壁，造成出血、溃疡，严重者可穿孔。病鸭肠壁上有大量橘红色虫体附着，并有多量灰白色黏稠的分泌物将虫体包围。

【实验室诊断】粪便检查发现虫卵或死后剖检见到虫体，即可确诊。

【防治要点】治疗可用硝硫氰醚灌服。对流行区的鸭群进行预防性驱虫，雏鸭与成年鸭分开饲养，选择未受污染或没有中间宿主的水域放养，可有效预防本病的发生。

图7-87　肠壁上有大量棘头虫（固定标本）

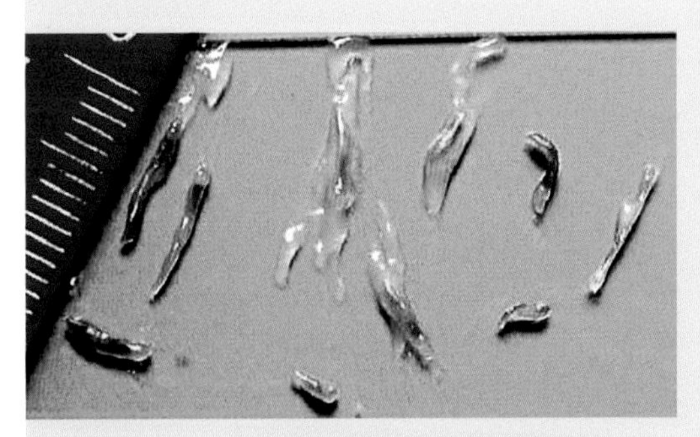

图7-88　活虫两端透明，中间呈橘红色

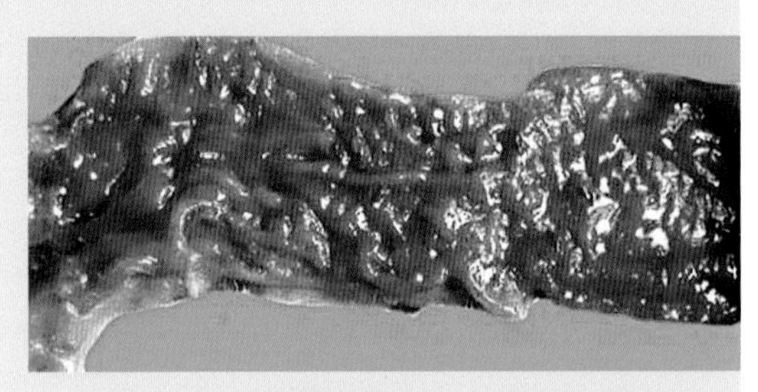

图7-89　病鸭肠壁寄生有橘红色虫体

十、禽棘口吸虫病

（Avian Echinostomiasis）

禽棘口吸虫病是由棘口科（Echinostome）多种吸虫寄生于家禽肠道引起的一种寄生虫病。虫体主要寄生于家禽和野禽的大小肠中，对家禽生长发育及生产性能有一定的危害，严重感染时引起死亡。

【病原特征】主要虫种包括棘口属（*Echinostoma*）的卷棘口吸虫和宫川棘口吸虫、棘隙属（*Echinochasmus*）的日本棘隙吸虫、低颈属（*Hypoderaeum*）的似锥低颈吸虫等。我国至少有5个属21种棘口吸虫寄生于禽类，主要虫种包括：

1. 卷棘口吸虫（*E. revolutum*）

新鲜虫体呈淡红色，桉树叶状，体表有小棘，长7.6 ～ 12.6毫米，宽1.26 ～ 1.60毫米。虫体前端有口领，其上有37个小棘（头棘），其中各有5个排列在两侧，称为角棘。睾丸椭圆形，位于卵巢后方。雄茎囊位于肠叉处，生殖孔开口于腹吸盘前方。卵巢呈圆形或扁圆形，位于虫体中央或中央稍前。子宫弯曲在卵巢的前方。卵黄腺发达，分布在腹吸盘后方的两侧，伸达虫体后端。虫卵椭圆形，淡黄色，有卵盖，大小为（114 ～ 126）微米 ×（68 ～ 72）微米。

2. 宫川棘口吸虫（*E. Miyagawai*）

也称卷棘口吸虫日本变种，与卷棘口吸虫的区别在于睾丸分叶，卵黄腺于后睾丸后方向体中央扩展汇合。

3. 日本棘隙吸虫（*E. japonicus*）

虫体小，呈长椭圆形，大小为（0.81 ～ 1.09）毫米 ×（0.24 ～ 0.32）毫米。口领发达，呈肾形，具有头棘24枚，排成一列。

4. 似锥低颈吸虫（*H. conoideum*）

也称锥形低颈吸虫，大小和外形与卷棘口吸虫相似，口领较不发达。

【流行特征】棘口科的多种吸虫是人畜共患寄生虫，除寄生于家禽和鸟类外，多种哺乳动物如猪、犬、猫以及人等均可感染。虫体寄生于禽类肠道内，我国南方各省普遍发生本病。淮河沿岸散养18月龄家鸭肠管内成虫的检出率为21.67%；沿岸村民散养家鸭粪便中宫川棘口吸虫卵检出率为19.50%。一般棘口科吸虫发育需要两个中间宿主，第一中间宿主是多种淡水螺，第二中间宿主是多种淡水螺、淡水鱼或蛙类。当用浮萍或水草等作为饲料饲喂家禽时，家禽食入含有囊蚴的螺等第二中间宿主而遭受感染。

【临床特征】棘口吸虫寄生于家禽肠道，引起黏膜发炎、出血和下痢。主要危害雏禽。严重感染时可引起食欲不振，消化不良，下痢，粪便中混有黏液。禽体消瘦，贫血，甚至衰竭、死亡。

【大体病变】剖检可见肠黏膜有点状出血，肠内容物充满黏液，黏膜上附有虫体。

【实验室诊断】粪便检查发现虫卵或死后剖检发现虫体即可确诊。

【防治要点】治疗可选用硫双二氯酚、丙硫咪唑、氯硝柳胺口服。预防措施包括：对流行区内的家禽进行计划性驱虫，对禽粪进行堆积发酵，勿以生鱼或蝌蚪以及贝类等饲喂家禽，应用药物或土壤改良法消灭中间宿主。

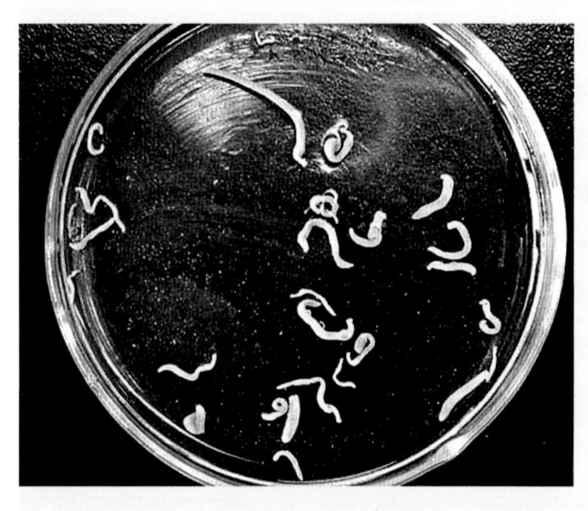

图7-90　鸡棘口吸虫固定标本

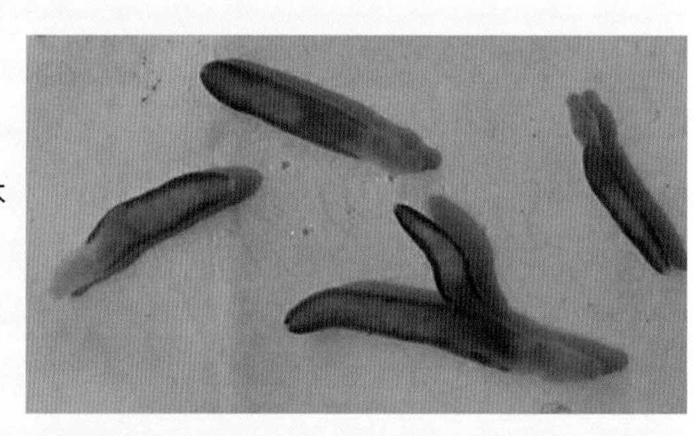

图7-91　棘口吸虫固定标本

十一、禽前殖吸虫病

(Avian Prosthogonimiasis)

禽前殖吸虫病的病原为前殖科(Prosthogonimidae)、前殖属(*Prosthogonimus*)的多种吸虫，寄生于鸡、鸭、鹅、野鸭及其他鸟类的输卵管、法氏囊、泄殖腔及直肠，偶见于蛋内。常引起输卵管炎，病禽产畸形蛋，有的因继发腹膜炎而死亡。主要寄生虫种有卵圆前殖吸虫、透明前殖吸虫、鸭前殖吸虫和罗氏前殖吸虫等。

【病原特征】前置吸虫为小型虫体，前端稍尖，后端稍圆。常见虫种如下：

1. 卵圆前殖吸虫(*P. ovatus*)

又称楔形前殖吸虫(*P. cuneatus*)，虫体扁平呈梨形，前端狭小，后端钝圆，新鲜虫体鲜红色，体表有小刺。虫体大小为(3～6)毫米×(1～2)毫米。口吸盘小，呈椭圆形，位于虫体前端。腹吸盘较大，位于虫体前1/3处。卵黄腺位于虫体前中部的两侧，其前界达到或超过腹吸盘中线。生殖孔开口于虫体前端、口吸盘左侧。虫卵大小22～24微米×13微米，椭圆形，棕褐色，壳薄，一端有卵盖，另一端有小刺。

2. 透明前殖吸虫(*P. pellucidus*)

呈梨形，前端稍尖，后端钝圆，大小为(6.5～8.2)毫米×(2.5～4.2)毫米，体表前半部有小刺。口吸盘近圆形，大小为(0.63～0.83)毫米×(0.59～0.90)毫米。腹吸盘呈圆形，直径为0.77～0.85毫米，位于虫体前1/3处，等于或略大于口吸盘。肠支末端伸达体后部。生殖孔开口于口吸盘的左上方。卵黄腺始于腹吸盘后缘的体两侧，后端终于睾丸之后。

【流行特征】前殖吸虫发育过程需要两个中间宿主，第一中间宿主是淡水螺，第二中间宿主是蜻蜓的幼虫、稚虫和成虫。家禽由于啄食了含有前殖吸虫囊蚴的各期蜻蜓而遭受感染。在流行地区蜻蜓的种类多、数量大，前殖吸虫的感染率和感染强度都很高，给家禽感染前殖吸虫提供了方便，尤其是农村放养和散养家禽更易遭受感染。此外，前殖吸虫还可感染多种野禽，因此本病在野禽之间流行，构成自然疫源地，给前殖吸虫病的防治带来了更大的困难。前殖吸虫病是家禽常见寄生虫病，流行区域广泛，世界各地均有报道。在我国主要流行于南方各省。另外，西北地区甘肃兰州的散养产蛋鸡群也有感染前殖吸虫、引起发病和死亡的报道。

【临床特征】前殖吸虫主要危害鸡，特别是产蛋鸡，对鸭的致病性不明显。初期病鸡症状不明显，有时产薄壳蛋，易破。病情进一步发展可造成产蛋率下降，产畸形蛋或排出石灰样液体。病鸡食欲减退，消瘦，羽毛蓬乱、脱落。腹部膨大、下垂、压痛。泄殖腔突出，肛门潮红。后期体温上升，严重者可致死。

【大体病变】主要病变是输卵管炎，可见输卵管黏膜充血，增厚，可在黏膜上找到虫体。其次是腹膜炎，腹腔内有大量黄色混浊的液体。脏器被干酪样物黏着在一起。

【实验室诊断】根据临床症状和剖检病变，发现虫体或粪检发现虫卵，即可确诊。

【防治要点】治疗可选用丙硫咪唑、吡喹酮口服。预防措施主要有：定期驱虫，利用药物或土壤改良剂灭螺，防止鸡群啄食蜻蜓，勿在蜻蜓出现的时间（早晨、傍晚和雨后）到其栖息的池塘岸边放养。

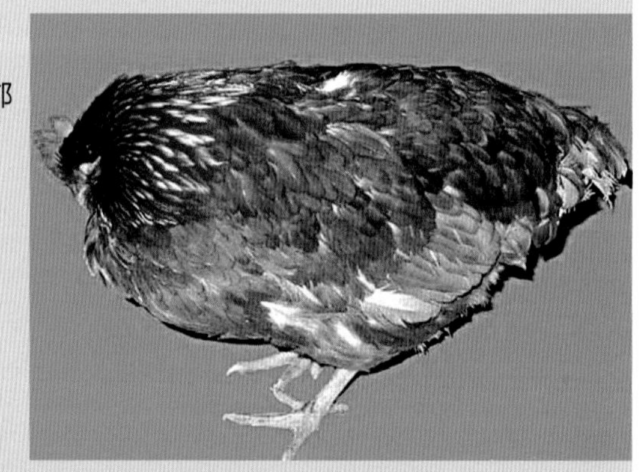
图7-92　病鸡精神沉郁

图7-93　病鸡腹部脱毛，皮肤上有石灰样粪便污染，泄殖腔高度潮红

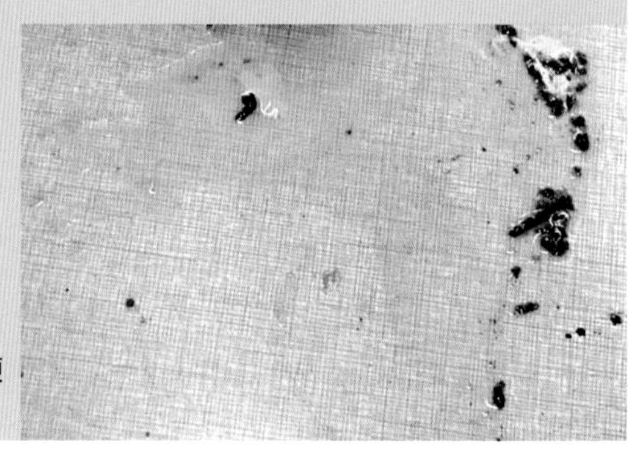
图7-94　病鸡排出黄白色水样稀便

图7-95 病鸡产畸形蛋

图7-96 病鸡产软壳蛋及沙壳蛋

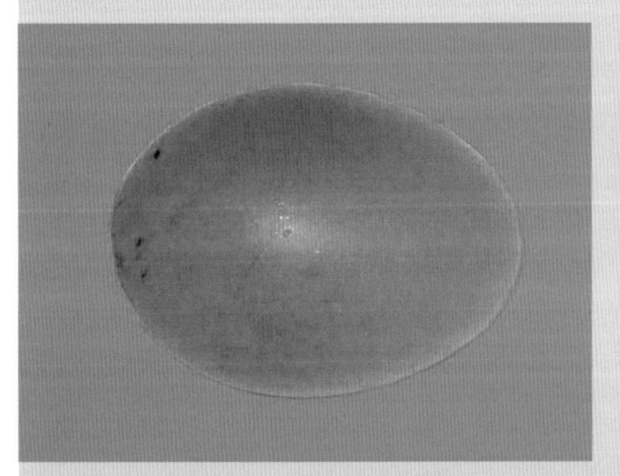

图7-97 病鸡产软皮蛋

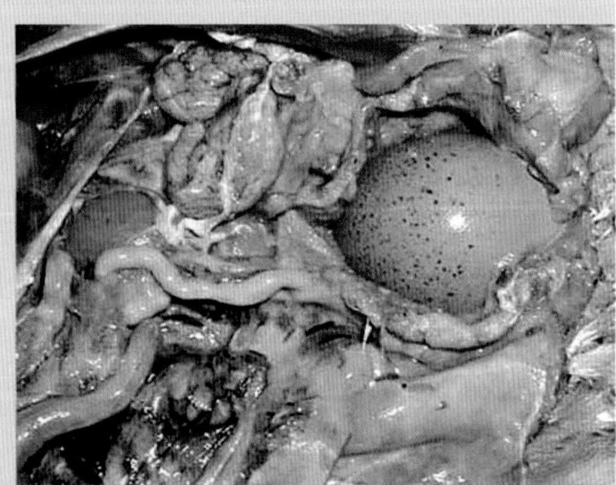

图7-98 病鸡输卵管内可见麻壳蛋

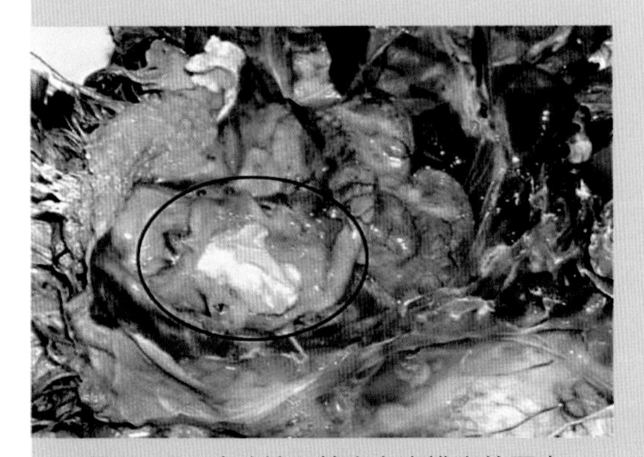

图7-99 病鸡输卵管内有未排出的蛋壳

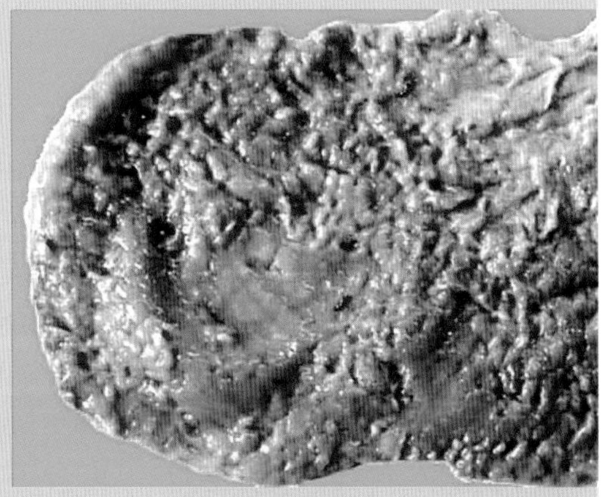

图7-100 病鸡输卵管黏膜增厚、潮红，有红色虫体

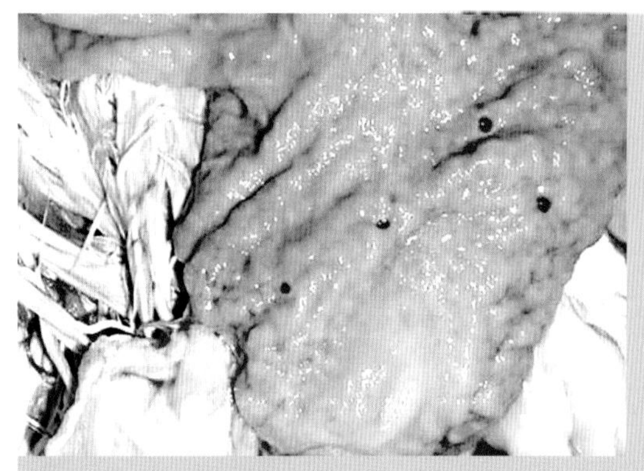

图7-101　病鸡输卵管黏膜上有大量的黏液和红色虫体

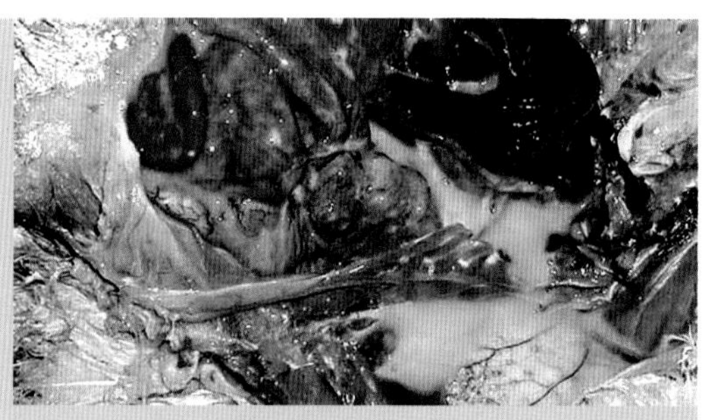

图7-102　病鸡腹腔内有大量黄色混浊的液体

图7-103　透明前殖吸虫固定标本

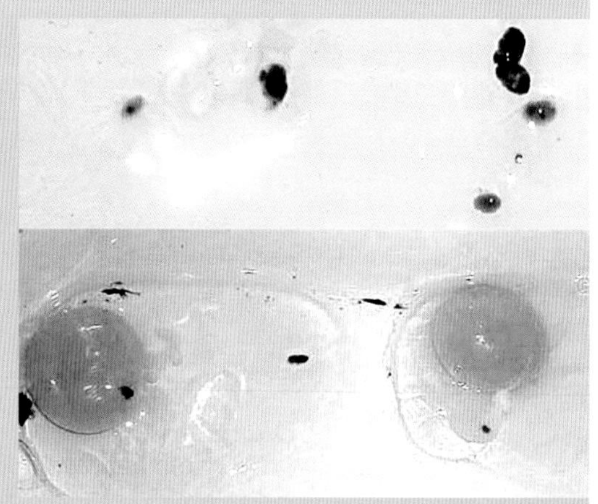

图7-104　蛋清中的透明前殖吸虫活体呈红褐色

十二、禽后睾吸虫病
（Opisthorchiasis）

禽后睾吸虫病是由后睾科（Opisthorchiidae）的鸭后睾吸虫、鸭对体吸虫和东方次睾吸虫等多种吸虫寄生于鸭、鹅等禽类的肝脏和胆管内引起的吸虫病。

【病原特征】

1. 鸭后睾吸虫（*Opisthorchis anatis*）

虫体较长，前端与后端较细，大小为（7 ~ 23）毫米 ×（1.0 ~ 1.5）毫米，腹吸盘小于口吸盘。体表平滑，肠管伸达虫体后端。虫卵大小为（28 ~ 29）微米 ×（16 ~ 18）微米。

2. 鸭对体吸虫（*Amphimerus anatis*）

虫体窄长，后端尖细，大小为（14 ~ 24）毫米 ×（0.88 ~ 1.12）毫米，口吸盘位于虫体前端，腹吸盘较小，位于虫体前1/5或1/6处，两条肠管伸达虫体后端。睾丸呈长圆形，前后排列于虫体后端。卵巢分叶，位于睾丸之前。子宫位于肠支间，从卵巢开始直达腹吸盘。卵黄腺位于肠支两侧后方。虫卵呈卵圆形，顶端有小盖，另端有小突起。

3. 东方次睾吸虫（*Metorchis orientalis*）

叶状，大小为（2.44 ~ 4.7）毫米 ×（0.5 ~ 1.2）毫米。体表有小棘。睾丸分叶，纵列于虫体后端。子宫伸达腹吸盘上方，充满虫卵。

【流行特征】大多数后睾吸虫的第一中间宿主是螺，第二中间宿主是淡水鱼。家禽由于吞食含有后睾科吸虫囊蚴的鱼类而遭受感染。鸭最易感，鸡和鹅偶见感染。1月龄以上的雏鸭感染率较高，感染强度可达数百条。产蛋高峰期蛋鸭的死亡率可达5%。东方次睾吸虫对丹顶鹤的致病性具有明显的年龄差异，对2月龄内的幼鹤危害很大。

【临床特征】病鸭食欲下降，逐渐消瘦，在水中游走无力，缩颈闭眼，精神沉郁。随着病情加剧，病鸭羽毛松乱，食欲废绝，结膜发绀，呼吸困难，贫血，下痢，粪便呈草绿色或灰白色，并引起死亡。

【大体病变】肝脏肿大，脂肪变性或坏死，胆管增生变粗，胆囊肿大，囊壁增厚。肝结缔组织增生，引起肝硬化。

【实验室诊断】根据流行病学特点、临床症状和病理剖检变化进行综合诊断，结合水洗沉淀法检查粪便发现虫卵或剖检后发现虫体，即可确诊。

【防治要点】治疗可用吡喹酮或丙硫咪唑，口服。预防措施主要有：根据流行季节进行计划性驱虫，粪便堆积发酵，避免到水边放养，不用淡水鱼饲喂家禽，同时应注意灭螺。

图7-105 鸭后睾吸虫

十三、禽嗜气管吸虫病

（Avian Tracheophilus Cymbium Infection）

本病是由舟状嗜气管吸虫寄生于家禽气管引起的一种内寄生虫病。

【病原特征】舟状嗜气管吸虫（*Tracheophilus cymbium*）属环肠科（Cyclocoelidae）、嗜气管属，虫体存活时呈暗红色或粉红色，两端钝圆，椭圆形，大小为（6 ~ 11.5）毫米 ×（2.5 ~ 4.5）毫米。无口吸盘、腹吸盘，肠管在体后合并成“肠弧”。肠管内侧有许多盲突，睾丸和卵巢均为圆形，卵巢位于“肠弧”之内的右侧，与两个睾丸呈三角形排列。“肠弧”外侧为卵黄腺，子宫位于肠管内侧的整个空隙。虫卵为卵圆形，大小为122微米 ×63微米，内含毛蚴。嗜气管吸虫主要寄生于家禽的气管、支气管、气囊和眶下窦内。

【流行特征】主要感染鸡、鸭、鹅。虫卵在外界孵化出毛蚴，而后钻入中间宿主螺蛳体内发育，病禽吞食含有囊蚴的螺蛳后感染。主要分布在我国广东、福建、台湾、湖南、广西、四川、贵州、云南、浙江、江苏、安徽、陕西、宁夏等地。

【临床特征】轻度感染时无明显症状，严重感染时可见病禽咳嗽，气喘，伸颈张口呼吸。

【大体病变】剖检可在喉头、气管等部位发现虫体，寄生部位黏膜充血、出血，有时有黄色干酪样物质。

【实验室诊断】参照前殖吸虫病。

【防治要点】参照前殖吸虫病。

图7-106　病鸭张口、伸颈呼吸

图7-107　病鸭精神沉郁、缩颈、厌食

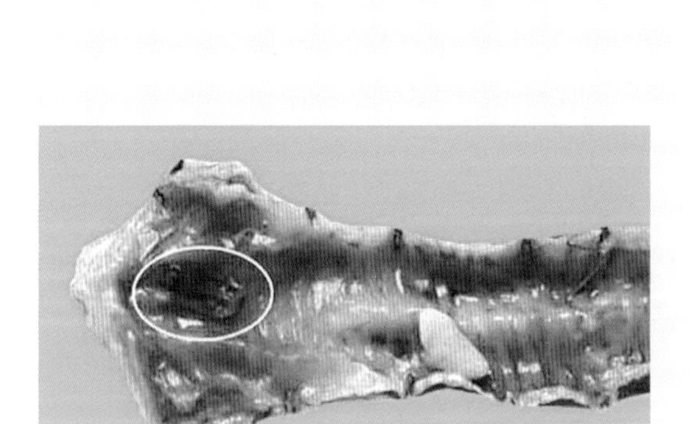

图7-108　病鸭喉腔内有虫体，气管黏膜充血出血，并有干酪样内容物

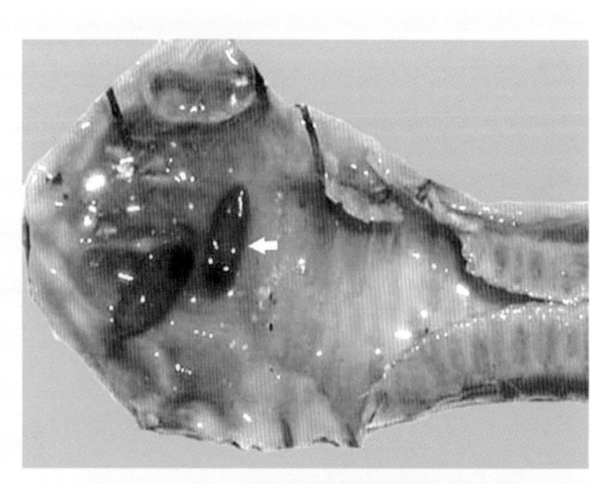

图7-109　病鸭气管内有橘红色虫体

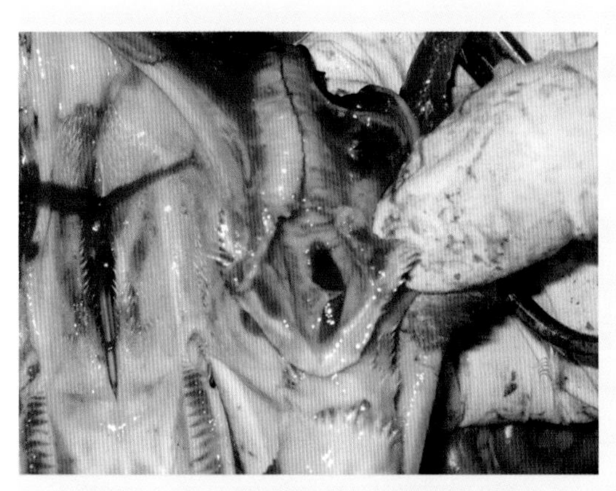

图7-110　病鸭喉腔内有橘红色虫体

图7-111　嗜气管吸虫虫体

十四、禽羽虱病

(Lice)

禽羽虱属于虱目（Phthiraptera）、食毛亚目（Mallophaga），以噬食宿主羽、毛及皮屑为生，是鸡、鸭、鹅等家禽常见的体外寄生虫病。

【病原特征】禽羽虱种类很多，体型多数扁而宽短，也有少数扁平而细长，无翅。头部钝圆，其宽度大于胸部。头部侧面有触角1对，由3～5节组成。胸部前胸节明显，可以自由活动，中、后胸节常有不同程度的愈合，每一胸节上着生1对足，足粗短，爪不甚发达。腹部由11节组成，可见的仅8～9节，最后数节常变成生殖器。每一腹节的背、腹面后缘均有成列的毛。雄虱末端钝圆，雌虱末端分叉。禽羽虱属不完全变态发育，发育过程包括卵、幼虫、成虫3个阶段，其整个生活史阶段均在宿主羽毛上度过。禽羽虱卵通常成簇黏附于宿主羽毛上，卵经4～5天孵出幼虫。幼虫分3龄，每龄期约3天，整个生活史需3周左右。一对虱在几个月内可产生12万个后代，它们正常寿命是几个月，但离开禽体仅能活5～6天。每一种羽虱均有较严格的宿主选择性，而一种家禽又可寄生多种羽虱，每种又有其特定的寄生部位，如鸡圆虱寄生于鸡背部、臀部的绒毛上，广幅长圆虱寄生于头部和颈部等。家禽常见的羽虱有以下几种：

1. 鸡羽虱（*Menopon gallinae*）

又称羽干虱，淡黄色，雄虫长1.7毫米，雌虫长2毫米。

2. 鸭羽虱（*Trinoton querquedulae*）

又称鸭巨毛虱，黄色并具有明显的黑褐色斑纹，雄虫长4.7毫米，雌虫长5.4毫米。

3. 鹅羽虱（*T. Anserium*）

又称鹅巨毛虱，形态与鸭羽虱相似，体型较大，达6毫米。

4. 鸡翅长羽虱（*Lipeurus variabilis*）

虫体淡黄色，具有数根长毛，两侧缘具有深色的带，雄虫长1.7毫米，雌虫长2毫米。

5. 广幅长圆虱（*L. Heterographus*）

又称鸡头虱，虫体深黄色，体型较宽大，尤其雌虫腹部更宽。雌虫长约2.5毫米，雄虫略小。

6. 巨角羽虱（*Goniodes gigas*）

虫体大而强壮，黄色，具有较多黑褐色斑纹，雌虫长3.6～4.2毫米，雄虫长3

毫米。

【流行特征】通过直接接触或间接接触传播，如禽舍过于拥挤，容易蔓延传播。家禽一年四季均可感染，冬季较为严重。

【临床特征】羽虱在寄生时不刺吸血液，而以羽毛、绒毛及表皮鳞屑为食，可引起家禽痒感，不安，常啄食寄生处，引起羽毛脱落，食欲减退，消瘦，生产力降低。广幅长圆虱对雏鸡危害相当严重，可使雏鸡生长发育停滞，甚至引起死亡。有时还可见皮肤上形成痂皮，皮下有出血。

【实验室诊断】根据禽体发痒和羽毛断折、脱落等症状，并在体表毛根和羽毛上发现虱或虱卵，即可确诊。

【防治要点】不引入有羽虱的鸡，用具如蛋箱等应严格消毒，新购进的鸡要隔离、检疫。在肉鸡生产中，更新鸡群时，应对整个禽舍和饲养用具进行灭虱，常用药物有蝇毒磷（0.06%）、甲萘威（5%）及其他除虫菊酯类药物。治疗方法有两种：一是撒粉法，常用药物有0.5%敌百虫、5%氟化钠、2%～3%除虫菊酯或5%硫黄粉等；二是药浴法，常用药物有5%硫黄粉、3%除虫菊酯等。隔10天左右再重复治疗一次，同时对圈舍、环境和所有用具等喷洒灭虱药彻底灭虱。

图7-112 鸭羽虱

图7-113 寄生于鸡羽毛基部虫卵

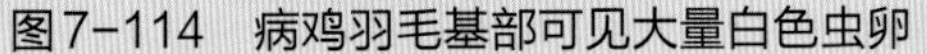

图7-114 病鸡羽毛基部可见大量白色虫卵

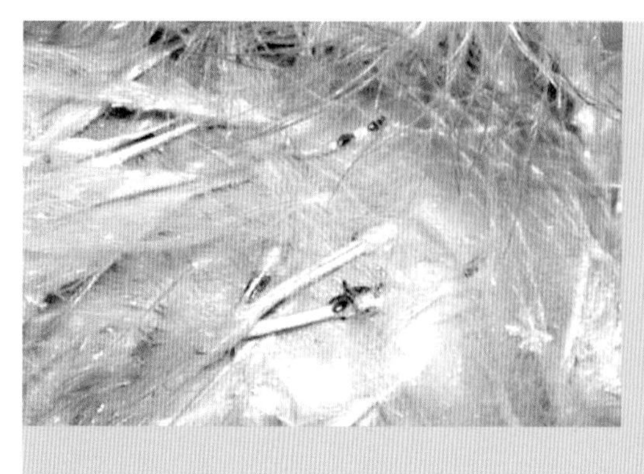

图7-115　寄生于鸡羽毛基部的成年羽虱

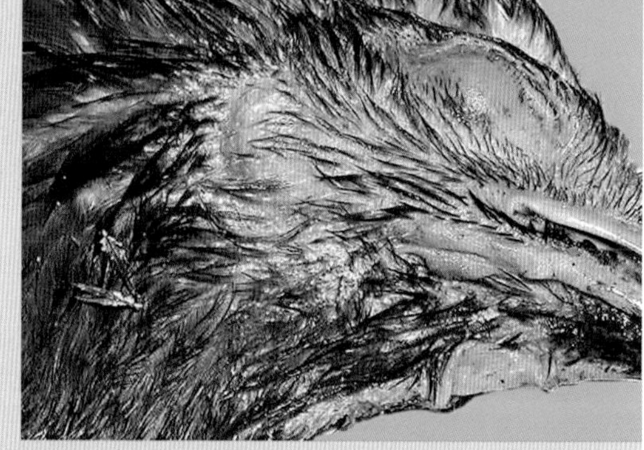

图7-116　蛋鸡头颈部羽毛基部有大量白色羽虱卵

图7-117　寄生于毛根部的成年羽虱

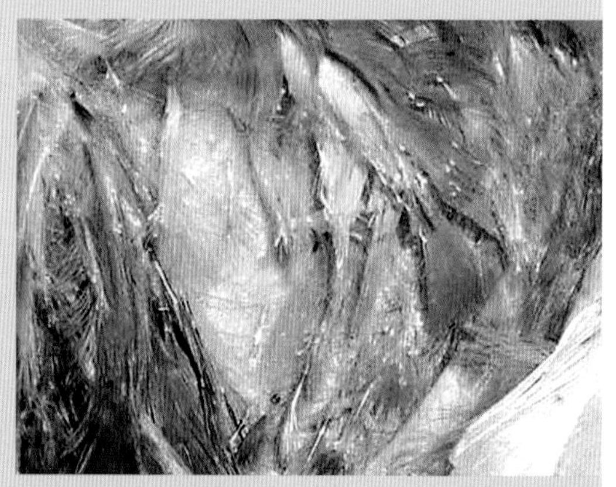

图7-118　羽毛受损、脱落，羽毛上有白色的虱卵

图7-119　羽毛受损、脱落

十五、禽鳞足螨病

（**Knemidocoptes Mutans Infection**）

禽鳞足螨病是由鳞足螨（又称突变膝螨）寄生于腿部鳞片下面引起腿部特征性皮肤病变的一种慢性外寄生虫病。

【病原特征】鳞足螨（*Knemidocoptes mutans*）属疥螨科（Sarcoptidae）、膝螨属，表皮上具有明显的条纹，而且背部的横纹无中断之处，无鳞片及棒状刺。雄螨大小为0.2毫米×（0.12～0.13）毫米，近圆形，足较长，呈圆锥形，足端均有吸盘。圆形生殖孔位于第4对足水平方向的腹面中央。雌螨大小为0.4毫米×（0.3～0.4）毫米，卵圆形，足极短，均无吸盘。纵裂状的生殖孔在腹面尾端。鳞足螨寄生于鸡腿、脚的无毛处鳞片下，在皮内交配、产卵，孵出幼螨经发育蜕化为若螨，再发育蜕化为成螨。有时也寄生于鸡冠及肉髯上。

【流行特征】任何品种和年龄的鸡均可感染本病，年龄较大的鸡发病率高，散养鸡鳞足螨的感染率为28.0%～87.5%。本病的发生与季节有关，夏季比冬季易发，且症状明显，发病率高。

【临床特征】常发生于年龄较大的鸡，患肢发痒，鳞片发炎增生，病鸡频繁用喙啄患部或不断将患部在物体上擦痒。严重感染病鸡出现采食量下降和跛行，甚至卧地不起，产蛋鸡的产蛋量下降。

【大体病变】病鸡腿部鳞片翻翘，增厚，表面粗糙，患肢增粗，爪部变形；炎性渗出物干燥后形成灰白色痂皮，如同涂有石灰样，故称“石灰脚”。

【实验室诊断】根据本病的特征症状和病理变化即可确诊，通常无需进行实验室诊断。

【防治要点】病鸡治疗，可用20%硫黄软膏涂擦或0.5%氟化钠浸泡患肢，每天1次，7天一个疗程，疗效好。

图7-120　鸽螨合并感染鸽痘，爪部皮肤增生、皲裂

图7-121　鸽螨合并鸽痘，爪和腿部皮增生，粗糙，有痘斑

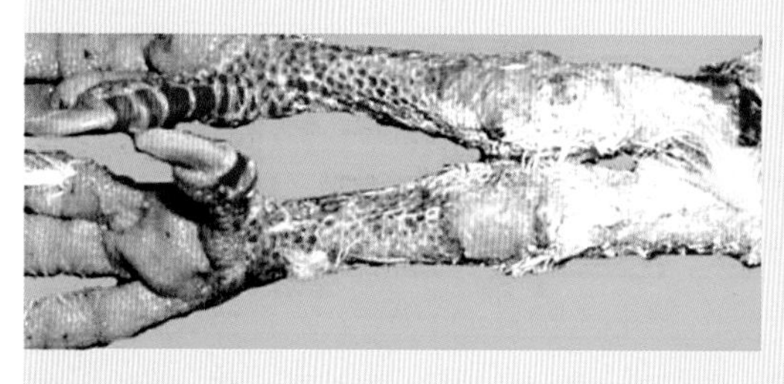
图7-122　病鸽腿部皮肤有炎性渗出物

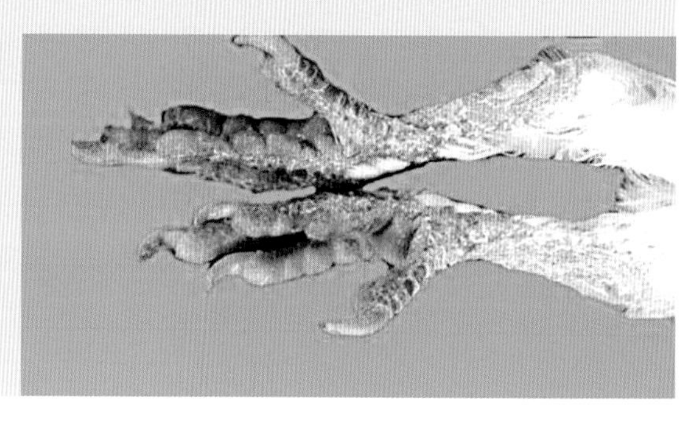
图7-123　肉种鸽腿部皮肤粗糙，呈石灰样

图7-124 病鸡爪部皮肤粗糙、干裂，鳞片翻起

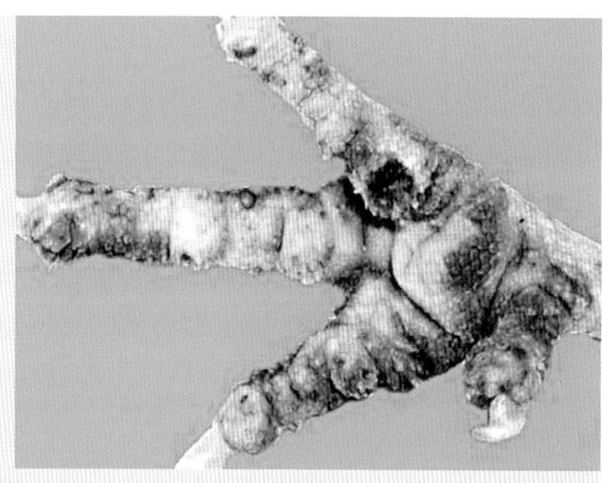

图7-125 病鸡爪部皮肤粗糙，脚鳞脱落

图7-126 病鸡爪部皮肤增生、皴裂，鳞片脱落

图7-127 病鸡双侧石灰脚

十六、鸡膝螨病

（**Knemidocoptes Gallinae Infection**）

鸡膝螨病是鸡膝螨寄生于鸡的羽毛根部皮肤所致。

【**病原特征**】鸡膝螨（*Knemidocoptes gallinae*）属疥螨科（Sarcoptidae）、膝螨属，又称脱羽螨，雌螨体长约0.3毫米，躯体较圆，后端有1对长刚毛，各足均无吸盘。雄螨各足端均有吸盘。雌螨和雄螨体背均无刺状突、皮棘及棒状刺，仅有整齐皱纹。膝螨属不完全变态发育，通常于鸡的羽毛基部掘洞钻进羽干内产卵并完成发育。

【**流行特征**】鸡膝螨自然条件下只感染鸡，各种年龄的鸡均可感染，成年鸡多见，夏季多发，潮湿、拥挤和卫生不良等通常是本病的诱因。

【**临床特征**】鸡膝螨常寄生于鸡的臀部、背部、腹部、翅膀等处引起皮炎，患部脱毛，严重者全身羽毛除翅膀和尾部主羽外全部脱落。病鸡常因瘙痒而躁动不安，不停摩擦瘙痒处或出现啄羽现象。严重者采食量下降，精神不振。

【**大体病变**】患部皮肤发红、增厚、变硬，常因摩擦导致皮肤出血和结痂。

【**实验室诊断**】取病变部位的皮屑用100克/L的NaOH溶液浸泡12小时后，用蒸馏水离心3次以除去NaOH，取沉淀制备抹片，显微镜下观察虫卵和成虫的形态。

【**防治要点**】参照禽羽虱病。

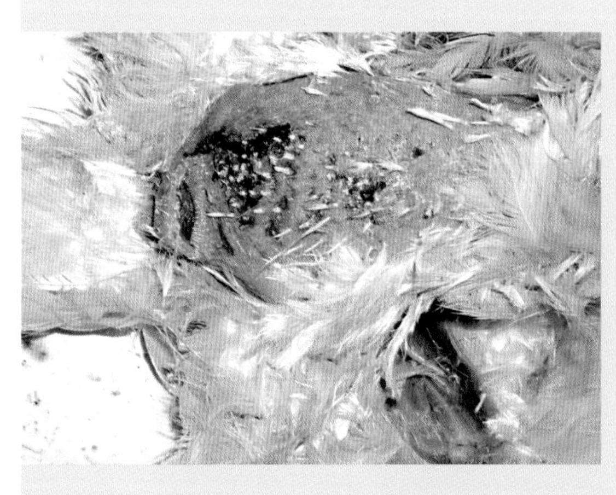

图7-128　病鸡肛门附近皮肤充血、出血，结痂

图7-129　病鸡腹部皮肤增生、变厚

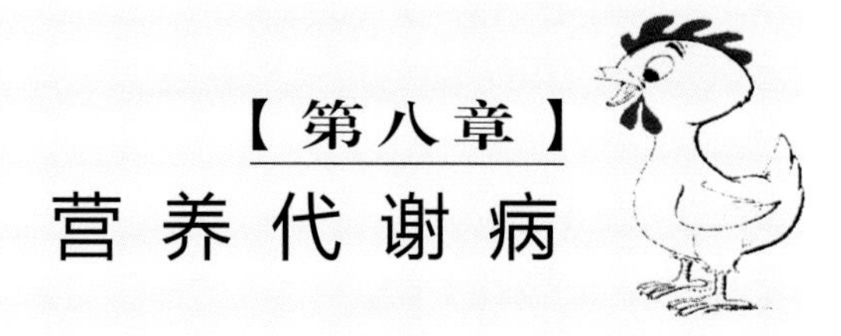

【第八章】营养代谢病

一、维生素A缺乏症
（Vitamin A Deficiency）

【病因】维生素A主要作用：维持上皮组织的完整性，参与合成眼底感光物质，并与免疫抗病密切相关。当饲料添加量不足或质量低劣、配制时间过长及禽患有某种疾病时均可导致维生素A缺乏。

【临床特征】轻度维生素A缺乏，病禽的生长发育、产蛋率、种蛋孵化率和抗病力均受到一定影响，往往不被觉察，只有在严重缺乏时才会出现明显症状和典型症状。雏禽精神倦怠，发育不良，羽毛脏乱，步态不稳，有色禽类嘴、腿部皮肤褪色，病情发展到一定程度，出现流鼻、流泪，眼眶水肿，眼周羽毛污染、脱落，眼内有干酪样物质，睑结膜充血、出血，眼球凹陷，角膜混浊呈云雾状，变软，严重者角膜穿孔，眼内容物脱出致失明，因看不见无法采食而死亡；成年鸡、鸭有同样的变化，病程较长时，表现运动障碍，时而出现惊恐症状，有时突然倒地死亡，若不及时补充维生素A，死亡率可达100%。

【大体病变】口腔、咽、食管及嗉囊黏膜表面有一种白色小结节，数量多，大小不一，有时可见腺胃黏膜角质化，是维生素A缺乏的特征性病变。同时，内脏器官出现痛风，与内脏型痛风相似，最明显的病变是肾脏肿大，有大量尿酸盐沉积，表面有灰白色网状花纹，输尿管变粗，心脏、肝脏、脾脏表面均有尿酸盐沉积。青年鸡缺乏维生素A时，球虫、蛔虫寄生往往超乎寻常的严重，在诊断上有参考意义。

【防治要点】发病时可用鱼肝油5毫升/千克拌料，连用10～15天。成年病重禽可每日口服浓缩鱼肝油1丸/只，幼禽每日滴服鱼肝油数滴，连用数日，多数病禽可康复。

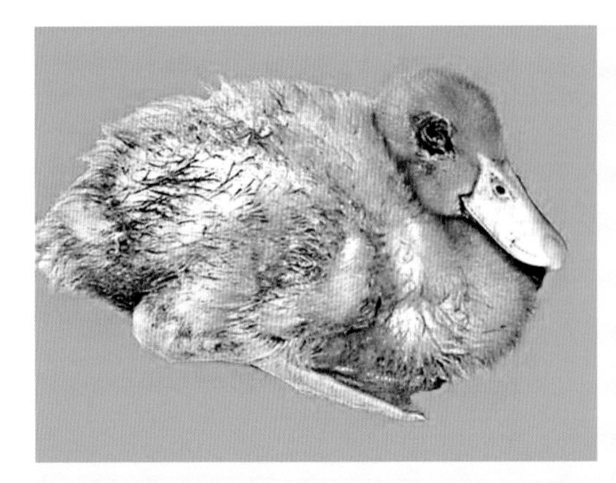

图8-1　小鸭流泪、流鼻液，眼内有干酪样分泌物

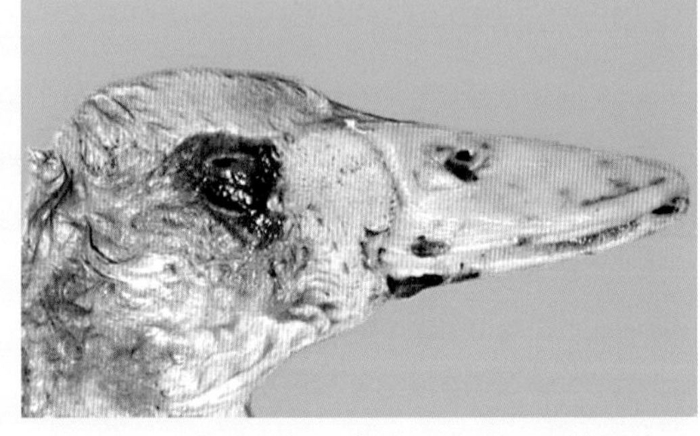

图8-2　病鸭喙色泽变淡，眼周羽毛被污染

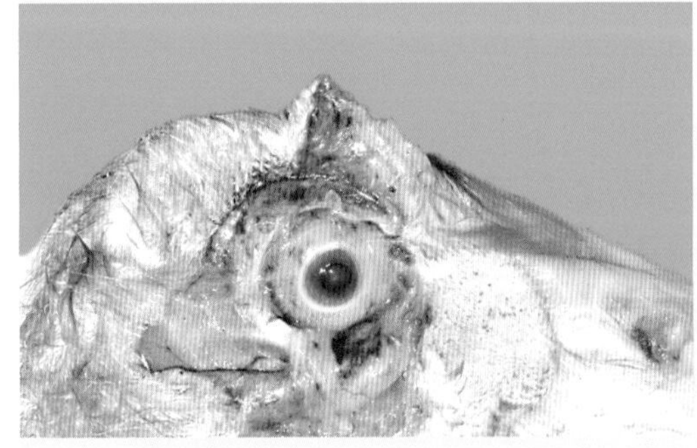

图8-3　鸭角膜混浊，鼻流黏液性分泌物，眼睑结膜出血

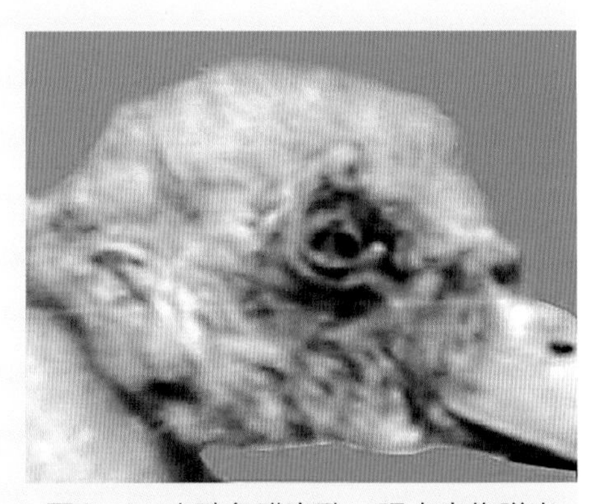

图8-4　小鸭角膜穿孔，眼内容物脱出

图8-5　病鸭眼周脱毛，眼内有分泌物

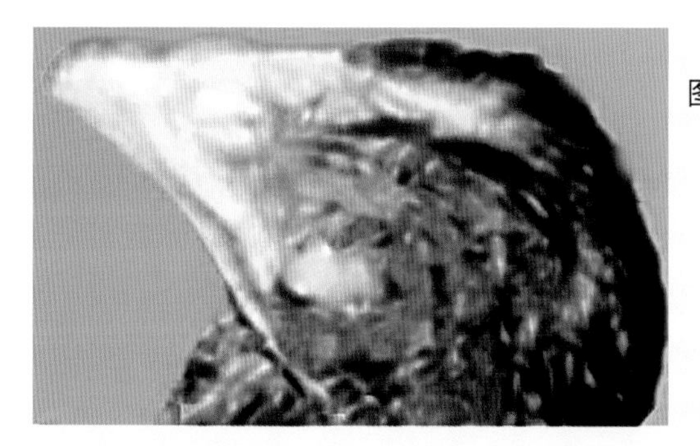

图8-6　病鸡流泪，眼睑内有脓性分泌物

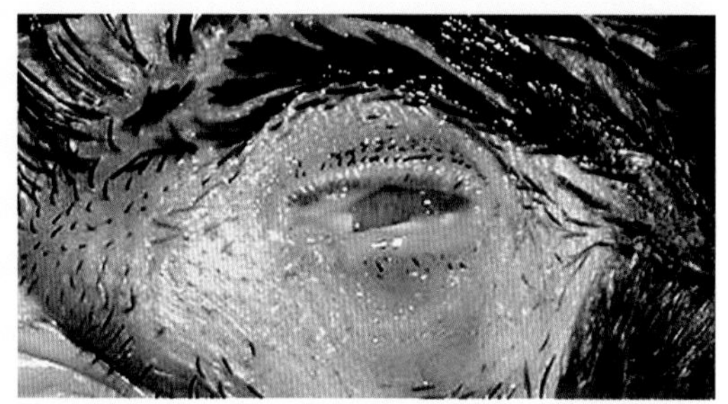

图8-7　病鸡眼内有干酪样分泌物

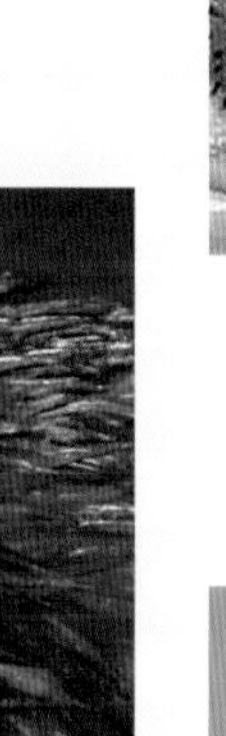

图8-8　病鸡眼内有泡沫样分泌物

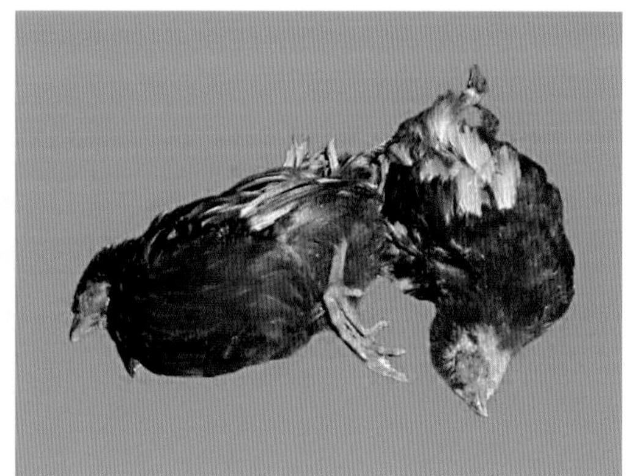

图8-9　病鸡惊厥，倒地死亡

图8-10　病鸡食道黏膜的脓疱型病变

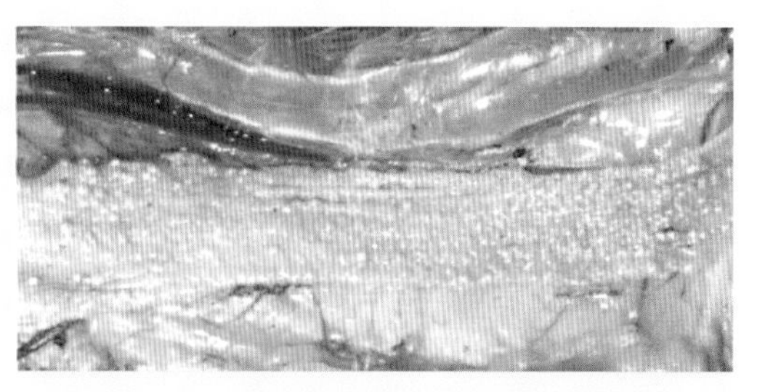

图8-11　病鸡食道黏膜上皮增生、角化

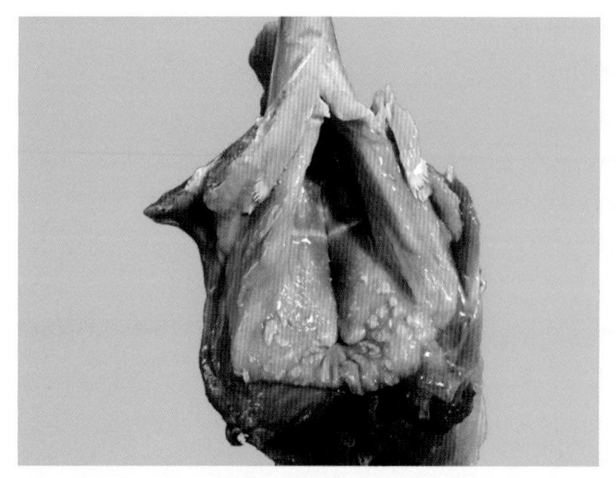
图8-12　病鸡口腔黏膜的角质化病灶

图8-13　病鸡腺胃黏膜上皮增生、角化

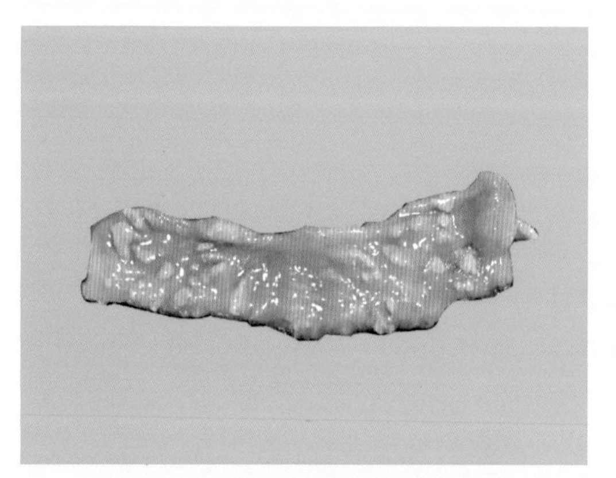
图8-14　病鸡食道黏膜的角质化病灶

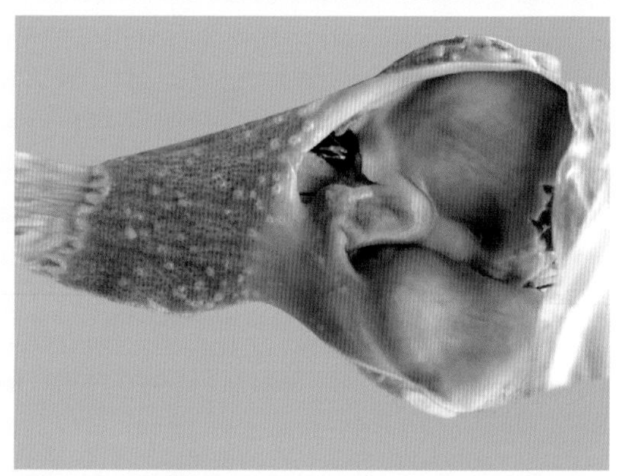
图8-15　鸭维生素A缺乏，腺胃黏膜的角质化病灶

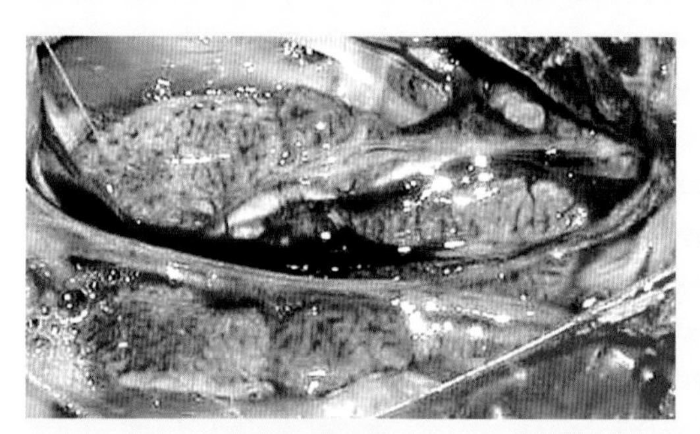
图8-16　病鸡肾脏尿酸盐沉积，输尿管变粗

图8-17　病鸡心、肝表面有尿酸盐沉积

二、硒-维生素E缺乏症

（Selenium and Vitamin E Deficiency）

【病因】维生素E的主要功能是维持禽的正常生育功能，维持肌肉和血管的正常功能，同时具有很强的抗氧化作用，可保护维生素A和多种营养物质不受氧化。硒和维生素E有相似的作用，很多情况下两者可以互补，但硒不具有维持正常生殖功能的作用。饲料中添加不足、因种种原因被破坏或吸收障碍均可导致维生素E和硒缺乏症。

【临床特征】硒和维生素E缺乏可出现三种症状：

1. 脑软化症

主要表现共济失调，步履蹒跚，喜坐于胫跖关节，头向后方或下方弯曲或向一侧扭曲，向前冲，两腿有节律地痉挛，但翅和腿并不全麻痹，最后衰竭死亡。

2. 渗出性素质

雏鸡站立时两腿远远地分开，皮肤因出血性渗出呈蓝绿色，有时可见突然死亡。

3. 肌营养不良（白肌病）

全身衰弱，运动失调，无法站立，可造成大量死亡。

【大体病变】

1. 脑软化症

脑膜水肿，小脑肿胀，质地柔软，纹理不清，小脑表面出血，有时可波及大脑，切面纹理不清，可见出血及黄绿色混浊坏死区。

2. 渗出性素质

常由维生素E和硒同时缺乏而引起，病禽皮下水肿、充血、出血，水肿液呈铜绿色，肌肉苍白，还可见心包积液。

3. 白肌病

皮下胶样浸润，渗出液呈淡黄色，肌肉苍白、出血，全身横纹肌因营养不良而坏死，可见突出于肌肉表面的小灶状灰白色坏死，条状或片状灰白色坏死灶，严重时肌肉变性坏死，失去光泽和弹性，呈熟肉样；有些病例可见胰腺纤维化，有灰白色坏死点。

【防治要点】针对病因，在饲料中注意添加充足的维生素E和硒。对病禽可同时使用维生素E和硒进行治疗，每只病禽口服维生素E 5 ~ 20国际单位，亚硒酸钠0.2毫克，每日1次，连用5天至2周，病情轻微者可迅速康复。

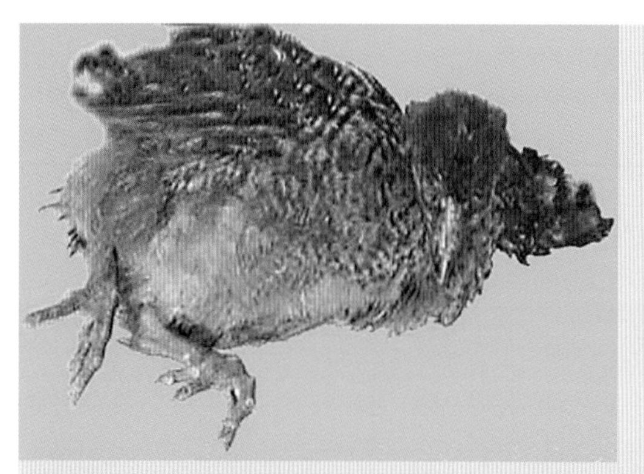

图8-18　白肌病病鸡站立不稳，倒向一侧

图8-19　脑软化症病鸡不愿走动，跗关节着地

图8-20　脑软化症病鹌鹑腿肌无力，平衡失调，倒地不起，头向腹部弯曲

图8-21　病鸡渗出性素质，两腿分开站立

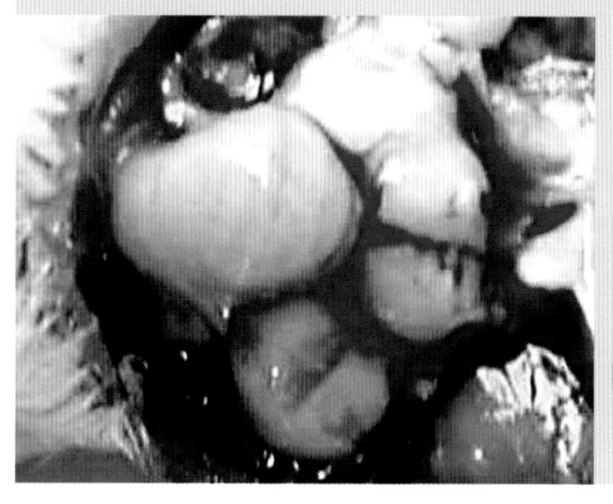

图8-22　脑软化症病鸡小脑水肿、纹理不清、出血

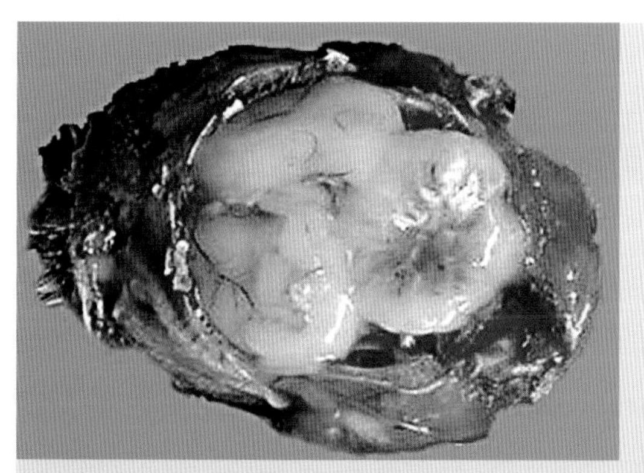

图8-23　脑软化症病鸡小脑切面出血、液化，纹理模糊不清

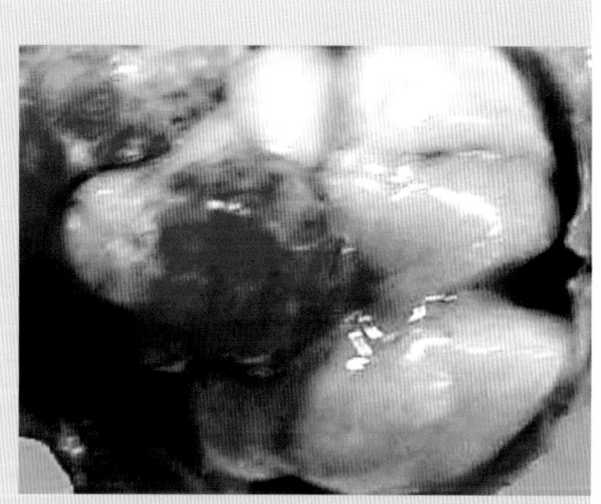

图8-24　脑软化症病鸡小脑严重出血，纹理模糊不清

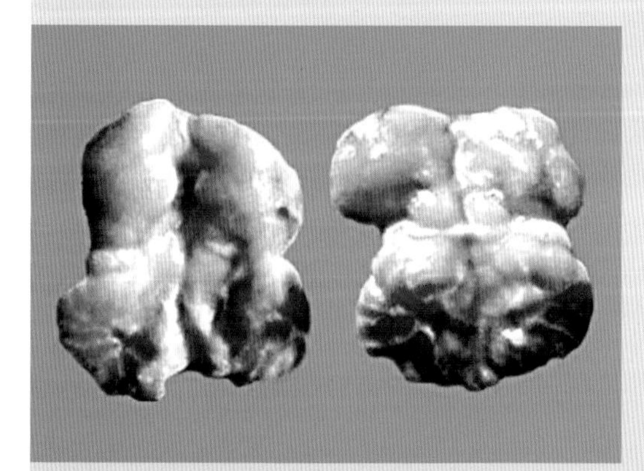

图8-25　脑软化症病鸡小脑切面出血、液化，质地变软及黄绿色混浊坏死灶

图8-26　渗出性素质病鸡全身性皮下出血性渗出，胸肌苍白

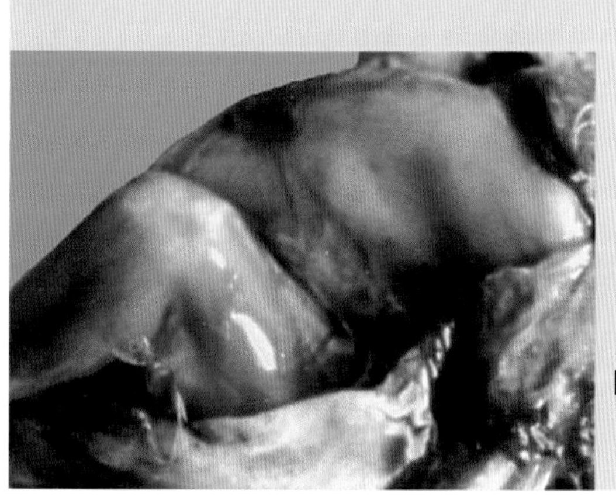

图8-27　渗出性素质病鸡皮下有铜绿色水肿液，肌肉苍白

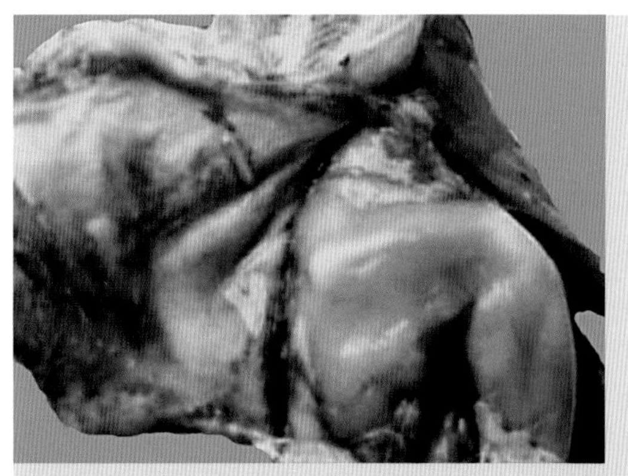

图8-28 渗出性素质病鸡全身皮下出血，积有绿色渗出液，腿部肌肉苍白

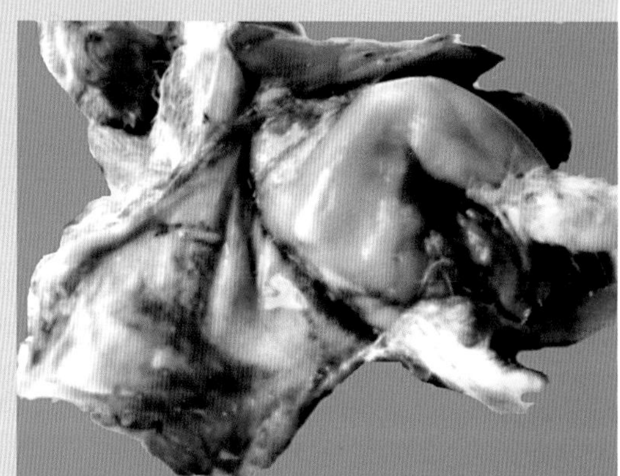

图8-29 渗出性素质病鸡肌肉苍白，皮下有绿色积液

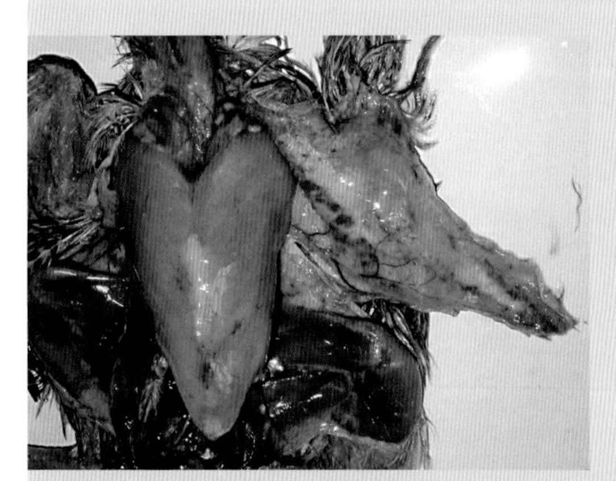

图8-30 渗出性素质病鸡皮下胶冻样浸润，水肿液呈淡黄色

图8-31 渗出性素质病鸡皮下淡绿色渗出液

图8-32 渗出性素质病鸡皮下胶冻样浸润，肌肉苍白

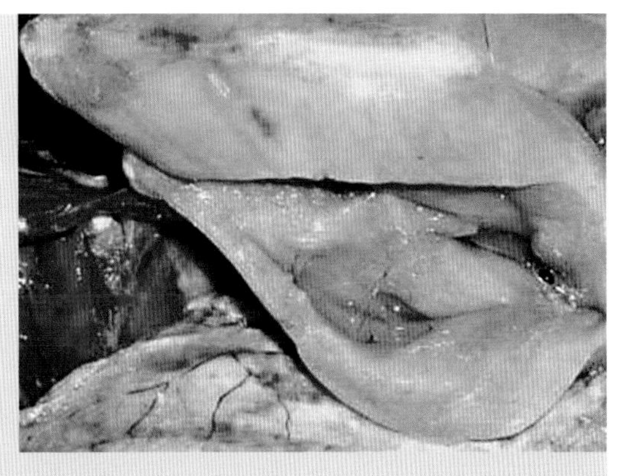

图8-33　白肌病病鸡胸部肌肉苍白

图8-34　白肌病病鸡胸肌切面因肌肉变性呈熟肉样

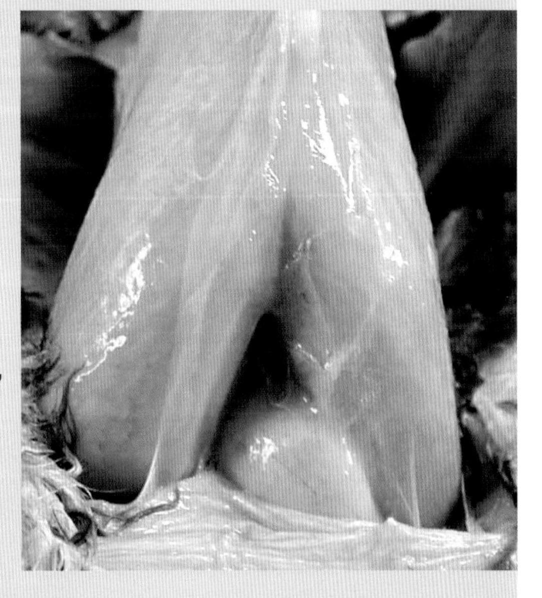

图8-35　210日龄蛋鸡白肌病，肌肉苍白，肌肉变性坏死，表面凹凸不平

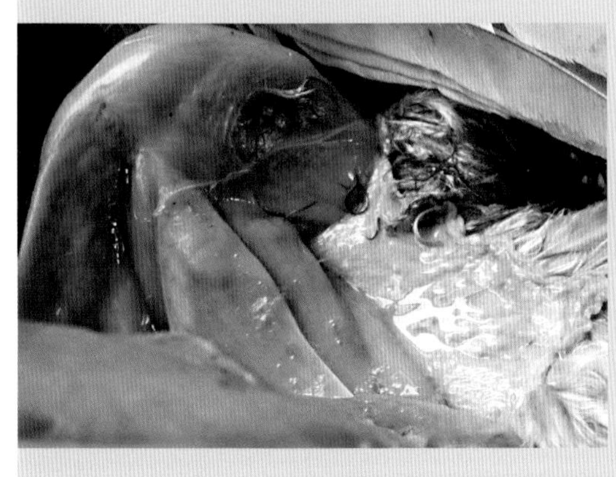

图8-36　210日龄蛋鸡白肌病，腿肌苍白、变性，皮下胶样浸润

图8-37　蛋鸡白肌病，大腿内侧肌肉苍白、变性、坏死，皮下胶样渗出

图8-38　白肌病病鸡腿肌肌间有渗出，肌肉苍白，切面呈熟肉样

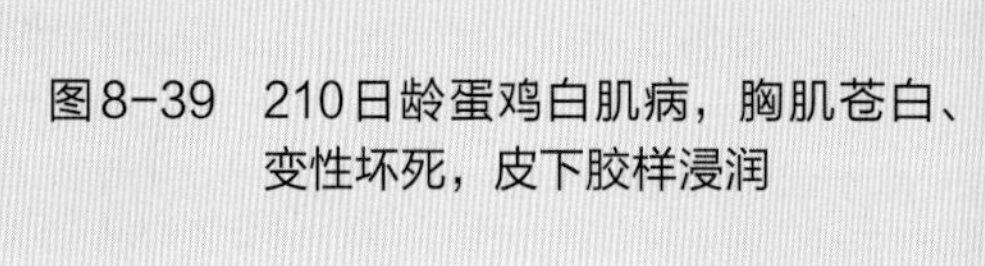

图8-39　210日龄蛋鸡白肌病，胸肌苍白、变性坏死，皮下胶样浸润

图8-40　白肌病病鸡胸肌肿胀、变性、坏死，表面凹凸不平

图8-41　白肌病病鸡胸肌呈条状或斑点样坏死，表面凹凸不平

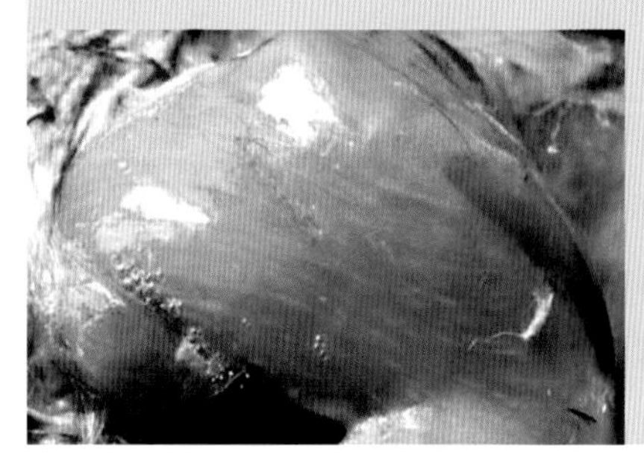

图8-42　210日龄蛋鸡白肌病，腿部肌肉条纹状坏死

图8-43　210日龄蛋鸡白肌病，腿部肌肉条状坏死，皮下出血、胶样浸润

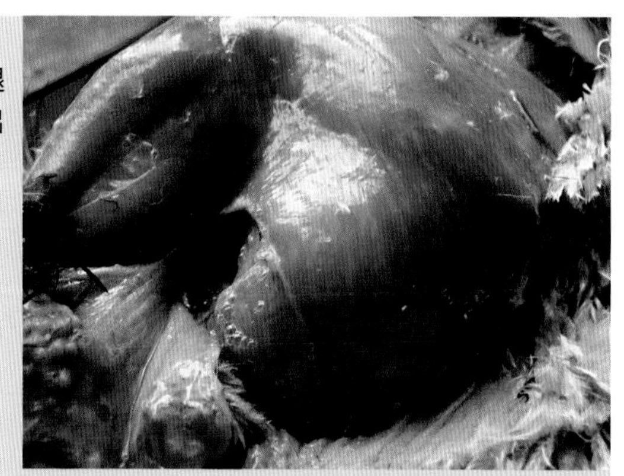

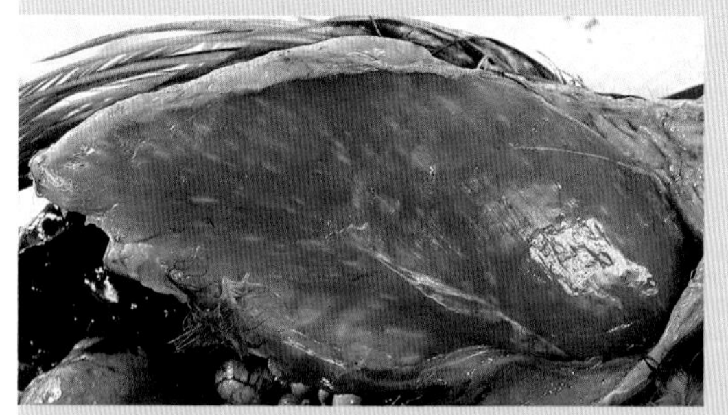

图8-44　白肌病病鸡胸肌坏死

图8-45　白肌病病鸡腿肌坏死

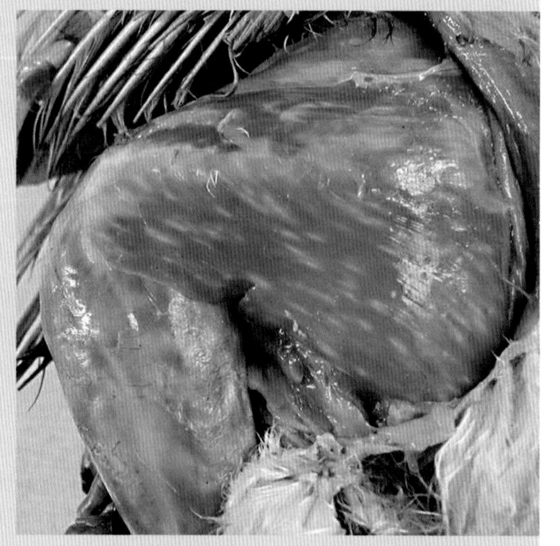

图8-46　白肌病病鸡胰腺纤维化，表面密布灰白色坏死点

图8-47　病鸡心包积液

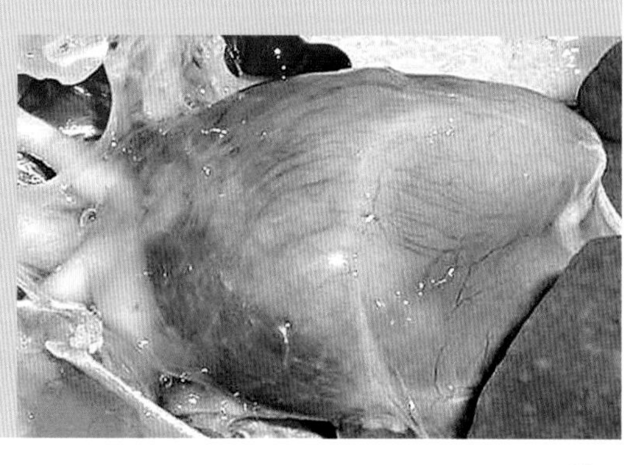

三、维生素B_1缺乏症

（Vitamin B_1 Deficiency）

【病因】维生素B_1主要是保证碳水化合物的正常代谢，一般饲料中含量较为丰富，只有当饲料中B_1受到破坏如加热或遇碱性物质，或受到颉颃物如氨丙啉（一种抗球虫药）的颉颃作用时才会缺乏而引起禽发病。

【临床特征】雏鸡对维生素B_1缺乏非常敏感，表现为生长不良，食欲减退，羽毛松乱，步态不稳，贫血。维生素B_1缺乏的特征性症状是多发性神经炎，病初趾曲肌麻痹，随后翅、腿、颈的伸肌麻痹，呈“观星”姿势，很快失去直坐的能力，倒地后仍保持头向后仰姿势，不断挣扎，两腿呈游泳状。

【大体病变】皮下水肿，有淡黄色胶冻样渗出物，卵巢、睾丸、胃肠壁严重萎缩，右心室扩张，心壁变薄。

【防治要点】尽量使用新鲜饲料，避免长期使用与维生素B_1有颉颃作用的抗球虫药（如氨丙啉）等，气温高时应及时加大维生素B_1的用量，以满足禽对维生素B_1需求量的增加，可有效防止维生素B_1缺乏症发生。对患有维生素B_1缺乏症的禽，口服或肌内注射维生素B_1，可迅速控制病情，同时还可在饲料中补充发芽的谷物、麸皮、新鲜的青绿饲料及干酵母粉，有利于本病康复。

图8-48　病鸡呈观星姿势

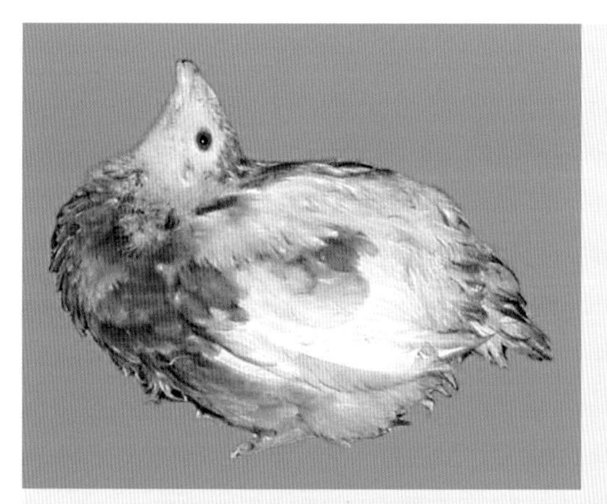
图8-49　病鸡呈观星姿势

图8-50　病鸭神经麻痹，头颈后仰

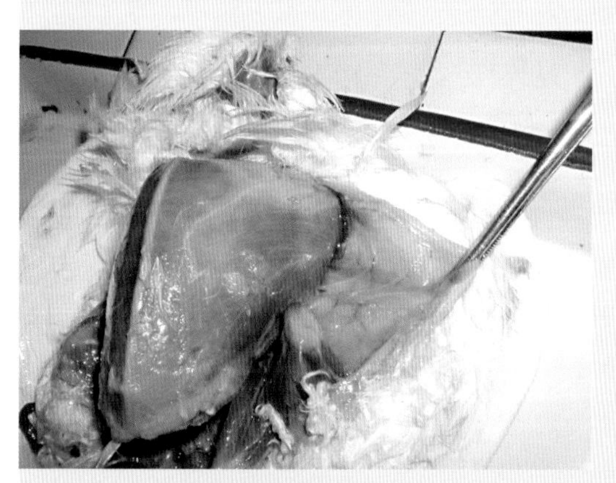
图8-51　病鸡皮下胶冻样渗出，渗出液呈淡黄色

图8-52　病鸡心室扩张，心壁变薄，右侧心脏为正常对照

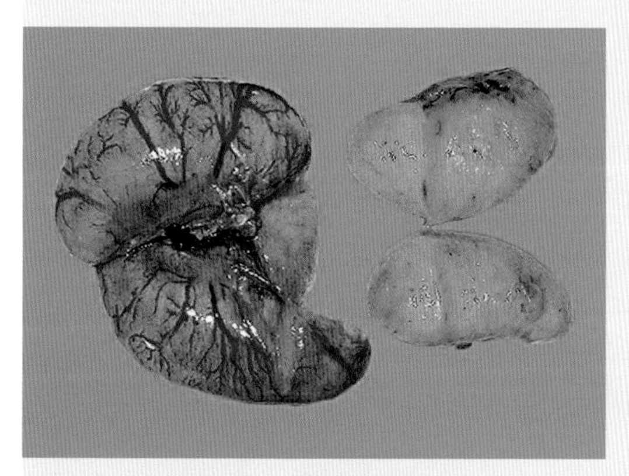
图8-53　病鸡睾丸萎缩

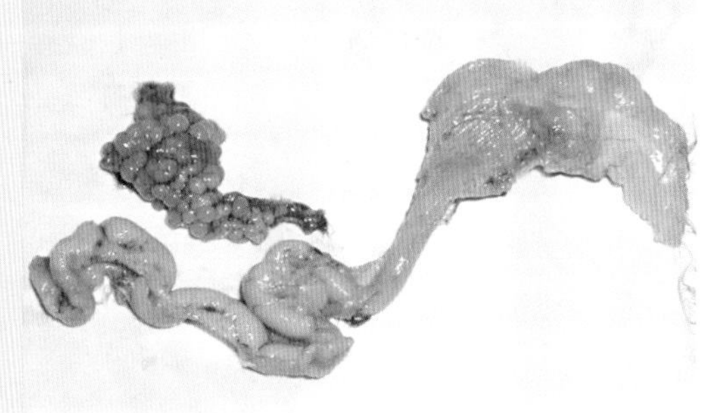
图8-54　病鸡卵巢、输卵管萎缩

四、维生素B_2缺乏症

(Vitamin B_2 Deficiency)

【病因】维生素B_2即核黄素，主要功能是参与细胞呼吸酶的还原，因而与碳水化合物、脂肪及蛋白质的代谢有密切关系。长期单纯饲喂谷物或饲料调制、保存不当导致维生素B_2被破坏，如光线和碱性物质均能破坏维生素B_2，使其失去活性，从而出现维生素B_2缺乏症。

【临床特征】维生素B_2缺乏症一般发生在2～3周龄禽。病禽消瘦，贫血，冠苍白，有时有腹泻，食欲正常，行走困难，最后衰竭死亡。特征症状是羽毛发育不良，粗乱，绒毛少，由于绒毛不能撑破羽毛鞘而导致羽毛呈棍棒状，足趾向内蜷曲，中趾尤为明显，两腿不能站立，常以飞节着地，不管病禽呈何种姿势，脚趾均内弯。成年禽缺乏维生素B_2时，产蛋量下降，孵化率降低。

【大体病变】重病雏可见一侧或两侧坐骨神经、翅神经显著肿大、变软，胃、肠壁很薄，肠内有多量泡沫状内容物，肝脏肿大而柔软，含脂肪较多。

【防治要点】雏禽开食后应饲喂全价饲料，饲料中注意补给充足的维生素。病禽可用核黄素治疗，每千克饲料20毫克，连用1～2周，对轻病例有较好疗效，而对已出现神经损伤的严重病例则预后不良。

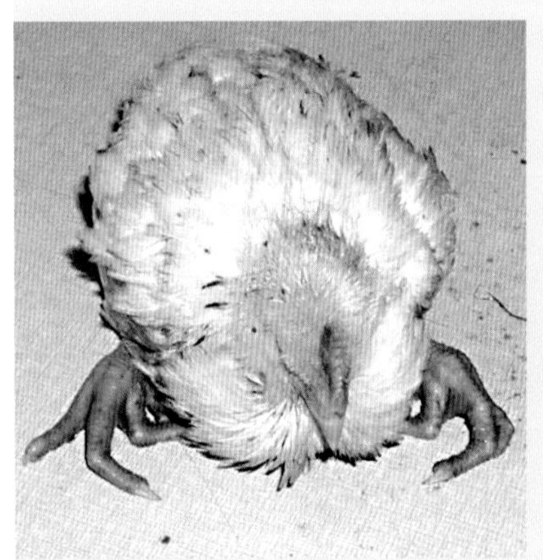

图8-55　病鸡鸡冠苍白，爪趾内曲，以跗关节着地

图8-56　病鸡精神沉郁，卧地不起

图8-57　病鸡中趾尤为明显

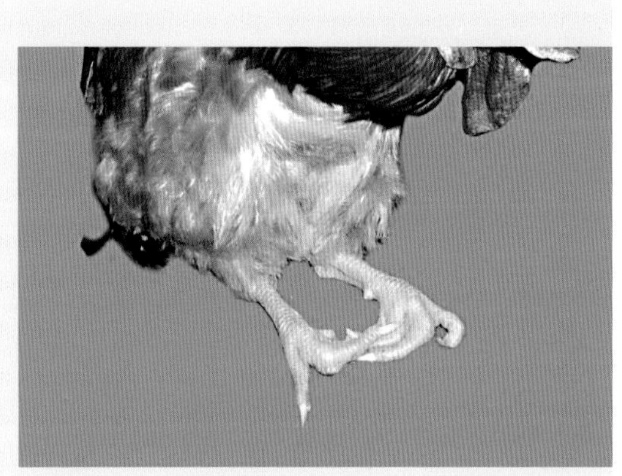
图8-58　种公鸡爪向内弯曲，中趾尤为明显

图8-59　60日龄病鸡脚趾向内卷曲，跗关节着地

图8-60　病鸭跗关节着地

图8-61　病鸡无论呈何种姿势，爪均呈握拳状

图8-62　病鸡爪呈握拳状

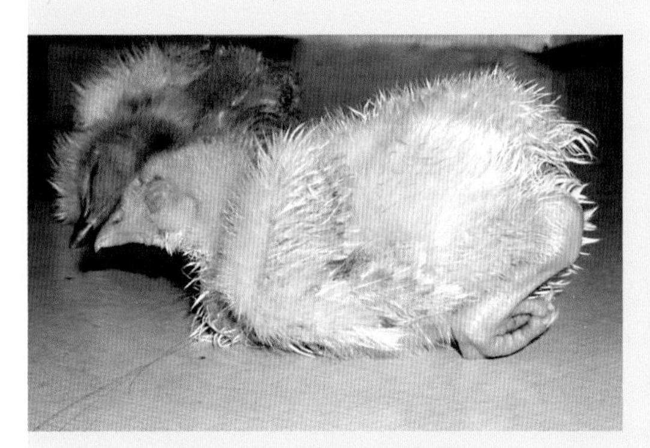

图8-63　病鸡爪呈握拳状

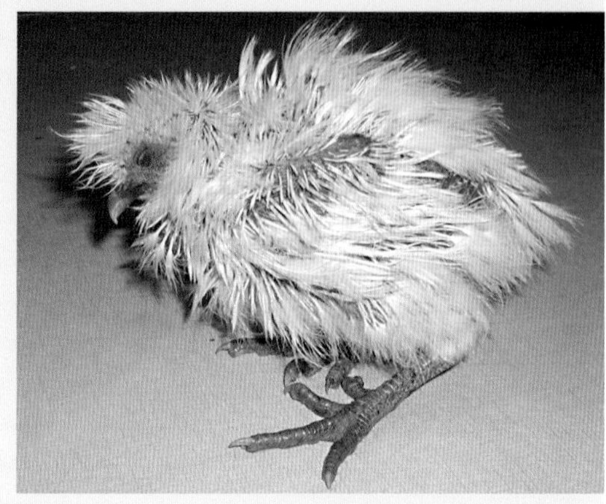

图8-64　60日龄乌骨鸡绒毛发育不良呈棍棒状

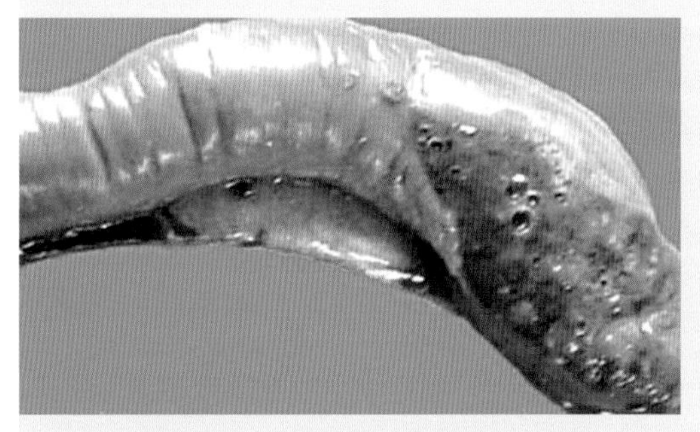

图8-65　病鸡肠内容物有气泡

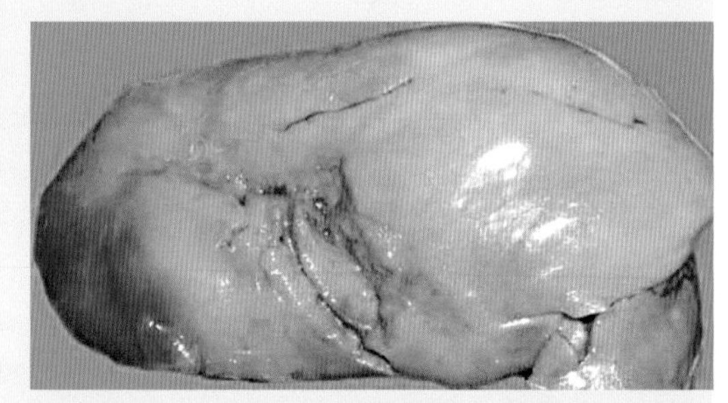

图8-66　病鸡肝脏肿大而柔软，含有较多的脂肪

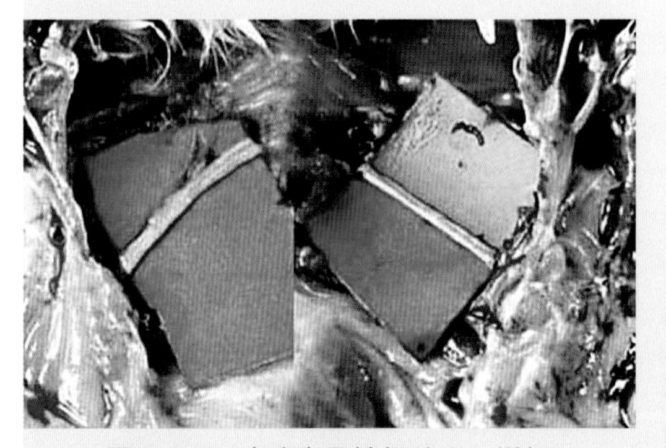

图8-67　病鸡坐骨神经肿胀、增粗

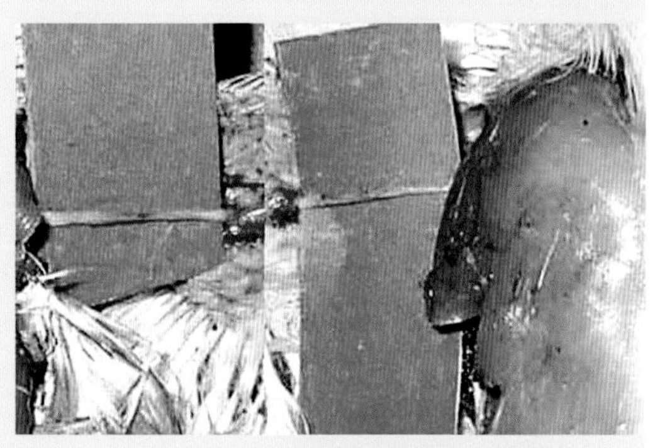

图8-68　病鸡翅神经肿胀、增粗

五、泛酸缺乏症

（Calcium Pantothenate Deficiency）

【病因】泛酸对蛋白质、脂肪和碳水化合物的代谢具有广泛的作用，一般饲料中泛酸较为丰富，但玉米中含量较少，长期饲喂玉米可导致雏禽泛酸缺乏，或在维生素B_{12}缺乏时，机体对泛酸的需求量增加1倍以上，如不及时补充，也可导致本病发生。

【临床特征】病禽消瘦，羽毛粗乱，有时头顶羽毛脱落。流泪，眼睑周围羽毛被污染、结痂；喙上皮发炎，角质脱落；趾间和脚底表皮发炎，可见皮肤粗糙、皲裂、出血，角质脱落，有时可见爪部皮肤增生角化，形成疣性赘生物；行走时因疼痛出现跛行。

【大体病变】口腔内有脓样物质，腺胃内有混浊的灰白色渗出物，肝脏肿大呈污黄色，脾稍萎缩。成年禽泛酸缺乏，种蛋孵化早期死胚较多，出壳雏体质衰弱。

【防治要点】平时注意在饲料中添加足够的维生素，禽发病后可在饲料中增加动物性饲料或给予花生饼、糠麸和苜蓿粉，病禽可康复。

图8-69　雏鹅精神沉郁生长发育不良

图8-70　病鹅眼周羽毛被污染、结痂

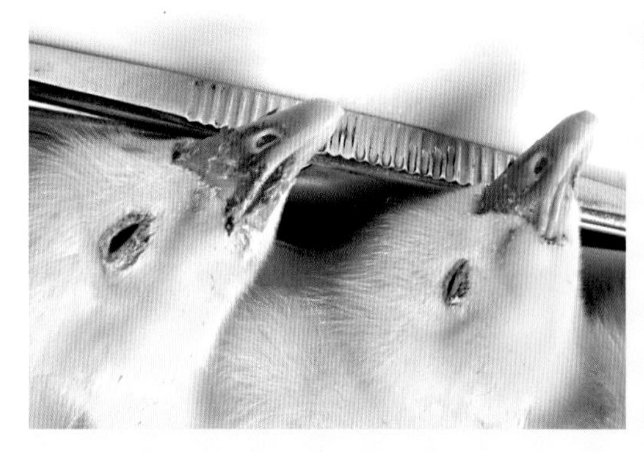

图8-71　病鹅喙上皮坏死结痂

图8-72　小鸭蹼底皮肤坏死

图8-73　病鸡趾间皮肤皴裂，结痂

图8-74　病鸡趾间皮肤出血、干裂

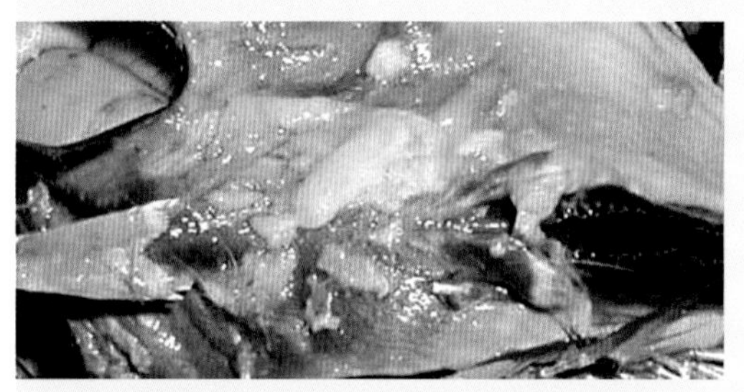

图8-75　病鸡口腔内有脓样物质

六、叶酸缺乏症

(Folic Acid Deficiency)

【病因】叶酸能促进新细胞的形成和红、白细胞的成熟，在动植物饲料中含量均非常丰富，一般不会缺乏，当供给不足、长期服用抗生素抑制了肠道微生物或有球虫病、消化吸收障碍时可发生叶酸缺乏症。

【临床特征】雏禽和青年禽生长发育受阻，贫血，头颈麻痹，表现为头颈向前伸直下垂，喙触地，羽毛发育不良，有色羽种羽毛色素不足，出现白羽现象。叶酸缺乏还会使雏禽对胆碱的需要量增加，导致骨短粗症。成年禽叶酸缺乏时，产蛋率和孵化率均受到影响。

【大体病变】叶酸缺乏症通常无典型的大体病变。

【防治要点】叶酸缺乏时，可增加青绿饲料，选用含叶酸多维，有条件的可饲喂酵母粉、肝粉等，效果较好，也可用叶酸治疗，每千克饲料添加50毫克。

图8-76　病鸡贫血，鸡冠苍白

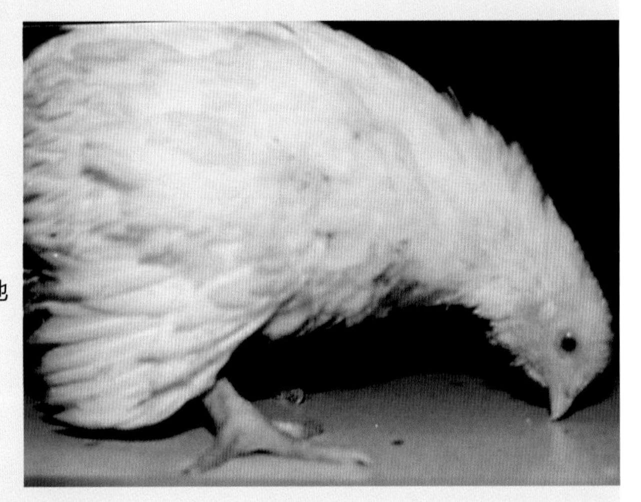
图8-77　病鸡头颈前伸，喙尖触地

图8-78　病鸡头颈麻痹

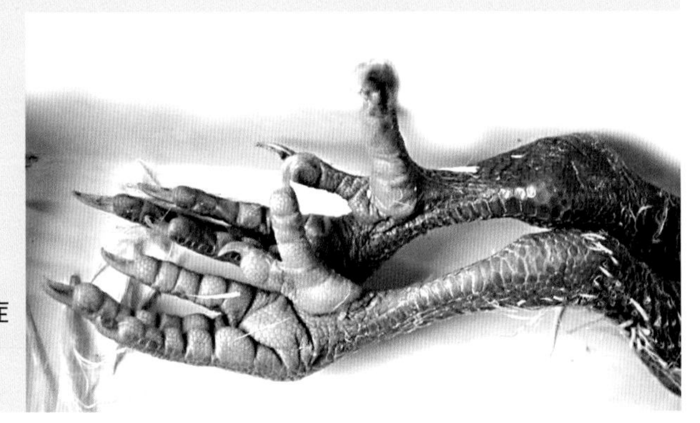
图8-79　60日龄乌骨鸡骨短粗症（上），下为正常对照

七、钙磷代谢障碍

（Metabolic Disorder of Calcium and Phosphorus）

【病因】佝偻病是幼禽由于维生素D缺乏，钙、磷代谢障碍所引起的一种代谢性疾病，较为常见。骨软症是由于成年动物在骨化作用完成以后，由于钙磷代谢障碍所引起的骨营养不良。钙和磷是骨骼的主要组成成分，维生素D能促进肠道内钙和磷的吸收，调节体内钙和磷的代谢，使骨组织钙化，钙、磷和维生素D三者在生理上是密切相关的。动物对钙和磷的比例有一定的要求，若磷的水平低或维生素D含量不足，则钙和磷的比例要求更为重要。缺乏这三种物质中的任何一种，或者三者严重不平衡，就会导致钙磷代谢障碍发生。

【临床特征】雏禽患佝偻病时，生长迟缓，行动吃力，长骨、喙、爪等变软、变形，严重时喙不能啄起饲料。成年鸡产薄壳蛋，蛋壳一弹即碎，产蛋量下降，破损率升高，种蛋孵化率下降。母鸡双脚无力，常卧地不起。

【大体病变】长骨及喙变柔软，折断时无声。背肋和胸肋连接处向内弯曲，形成特征性的肋骨内弯现象，胸腔变扁平。肋骨椎骨端膨大呈球状。龙骨弯曲变形，后端向内弯曲，股骨头易于折断。

【防治要点】预防：调整饲料结构，注意钙磷比例，给予充足的维生素D_3。本病发生时，应注意检查饲料中的配比是否合理，并做及时调整，病情轻者可逐渐恢复；骨骼严重变形者，则不能恢复。常用治疗药物有维生素D_3、鱼肝油、维丁胶钙等。

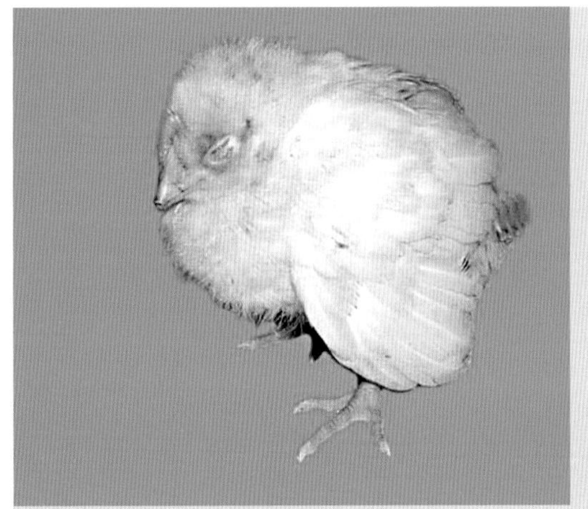
图8-80　病鸡行动迟缓、吃力

图8-81　骨软症病鸡腿软无力，常呈蹲式

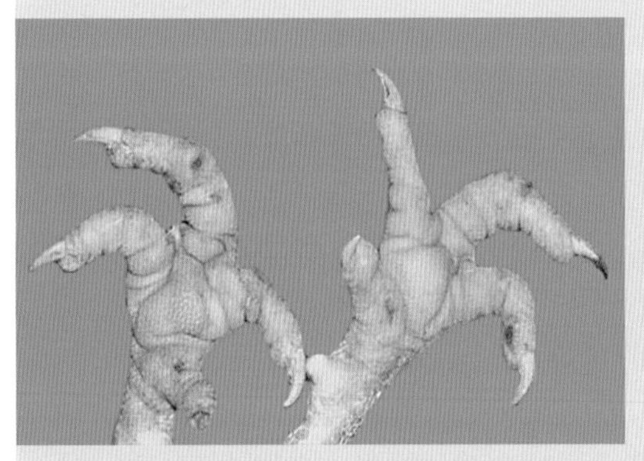
图8-82　骨软症病鸡趾关节变形

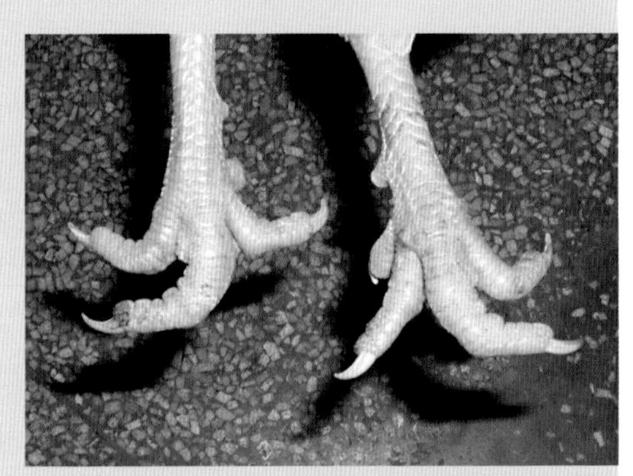
图8-83　病鸡趾关节变形

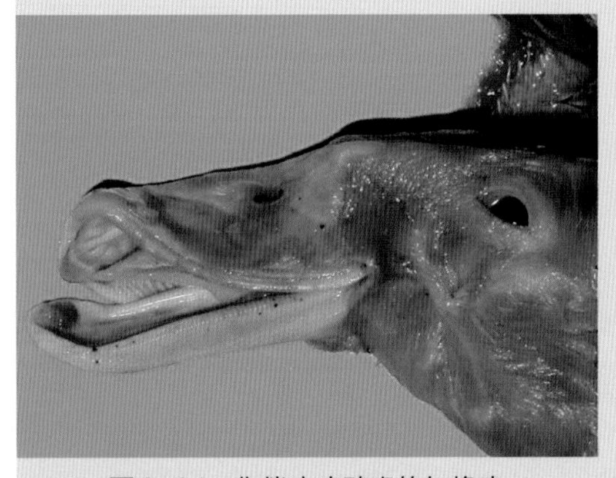
图8-84　佝偻病病鸭喙软如橡皮

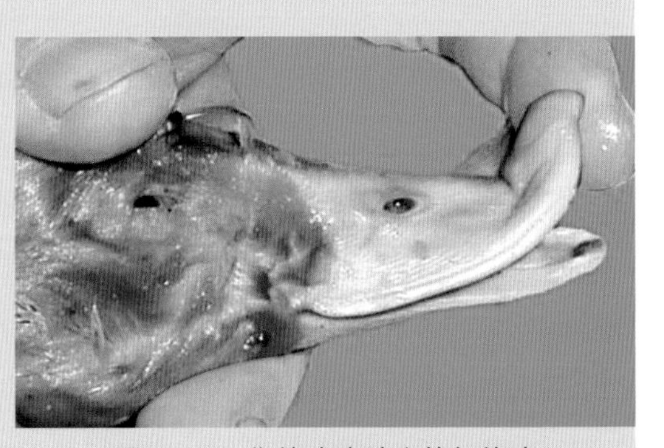
图8-85　佝偻病病鸭喙软如橡皮

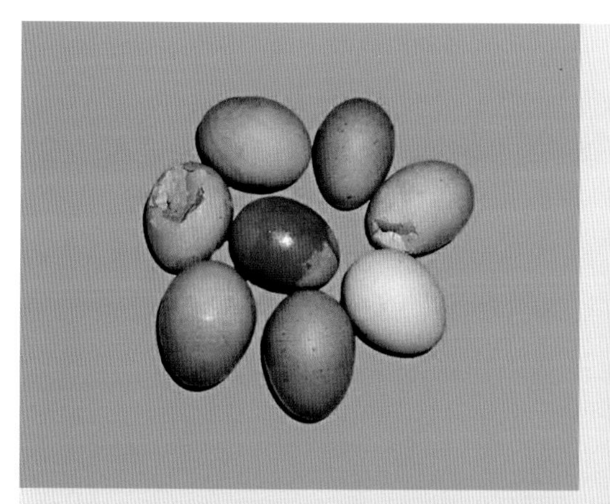

图8-86　骨软症病鸡所产蛋品质下降，蛋壳变薄、易碎

图8-87　佝偻病病鸭特征性肋骨内弯，胸腔变得扁平

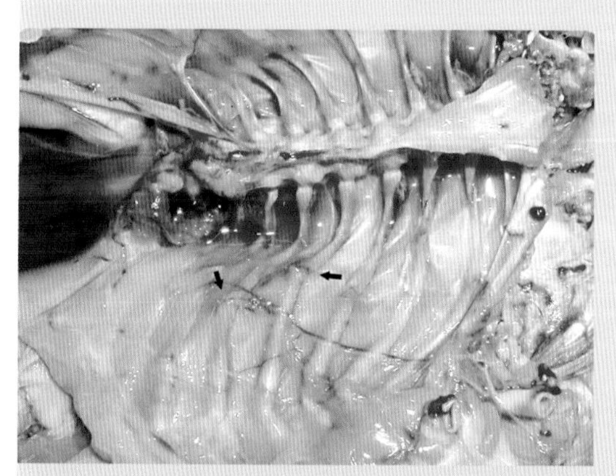

图8-88　病鸭肋骨两端膨大，骨脆易折断

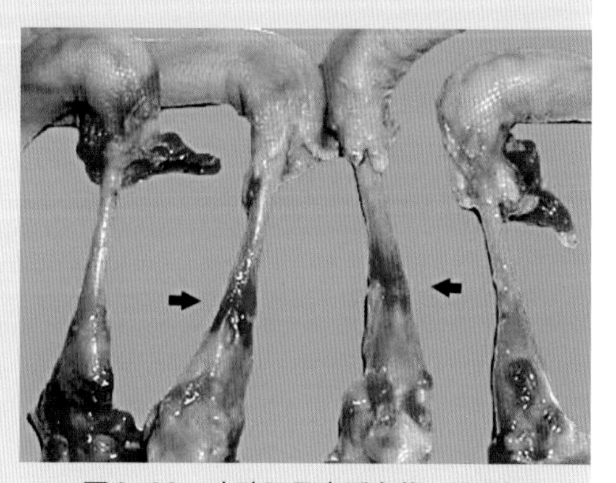

图8-89　病鸭胫骨皮质变薄，易骨折

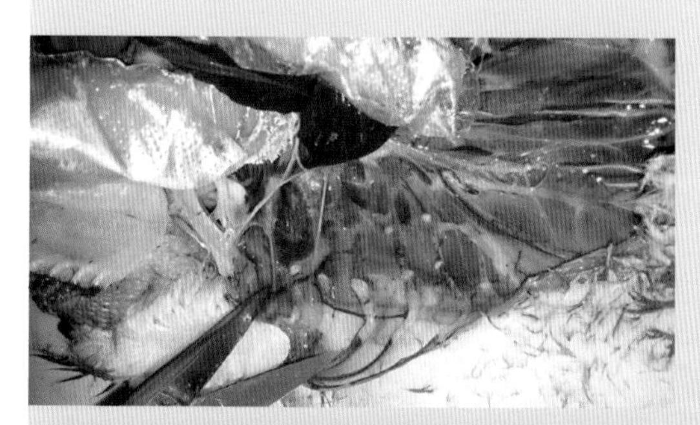

图8-90　病鹅肋骨多处骨折部位的骨痂愈合

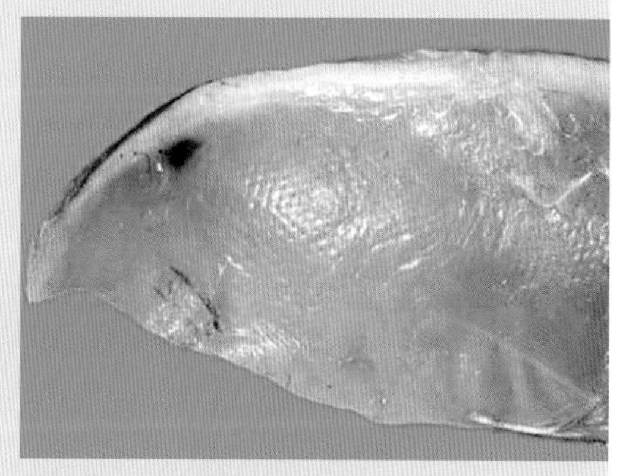

图8-91　骨软症病鸡龙骨向内弯曲，易骨折，骨折处出血

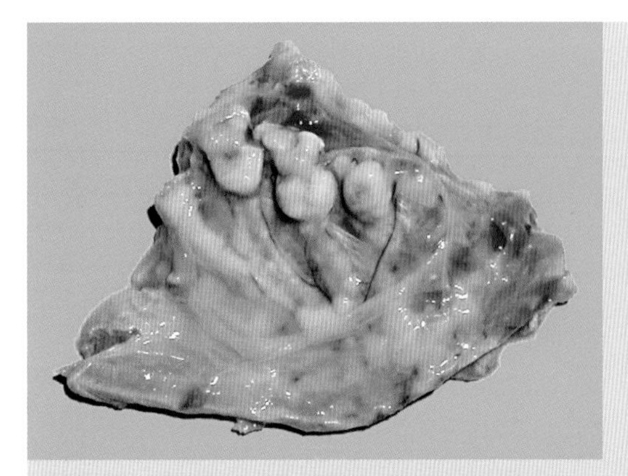

图8-92　骨软症蛋鸡肋骨胸骨连接处软骨增生

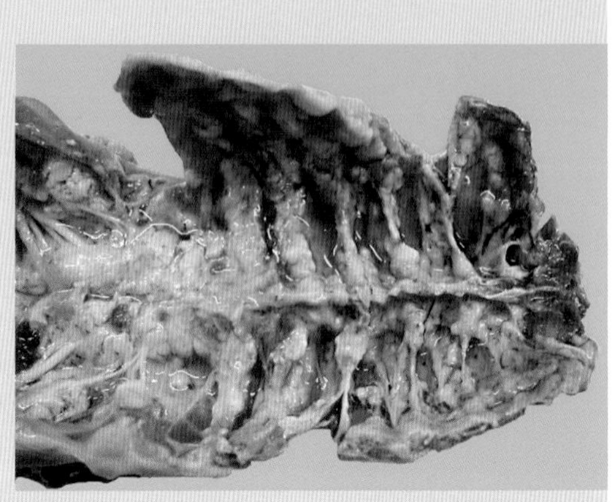

图8-93　蛋鸡骨软症，肋骨椎骨端和整条肋骨多处膨大呈串珠状

图8-94　骨软症鹌鹑胸骨弯曲

图8-95　骨软症蛋鸡胸骨弯曲、变形

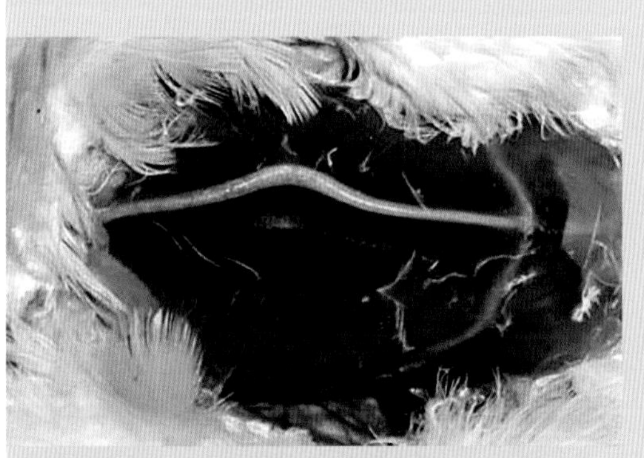

图8-96　骨软症肉种鸽胸骨弯曲、变形

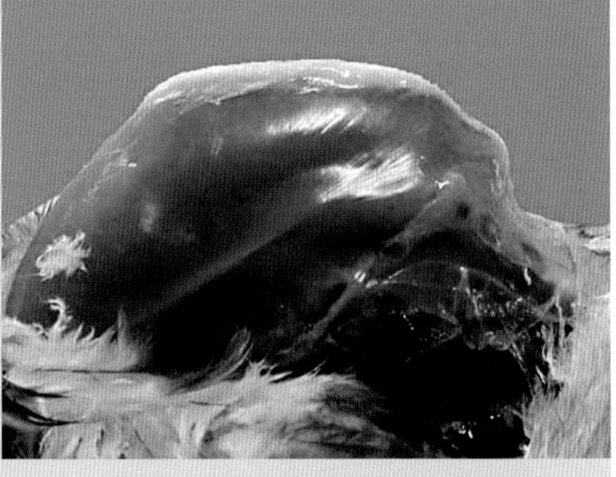

图8-97　骨软症病鸡龙骨向内弯曲

八、滑腱症

(Slipped Tendon)

【病因】滑腱症又称脱腱症，是禽腿部骨骼生长畸形的一种疾病。常见于幼鸡，也见于幼鸭。一般认为，主要原因是饲料中锰缺乏，也有人认为饲料中各种营养成分如钙、磷、锰和胆碱配比不平衡以及缺乏生物素和烟酸所致。

【临床特征】病禽腿部骨骼发育不良，跖骨短粗，腿部弯曲，跛行，行走困难，或跗关节着地。常见一侧性病变，也有两侧同时发生。因饮水、采食困难逐渐消瘦衰竭死亡。

【大体病变】胫跖关节肿大、变形，跖骨向外侧或向内侧弯转，最后腓肠肌腱脱出原位；胫骨远端滑车变粗，关节面变平，滑槽变浅。骨质质地、硬度不变，可与骨软症相区别。

【防治要点】配制饲料时应注意各种矿物质和营养成分的配比，矿物质过多或过少都会导致或加重滑腱症的症状。对由锰缺乏引起的滑腱症，可用高锰酸钾拌料，每千克饲料添加0.1 ～ 0.2克或饮水（1 ： 20 000）。

图8-98　病鸡跛行

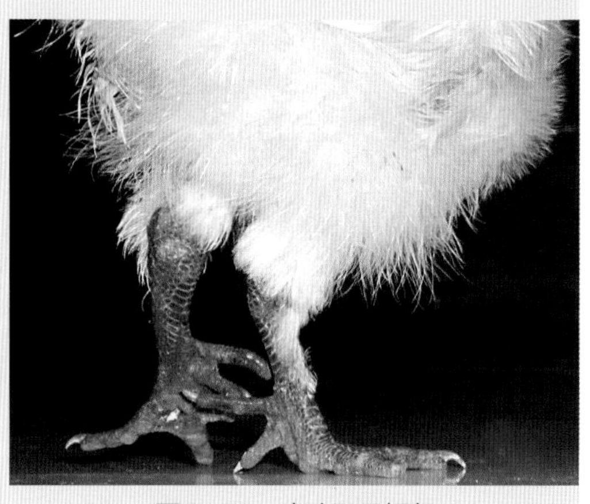

图8-99　病鸡胫骨短粗

图8-100　乌骨鸡锰缺乏症跛行

图8-101　骨、关节弯曲变形，胫骨短粗（上图），下图为正常对照

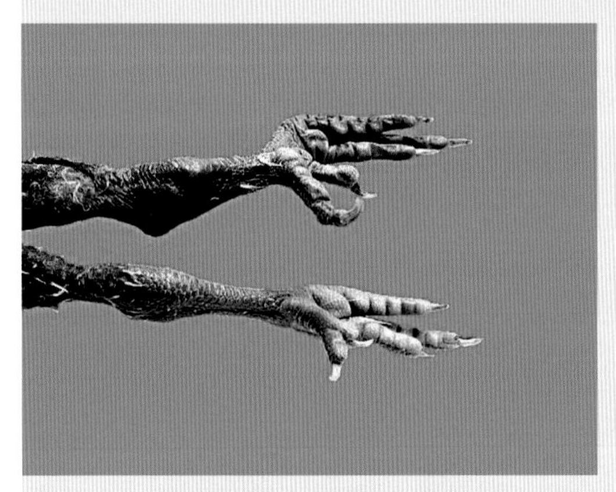

图8-102　关节变形，骨短粗（掌侧）（上图），下图为正常对照

图8-103　胫跖关节肿大、变形，胫骨短粗（上图），下图为正常对照

图8-104　乌骨鸡腿肌腱滑脱

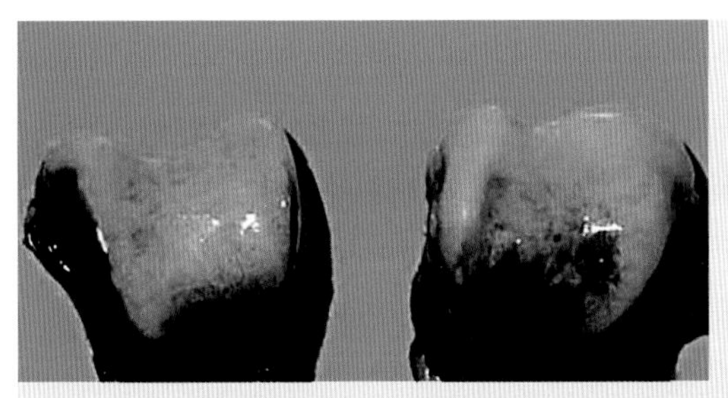

图8-105　病鸡胫骨远端滑车部发育不良，滑槽变平，左为正常对照

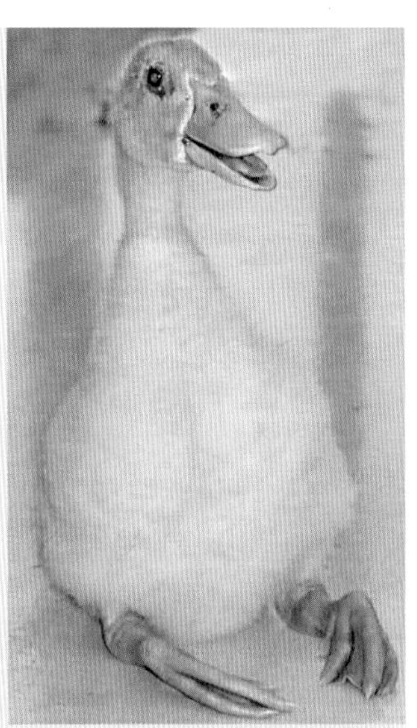

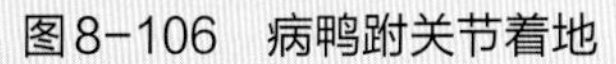

图8-106　病鸭跗关节着地

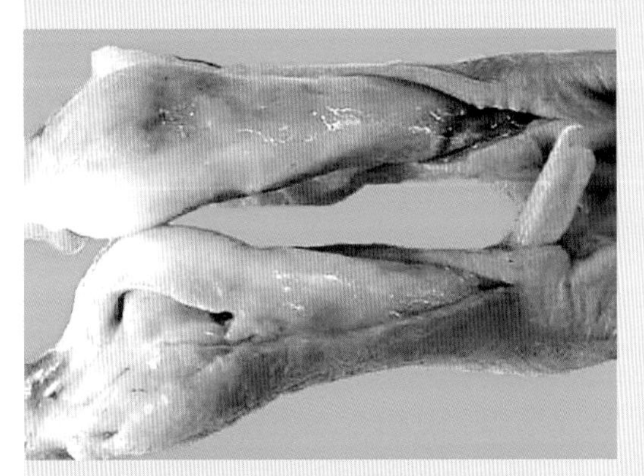

图8-107　病鸭腓肠肌腱向内侧滑脱

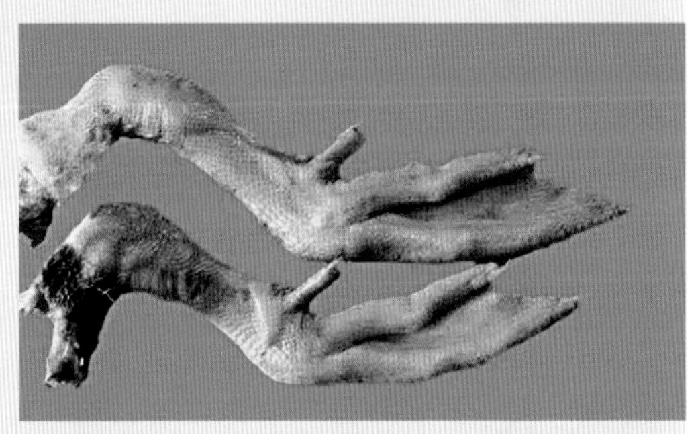

图8-108　病鸭胫骨短粗，上为正常对照

图8-110　鸭滑车发育异常，关节面变平，滑槽变浅，左为正常对照

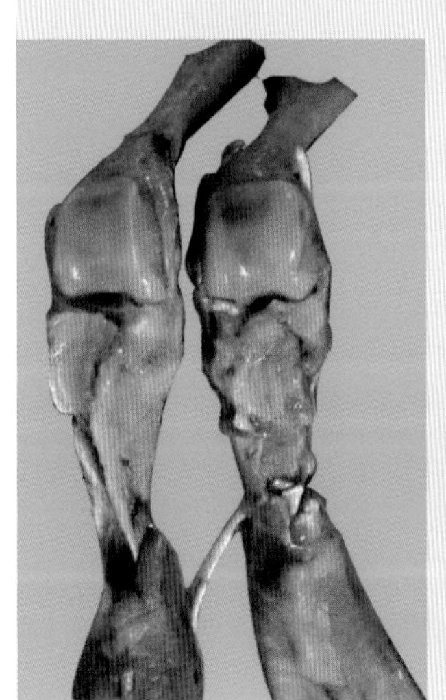

图8-109　病鸭滑车异常——右腿跗关节外侧变圆滑

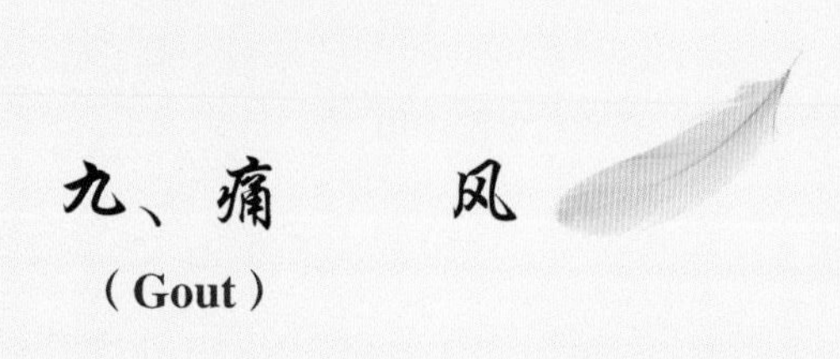

九、痛　风

(Gout)

【病因】家禽痛风是一种蛋白质代谢障碍引起的高尿酸血症，主要见于鸡、火鸡、水禽，鸽偶尔可见。当饲料中蛋白质含量过高，特别是动物内脏、肉屑、鱼粉、大豆和豌豆等富含核蛋白和嘌呤碱的原料过多时，可导致严重的痛风。饲料中镁和钙过多或日粮中长期缺乏维生素A等均可诱发痛风。

【临床特征】内脏型痛风病鸡冠苍白，精神沉郁，排出白色黏液性稀便，便中含有多量尿酸盐，腿部皮肤干枯无光。病鸡逐渐消瘦、衰竭，陆续死亡。关节型痛风表现为腿、足和翅关节肿胀，疼痛，病禽往往呈蹲坐或独肢站立姿势，行动迟缓，跛行。

【大体病变】内脏型：皮下、肌肉脱水、干燥，心、肝、脾等内脏浆膜面及肠系膜、气囊壁和肌肉表面有白色石灰样物质沉积，肾脏肿大，肾小管因沉积有大量尿酸盐而扩张，外观呈花斑状，一侧或两侧输尿管扩张变粗，输尿管内可形成尿结石，阻塞输尿管。胆汁黏稠，内有大量尿酸盐结晶。关节型：可见关节特别是趾关节的软骨、关节周围组织、腱鞘、韧带等有石灰样尿酸盐沉积，关节变形，关节腔内流出白色浓稠的液体，滑液中含有大量尿酸盐结晶，常形成“痛风石”。

【防治要点】针对病因采取可行措施，可收到良好的预防效果。目前尚无有效治疗药物，治疗较为困难，采用促进尿酸盐排泄的药物（如肾肿解毒药等），有一定疗效，同时减少蛋白质用量、大量补充维生素A，有缓解症状、减少发病的作用。使用具有渗湿利水、通淋排石功效的中兽药方剂也能取得良好的疗效。治疗时在饮水中添加葡萄糖或红糖，可有效降低死亡率。

图8-111　病鸡精神沉郁，鸡冠苍白

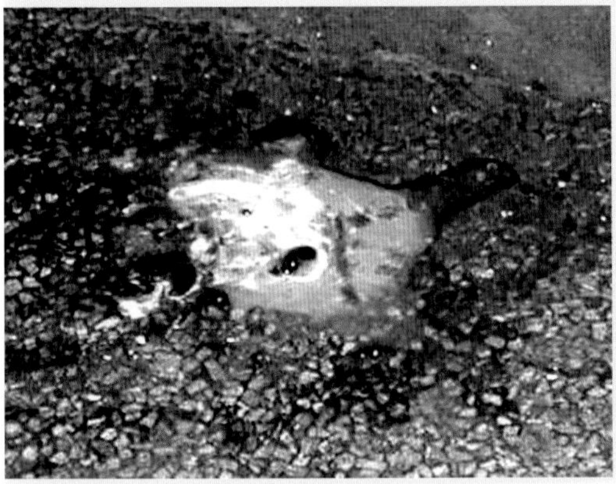

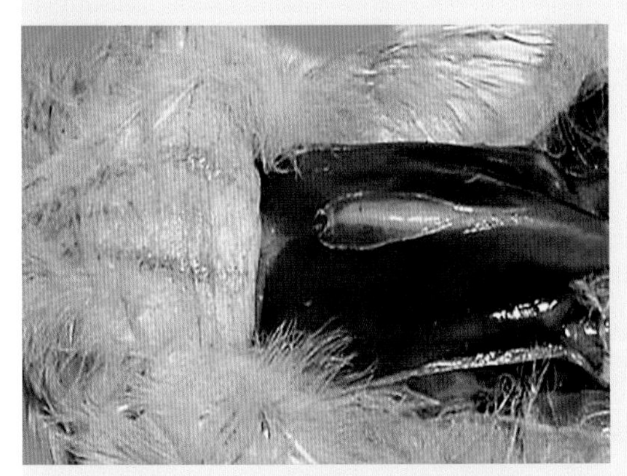
图8-112　病鸡水泻，粪便中有大量的尿酸盐

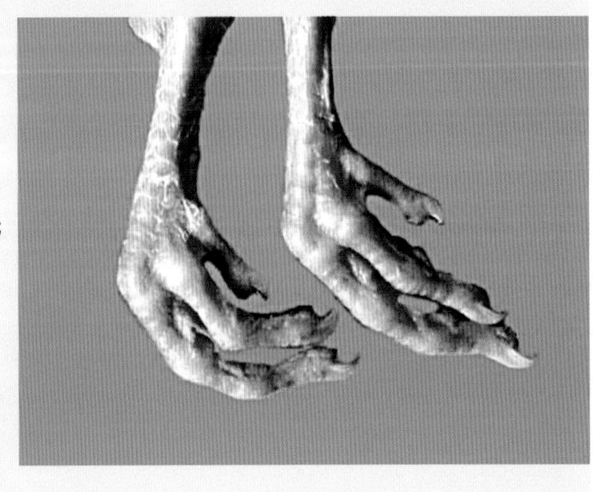
图8-113　病鸡脱水，爪干燥无光

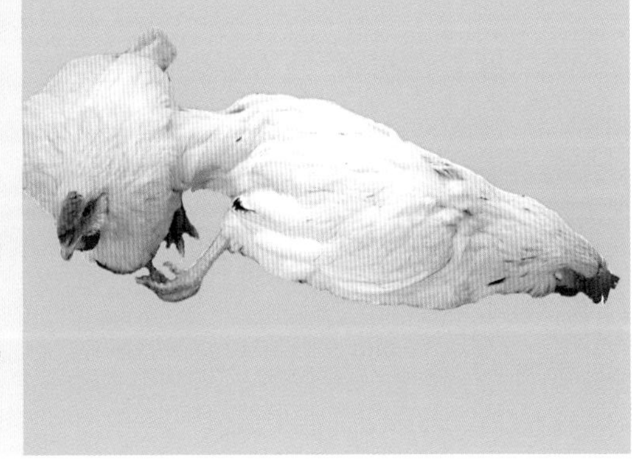
图8-114　病鸡脱水，皮肤干燥

图8-115　关节型痛风，病鸡站立困难，常卧地不起

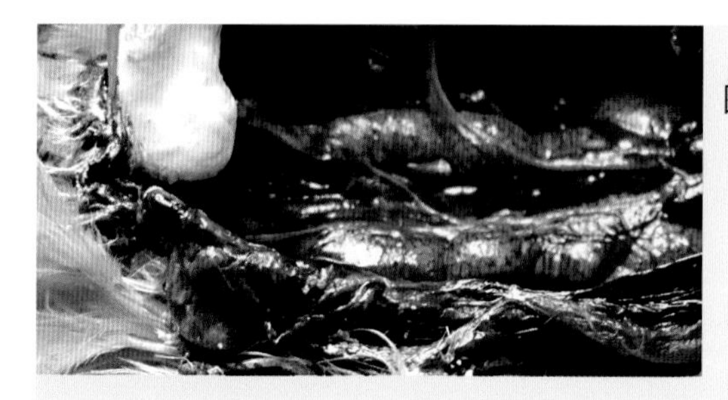

图8-116　内脏型痛风病鸡肾脏尿酸盐沉积，泄殖腔内有大量的白色尿酸盐

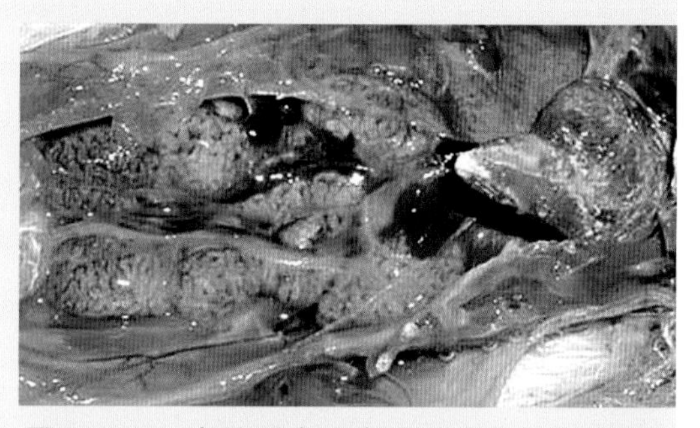

图8-117　内脏型痛风病鸡肾脏、心肌尿酸盐沉积

图8-118　内脏型痛风病鸭肾脏内有大量尿酸盐沉积

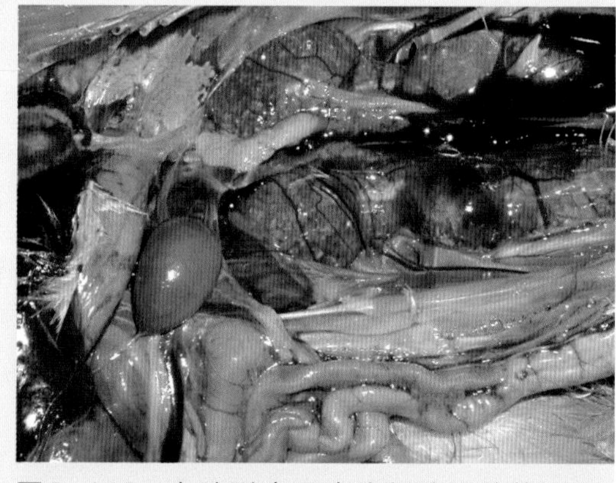

图8-119　内脏型痛风病鸡肾脏尿酸盐沉积，输尿管变粗

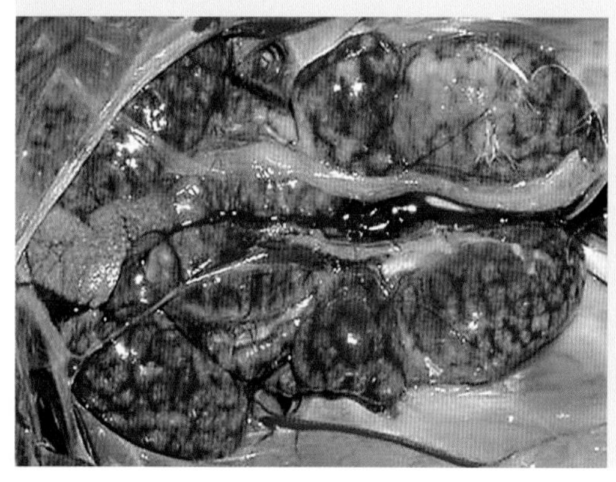

图8-120　内脏型痛风病鸡“花斑肾”，输尿管扩张

图8-121　内脏型痛风病鸡心脏及肾脏沉积大量尿酸盐，输尿管增粗，内有尿结石

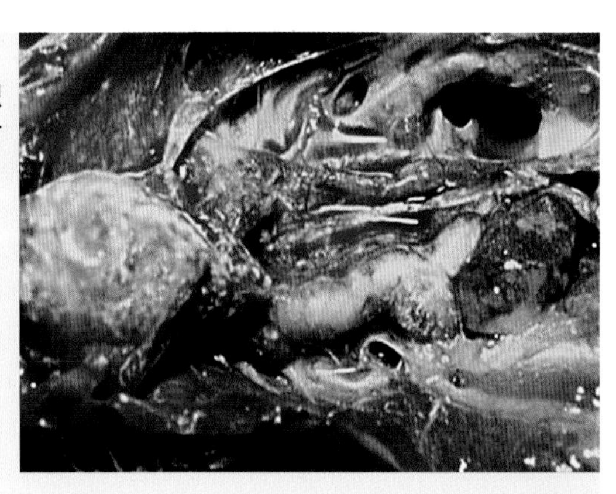

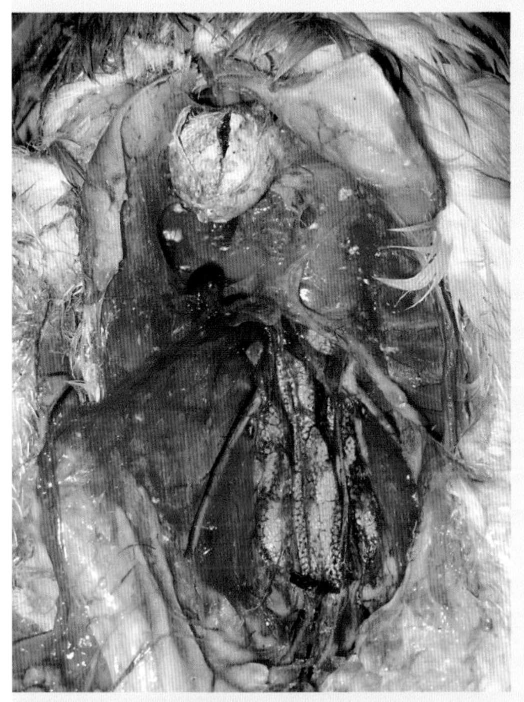

图8-122　内脏型痛风病鸭心包、肾脏及肺胸膜等浆膜表面沉积大量尿酸盐

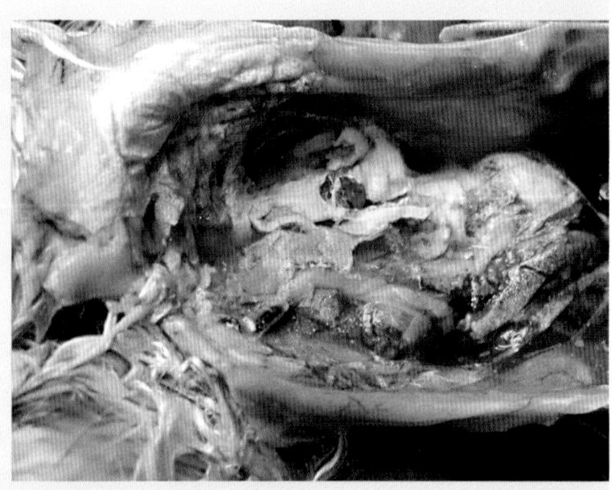

图8-123　内脏型痛风病鸡肾脏及腹膜沉积有大量尿酸盐，状若石灰

图8-124　内脏型痛风病鸡肠浆膜面尿酸盐沉积

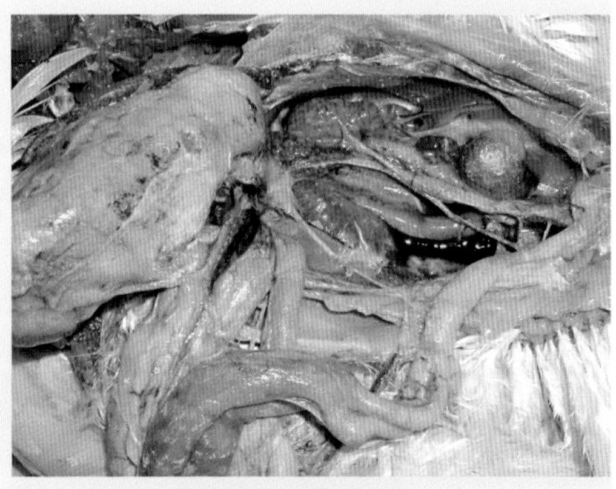

图8-125　内脏型痛风病鸡内脏浆膜面有大量尿酸盐沉积

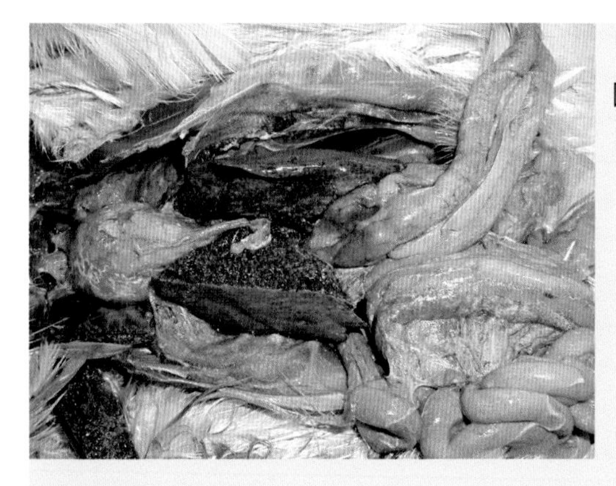

图8-126　内脏型痛风病鸡内脏浆膜面有大量尿酸盐沉积，肝脏出血，切面也可见尿酸盐沉积

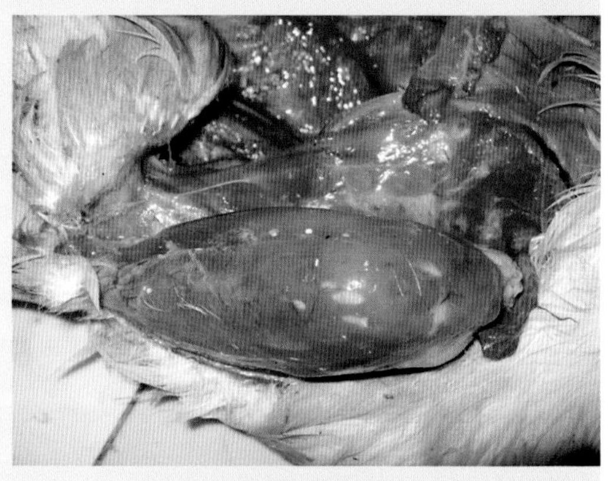

图8-127　内脏型痛风病鸭腿部肌肉和筋膜有尿酸盐沉积

图8-128　内脏型痛风病鸽脏器表面有大量尿酸盐沉积

图8-129　内脏型痛风雏鸭心脏尿酸盐沉积

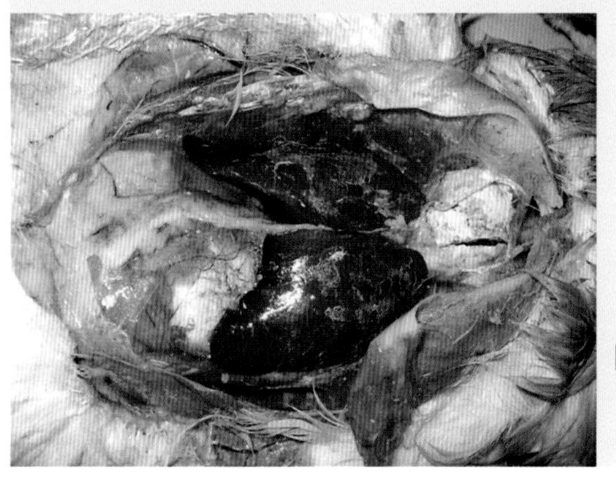

图8-130　内脏型痛风病鸭心脏和肝脏尿酸盐沉积

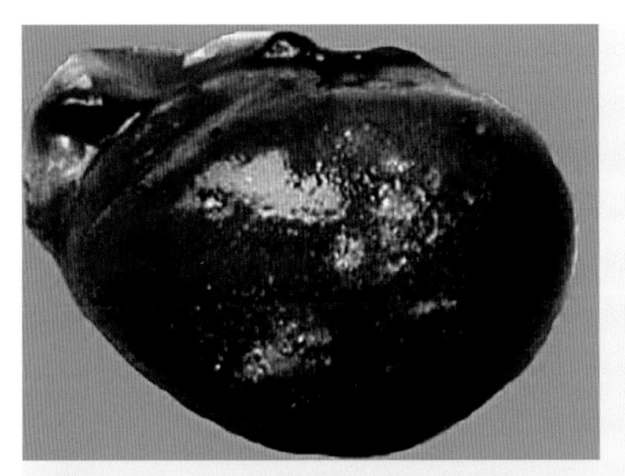

图8-131　内脏型痛风病鸡脾脏尿酸盐沉积

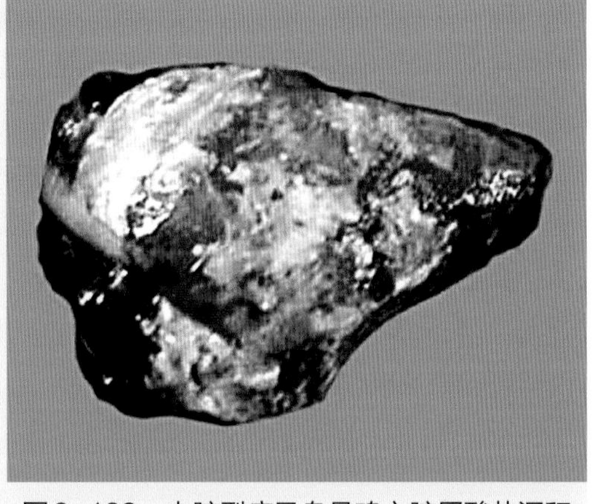

图8-132　内脏型痛风乌骨鸡心脏尿酸盐沉积

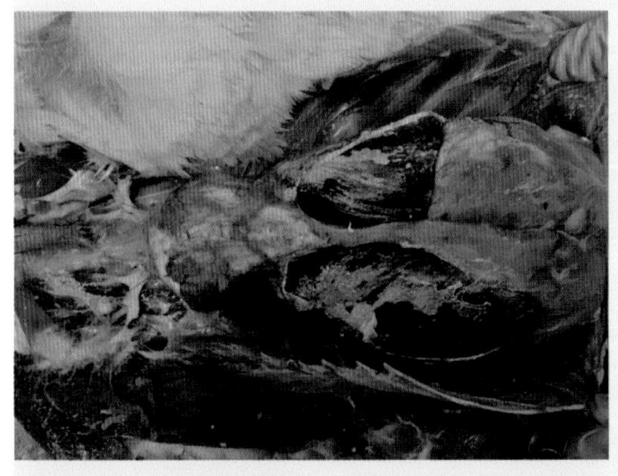

图8-133　内脏型痛风，天鹅内脏有大量白色尿酸盐沉积

图8-134　关节型痛风病鸡关节腔内充满乳白色尿酸盐

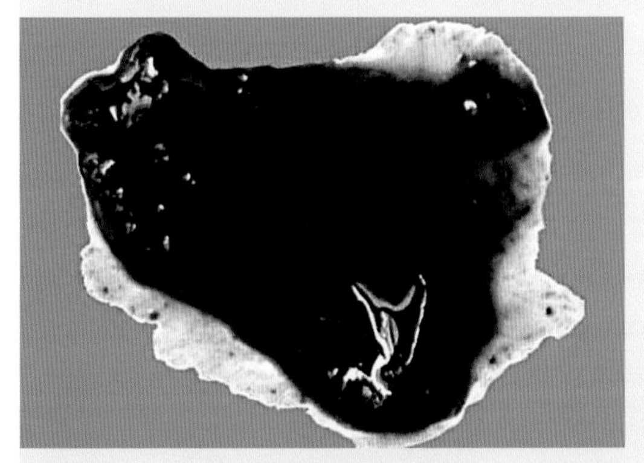

图8-135　内脏型痛风病鸡胆汁黏稠，可见尿酸盐结晶

图8-136　内脏型痛风病鸡胆汁黏稠，内有大量白色尿酸盐结晶

十、鸡脂肪肝综合征
（Fatty Live Syndrome in Chickens）

【病因】长期饲喂过量饲料，导致能量摄入过多，饲料中真菌毒素和油菜粕中的芥酸等均可导致本病。而某些高产品种因雌激素水平高，刺激肝脏大量合成脂肪、笼养状态下活动不足、B族维生素缺乏及高温应激等也可诱发本病。

【临床特征】发病死亡的鸡均为母鸡，大多过度肥胖，发病率为50%左右，致死率达6%以上，产蛋量显著下降，降幅可达40%，往往突然暴发，病鸡喜卧，腹部膨大下垂，鸡冠肉髯褪色呈粉红色或苍白如纸。

【大体病变】病鸡全身肌肉苍白，皮下和肠系膜均有多量的脂肪沉积，腹腔内有血凝块，肝脏肿大，边缘钝圆，呈黄色油腻状，质脆易碎如泥，表面有出血和白色坏死灶，肾脏黄染，有时心肌变性呈黄白色。卵巢完整或卵泡破裂，腹腔内可见卵泡破裂后流出的卵黄。

【防治要点】预防：合理配制饲料，控制饲料中能量水平，适当限制饲料的喂量，使鸡体重适当，产蛋高峰前限量要小，高峰后限量应大，一般限喂8%～12%。治疗：对已发病鸡群，在每千克饲料中添加22～110毫克胆碱，也可配合使用维生素B_{12}、维生素E、肌醇等，有一定效果。

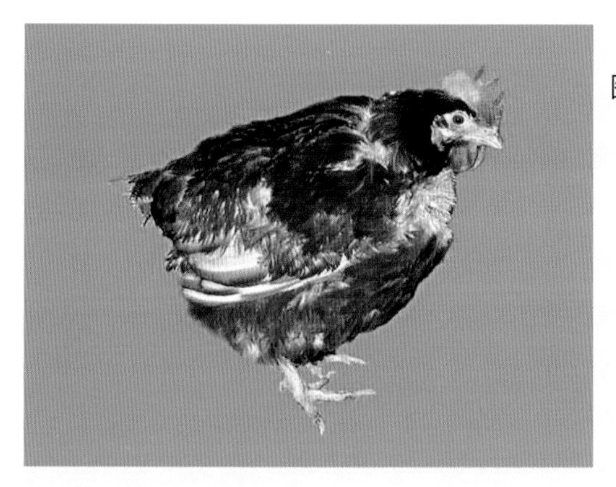

图8-137　病鸡腹部膨大下垂

图8-138　鸡冠褪色呈粉红色

图8-139　鸡冠苍白

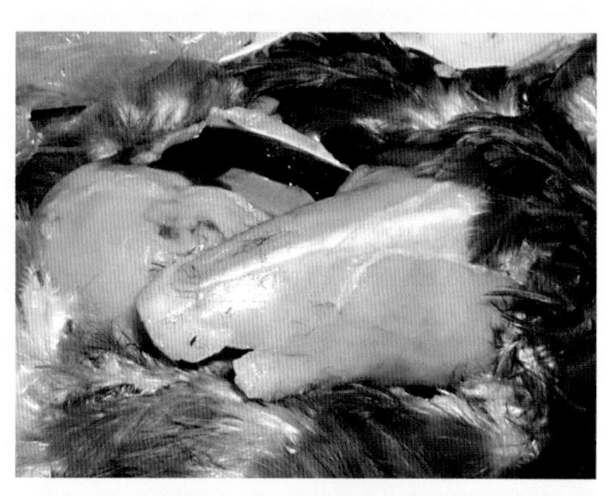

图8-140　病鸡胸肌苍白

图8-141　病鸡肝脏脂肪变性呈土黄色，腹部沉积有大量脂肪

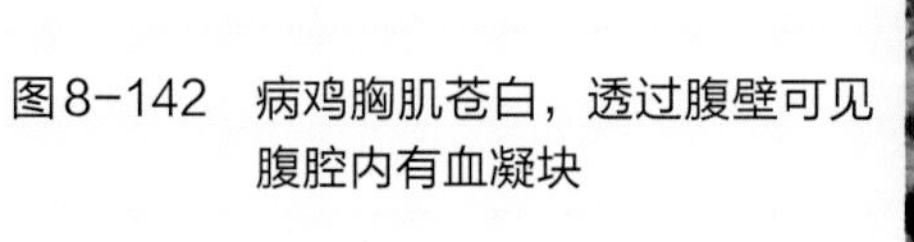

图8-142　病鸡胸肌苍白，透过腹壁可见腹腔内有血凝块

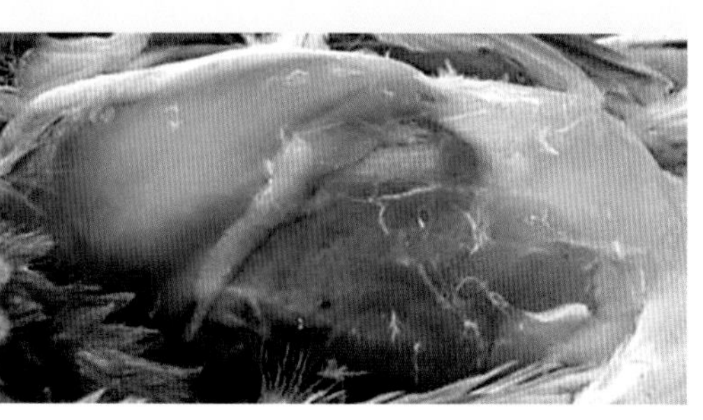

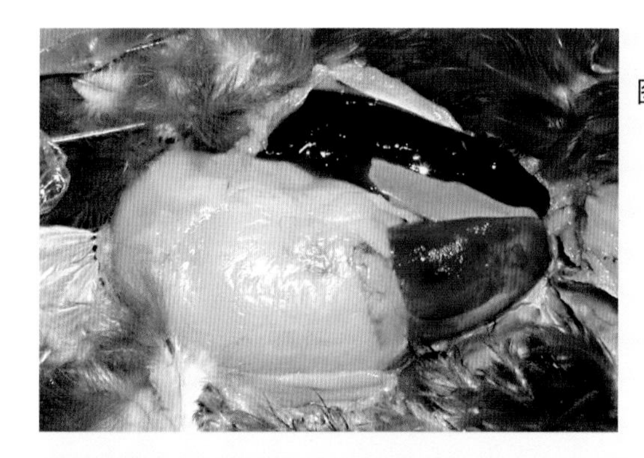

图8-143　病鸡腹部有肥厚的脂肪，肝脏黄染、出血，肝周有血凝块包围

图8-144　病鸡肝脏脂肪变性，被膜下出血

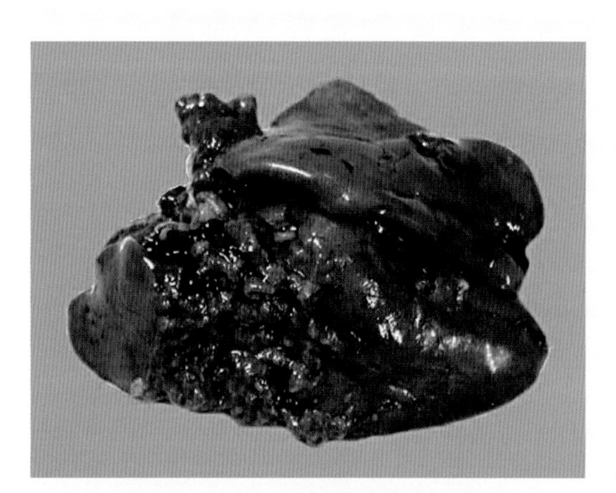

图8-145　病鸡肝脏质脆如泥

图8-146　病鸡肝脏黄染，出血，被膜下有巨大血肿

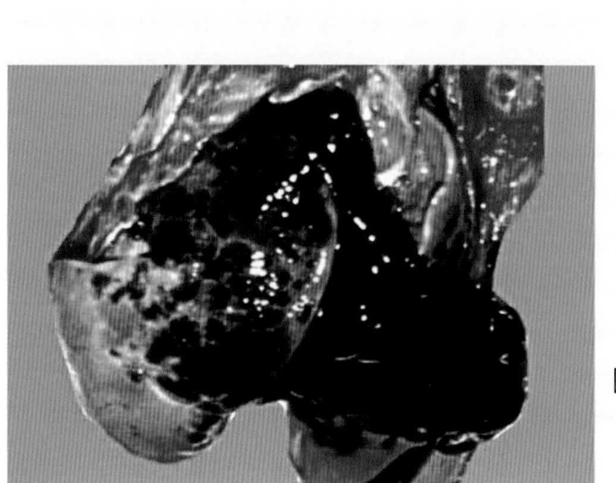

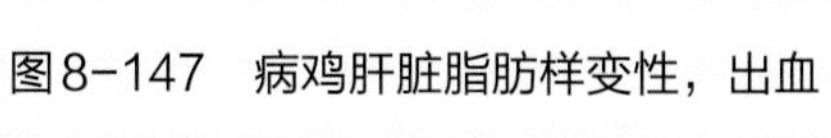

图8-147　病鸡肝脏脂肪样变性，出血

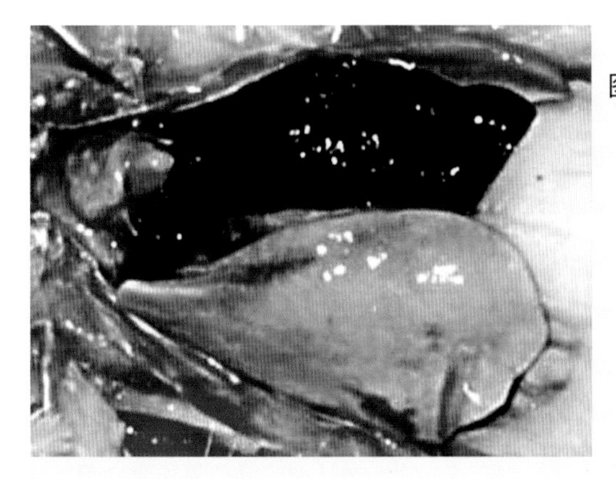

图8-148　病鸡肝脏土黄色，表面有出血斑，心包积液，腹腔内有血凝块及血性腹水

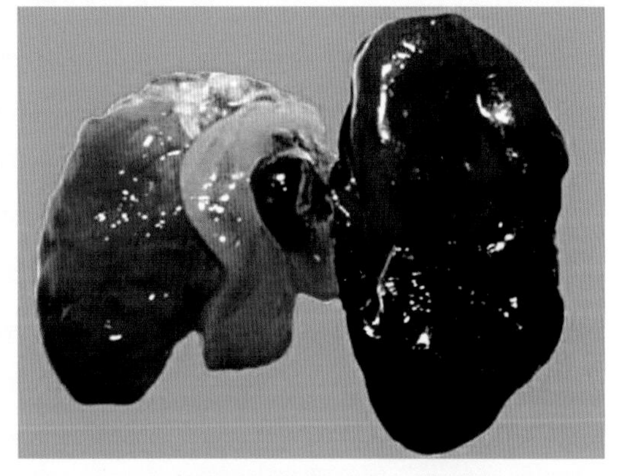

图8-149　病鸡肝脏脂肪变性、表面凹凸不平，可见破裂处附近有血凝块

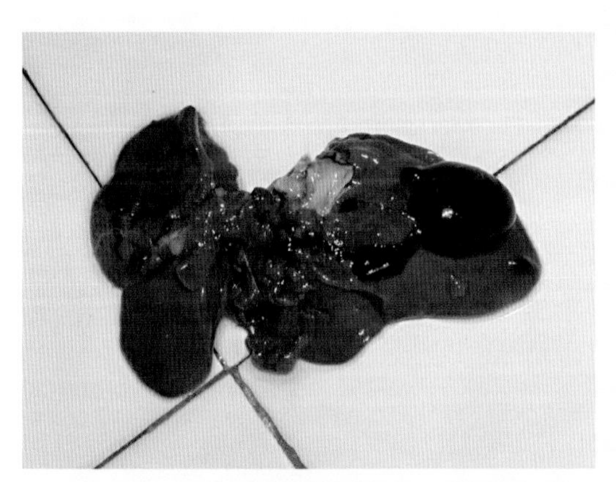

图8-150　病鸡肝脏脂肪样变，质脆易碎

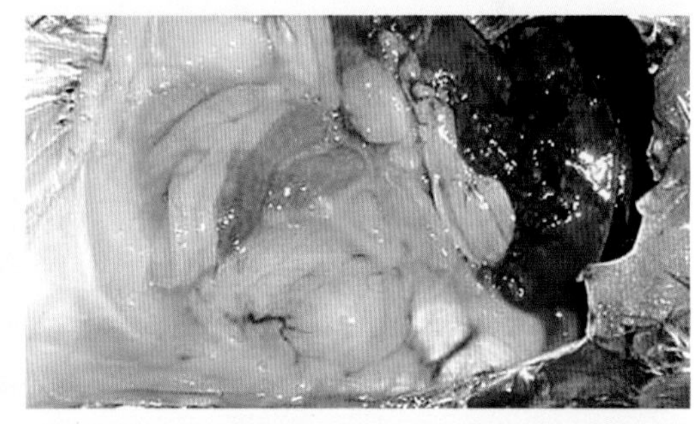

图8-151　产蛋鸡卵泡破裂，腹腔内有卵泡液

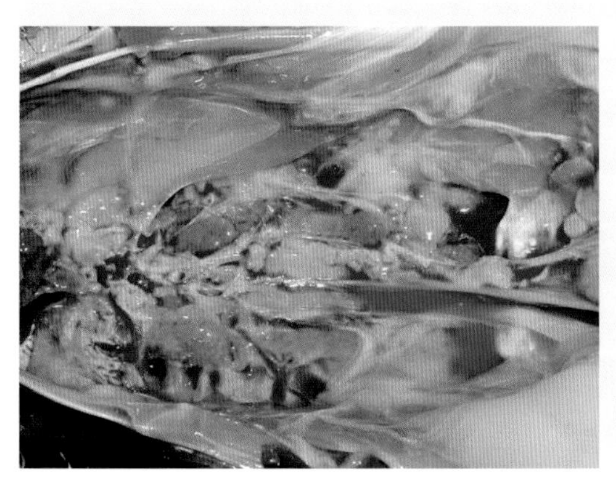

图8-152　病鸡肾脏因严重失血而苍白

【第九章】 中 毒 病

一、黄曲霉毒素中毒
(Aflatoxicosis)

【病因】黄曲霉广泛存在于自然界，某些菌株寄生于饲料原料如花生、玉米、豆饼等，可产生黄曲霉毒素。黄曲霉毒素是具有高毒性和致癌性的霉菌毒素，可由黄曲霉、寄生曲霉和软毛青霉等产生，黄曲霉毒素B_1的毒性和致癌作用最强。家禽采食含有毒素的饲料后，可发生急性或慢性中毒，导致肝脏损伤或引起肝癌。

【临床特征】6周龄以下雏禽对黄曲霉毒素最敏感，饲料中有微量黄曲霉毒素存在即可引起急性中毒。病雏精神不振，食欲不佳，生长缓慢，叫声异常，排出血色稀便。腿和趾部发紫，严重时跛行。如不及时更换饲料，死亡日渐增多，严重者可全部死亡。死前表现为共济失调、抽搐和角弓反张。成年家禽急性中毒时，表现为产蛋量急剧下降，降幅可达40%～60%，粪便稀薄呈黄色，采食量明显下降。慢性中毒病禽缺乏活力，食欲不振，生长发育不良，开产推迟，产蛋量不高，蛋小。有癌变病禽，则因恶病质死亡。

【大体病变】急性中毒禽肝脏肿大，颜色变淡呈黄白色，有出血点，胆囊扩张，脾脏肿大、出血，肾脏苍白，稍肿大，母鸡除肝脏黄染、出血外，还可见卵巢发育不良或萎缩、变形。慢性中毒时，肝脏变黄，逐渐硬化，表面常有出血点和白色点状或结节状病灶，病程较长者，可转化为肝癌，切面可见癌变病灶。

【实验室诊断】采集可疑饲料，采用薄层层析法测定黄曲霉毒素的性质和含量，也可从可疑饲料中提取毒素，利用实验动物进行发病试验。

【防治要点】发现中毒，应立即换料，急性中毒的禽群喂给5%葡萄糖水，饲料中添加维生素C，有一定的保肝解毒作用，严重中毒者预后不良。平时保管好饲料及其原料，防止霉变，不喂霉变饲料，是防止本病发生的关键。

图9-1　病鸡衰弱，卧地不起

图9-2　病鸡趾部皮肤淤血

图9-3　急性中毒病鸡排出黄色稀便

图9-4　慢性中毒病鸡缺乏活力

图9-5　病鸡产蛋个体变小

图9-6　病鸡衰弱倒地不起

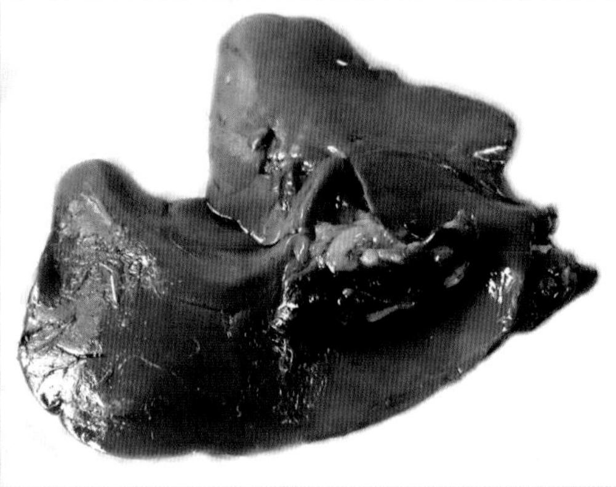

图9-7　350日龄种鸭肝脏严重黄染

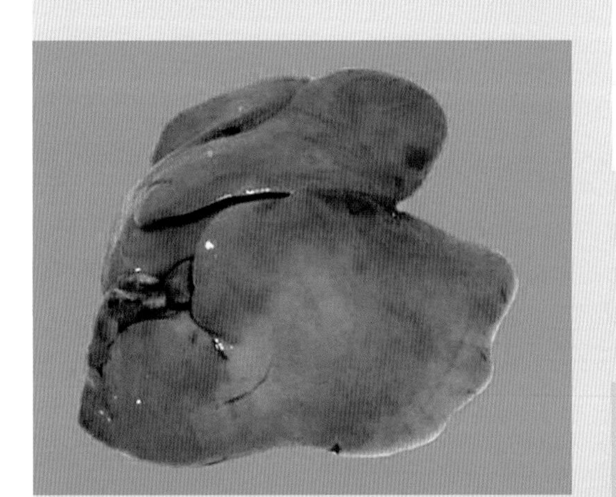

图9-8　病鸡肝脏黄染

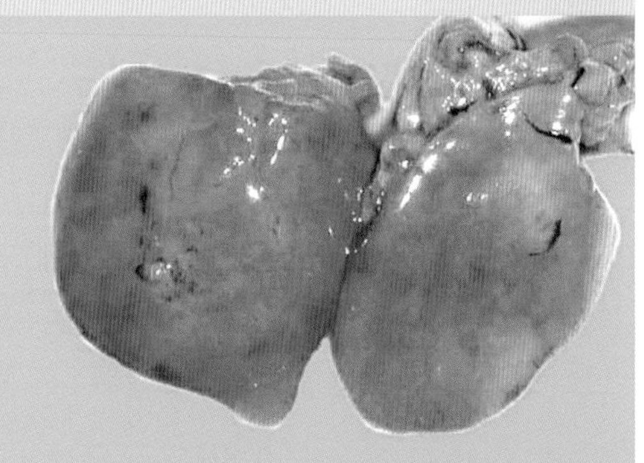

图9-9　病鸡肝脏黄染，有出血点

图9-10　病鸭肝脏黄染呈网格状

图9-11 病鸭肝脏肿胀、黄染，呈网格状

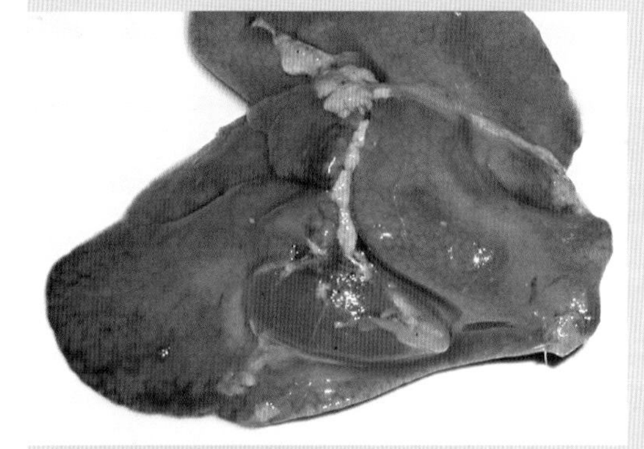

图9-12 病鸭肝脏胆染、变性，胆汁褪色

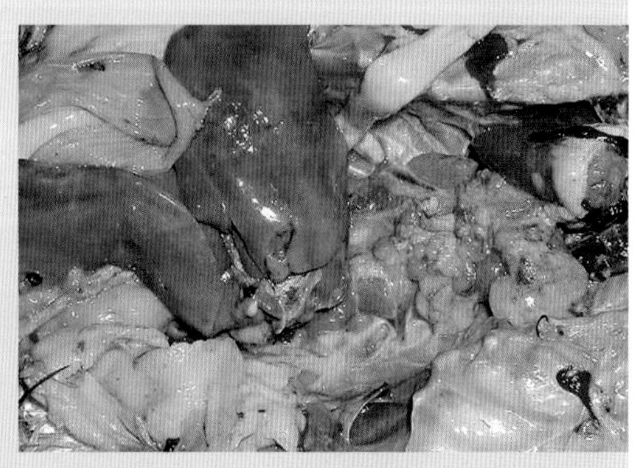

图9-13 病鸡肝脏黄染出血、卵巢变形

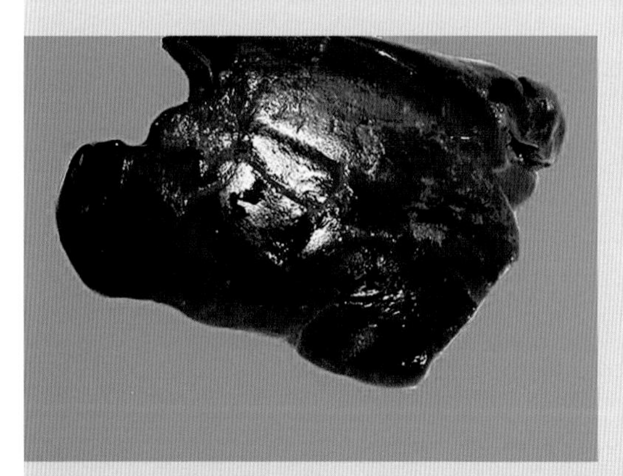

图9-14 病鸡肝脏变黄、出血、硬化，表面凹凸不平

图9-15 病鸭肝脏黄染，表面有白色结节

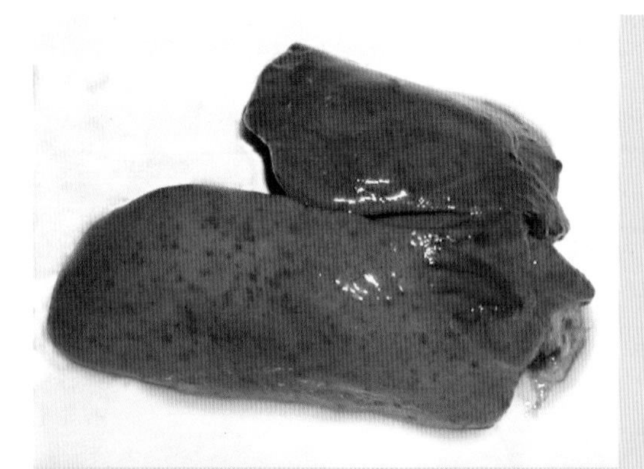
图9-16　病鸭肝脏硬化，弥漫性出血和白色坏死灶

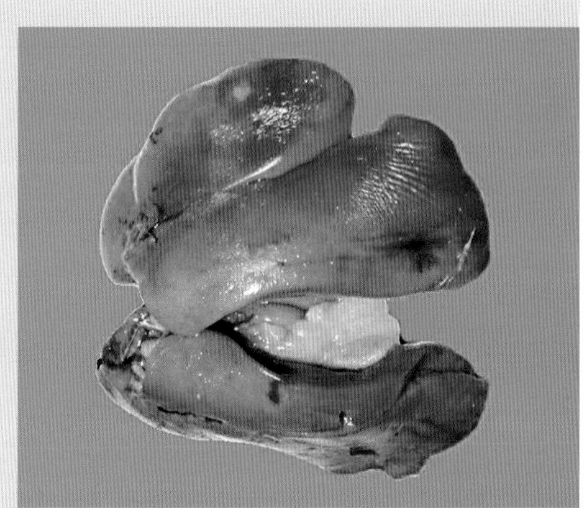
图9-17　病鸭肝脏变黄，表面有出血灶和白色结节

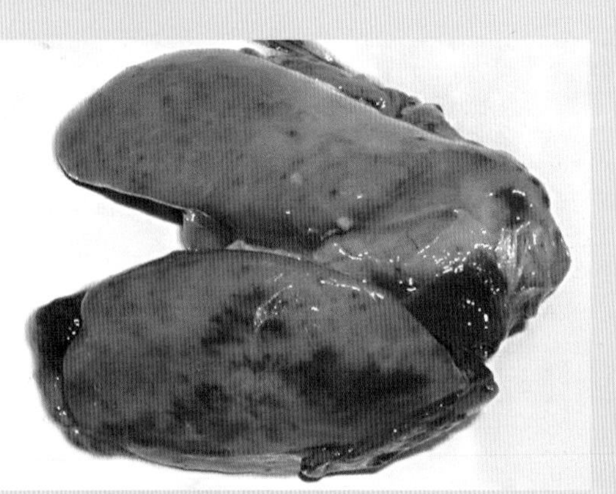
图9-18　病鸡肝脏硬化、出血

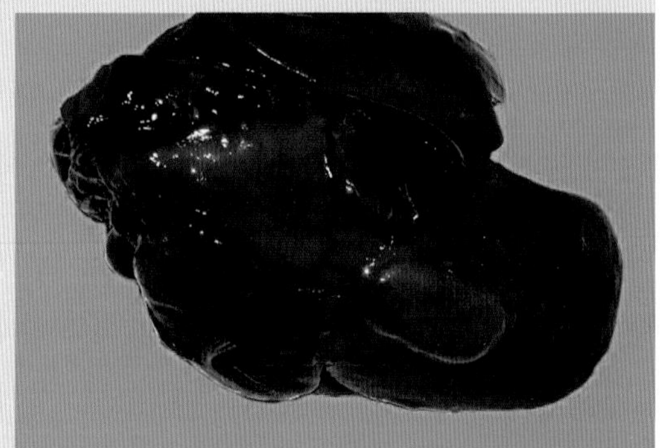
图9-19　病鸭肝脏硬化，并有癌变病灶

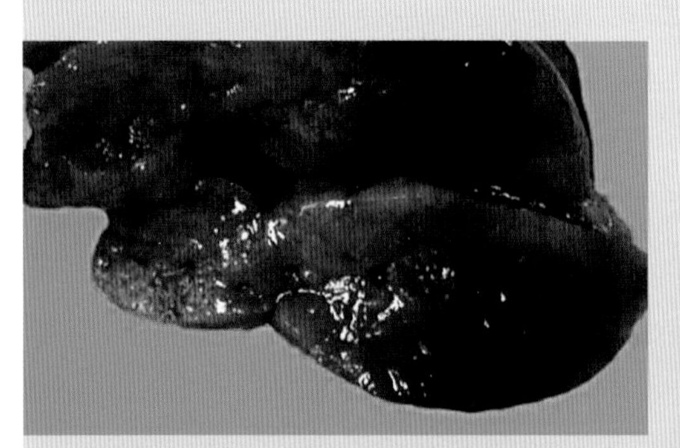
图9-20　病鸭肝脏切面癌变病灶

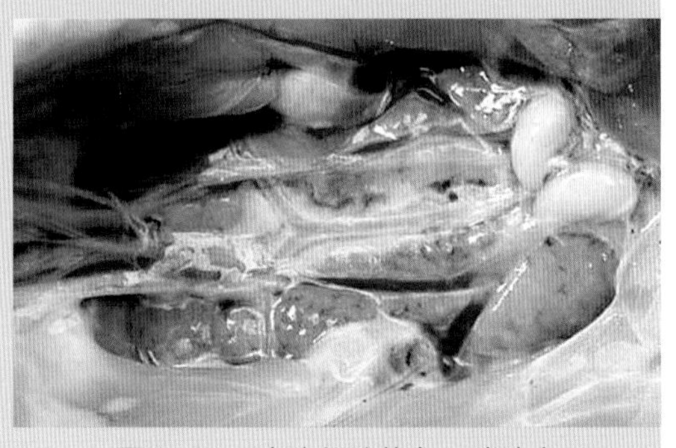
图9-21　病鸡肾脏苍白，稍肿大

二、单端孢霉烯族毒素中毒

（Trichothecene Mycotoxin Poisoning Disease）

【病因】单端孢霉烯族毒素是由镰刀菌属、漆斑菌属、葡萄状穗霉属、头孢霉属、木霉属和单端孢霉属、柱胞属等多种霉菌产生的，均有一个四环倍半萜烯核。霉菌在高湿环境下6 ～ 24℃ 时产毒量最大，毒素能破坏结构型脂质，抑制蛋白质和DNA合成。家禽由于食入被上述霉菌毒素污染的饲料而中毒。

【临床特征】病禽精神沉郁，垂翅缩颈，生长减慢，消瘦、卧地不起，衰竭、死亡；上喙和喙连接处有溃疡、结痂，严重时闭口困难。羽毛发育不良，变尖、参差不齐，呈放射性损伤。蛋鸡产蛋量急剧下降，采食量下降并产薄壳蛋。

【大体病变】剖检可见口腔黏膜有溃疡，表面覆盖干酪样物，多见于喙内缘、喙连接处、上颌、舌、咽及整个口腔黏膜等部位。肝脏肿胀呈棕黄色，有出血斑，质脆易碎；肾肿胀，肾小管及输尿管内有尿酸盐沉积；嗉囊黏膜有溃疡，有黄色渗出物；腺胃壁增厚、黏膜粗糙；脾脏、胸腺、法氏囊萎缩；骨髓褪色呈淡红色或变黄。

【实验室诊断】参照黄曲霉毒素中毒。

【防治要点】参照黄曲霉毒素中毒。

图9-22　病鸡精神沉郁，闭目缩颈，呆立不动

图9-23　病鸡衰竭、昏迷

图9-24　病鸡倒地死亡，头向后弯曲

图9-25　病鸽喙连接部结痂

图9-26　单端孢霉烯族毒素中毒病鸡喙角干酪样坏死

图9-27 病鸡喙角干酪样坏死，闭口困难

图9-28 病鸡羽毛损伤（右上图为正常对照）

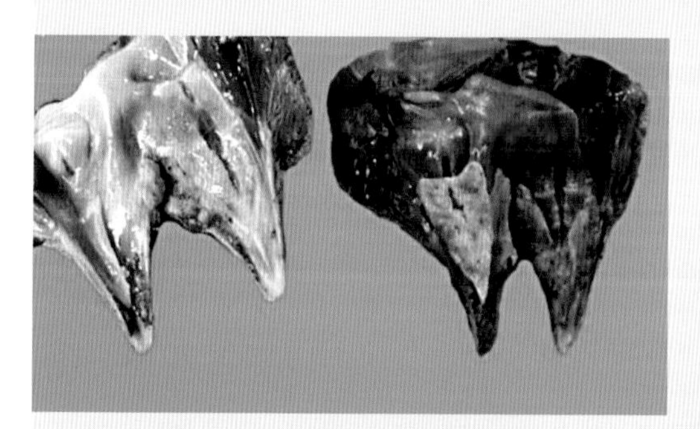

图9-29 病鸡口腔黏膜坏死

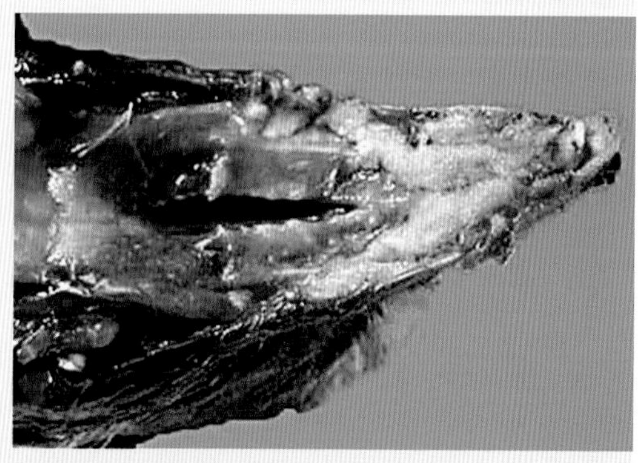

图9-30 病鸡上喙及喙连接处溃疡，有干酪样物覆盖

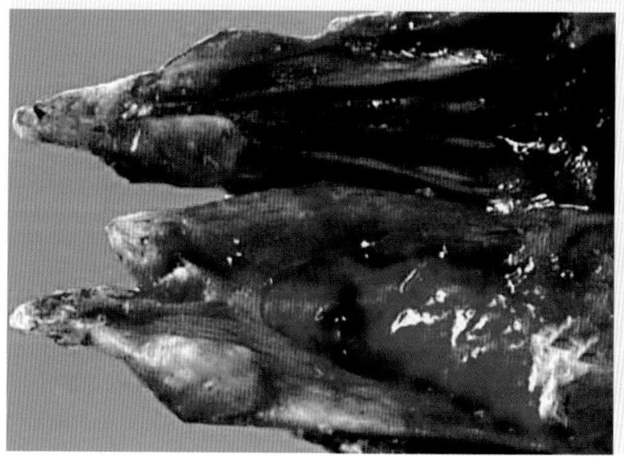

图9-31 病鸽上、下喙黏膜溃疡灶，表面有干酪样物覆盖

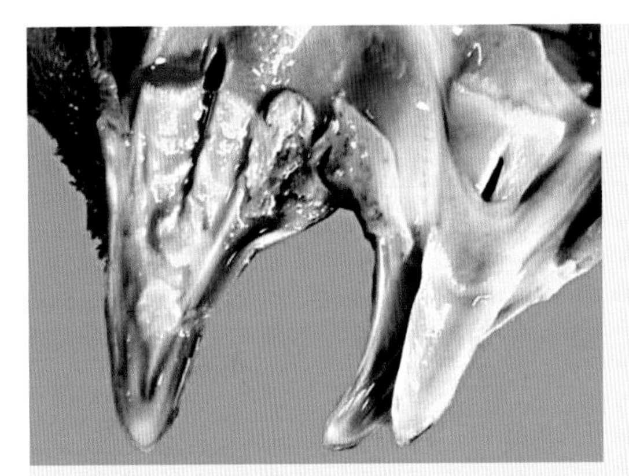
图9-32　病鸡喙角及腭黏膜溃疡、坏死

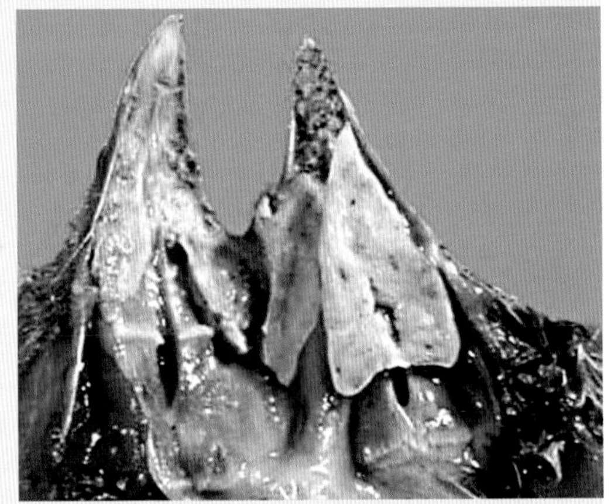
图9-33　病鸡口腔黏膜溃疡、坏死

图9-34　病鸡喙连接部及咽喉部黏膜溃疡

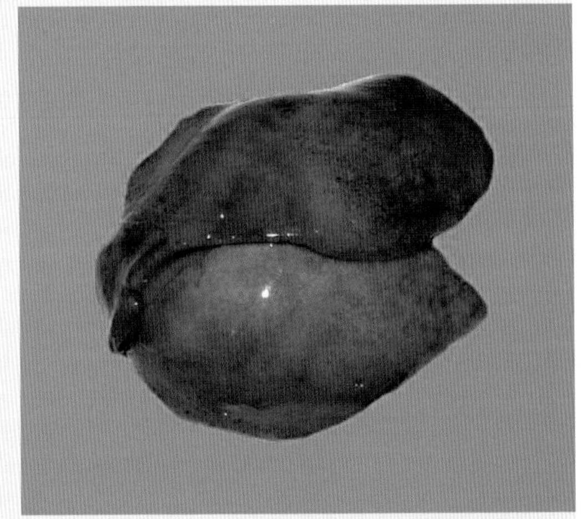
图9-35　病鸡肝脏黄染，有出血斑

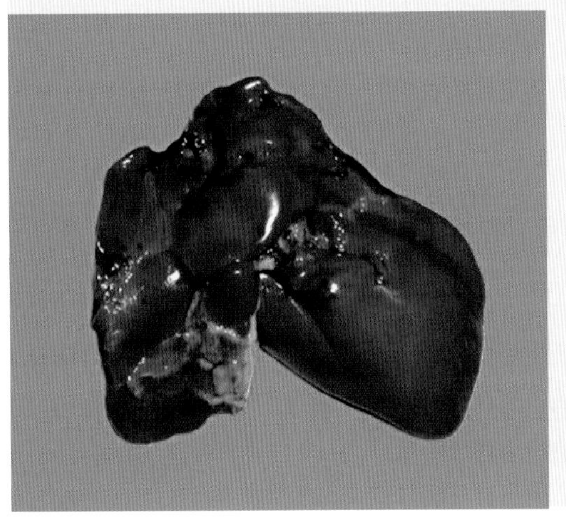
图9-36　病鸡肝脏肿胀、黄染、出血，质脆易碎

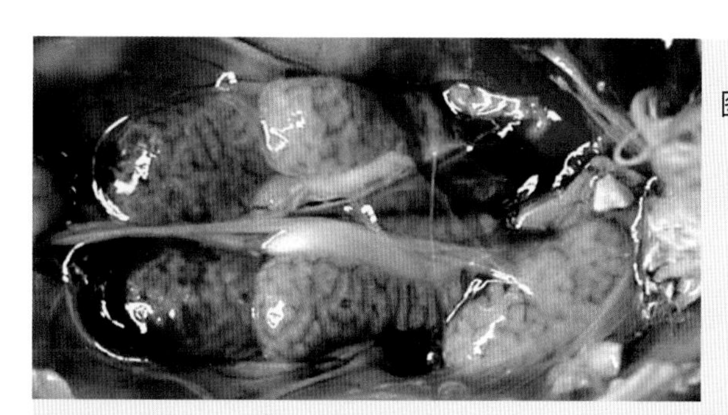

图9-37　病鸡肾脏尿酸盐沉积

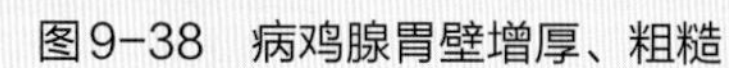

图9-38　病鸡腺胃壁增厚、粗糙

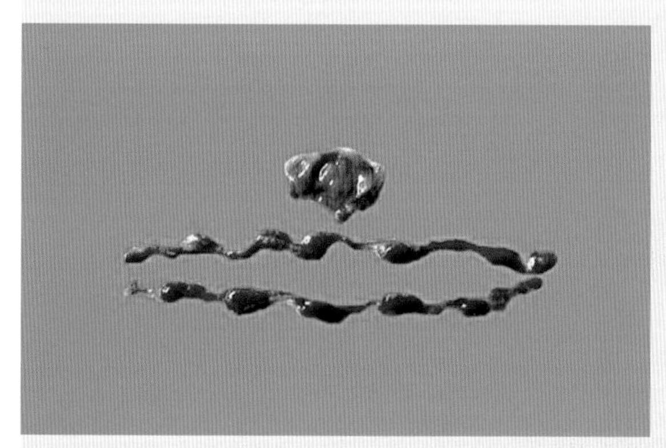

图9-39　病鸡胸腺、法氏囊萎缩

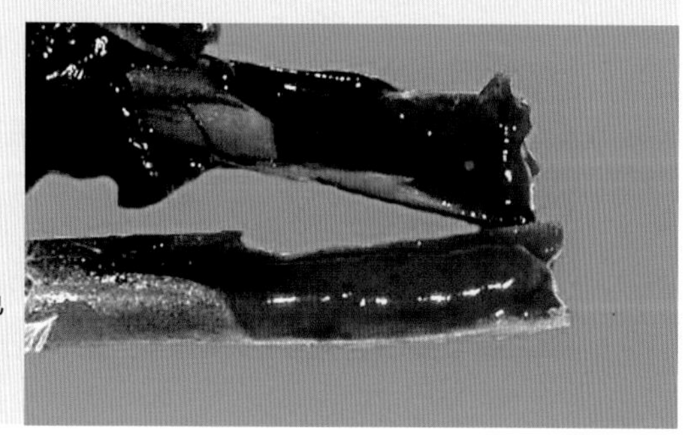

图9-40　病鸡骨髓褪色，呈淡红色（下图），上图为正常对照

三、肉毒毒素中毒

（Botulinum Toxin Poisoning Disease）

本病是家禽因摄食了肉毒梭菌毒素而发生的一种中毒性疾病，又称“软颈病”，主要特征是患禽瘫痪、软颈、翅下垂。

【流行特征】除秃鹫外，多数鸟类各种年龄均易感，主要见于鸡、锦鸡、鸭和野鸭。气温较高的夏秋季节，动物尸体及动物蛋白易腐败，被禽类食入而感染发病。

【临床特征】急性中毒，表现为全身痉挛、抽搐，很快死亡。慢性中毒则表现为反应迟钝，食欲废绝，颈部麻痹，头颈无力抬起，紧贴地面，腿部麻痹不能站立，强行驱赶，则呈跳跃式移动，呼吸急促，后期则慢且深，最后因心脏和呼吸衰竭而死。

【大体病变】病尸缺乏肉眼可见病变。

【实验室诊断】根据特征性临床症状可做出初步诊断。确诊需采集家禽肠内容物或可疑饲料，加入2倍以上灭菌生理盐水，充分研磨制成悬液，室温静置1 ~ 2小时，离心取上清，每毫升加入3 000单位双抗处理，或采用过滤除菌，之后将其分成两份：一份不加热，给鸡一侧眼睑内注射，每只0.1 ~ 0.2毫升作为试验侧，另一份100℃加热30分钟，给另一侧眼睑注射同样剂量作为对照侧，若注射后0.5 ~ 2小时试验侧眼睑闭合而对照侧眼睑开闭正常，即可确诊。

【防治要点】避免禽类接触腐败动物尸体，及时清除养殖场内及放牧、运动场所肉毒梭菌及其毒素的来源，注意饲料卫生，不喂腐败饲料及原料等，是预防和控制本病的关键。目前尚无疫苗用于本病预防。对珍贵病禽，可用抗血清进行治疗。

图9-41 病鸭倒地、抽搐、痉挛

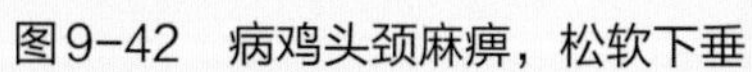

图9-42 病鸡头颈麻痹，松软下垂

图9-43 病鸭头颈无力

图9-44 强行驱赶，病鸭呈跳跃性运动

四、磺胺类药物中毒

（Sulfa Drugs Poisoning）

【病因】磺胺类药物是治疗家禽细菌性疾病和球虫病的常用药，但副作用大，常由于方法不当或用量过大而引起中毒。家禽特别是雏禽，对磺胺类药物敏感，易出现中毒反应。

【临床特征】病禽表现精神沉郁，全身虚弱，脚软或站立不稳，食欲锐减或废绝，呼吸困难，有时出现神经兴奋症状，摇头、惊恐。可造成溶血性贫血，导致血液凝固不良，蹼部可见皮下出血斑，粪便呈酱油色或灰白色。成年家禽产蛋量急剧下降。慢性中毒病例体重减轻，生长发育不良，皮下有出血性变化。

【大体病变】主要病变是出血性变化，皮下、肌肉严重斑片状出血；肝脏肿大，紫红或黄褐色，充血、出血，质脆易碎；脾脏萎缩、变黄、出血；肾脏肿胀、黄染，有出血斑；心脏萎缩，心肌变薄，血液稀薄如水；骨髓褪色呈淡粉红色；有时肌胃角质层可见溃疡灶；脑膜充血，血管呈树枝状。

【实验室诊断】病禽有过量使用磺胺类药物史，结合临床症状和病变即可做出诊断，通常无需实验室诊断。

【防治要点】严格掌握磺胺类药物的剂量和使用方法，连续使用不得超过5天，1月龄以下的雏禽和产蛋禽最好不用磺胺类药物。一旦发现中毒症状，立即停药，供给充足的饮水，并于其中添加1%～2%的小苏打，饲料中大剂量使用维生素C、维生素K_3，连用数日，直至症状基本消失。

图9-45 病鸭精神沉郁、流泪

图9-46 病鸭流泪、软脚症，呈犬坐姿势

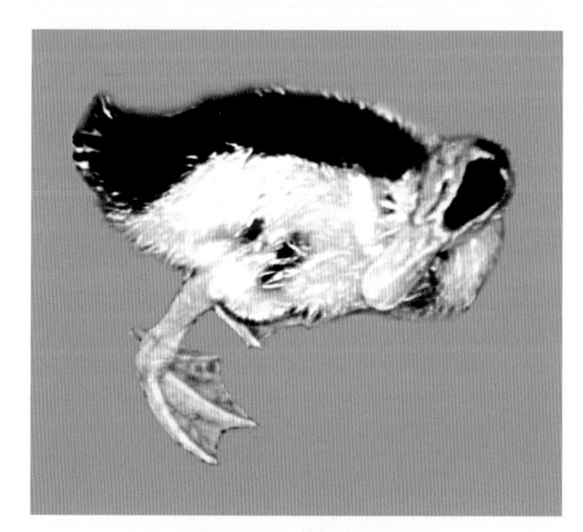

图9-47 站立不稳

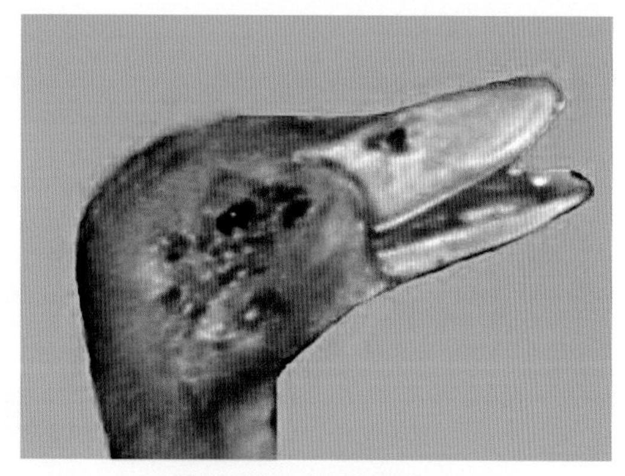

图9-48 病鸭呼吸困难

图9-49 病鸭兴奋、惊恐

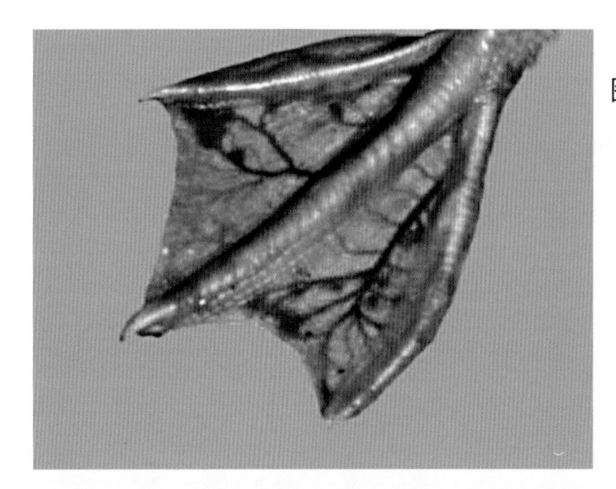
图9-50　病鸭蹼充血、出血

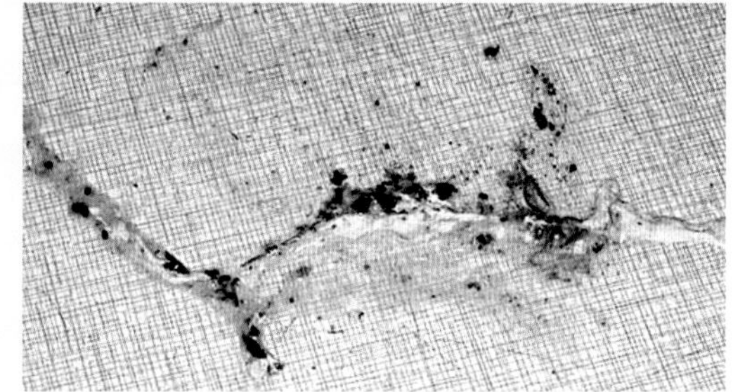
图9-51　粪便稀薄

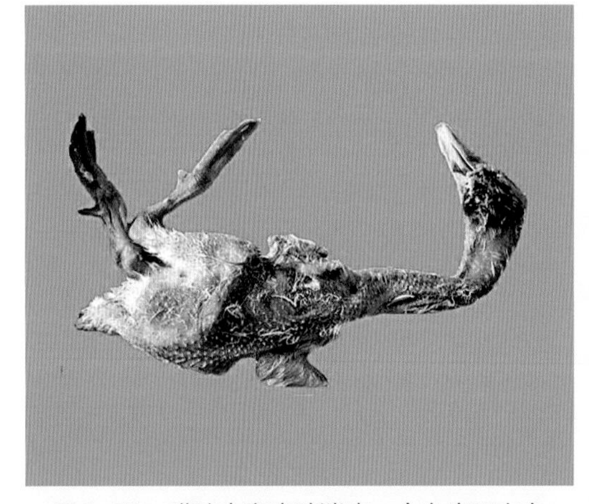
图9-52　磺胺中毒病鸭消瘦，全身皮下出血

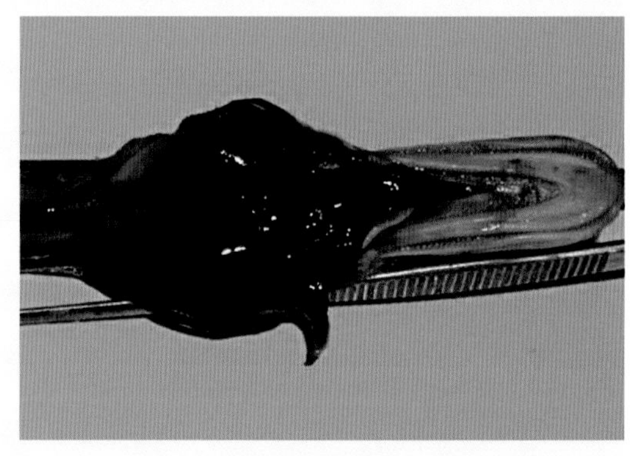
图9-53　病鸭下颌部皮下严重出血

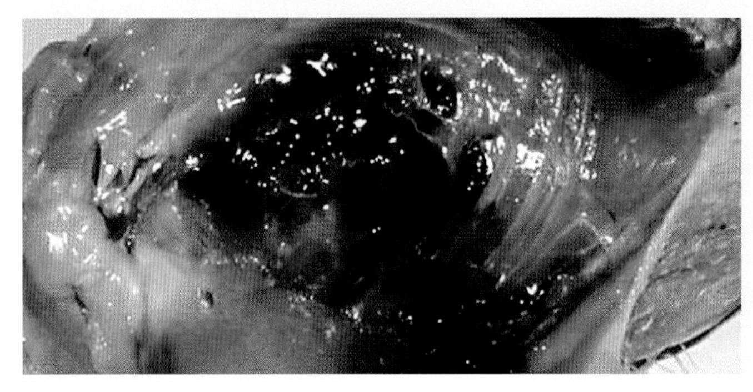
图9-54　胸肌出血

图9-55 腿部皮下肌肉出血

图9-56 鸭肝脏肿胀、淤血、黄染

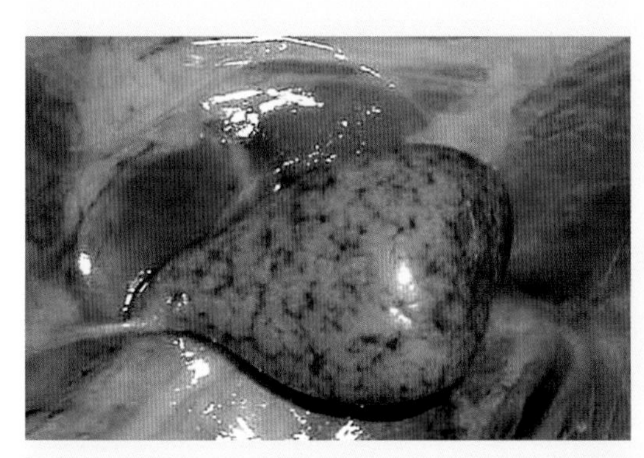

图9-57 鸭脾脏变黄、出血

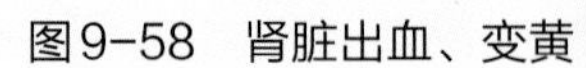

图9-58 肾脏出血、变黄

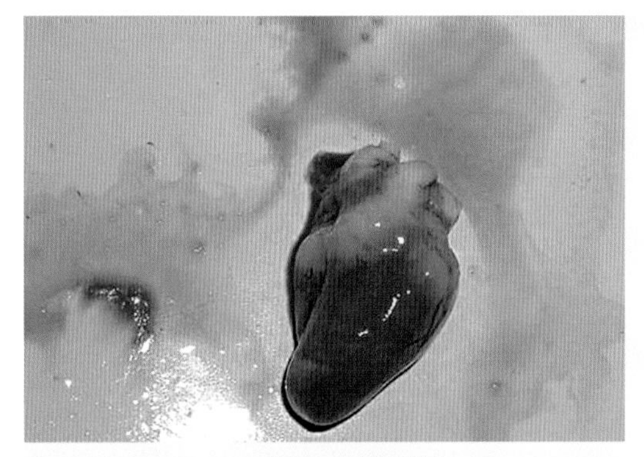

图9-59　血液稀薄

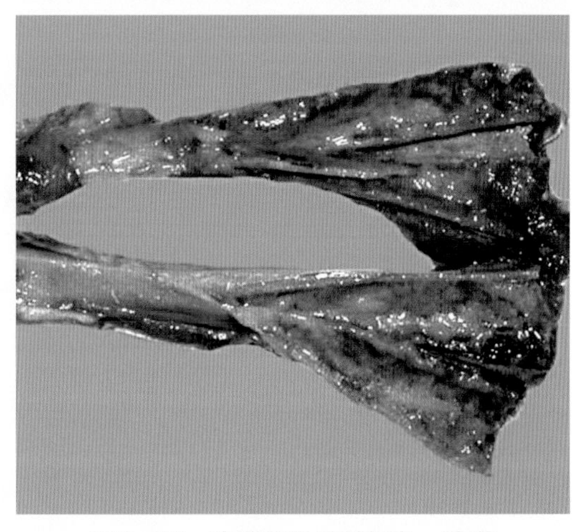

图9-60　病鸭胫骨骨髓褪色，变黄

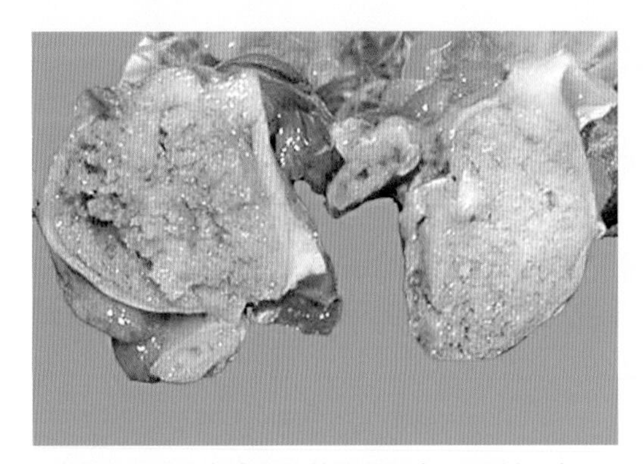

图9-61　病鸭跗关节骨骺褪色呈淡粉红色

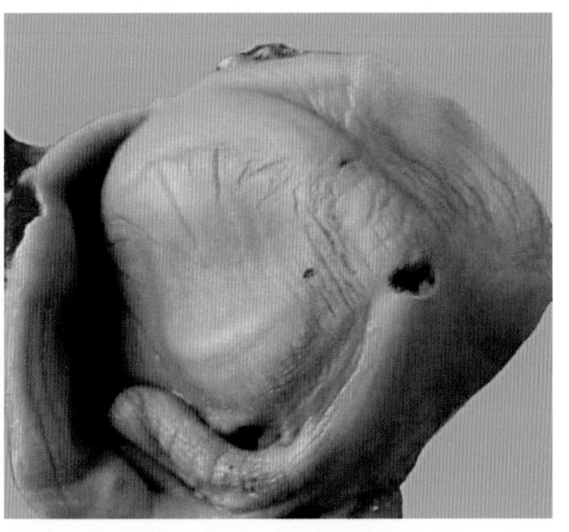

图9-62　病鸭肌胃溃疡

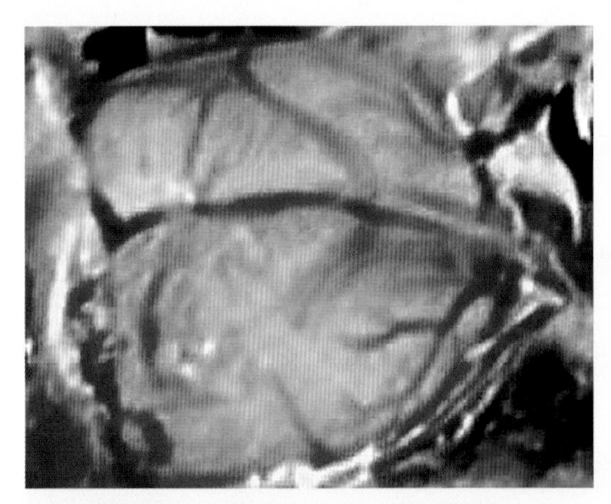

图9-63　脑软膜充血，血管呈树枝状

五、鸡肌胃糜烂病

（Gizzard Erosion）

【病因】鸡肌胃糜烂病又称肌胃溃疡，是由于一种存在于变质鱼粉中的肌胃糜烂素等物质引起的家禽的一种消化道病。一般认为，日粮中鱼粉的比例超过15%就可能发生肌胃糜烂。维生素B_{12}缺乏时也可导致肌胃糜烂。

【临床特征】主要发生于肉鸡，其次为蛋鸡和鸭。多见于2～10周龄雏鸡。病禽厌食，消瘦、贫血，生长发育停滞，羽毛松乱，闭目缩颈，喜蹲伏。用手挤压嗉囊或倒提病鸡，从口中流出黑褐色黏液，故又称“黑色呕吐病”。病禽的喙和腿部黄色素消失，排稀便或黑褐色软便。发病率10%～20%，突然死亡，死亡率2.3%～3.3%。多数伴发营养缺乏病、代谢病、传染病和寄生虫病。本病的发病特点是在禽群饲喂一批新饲料后5～10天发病，而在更换饲料2～5天后，发病率停止上升。

【大体病变】食道和嗉囊扩张，充满黑色液体，腺胃体积增大，胃壁变薄、松弛，黏膜溃疡、溶解。肌胃松软、体积增大，壁变薄，内容物稀薄常为黑褐色，沙砾极少或无，病变首先发生在腺胃和肌胃交界处，随后沿着皱襞向肌胃中区和后区发展，角质变色，皱襞增厚，外观呈疣状或树皮样，后期皱襞深部有小点状出血或出血斑，以后出血点增多，逐渐演变为糜烂和溃疡。十二指肠出现黏液性、卡他性出血性炎症，有泡沫样内容物，黏膜表面坏死或形成局限性病变。

【防治要点】预防：日粮中鱼粉的含量应控制在8%以下，严禁使用变质鱼粉生产饲料；加工干燥鱼粉时高温可产生肌胃糜烂素，如在加工时添加赖氨酸或抗坏血酸，能有效抑制肌胃糜烂素的形成。同时应加强饲养管理，减少应激。一旦发病，应立即更换饲料，发病初期，在饮水和饲料中投入0.2%～0.4%的碳酸氢钠，连用2天，有较好疗效。

图9-64　病鸡喜蹲伏

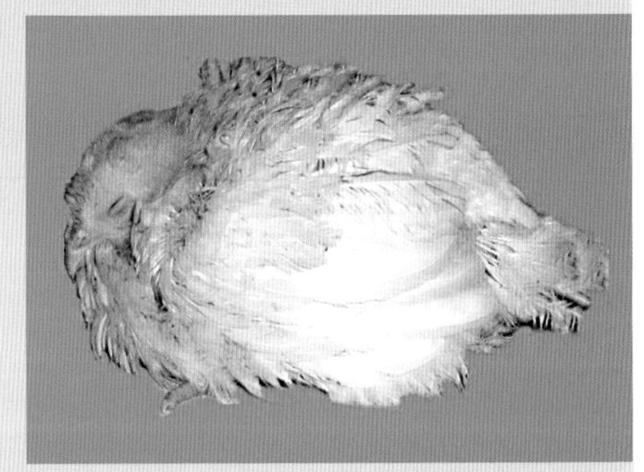
图9-65　病鸡生长发育不良

图9-66　病鸡排出黑褐色软便

图9-67　病鸡嗉囊和食管内有黑色呕吐物

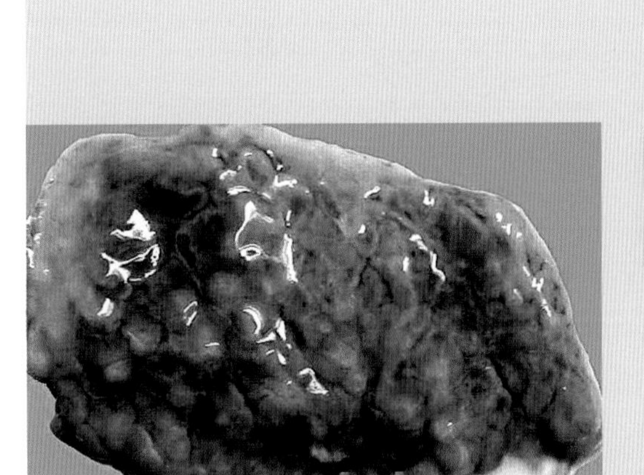
图9-68　病鸡腺胃黏膜溃疡

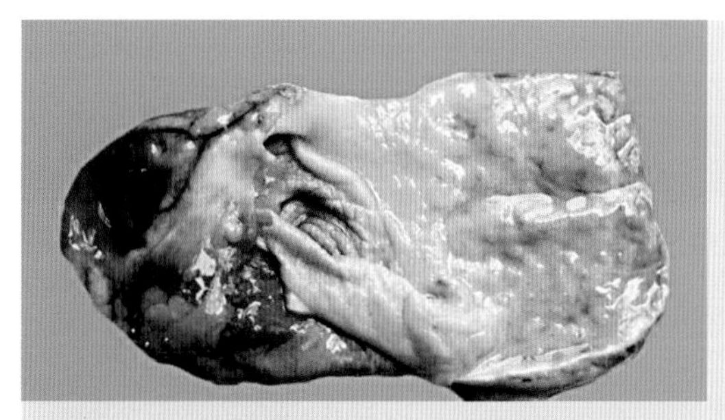
图9-69 病鸡腺胃扩张、肌胃萎缩，壁变薄

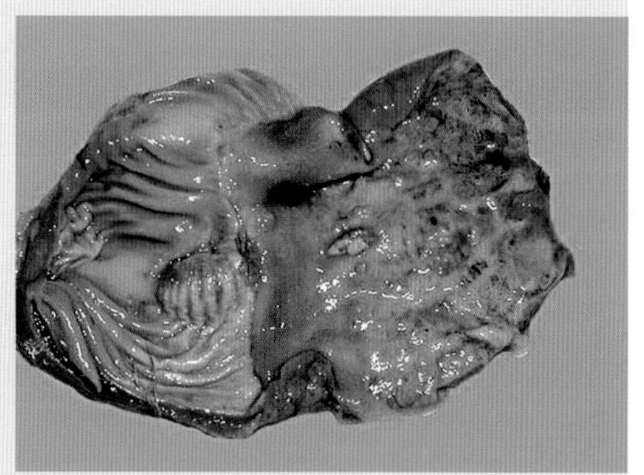
图9-70 病鸡肌胃壁变薄，腺胃黏膜多量灰白色分泌物

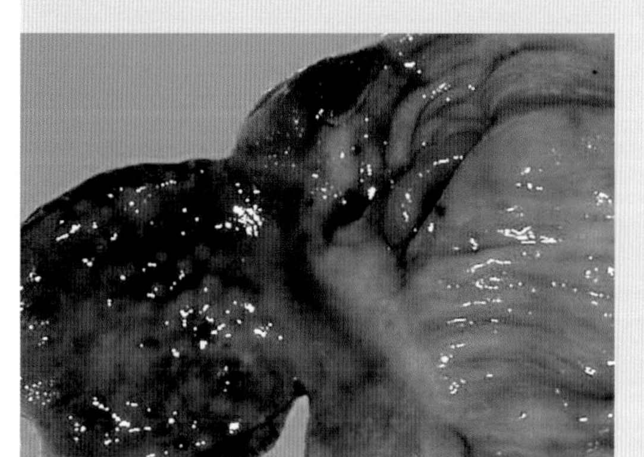
图9-71 病鸡腺胃肌胃交界处溃疡、出血

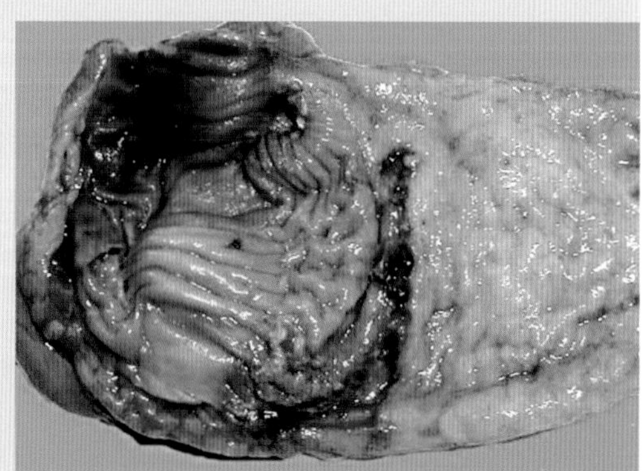
图9-72 病鸡腺胃肌胃交界处溃疡

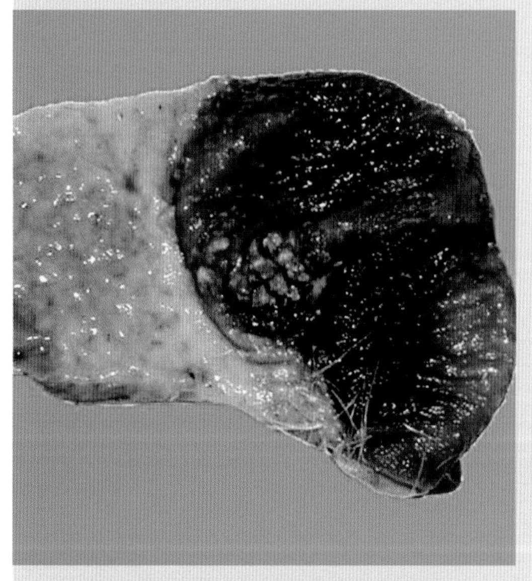
图9-73 病鸡角质层增生呈树皮样

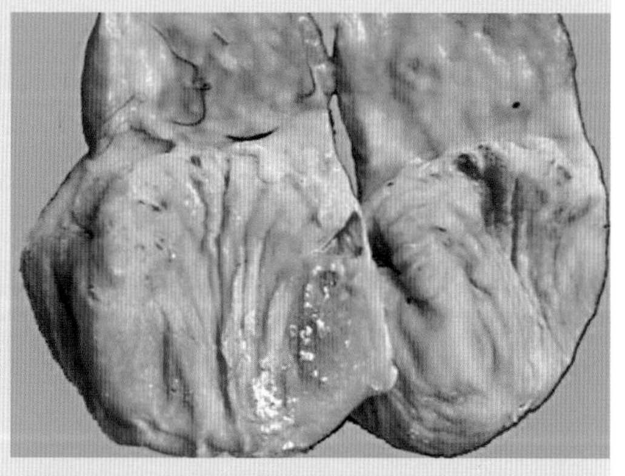
图9-74 病鸡肌胃角质层出血、溃疡、糜烂

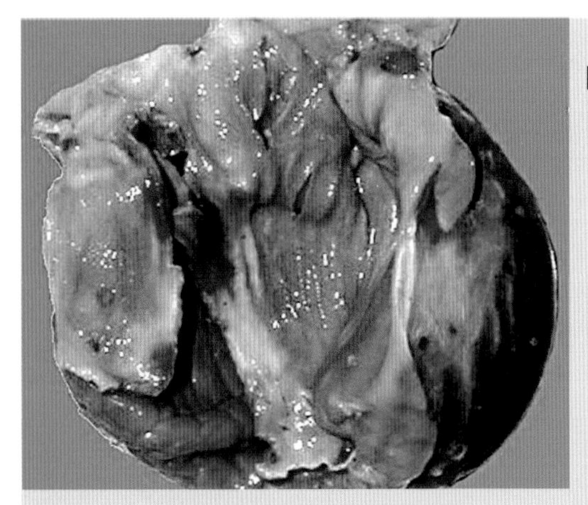

图9-75　病鸡肌胃角质层出血

图9-76　病鸡角质下层出血斑

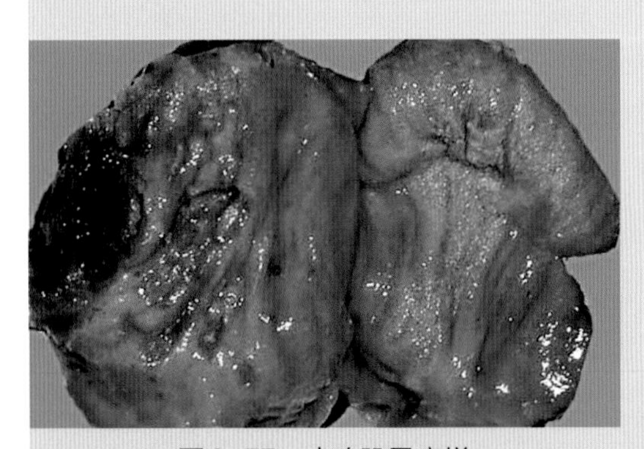

图9-77　病鸡肌胃糜烂

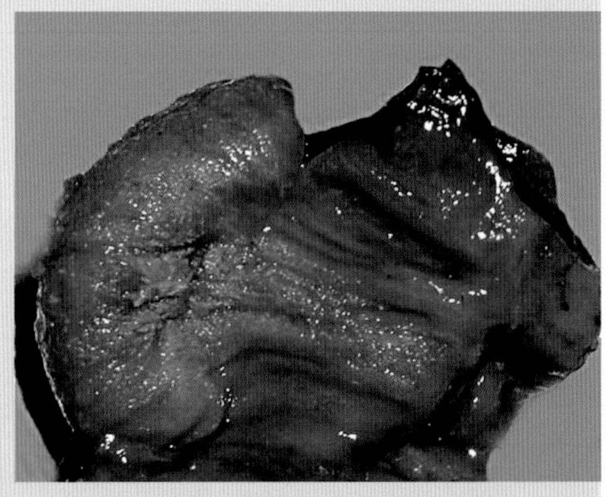

图9-78　病鸡肌胃角质下层溃疡

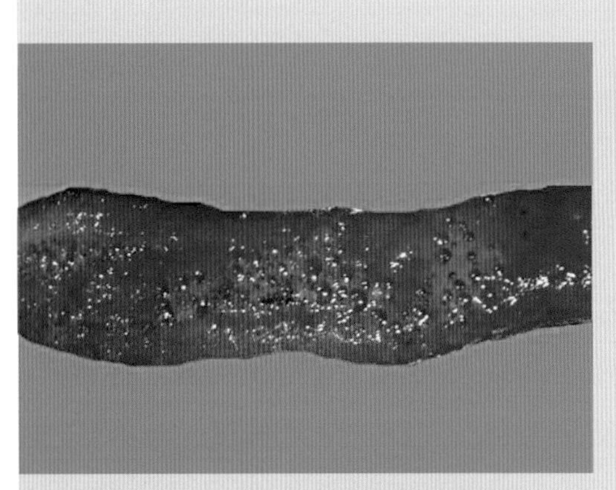

图9-79　病鸡十二指肠黏膜出血

【第十章】

杂　症

一、鸡肿头综合征

（Swollen Head Syndrome in Chicken）

鸡肿头综合征是以头部严重肿胀，有时伴有呼吸道症状为特征的疾病。

【病因】通常认为副黏病毒科肺病毒亚科禽偏肺病毒感染与本病有关，但人工感染鸡仅出现轻度呼吸道症状。大肠杆菌、波氏杆菌、鸡毒支原体和低毒力新城疫病毒可使本病的发病率升高，提示本病可能是多种病原联合作用的结果。当头部皮下注射传染性鼻炎等油乳剂疫苗时，注射部位若太靠近头部，可导致部分鸡出现肿头综合征。饲养密度高、通风不良、舍内氨浓度过高、粪便处理不及时、卫生条件差等是本病发生的诱因。

【临床特征】发病率不高，多零星发生。最初可见病鸡面部、眼睑和头部肿胀，精神沉郁，间有病鸡出现打喷嚏、以爪抓面部等症状，约72小时后出现典型症状，头、面部、眼睑及肉髯严重肿胀，结膜发炎，因泪腺肿大，眼内角呈卵圆形突出，严重者，眼裂变小或完全闭合，下颌和颈上部水肿，病鸡常因无法采食和饮水而死亡。

【大体病变】鼻黏膜可见细小的淤血斑点，严重病例，鼻黏膜可出现由红到紫的色彩变化，皮下肿胀，呈黄色胶冻样或干酪样坏死，有时可见肉芽肿。

【防治要点】目前尚无有效的治疗方法。对发病鸡群用高效广谱抗菌药物治疗，配合使用抗病毒药物，可控制本病的发展。针对发病诱因加强饲养管理，搞好卫生消毒，颈部皮下接种灭活疫苗时远离头部等，可有效防止本病的发生。

图10-1　病鸡头面部肿胀，精神沉郁

图10-2　病鸡颜面部严重肿胀

图10-3　病鸡皮下蜂窝质炎导致颜面部肿胀

图10-4　病鸡颜面部极度肿胀

图10-5　病鸡头面部高度肿胀

图 10-6　病鸡颜面部及颌下肿胀，眼睑闭合

图 10-7　病鸡头颈部严重肿胀

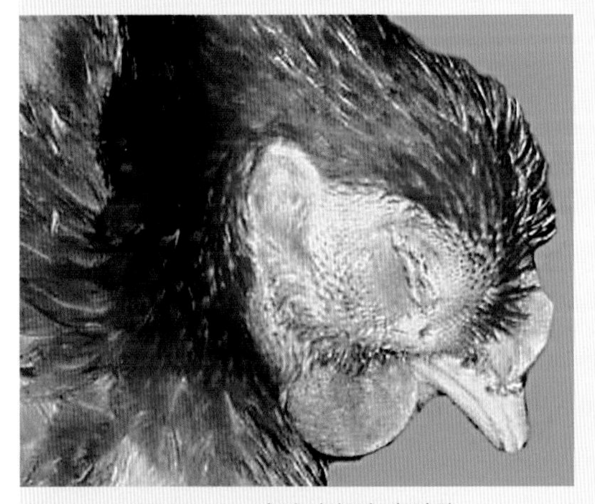
图 10-8　病鸡头部高度肿胀

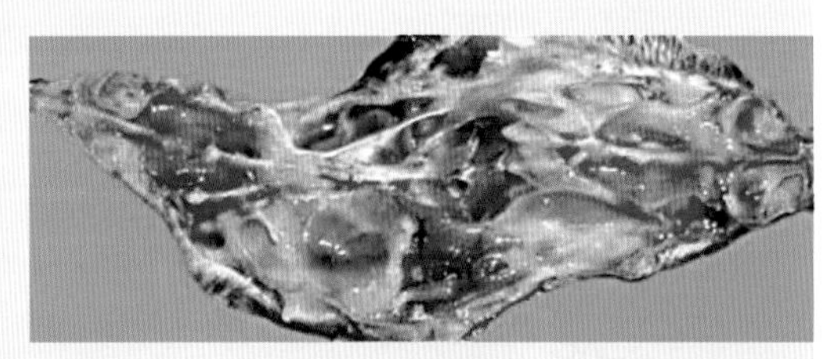
图 10-9　病鸡鼻腔黏膜充血、出血呈紫红色

图 10-10　病鸡鼻腔黏膜严重出血呈紫红色

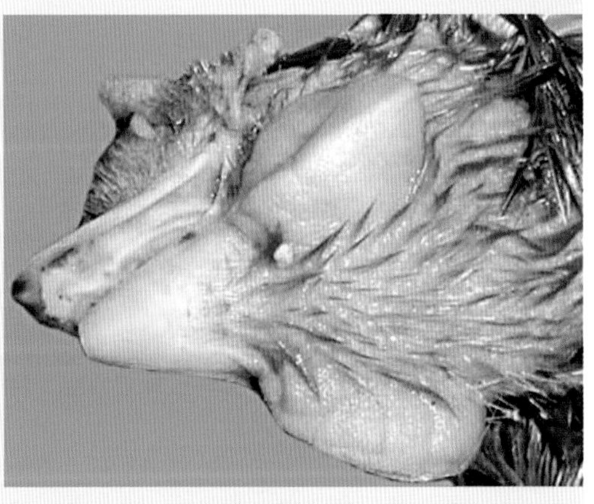
图 10-11　病鸡颈部皮下和肉髯高度肿胀

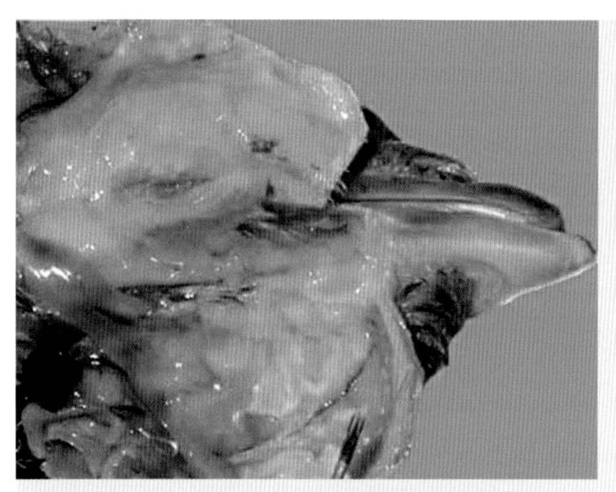

图10-12　病鸡颈部皮下黄色胶冻样浸润

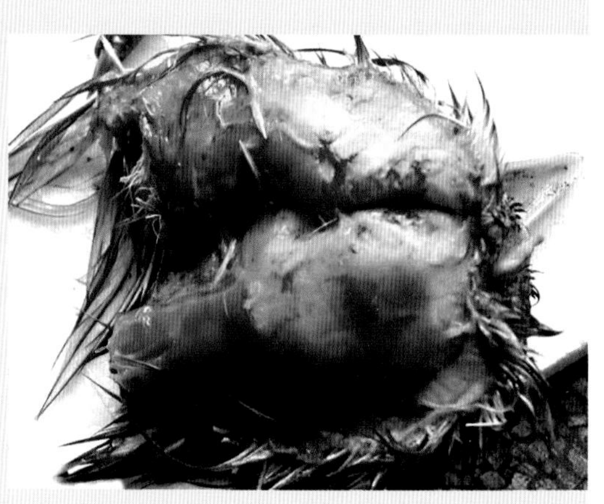

图10-13　病鸡头部皮下出血、坏死

图10-14　病鸡颌部皮下干酪样坏死

图10-15　病鸡颌部皮下灰白色坏死、干酪样坏死

图10-16　病鸡颌下肉芽肿

图10-17　病鸡头部皮下肉芽肿

二、肉鸡腹水综合征

（Ascites Syndrome in Broilers）

肉鸡腹水综合征是危害快速生长幼龄肉鸡的、以腹腔内积有大量浆液性液体为特征的一种非传染性疾病。

【病因】病因较为复杂，主要认为有以下几种：①鸡舍通风换气不良，空气中缺氧，氨气和灰尘含量高，导致肺受损，进而危害心脏、肝脏，引起整个循环、呼吸系统功能障碍，出现腹水综合征。秋冬季节本病发病率高似乎证实了这一点。②某些有毒物质如霉菌毒素、有毒脂肪、乙烷、植物毒素、饲料或饮水中食盐含量过高、维生素E和硒缺乏、痢特灵和煤焦油消毒剂等中毒，可诱发本病。③高海拔地区寒冷和缺氧可导致本病。④由于肉鸡生长快，摄食量大，其代谢能已经达到最高限度，使各种组织和器官对代谢的调节能力降低，从而导致对上述各种致病因素的抵抗力降低，易发本病。其中缺氧是主要原因。

【临床特征】肉鸡腹水综合征多见于2～6周龄的肉鸡，最早可发生于3日龄。病鸡精神沉郁，呼吸困难，减食或食欲废绝，羽毛粗乱，个别可见排出白色稀便。以后迅速发展为腹水，突出表现是腹部膨大、皮肤发绀，外观呈水袋状，触之有明显的波动感。病雏常以腹部着地，行动困难，冠发绀，死亡率可达10%～30%，高者可达50%以上。

【大体病变】腹腔内有大量的腹水，腹水呈淡黄色或黄红色，透明，内有大小不等的半透明胶冻样物质；肝脏肿胀或萎缩、变形、硬化，边缘钝圆，色深褐，有时表面凹凸不平，表面有一层胶冻样物包围；心包积液，心脏肿大柔软，右心室明显扩张，心壁变薄；肾脏肿胀淤血；肺充血、水肿；脾脏变小；肠管变细，严重淤血呈暗红色。

【防治要点】针对病因，特别是缺氧，应处理好保温和通风的关系，适当调整饲养密度，保证冬季圈舍温暖、干燥和空气清洁、新鲜。不喂霉变饲料，防止维生素E和硒缺乏，控制饲料含盐量，不使用煤焦油类消毒剂等，可减少腹水综合征的发生。鸡群一旦发病，应及时消除病因，同时使用利尿剂消除和减少腹水，限制饮水并及时调整饲料中钠盐平衡，可有效阻止新病例出现，已出现腹水病鸡则预后不良，应予以淘汰。

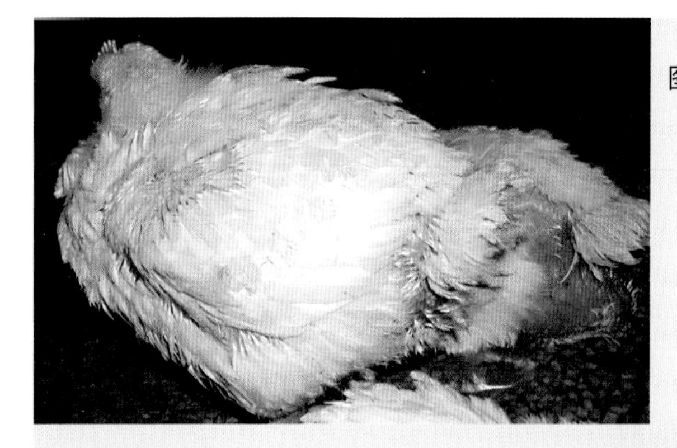

图10-18　病鸡精神沉郁，腹部膨大下垂，不愿走动

图10-19　病鸡腹部膨大，皮肤发绀

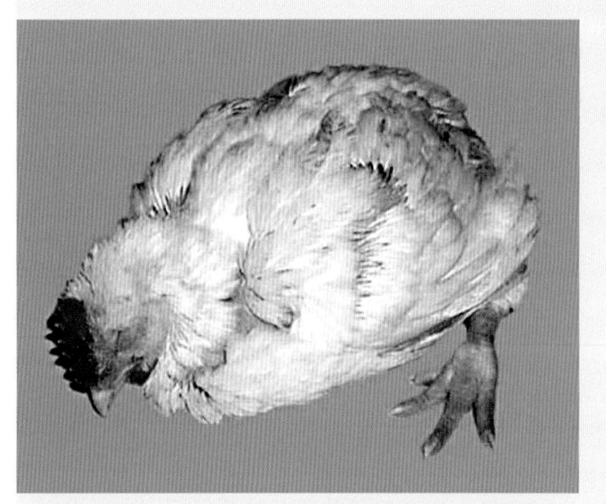

图10-20　鸡冠发绀，腹部着地，行走困难

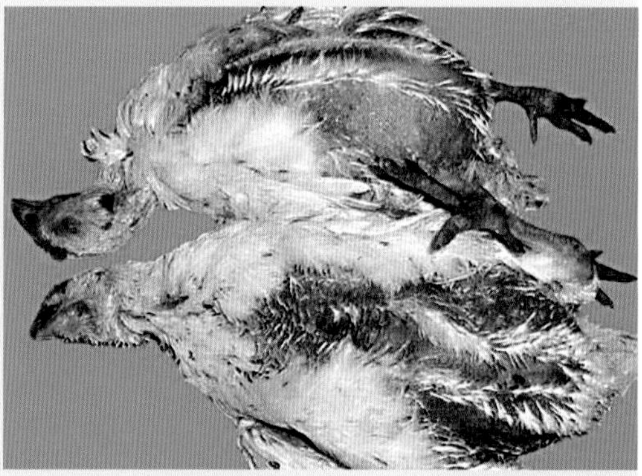

图10-21　病鸡腹部明显膨胀，呈水袋样，触之有波动感

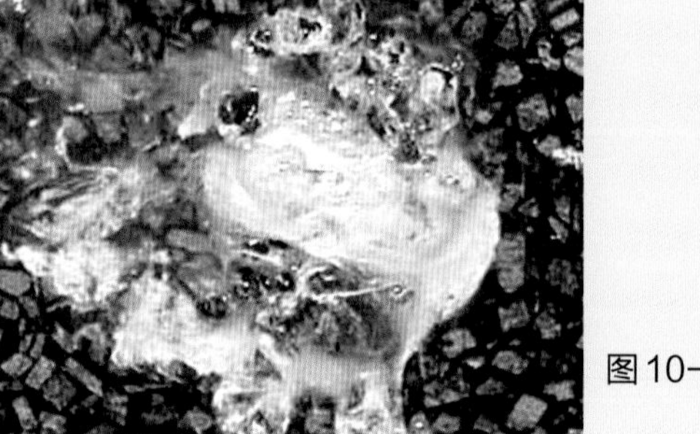

图10-22　病鸡排出白色稀便

图10-23 病鸡腹腔中积有大量液体，犹如水袋

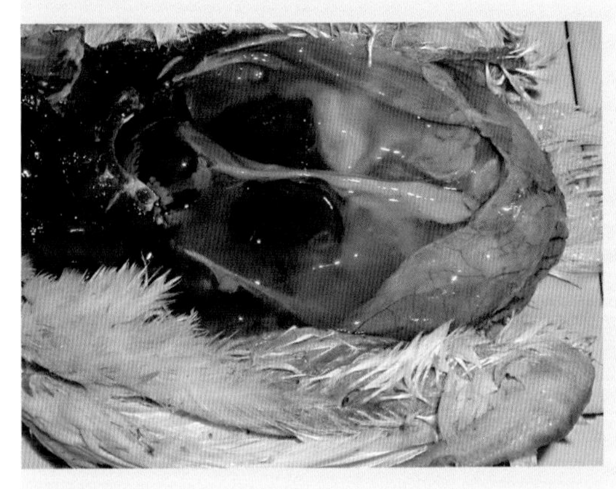

图10-24 病肉鸡腹水呈淡黄色

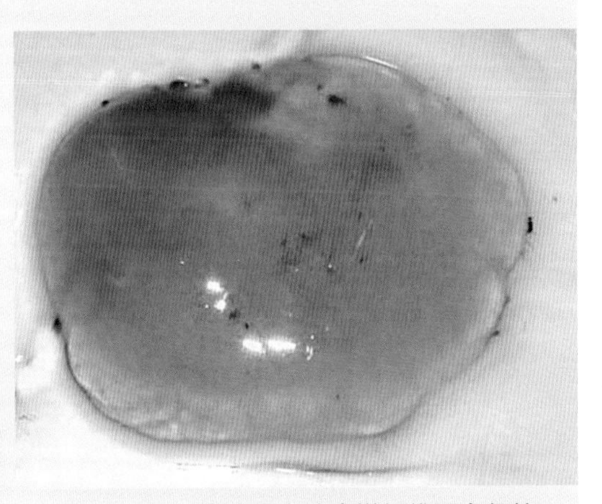

图10-25 病鸡腹水胶冻样纤维蛋白凝块

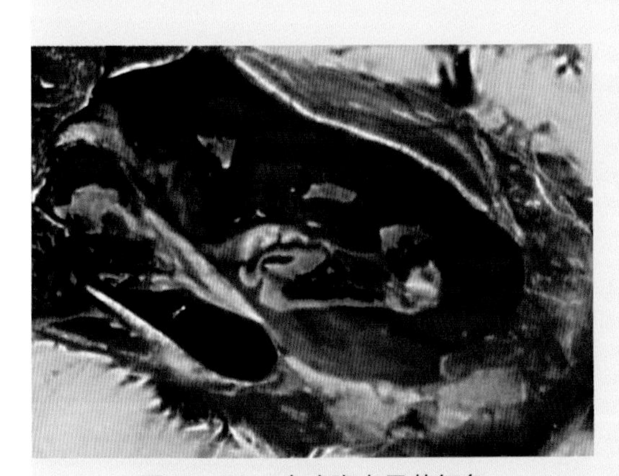

图10-26 病鸡腹水呈黄红色

图10-27 36日龄肉鸡腹水综合征早期肝脏肿胀、淤血、硬化，心脏扩张，质地变软

图10-28　病鸡后期肝脏质地变硬、变形，表面凹凸不平，心脏扩张

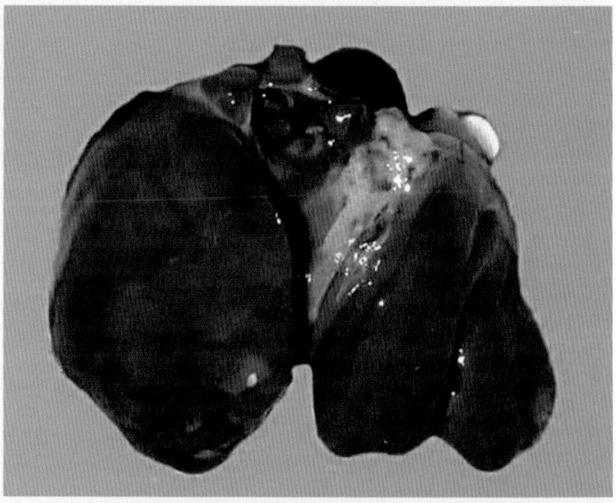

图10-29　病鸡肝脏硬化、萎缩

图10-30　病鸡肝脏硬化呈深褐色，周围有胶冻样物

图10-31　病鸡肝脏萎缩

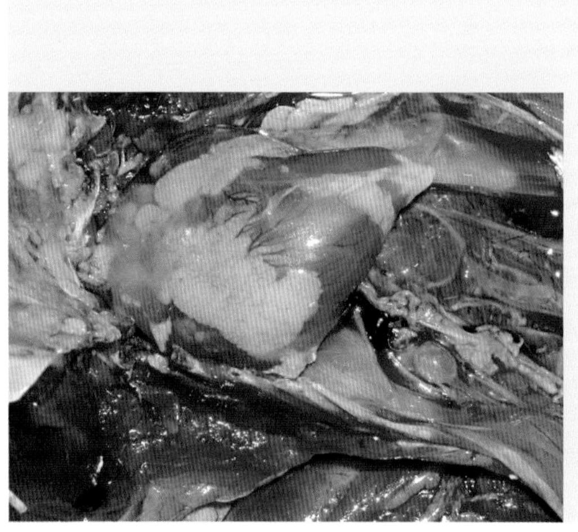

图10-32　病鸡心包积液，心脏扩张

图10-33　病鸡心脏扩张，质地柔软，心壁变薄、塌陷

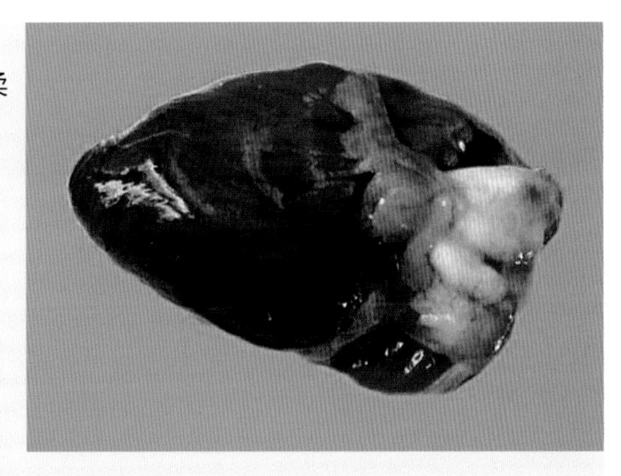

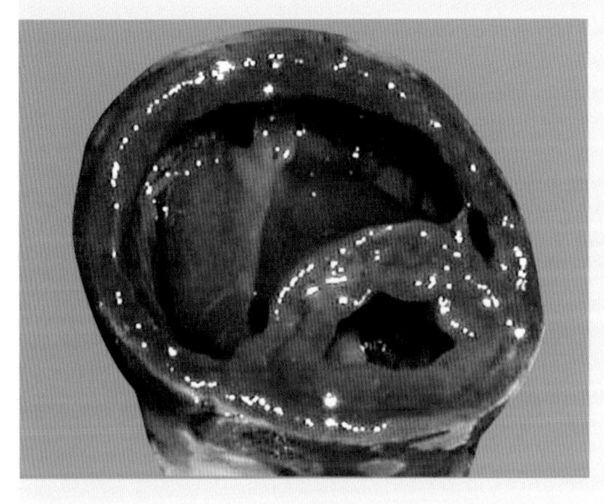

图10-34　病鸡右心室扩张，心壁变薄

图10-35　病鸡肺充血、出血

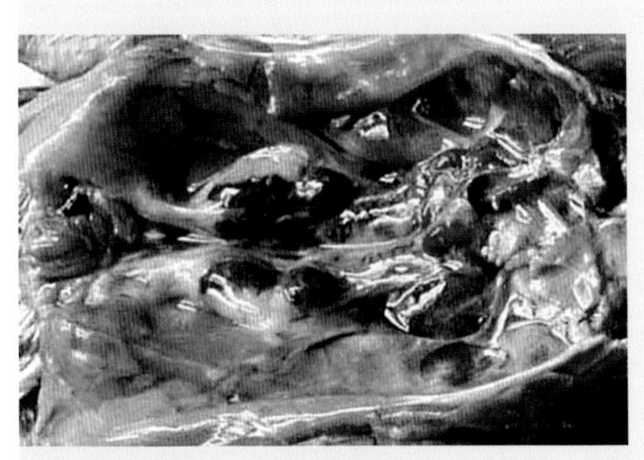

图10-36　病鸡肾脏淤血、肿胀

图10-37　病鸡肠管膨胀，浆膜面严重充血

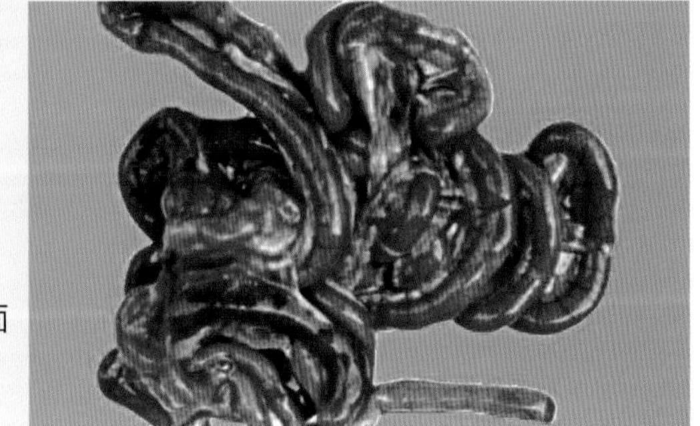

三、肉仔鸡猝死综合征

(Sudden Death Syndrome in Broilers)

肉仔鸡猝死综合征又称急性死亡综合征，是肉鸡的一种常见病。

【病因】病因尚不清楚，可能与多种因素有关，如营养、遗传、环境条件、酸碱平衡和个体发育等，发育好、生长快的肉仔鸡多发。有人认为本病与肉鸡腹水综合征病因相似，后者可能是前者的慢性表现，临床上这两种疾病的发病率多呈正相关，似乎支持这种观点。

【临床特征】外观健康、体况良好的鸡突然死亡，伴有共济失调，猛烈扑翅、翻滚和强烈的肌肉收缩，从发病到死亡平均持续时间不足1分钟，多呈仰卧状死亡，腹部明显膨胀，肛门突出。

【大体病变】病鸡营养状况良好，肌肉丰满、苍白，颈部皮下和肌肉严重淤血；嗉囊和食管内有大量未消化的饲料；肺、肝、脾、肾均严重充血；胆囊空虚，胆汁褪色；心脏大于正常几倍，手感松软，心包积液；胸腺严重淤血呈紫红色；肠管膨胀。

【防治要点】预防应从多方面入手，如限饲、降低生长速度，前期降低日粮代谢能，提高蛋白质水平。注意鸡群密度不能过大，严防各种应激因素对鸡群的刺激，鸡舍注意通风等。对病鸡群可在饮水中添加0.6克/千克的碳酸氢钾，连喂3天，可降低死亡率。

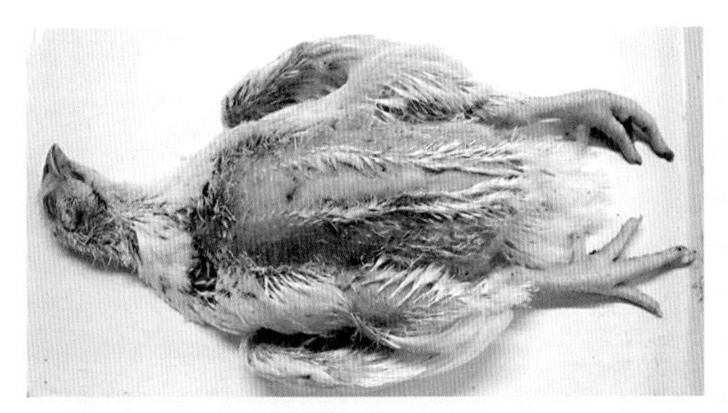

图10-38 28日龄肉鸡猝死，呈仰卧姿势

图10-39 病鸡腹部膨胀，肛门突出

图10-40 肉鸡猝死，腹部膨胀，肛门突出

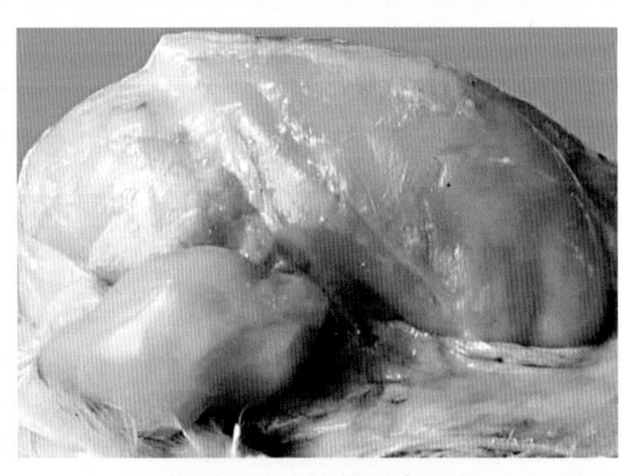

图10-41 病鸡肌肉苍白

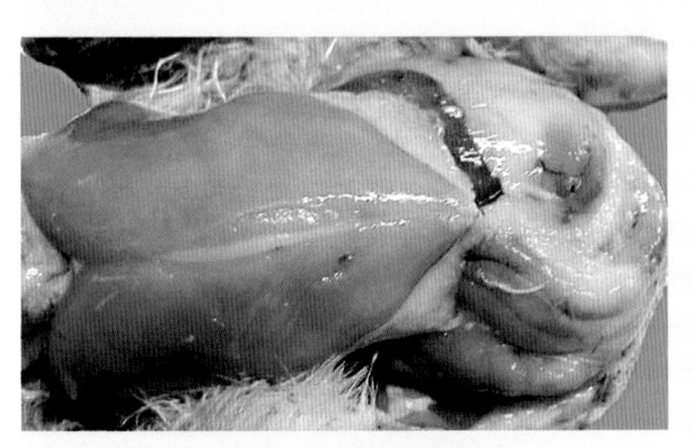

图10-42 病鸡胸肌苍白

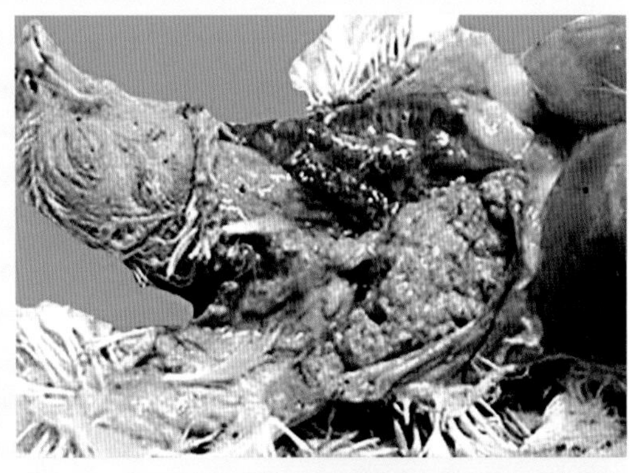

图10-43 28日龄肉鸡嗉囊内充满大量新鲜食物

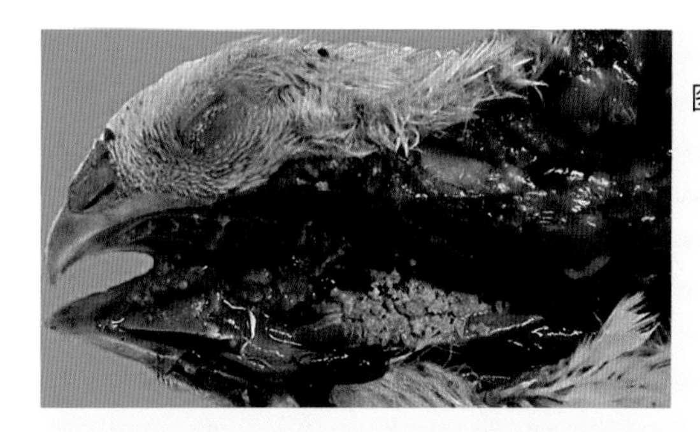

图10-44　病鸡口腔及食道内有多量新鲜饲料，皮下严重淤血

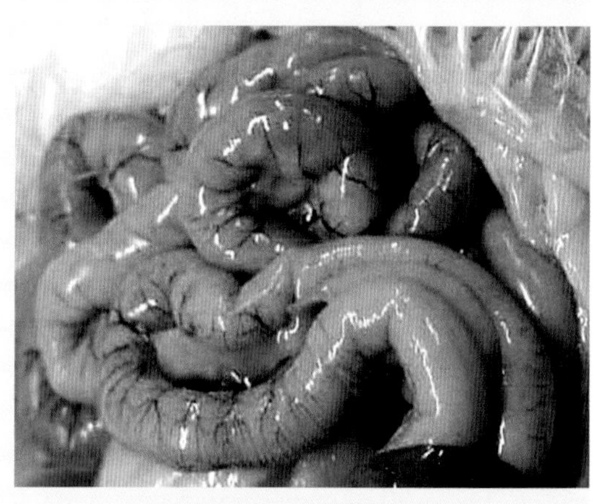

图10-45　病鸡肠管膨胀

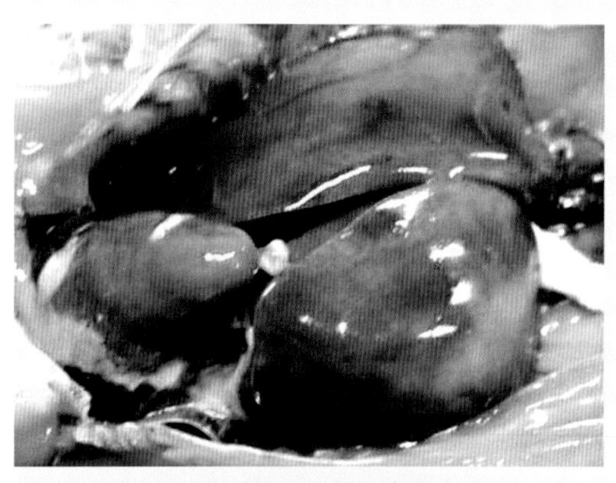

图10-46　病鸡肝脏肿胀、淤血呈斑驳样，心肌苍白

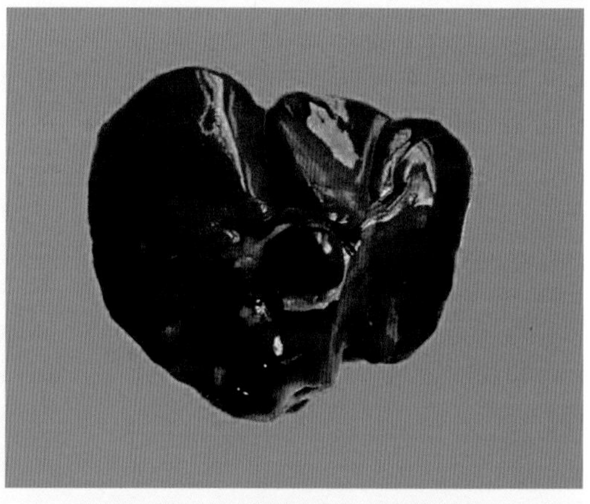

图10-47　病鸡肝脏、脾脏淤血

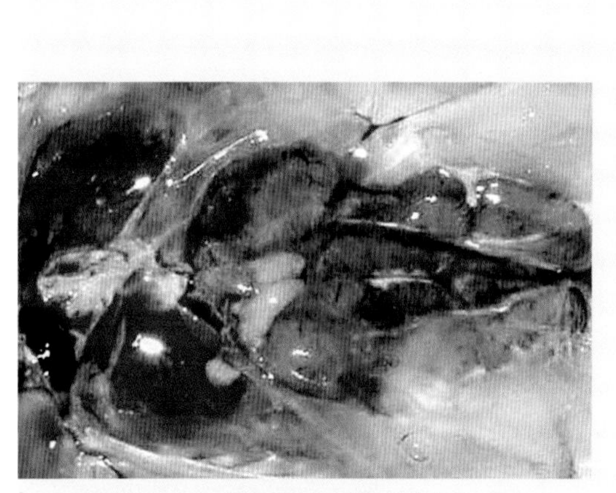

图10-48　病鸡肺脏、肾脏淤血、出血

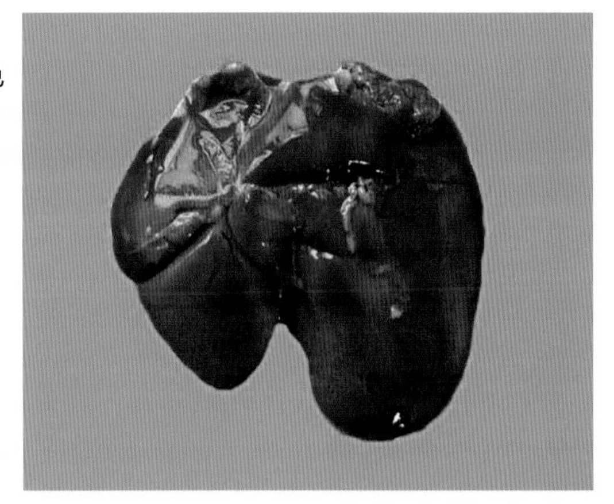

图10-49 病鸡胆囊空虚、胆汁褪色

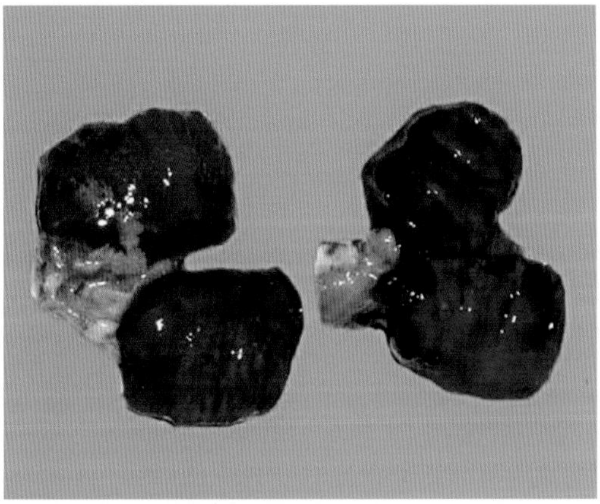

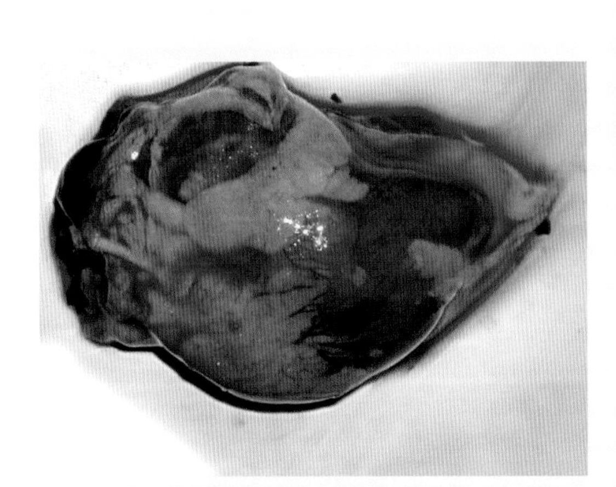

图10-50 病鸡肺脏严重淤血

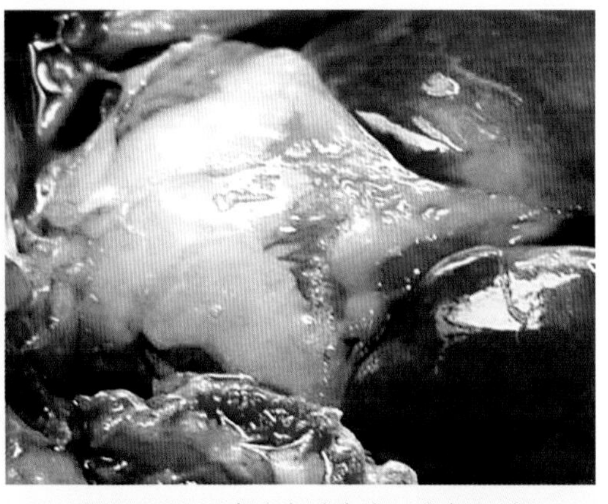

图10-51 病鸡心脏变大，心包积液

图10-52 病鸡心脏大于正常好几倍，手感松软，心包渗出液较多

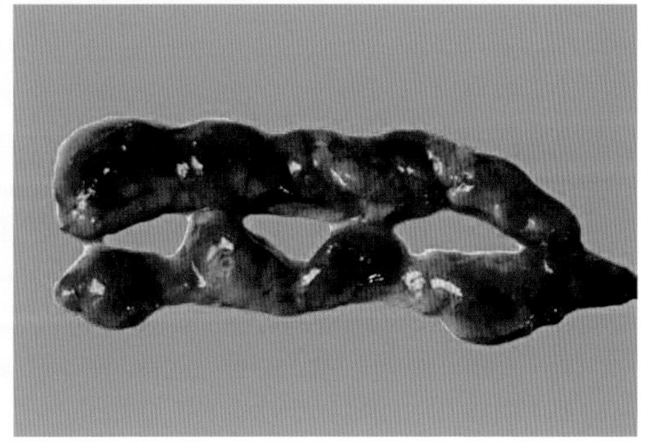

图10-53 病鸡胸腺充血

四、鸡输卵管囊肿
（Cyst of Fallopian Tube）

鸡输卵管囊肿是以产蛋鸡产蛋率低下、输卵管发育不良或积水为特征的疾病。

【病因】本病病因尚不清楚。一般认为是传染性支气管炎的后遗症。雌性雏鸡感染传染性支气管炎病毒后因输卵管损伤造成局部闭塞，分泌物无法排出所致。也有人认为是由衣原体等感染所致。

【临床特征】本病多为散发，发病率一般不超过10%，多见于150 ~ 200日龄蛋鸡。鸡群产蛋无高峰，产蛋率一般为30% ~ 80%。病鸡冠肥厚、冠色鲜红，有时比正常的鸡冠还红，腹部下垂。食欲减退、消瘦，多排出无色水样粪便，肛周及腹部羽毛被污染，腹部膨胀下垂，触之柔软有波动感，行走如企鹅。

【大体病变】特征性病变是输卵管极度扩张，充满大量清亮透明的液体，壁薄极易破裂，囊肿大小不一。多数病鸡卵泡发育正常，但因无功能正常的输卵管而无法形成完整的鸡蛋，有时可见病鸡腹腔内有大量卵黄与囊肿并存。其他器官无明显异常。

【防治要点】治疗：本病无药可治，发现病鸡应予以淘汰。预防：加强饲养管理，做好雏鸡特别是在冬季育雏阶段传染性支气管炎的预防工作，适时接种疫苗，注意保持育雏室温度，可有效减少本病的发生。

图10-54　病鸡腹部膨大下垂，鸡冠苍白

图10-55　病鸡排出水样粪便

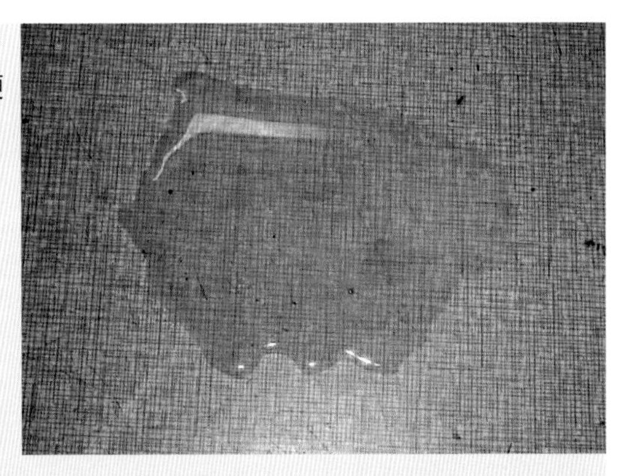

图10-56　病鸡腹部如水袋，触之有波动感，胸肌苍白，鸡冠发绀

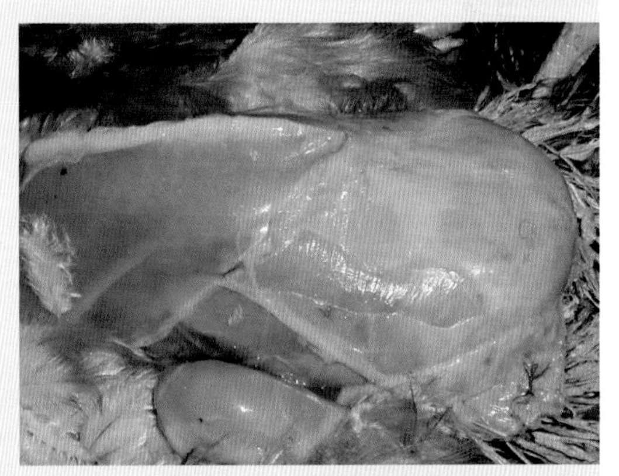

图10-57　病鸡腹部如水袋

图10-58　病鸡消瘦，鸡冠发绀呈紫黑色

图10-59　病鸡腹腔内巨大的囊肿，内有清亮无色的液体

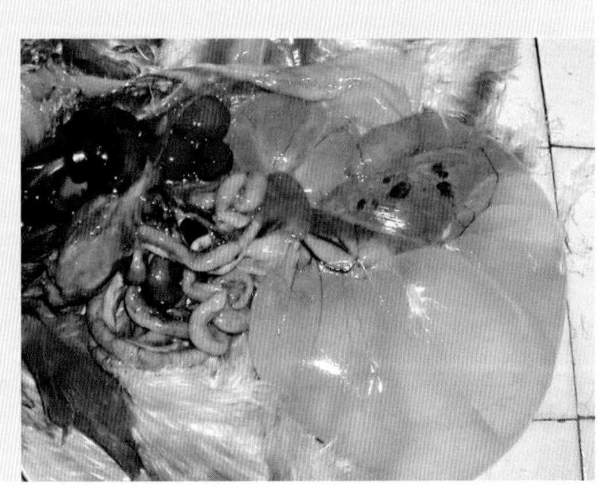

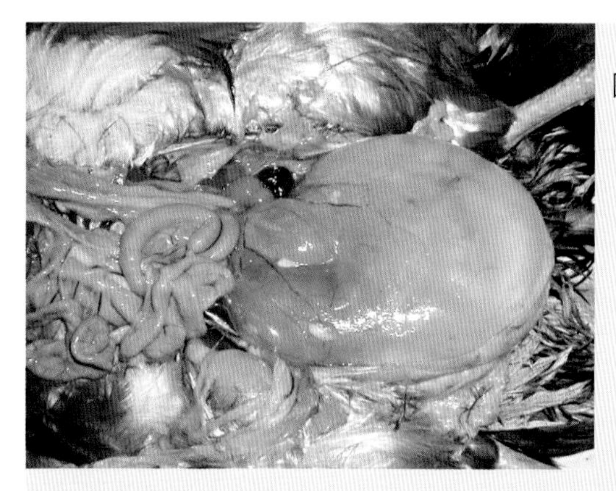

图10-60 病鸡腹腔内有巨大的囊肿，卵泡破裂，腹腔内有干酪样炎性渗出物

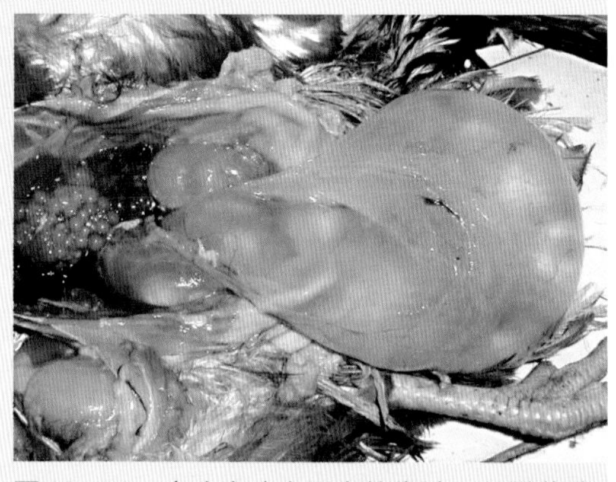

图10-61 病鸡腹腔内巨大的囊肿，卵巢萎缩、变性，变色

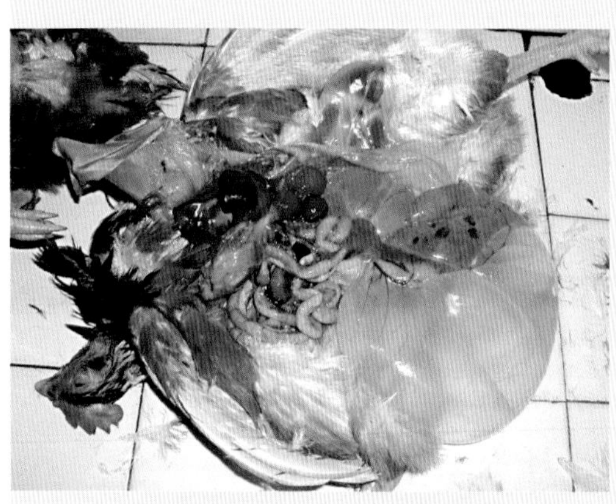

图10-62 病鸡腹腔内巨大的输卵管囊肿，肝脏出血，颜色变深，卵巢炎性病变，鸡冠发绀

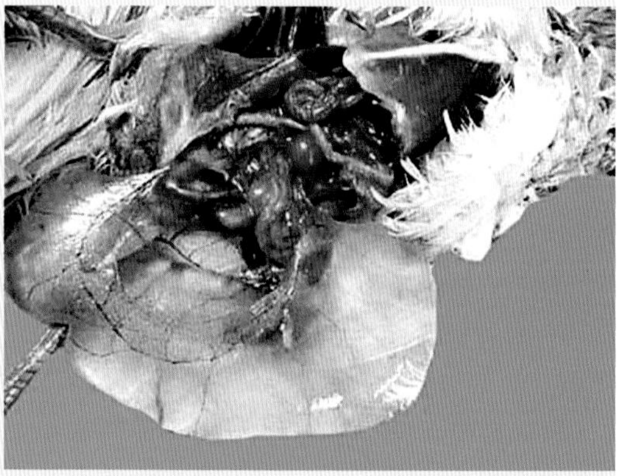

图10-63 病鸡腹腔内巨大的囊肿，病鸡消瘦，胸肌萎缩

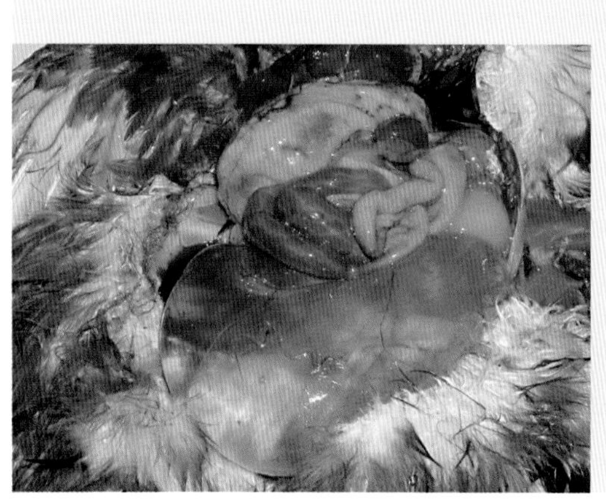

图10-64 病鸡腹腔内囊肿，卵泡破裂

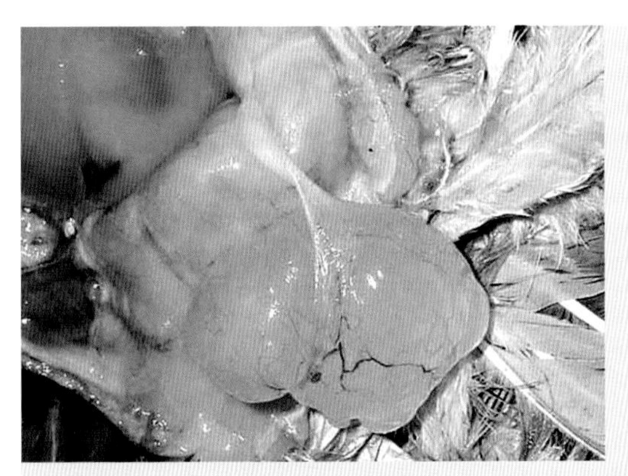

图10-65　病鸡囊肿内有清亮的液体

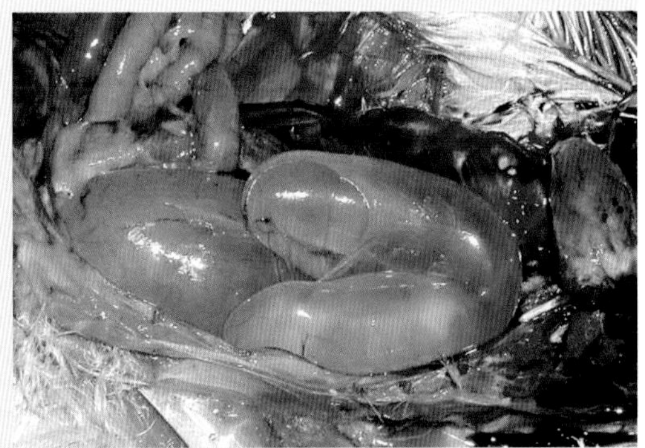

图10-66　病鸡输卵管内有大量的清亮液体

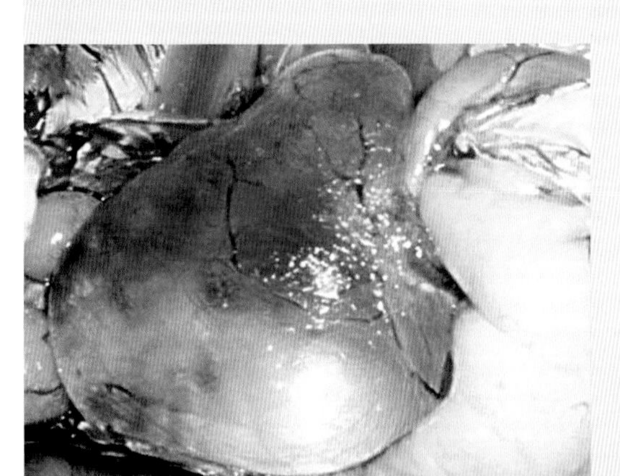

图10-67　病鸡输卵管极度扩张肿胀，内有大量清亮的水样液体

图10-68　病鸡腹腔内可见有较小的囊肿，卵泡变形

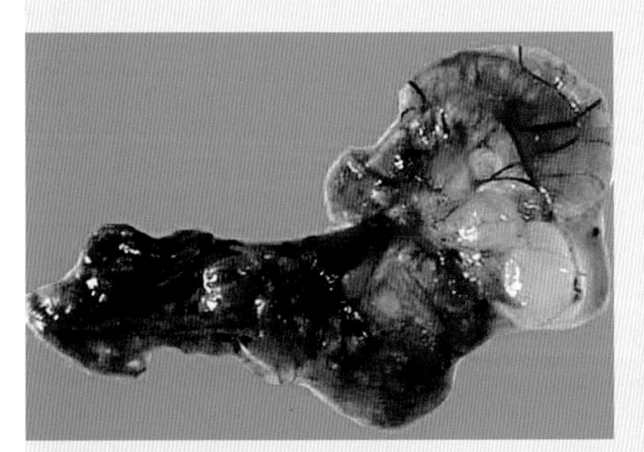

图10-69　病鸡输卵管上段有2 ~ 3个小囊肿，彼此分离

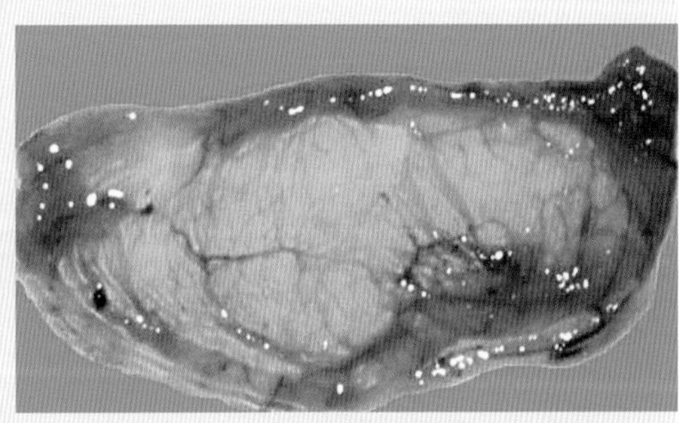

图10-70　病鸡输卵管萎缩，壁菲薄

五、鸭光过敏综合征

（Light Allergy Syndrome）

鸭光过敏综合征是鸭摄食混入某些光敏性物质的饲料，经阳光连续照射一段时间后所发生的一种疾病。

【病因】引起鸭光过敏综合征的原因并不十分明确，一般认为有以下几种情况：①采食了含有光敏性物质的牧草：调查发现，很多牧草中都含有大量的光敏性物质，如灰灰菜、野胡萝卜、大阿米草、多年生黑麦草、三叶草、苜蓿草、牛八苗、油菜、大软骨草草籽、蓼科植物的草籽、伞形科植物的草籽、芸香科植物的草籽及含有金丝桃素和荞麦素的其他牧草等；饲料配制时使用了含有大软骨草等杂草草籽的麸皮也可导致本病的发生；②使用具有光过敏副作用物质的药物：如恩诺沙星、诺氟沙星、环丙沙星、沙拉沙星、洛美沙星、盐酸二氟沙星、左氧氟沙星等药物具有光过敏反应等副作用；③采食了被某些霉菌毒素污染的饲料和饲草：有些霉菌的毒素如蜡叶芽枝霉菌毒素，能引起强烈的光过敏反应。

【临床特征】各种年龄及品种的鸭均可发病，发病时间及严重程度与摄入量有关。病鸭主要表现为喙和蹼上皮干燥、褪色，表面出现水疱，水疱破裂后结痂，约10天痂皮脱落，露出粉红色或棕黄色溃疡面。上喙逐渐变形，从远端和两侧向上扭转、短缩，舌尖外露，甚至发生坏死，影响采食。另一个特征症状是结膜炎，可见病鸭眼内有大量分泌物，眼睑粘连。雏鸭发育受阻，成鸭产蛋量下降30%～50%，死亡率10%，甚至更高。

【防治要点】严禁饲喂霉变饲料或混有杂草籽的饲料，尽量避开有大软骨草的区域放牧。一旦发病，应立即更换饲料，同时消除应激因素，避免日光照射，对有外伤的病例，可用龙胆紫或碘甘油涂擦患部。全群用0.000 6%硫酸锌饮水，可迅速控制病情发展。

图10-71 病鸭呼吸困难

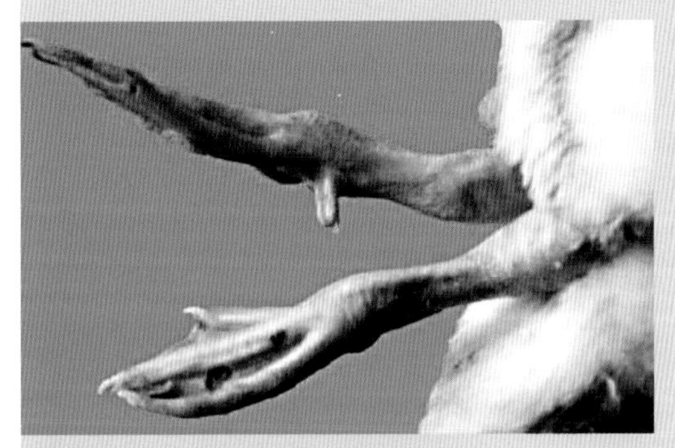

图10-72 12日龄肉鸭蹼背侧上皮结痂，皮肤褪色

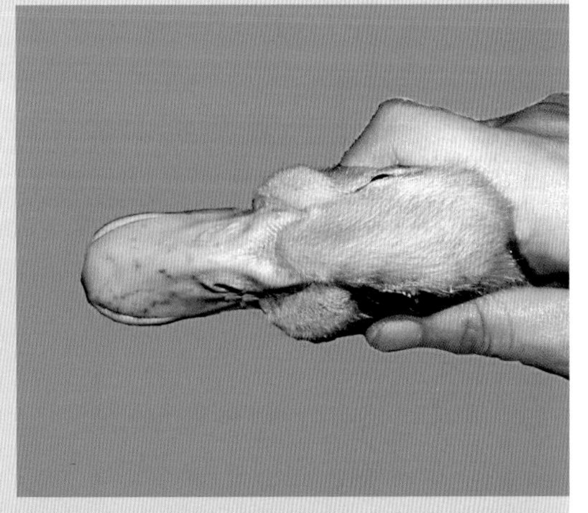

图10-73 鸭光过敏综合征,合并传染性窦炎,早期上喙可见红色丘疹，眶下窦肿胀

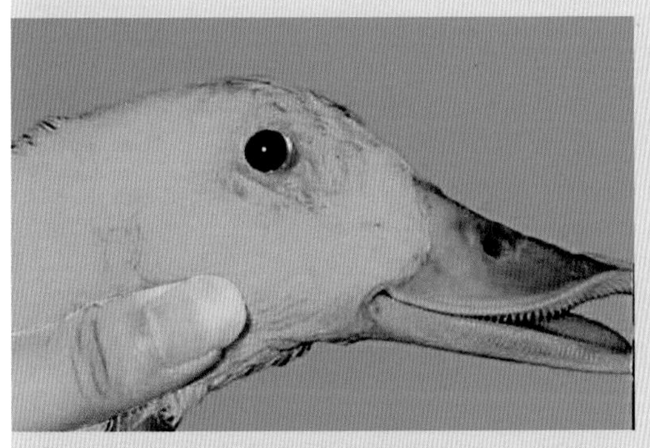

图10-74 25日龄肉鸭上喙变形，上皮糜烂，眼流泪，眼周羽毛脱落

图10-75 160日龄肉种鸭上喙上皮出现水泡，眼流泪，眼周羽毛脱落

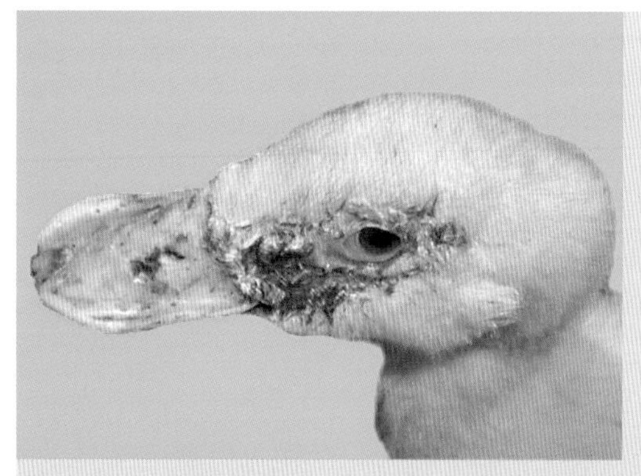

图10-76　病鸭流鼻涕、流眼泪，眼周羽毛被污染，上喙开始变短上翘

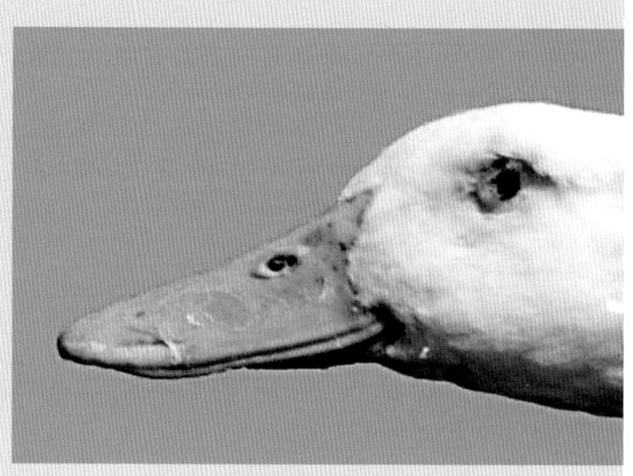

图10-77　160日龄种鸭眼有分泌物，喙表皮糜烂、脱落

图10-78　26日龄肉鸭上喙变形，舌尖外露，上皮结痂

图10-79　鸭光过敏综合征，病鸭后期可见严重结膜炎，上喙变形

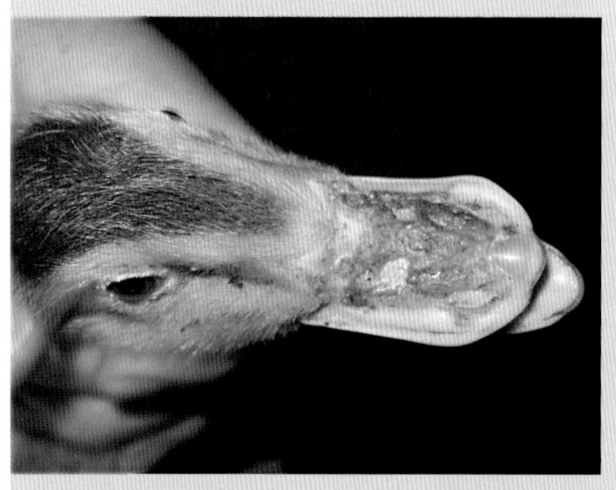

图10-80　上喙变短，喙上皮结痂

图10-81　病鸭喙上皮糜烂